河南省"十二五"普通高等教育规划教材

大学计算机
应用基础案例教程

（第3版）

主　审　耿红琴

主　编　刘若慧

副主编　魏雪峰　牛小梅　张莉华　刘康明

电子工业出版社

Publishing House of Electronics Industry

北京·BEIJING

内 容 简 介

本书是根据教育部高等学校非计算机专业计算机基础课程指导分委员会提出的《关于进一步加强高校计算机基础教学的意见》中的教学要求和最新大纲编写而成的。全书主要内容包括计算机基础知识、网络基础及 Internet 应用、Windows 7 操作系统、Word 2010 文字处理软件、Excel 2010 电子表格制作软件、PowerPoint 2010 电子演示文稿制作软件、Access 2010 数据库管理软件、多媒体与常用工具软件、新技术介绍。

本书以能力培养为目标，以工作过程为导向，以"做中学"为手段，进行了一体化设计。从案例入手，将计算机应用基础的相关知识恰当地融入到案例的分析和制作过程中，图文并茂、深入浅出、通俗易懂，符合学生思维的构建方式，使学生在学习过程中不仅能掌握独立的相关知识，而且能培养他们综合分析问题和解决问题的能力。全书采用案例方式安排教学内容，注重实用性和可操作性，有助于提高大学生计算机应用操作能力。

本书可作为高等学校非计算机专业"大学计算机基础"课程教材，也可供计算机爱好者学习使用。

未经许可，不得以任何方式复制或抄袭本书之部分或全部内容。
版权所有，侵权必究。

图书在版编目（CIP）数据

大学计算机应用基础案例教程 / 刘若慧主编．—3 版．—北京：电子工业出版社，2016.7
ISBN 978-7-121-29034-3

Ⅰ．①大… Ⅱ．①刘… Ⅲ．①电子计算机－高等学校－教材 Ⅳ．①TP3

中国版本图书馆 CIP 数据核字（2016）第 128714 号

策划编辑：祁玉芹
责任编辑：张瑞喜
印　　刷：中国电影出版社印刷厂
装　　订：中国电影出版社印刷厂
出版发行：电子工业出版社
　　　　　北京市海淀区万寿路 173 信箱　邮编　100036
开　　本：787×1092　1/16　印张：23.5　字数：602 千字
版　　次：2012 年 7 月第 1 版
　　　　　2016 年 7 月第 3 版
印　　次：2019 年 7 月第 9 次印刷
定　　价：48.00 元

凡所购买电子工业出版社图书有缺损问题，请向购买书店调换。若书店售缺，请与本社发行部联系，联系及邮购电话：（010）88254888。
质量投诉请发邮件至 zlts@phei.com.cn，盗版侵权举报请发邮件至 dbqq@phei.com.cn。
服务热线：（010）88258888。

前　言

《大学计算机应用基础案例教程（第3版）》是根据教育部高等学校非计算机专业计算机基础课程教学指导分委员会提出的《关于进一步加强高校计算机基础教学的意见》的指导思想而编著的。

大学计算机基础课程是为大学生提供计算机基础知识与计算机应用技能教育的一门公共基础课程，课程的重点应放在培养学生对计算机的应用能力上。为了体现理论知识的够用，应用技能的实用，服务于不同的岗位群，本书采取微任务的方式开展教学，做中学，知行合一，从而实现大学计算机基础教学从传统的"讲授+上机"教学模式向"做中学"与"微课程"教学模式转变。

本书的特色在于案例设计实用新颖，任务分解直观清晰，实操演练难易分层。本书的创新在于以能力培养为目标，按照模块化与微任务化相结合的方式组织与安排教学内容，采用"做中学"与"微课程"教学模式，用案例贯穿知识，用任务驱动教学。按照教学规律和学生的认知特点设计案例，把计算机应用基础知识与技能进行系统融合。

本书通过丰富的案例，系统地介绍了计算机基础知识、网络基础及 Internet 应用、Windows 7 操作系统、Word 2010 文字处理软件、Excel 2010 电子表格制作软件、PowerPoint 2010 电子演示文稿制作软件、Access 2010 数据库管理软件、多媒体与常用工具软件、新技术。书中案例的选取紧密结合学生学习、生活与就业实际，每个案例包括任务描述、任务分析与实施方案，同时提供有与案例相对应的分层实训项目作为练习巩固之用，以满足学生多元化与个性化的学习需求。

全书共分 8 个模块，模块 1 认识计算机，模块 2 Windows 7 操作系统，模块 3 Word 2010 文字处理软件，模块 4 Excel 2010 电子表格处理软件，模块 5 PowerPoint 2010 电子演示文稿处理软件，模块 6 Access 2010 数据库管理软件，模块 7 多媒体与常用工具软件，模块 8 新技术。为了保证知识的系统性、完整性，拓宽知识面，在相关模块后面增加了知识链接与知识拓展。

本书由刘若慧教授担任主编,由牛小梅、张莉华、刘康明担任副主编,参加本书编写的还有朱敬、魏锐、魏雪峰、李景富、张银玲、杨锋英、徐亮、葛文庚、张得生、李俊峰和耿红琴。

由于编写时间仓促,书中难免有疏漏和不妥之处,欢迎读者批评指正,衷心希望广大使用者尤其是任课教师提出宝贵的意见和建议,以便再版时及时加以修正。

编　者
2016 年 5 月

目 录

模块 1 认识计算机 ······1

案例一 计算机概述 ······1
   任务 1 认识计算机硬件 ······2
   任务 2 认识计算机软件 ······12
   实训项目 选购配置个人计算机 ······16

案例二 互联网及应用 ······26
   任务 1 认识互联网 ······26
   任务 2 信息浏览、搜索与下载 ······32
   任务 3 电子邮箱的申请与使用 ······35
   任务 4 文件传输服务 ······39
   任务 5 Windows 远程桌面连接 ······41
   实训项目 互联网应用 ······46

案例三 计算机系统安全与维护 ······50
   任务 1 计算机病毒的防治 ······51
   任务 2 系统备份及还原 ······55
   实训项目 使用 360 安全卫士进行系统优化 ······56

知识拓展 ······57
练习题 ······67

模块 2 Windows 7 操作系统 ······70

案例一 个性化桌面设置 ······70
   任务 1 认识 Windows 7 ······71
   任务 2 Windows 7 的基本操作 ······73
   任务 3 个性化桌面设置 ······79
   实训项目 优化你的桌面 ······83

案例二 信息资源管理 ······86

任务 1　浏览与搜索信息资源 ··· 87
　　　任务 2　用"计算机"或"资源管理器"管理信息资源 ······················ 88
　　　任务 3　用库管理信息资源 ··· 90
　　　实训项目　优化你的信息资源管理 ·· 91
　　案例三　定制工作环境与故障处理 ··· 95
　　　任务 1　定制工作环境 ·· 96
　　　任务 2　故障处理 ·· 100
　　　实训项目　优化你的工作环境 ·· 101
　　案例四　Windows 7 附件的使用 ··· 105
　　　任务 1　网页截图 ·· 105
　　　任务 2　录制解说词 ·· 106
　　　任务 3　优化存储空间 ·· 106
　　　实训项目　附件程序的使用 ·· 109
　　练习题 ··· 112

模块 3　Word 2010 文字处理软件 ·· 116

　　案例一　制作迎新欢迎词 ·· 116
　　　任务 1　认识 Word 2010 ··· 118
　　　任务 2　编辑迎新欢迎词 ··· 121
　　　任务 3　设置迎新欢迎词的格式 ··· 125
　　　实训项目 1　主题：军训生活感言 ·· 140
　　　实训项目 2　主题：我爱黄淮 ·· 142
　　案例二　制作学生成绩表 ·· 143
　　　任务 1　创建学生成绩表 ··· 143
　　　任务 2　修改学生成绩表 ··· 144
　　　任务 3　格式化学生成绩表 ·· 146
　　　任务 4　处理学生成绩表中的数据 ·· 147
　　　实训项目 1　制作郑州联创公司员工工资表 ······························ 150
　　　实训项目 2　制作个人简历 ·· 150
　　案例三　制作电子简报 ·· 151
　　　任务 1　设置电子简报的页面 ··· 152
　　　任务 2　图片的插入与编辑 ·· 153
　　　任务 3　图形的插入与编辑 ·· 155
　　　任务 4　艺术字的插入与编辑 ··· 157

　　　　任务 5　文本框的插入与编辑 158
　　　　实训项目 1　制作产品宣传单 159
　　　　实训项目 2　制作美丽的春天作品 160
　　案例四　制作毕业论文 161
　　　　任务 1　编辑毕业论议 161
　　　　任务 2　插入公式与函数 163
　　　　任务 3　生成与更新目录 163
　　　　任务 4　打印预览 164
　　　　实训项目 1　制作黄淮学院宣传材料 166
　　　　实训项目 2　制作产品使用说明书 167
　　案例五　入学通知书的批量制作 168
　　　　任务 1　制作入学通知书 168
　　　　任务 2　创建录取名单 169
　　　　任务 3　合并邮件 169
　　　　实训项目　制作会议邀请函 171
　　综合实训 1　创作"建设节约型社会"作品 172
　　综合实训 2　创作"祝福祖国"作品 173
　　综合实训 3　创作 Word 大赛参赛作品 175
　　练习题 178

模块 4　Excel 2010 电子表格处理软件 182

　　案例一　制作学生成绩表 182
　　　　任务 1　认识 Excel 2010 183
　　　　任务 2　创建学生成绩表 186
　　　　任务 3　编辑学生成绩表 187
　　　　实训项目 1　制作体音美英计算机大赛成绩表 194
　　　　实训项目 2　制作员工工资表 195
　　案例二　设置学生成绩表的格式 196
　　　　任务 1　美化学生成绩表 197
　　　　任务 2　设置成绩表的页面与打印格式 199
　　　　实训项目 1　设置计算机大赛成绩表的格式 201
　　　　实训项目 2　设置员工工资表格式 202
　　案例三　处理学生成绩表数据 204
　　　　任务 1　用公式处理学生成绩表 205

任务 2　用函数处理学生成绩表 ·· 206
　　实训项目 1　处理计算机大赛成绩表数据 ·· 210
　　实训项目 2　处理员工工资表数据 ·· 210
案例四　图表显示学生成绩表 ·· 215
　　任务 1　创建学生成绩图表 ··· 216
　　任务 2　编辑学生成绩图表 ··· 216
　　任务 3　优化学生成绩图表 ··· 217
　　实训项目 1　图表显示计算机大赛成绩表 ·· 219
　　实训项目 2　图表显示员工工资表 ·· 220
案例五　统计与分析学生成绩表 ··· 222
　　任务 1　学生成绩表的排序 ··· 223
　　任务 2　学生成绩表的筛选 ··· 223
　　任务 3　学生成绩表的分类汇总 ··· 225
　　实训项目 1　统计和分析计算机大赛成绩表 ···································· 229
　　实训项目 2　统计和分析员工工资表 ·· 230
综合实训 1　制作工资统计表 ··· 233
综合实训 2　制作汽车销售统计表 ··· 234
综合实训 3　制作电子产品销售统计表 ··· 236
练习题 ·· 237

模块 5　PowerPoint 2010 电子演示文稿处理软件 ······················ 239

案例一　制作"电子贺卡" ··· 239
　　任务 1　认识 PowerPoint 2010 ·· 240
　　任务 2　创建电子贺卡 ··· 242
　　任务 3　编辑电子贺卡 ··· 243
　　任务 4　添加电子贺卡的动画 ··· 245
　　实训项目 1　制作"个人简历"演示文稿 ·· 247
　　实训项目 2　制作"最美班级"演示文稿 ·· 248
案例二　制作"美丽的校园"演示文稿 ··· 252
　　任务 1　使用母版 ··· 253
　　任务 2　设置背景 ··· 254
　　任务 3　设置动作按钮和超链接 ··· 254
　　任务 4　设置页面的切换效果 ··· 255
　　实训项目 1　优化"个人简历"演示文稿 ·· 255

实训项目 2　优化"班级宣传"演示文稿 ………………………………………… 256
　综合实训 1　制作"电子相册"演示文稿 ……………………………………………… 258
　综合实训 2　制作"我的家乡"演示文稿 ……………………………………………… 259
　综合实训 3　制作"大学计算机基础"课件 …………………………………………… 259
　练习题 …………………………………………………………………………………… 260

模块 6　Access 2010 数据库管理软件 ……………………………………………… 262

　案例一　创建"人事档案管理"数据库 ………………………………………………… 262
　　任务 1　认识 Access 2010 ………………………………………………………… 263
　　任务 2　创建数据库 ………………………………………………………………… 266
　　任务 3　创建数据表 ………………………………………………………………… 266
　　任务 4　编辑数据表 ………………………………………………………………… 268
　　实训项目 1　创建"校园超市商品管理"数据库 ………………………………… 273
　　实训项目 2　创建"医院挂号预约管理"数据库 ………………………………… 276
　案例二　查询"人事档案管理"数据库 ………………………………………………… 278
　　任务 1　选择查询 …………………………………………………………………… 279
　　任务 2　操作查询 …………………………………………………………………… 284
　　实训项目 1　查询"校园超市商品管理"数据库 ………………………………… 289
　　实训项目 2　查询"医院挂号预约管理"数据库 ………………………………… 291
　案例三　制作窗体与报表 ………………………………………………………………… 292
　　任务 1　认识窗体与报表 …………………………………………………………… 293
　　任务 2　创建窗体与控件 …………………………………………………………… 293
　　任务 3　常用窗体控件 ……………………………………………………………… 295
　　任务 4　创建与设计报表 …………………………………………………………… 296
　　任务 5　报表打印 …………………………………………………………………… 298
　　实训项目 1　窗体显示"校园超市商品管理"数据库查询结果 ………………… 300
　　实训项目 2　窗体显示"医院挂号预约管理"数据库查询结果 ………………… 301
　综合实训 1　创建"旅行社管理"数据库 ……………………………………………… 302
　综合实训 2　创建"图书借阅管理"数据库 …………………………………………… 306
　练习题 …………………………………………………………………………………… 308

模块 7　多媒体与常用工具软件 …………………………………………………… 311

　案例一　制作"魅力黄淮"视频 ………………………………………………………… 311

任务1　认识多媒体 ……………………………………………………………… 312
　　　任务2　制作"魅力黄淮"音频 ………………………………………………… 314
　　　任务3　制作"魅力黄淮"视频 ………………………………………………… 316
　　　实训项目1　制作"美丽家乡"视频 …………………………………………… 322
　　　实训项目2　制作个性化的电子相册 …………………………………………… 323
　　案例二　常用工具软件的应用 …………………………………………………… 323
　　　任务1　格式工厂（Format Factory） ………………………………………… 323
　　　任务2　CAJViewer 电子阅读器 ………………………………………………… 327
　　　实训项目1　多媒体文件格式转换 ……………………………………………… 330
　　　实训项目2　校园网数据库检索系统的应用 …………………………………… 330
　　知识拓展 …………………………………………………………………………… 331
　　　实训项目1　恢复U盘中误删除的数据 ………………………………………… 336
　　　实训项目2　系统修复及维护 …………………………………………………… 336
　　练习题 ……………………………………………………………………………… 337

模块8　新技术 ……………………………………………………………………… 339

　　案例一　云计算 …………………………………………………………………… 339
　　　任务1　认识云计算 ……………………………………………………………… 339
　　　任务2　云计算的应用 …………………………………………………………… 341
　　　实训项目　注册和使用云存储 …………………………………………………… 344
　　案例二　移动互联网技术 ………………………………………………………… 346
　　　任务1　认识移动互联网技术 …………………………………………………… 346
　　　任务2　手机安全防护 …………………………………………………………… 348
　　　任务3　手机网上购物 …………………………………………………………… 351
　　　任务4　微信平台应用 …………………………………………………………… 355
　　　实训项目　用手机网上订购火车票 ……………………………………………… 357
　　案例三　慕课（MOOC） ………………………………………………………… 359
　　　任务1　认识慕课（MOOC） …………………………………………………… 360
　　　任务2　慕课（MOOC）学习 …………………………………………………… 364
　　　实训项目　使用慕课 ……………………………………………………………… 366

模块 1　认识计算机

教学目标：

通过本模块的学习，掌握微型计算机系统的基本结构、硬件组成、软件配置以及微机的组装等；了解计算机网络和 Internet 的基本知识；准确理解计算机网络的基本概念和基本组成，掌握 Internet 的基本操作；了解计算机病毒的概念，掌握安全工具的使用。拓展了解计算机发展的历史和未来的新型计算机，了解计算机的分类、特点、应用领域，了解计算机中的信息表示。

教学内容：

本模块介绍计算机的基础知识，主要包括：
1. 计算机系统的基本结构，计算机系统的硬件组成、系统软件配置及其性能指标。
2. 计算机网络的基本概念与应用。
3. 计算机病毒的基本概念，计算机系统安全与维护的基本方法。
4. 计算机的概念、计算机的产生和发展及未来的计算机。
5. 计算机中的信息表示；信息素质的概念、内涵及标准。

教学重点与难点：

1. 计算机系统的硬件组成，系统软件配置及其性能指标。
2. 计算机网络的基本概念与应用。
3. 计算机系统安全与维护的基本方法。

案例一　计算机概述

【任务描述】

晓明是中锐咨华公司 IT 部门新入职的员工，为满足办公的需要，公司 IT 主管要求晓明协助为每个部门购置一台计算机。他需要对计算机硬件和软件进行配置和安装，主要包括以下内容：
- 选购计算机硬件设备。
- 安装配置操作系统。

【任务分析】

计算机硬件系统一般包括以下部件：主板、CPU、内存、显卡、硬盘、光驱、显示器、键盘、鼠标、电源和机箱。要想顺利购置一台计算机，必须先了解各部件及其对计算机性能的影响。购置好计算机之后，接下来的任务就是设置 CMOS 参数、初始化硬盘（包括硬盘分区和每个分区的高级格式化）、安装和配置软件系统（包括操作系统、设备驱动程序和应用程序等）。

【实施方案】

任务 1　认识计算机硬件

　　计算机已经成为人们日常工作、学习和生活中一个重要装备，对于还没有购置计算机的，或者希望把已有的旧计算机换掉的用户，你是直接购买品牌机，还是自己 DIY 一台计算机？组装机以其随意的自主性和很高的性价比得到了很多人的认同，品牌机具有性能稳定以及良好的售后服务等优点受到人们的欢迎。结合自身学习与工作实际，如何选购配置一台计算机？组装好计算机硬件之后，怎样才能使计算机运作起来呢？为了完成计算机的选购与配置任务，下面我们首先要了解计算机系统的组成，然后完成计算机硬件与软件系统的选购与配置。

　　冯·诺依曼等人在 1946 年提出了一个完整的现代计算机雏形，计算机由运算器、控制器、存储器、输入设备和输出设备五大部分组成。在冯·诺依曼体系结构的计算机中，数据和程序以二进制代码形式存放在存储器中，控制器是根据存放在存储器中的指令序列(程序)进行工作的，控制器具有判断能力，能以计算结果为基础，选择不同的工作流程。

　　计算机系统是一个整体的概念，无论是大型机、小型机，还是微型机，都是由计算机硬件系统（简称硬件）和计算机软件系统（简称软件）两大部分组成的，如图 1-1 所示。

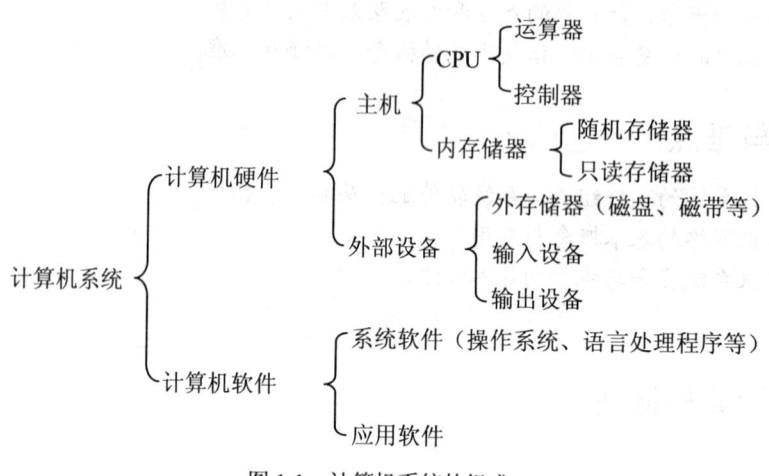

图 1-1　计算机系统的组成

（一）微型计算机的硬件系统

　　从外观上来看，微型计算机的硬件系统由主机和外部设备（简称外设）两部分组成。主机有卧式和立式两种机箱，如图 1-2 所示。主机内有主板（又称为系统板或母板）、中央处理器（CPU）、内部存储器（简称内存或内存条）、部分外部存储（简称外存，如硬盘、软盘驱动器、光盘驱动器等）、电源、显示适配器（又称显示卡）等。

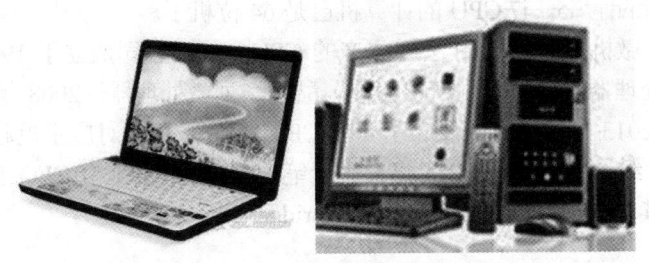

图 1-2　笔记本电脑和台式机

外部设备是指除主机以外的设备，包括键盘、鼠标、扫描仪等输入设备和显示器、打印机等输出设备。不管是最早的 PC 还是现在的主流计算机，它们的基本构成都是由主机、键盘和显示器构成的。

微处理器送出三组总线：地址总线 AB、数据总线 DB 和控制总线 CB。其他电路（常称为芯片）都可以连接到这三组总线上。

1. 中央处理器

微机的中央处理器又称为微处理器，它是一块超大规模的集成电路，是计算机系统的核心，包括运算器和控制器两个部件，它是微机系统的核心，如图 1-3 所示。它的功能主要是解释计算机指令以及处理计算机软件中的数据。计算机所发生的全部动作都受 CPU 的控制。

图 1-3　中央处理器

控制器是整个计算机的神经中枢，用来协调和指挥整个计算机系统的操作，它本身不具有运算功能，而是通过读取各种指令，并对其进行翻译、分析，而后对各部件作出相应的控制。它主要由指令寄存器、译码器、程序计数器、时序电路等组成。

运算器主要完成各种算术运算和逻辑运算，是对信息加工和处理的部件，它主要由算术逻辑部件、寄存器组组成。算术逻辑部件主要完成对二进制数的算术运算（加、减、乘、除等）和逻辑运算（或、与、非等）以及各种移位操作；寄存器组一般包括累加器、数据寄存器等，主要用来保存参加运算的操作数和运算结果，状态寄存器则用来记录每次运算结果的状态，如结果为零或非零、是正或负等。

中央处理器品质的高低直接决定了计算机的档次。CPU 能够直接处理的数据位数是 CPU 品质的一个重要标志。人们通常所说的 16 位机、32 位机、64 位机便是指 CPU 可同时处理 16 位、32 位、64 位的二进制数。早期的 286 机均是 16 位机，386、486 机和 Pentium 机是

32位机，现在主流配置i5、i7 CPU的计算机已是64位机了。

目前，大多数微机都使用Intel公司生产的CPU。Intel公司成立于1968年，从1971年开始推出4位微处理器至今，已生产出奔腾、酷睿系列微处理器，2008年推出了64位四核CPU酷睿i7，在2013年6月4日发布了四代CPU"Haswell"，对应主板芯片为Z87、H87、Q87等8系列晶片组，"Haswell"CPU将会用于笔记型电脑、桌上型CEO套装电脑以及DIY零组件CPU，陆续替换现行的第三世代"Ivy Bridge"。

2. 存储器

存储器是用来存放程序和数据的记忆装置。对存储器而言，容量越大，存取速度越快越好。计算机中的操作，大量的是与存储器之间的信息交换，存储器的工作速度相对于CPU的运算速度要低得多，因此存储器的工作速度是制约计算机运算速度的主要因素之一。计算机中的存储器按用途可分为主存储器（内存）和辅助存储器（外存）。外存通常是磁性介质或光盘等，能长期保存信息。内存指主板上的存储部件，用来存放当前正在执行的数据和程序，但仅用于暂时存放程序和数据，关闭电源或断电，数据会丢失。

（1）内存储器。

内存储器又称为主存储器，简称内存，可以直接与CPU交换信息，用于存放当前使用的数据和正在运行的程序。内存由半导体存储器组成，存取速度较快，内存中的每个字节各有一个固定的编号，这个编号称为地址。CPU在存储器中存取数据时按地址进行。所谓存储器容量即指存储器中所包含的字节数，通常用KB和MB作为存储器容量的单位。

内存储器按其工作方式的不同，可以分为随机存储器RAM和只读存储器ROM两种。RAM是一种读写存储器，其内容可以随时根据需要读出，也可以随时重新写入新的信息。当电源电压去掉时，RAM中保存的信息都将会丢失。RAM在微机中主要用来存放正在执行的程序和临时数据。

ROM是一种内容只能读出而不能写入和修改的存储器，其存储的信息是在制作该存储器时就被写入的。ROM常用来存放一些固定的程序、数据和系统软件等，如检测程序、ROMBIOS等。只读存储器除了ROM外，还有PROM、EPROM等类型。PROM是可编程只读存储器，但只可编写一次。与PROM器件相比，EPROM器件是可以反复多次擦除原来写入的内容，重新写入新的内容的只读存储器。不论哪种ROM，其中存储的信息不受断电的影响，具有永久保存的特点。

由于CPU比内存速度快，目前，在计算机中还普遍采用了一种比主存储器存取速度更快的超高速缓冲存储器，即Cache，置于CPU与主存之间，以满足CPU对内存高速访问的要求。有了Cache以后，CPU每次读操作都先查找Cache，如果找到，可以直接从Cache中高速读出；如果不在Cache中再从主存中读出。

衡量内存的常用指标有容量与速度。2014年前后，计算机内存的配置越来越大，一般都在4G以上，更有8G内存的电脑。内存主频和CPU主频一样，习惯上被用来表示内存的速度，它代表着该内存所能达到的最高工作频率，目前较为主流的内存频率是1333 MHz的DDR3内存。

目前，市场上的内存品牌主要有金士顿（Kingston）、威刚（ADATA）、宇瞻（Apacer）、海盗船（CORSAIR）、金邦（GeIL）、现代（Hyundai）和三星（Samsung）等。图1-4所示的是一款容量8 GB的金士顿HyperX骇客神条套装，频率为DDR3-1600。

图 1-4　金士顿 HyperX 8GB DDR3-1600 内存

（2）外存储器。

外存储器间接和 CPU 交换信息，存取速度慢，但存取容量大，价格低廉，用来存放暂时不用的数据。内存由于技术及价格上的原因，容量有限，不可能容纳所有的系统软件及各种用户程序，因此，计算机系统都要配置外存储器。外存储器又称为辅助存储器，它的容量一般都比较大，而且大部分可以移动，便于不同计算机之间进行信息交流。在微型计算机中，常用的外存有磁盘、光盘和磁带，磁盘又可以分为硬盘和软盘。

① 硬磁盘。

硬磁盘主要用于存放计算机操作系统、各种应用软件和用户数据文件。硬盘分为固态硬盘（SSD）和机械硬盘（HDD）；SSD 采用闪存颗粒来存储，HDD 采用磁性碟片来存储。固态硬盘 SSD（Solid State Disk、IDE FLASH DISK、Serial ATA Flash Disk）在接口规范和定义、功能及使用方法上与普通硬盘完全相同。在产品外形和尺寸上也完全与普通硬盘一致，包括 3.5″，2.5″，1.8″多种类型。由于固态硬盘没有普通硬盘的旋转介质，因而抗震性极佳，同时工作温度很宽，扩展温度的电子硬盘可工作在-45℃～+85℃。广泛应用于军事、车载、工控、视频监控、网络监控、网络终端、电力、医疗、航空、导航设备等领域。

硬盘也可以根据接口类型的不同，主要分为 IDE、SATA 和 SCSI 几种，最常用的是前两种，而 SCSI 接口主要用于服务器。图 1-5 所示的即是一款 SATAII 接口的硬盘。

图 1-5　SATAII 接口的硬盘

衡量硬盘的常用指标有容量、转速、硬盘自带 Cache（缓存）的容量等。容量越大，存储信息量越多；转速越高，存取信息速度越快；Cache 大，计算机整体速度越快。目前微机常用硬盘容量在 250GB 以上，普通硬盘转速为 5400 转、7200 转，高速硬盘 1 万转，普通硬盘有 16MB 的 Cache，而高速硬盘有 64MB 的 Cache。

② 光盘。

光盘的存储介质不同于磁盘，它属于另一类存储器。由于光盘的容量大、存取速度快、不易受干扰等特点，光盘的应用越来越广泛。光盘根据其制造材料和记录信息方式的不同一般分为三类：只读光盘、一次性写入光盘和可擦写光盘，如图 1-6 所示。现在常用的 DVD 刻录机如图 1-7 所示。

图 1-6　各种类型光盘

图 1-7　DVD 刻录机

③ 移动硬盘和 U 盘。

移动硬盘和 U 盘是两种可移动的便携式外部存储器，其中 U 盘是采用 Flash Memory（一种半导体存储器）制造的移动存储器，它具有掉电后还能保持数据不丢失的特点。一般将它接在 USB 接口上，所以也叫 U 盘。两者相比，移动硬盘的容量更大，除可以实现数据移动之外，还是好的资料备份工具。U 盘的容量较小，但更加小巧，且不易损坏，可随时携带。图 1-8 所示的即是一款纽曼 80 GB 移动硬盘，图 1-9 是 U 盘产品示例。

图 1-8　纽曼 80 GB 移动硬盘

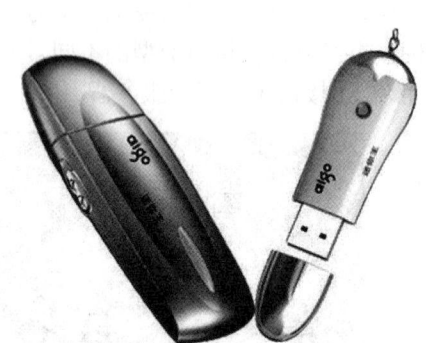
图 1-9　U 盘产品示例

3. 主板

微机的系统板又称为主板，它是一块长方型的印刷电路板。主板上集成了软盘接口、硬盘接口、并行接口、串行接口、USB（Universal Serial Bus，通用串行总线）接口、AGP（Accelerated Graphics Port，加速图形接口）总线、PCI 总线、ISA 总线和键盘接口等，它能够把计算机各个部件紧密地联系在一起。

目前，市场上的主板品牌比较多，主要有华硕、Intel、联想、微星和技嘉等品牌。图 1-10 所示的是 Intel 公司出品的一款主板产品。

图 1-10　主板

4. 输入设备

计算机处理的用户信息通常是以数字、文字、符号、图形、图像、声音乃至表示各种物理和化学现象的信息等各种各样的形式表示出来的，而计算机所能存储加工的是以二进制代码表示的信息，因此要处理这些外部信息就必须把它们转换成二进制代码的表示形式。输入设备将要加工处理的外部信息转换成计算机能够识别和处理的内部表示形式即二进制代码，输送到计算机中去。在微型计算机系统中，最常用的输入设备是键盘和鼠标。

（1）键盘。

目前微型机所配置的标准键盘有 104（或 107）个按键。104 键盘又称 Win 95 键盘，这种键盘在原来 101 键盘的左右两边、Ctrl 和 Alt 键之间增加了两个 Windows 键和一个属性关联键。107 键盘比 104 键多了睡眠、唤醒、开机等电源管理键，这 3 个键大部分位于键盘的右上方。其布局如图 1-11 所示，包括数字键、字母键、符号键、控制键和功能键等。

标准键盘的布局分三个区域，即主键盘区、副键盘区和功能键区。主键盘区共有 59 个键，包括数字、符号键（22 个）、字母键（26 个）、控制键（11 个）。副键盘区共有 30 个键，包括光标移动键（4 个）、光标控制键（4 个）、算术运算符键（4 个）、数字键（10 个）、编辑键（4 个）、数字锁定键、打印屏幕键等。功能键共有 12 个，包括 F1~F12。在功能键中前 6 个键的功能是由系统锁定的，后面的 6 个功能键其功能可根据软件的需要由用户自己定义。副键盘的设置用于对文字录入、文本编辑和光标的移动进行控制，功能的设置和使用，为用户的操作提供了极大的方便。

在键盘的键中，有 4 个"双态键"，它们是：Ins 键（包括"插入状态"和"改写状态"）、Caps Lock 键（包括大写字母状态和锁定状态）、Num Lock 键（包含数字状态和自锁状态）和 Scroll Lock 键（包括滚屏状态和锁定状态）。它们都有状态转换开关，当计算机刚刚启动时，四个双态键都处于第一种状态，所有字母键均固定为小写字母键，再按 Caps Lock 键，指示灯亮，则为大写键；再按该键，指示灯灭，则恢复为小写字母键。

图 1-11　键盘布局

在键盘的键中有 30 个键是"双符"键，即每个键面上有两个字符，如 、 等键，主键盘区的双符键由 Shift 键控制，副键盘区的双符键由 Num Lock 键控制。另外，在 101 个键中，键面上只有"A~Z"26 个大写英文字母，若要输入大写英文字母，只需在键入前先按下 Caps Lock 键。这些双符键和大小写字母键的转换，在计算机处于刚刚启动时，各双符键都处于下面的字符和小写英文字母的状态。表 1-1 列出了常用键的功能。

表 1-1　常用键的功能

键　位	功　能
"Back space" 退格键	删除光标左边的一个字符，主要用来清除当前行输错的字符
"Shift" 换挡键	要输入大写字母或"双符"键上部的符号时按此键
"Ctrl" 控制键	常用符号"^"表示。此键与其他键合用，可以完成相应的功能
"Esc" 强行退出键	按此键后屏幕上显示"\"且光标下移一行，原来一行的错误命令作废，可在新行中输入正确命令
"Tab" 制表定位键	光标将向右移动一个制表位（一般 8 个字符）的位置，主要用于制表时的光标移动
"Enter" 回车键	按此键后光标移至下一行行首
"Space" 空格键	输入一个空格字符
"Alt" 组合键	它与其他键组合成特殊功能键或复合控制键
"PrintScreen" 打印屏幕键	用于把屏幕当前显示的内容全部打印出来

（2）鼠标。

鼠标（Mouse）是另一种常见的输入设备，如图 1-12 所示。它与显示器相配合，可以方便、准确地移动显示器上的光标，并通过按击，选取光标所指的内容。鼠标器按其按钮个数可以分为两键鼠标（PC 鼠标）和三键鼠标（MS 鼠标）；按感应位移变化的方式可以分为机械鼠标、光学鼠标和光学机械鼠标。

图 1-12　鼠标

5. 输出设备

输出设备则将计算机内部以二进制代码形式表示的信息转换为用户所需要并能识别的形式，如十进制数字、文字、符号、图形、图像、声音，或者其他系统所能接受的信息形式，输出出来。在微型机系统中，主要的输出系统是显示器、打印机等。

（1）显示器。

显示器是一种输出设备（如图 1-13 所示），其作用是将主机发出的电信号转换为光信号，并最终将字符、图形或图像显示出来，发光二极管显示器（LED）、液晶显示器（LCD）是我们最常见的显示器。

图 1-13 CRT 显示器、液晶显示器和显示卡

影响显示器的主要指标有屏幕尺寸、点距、分辨率、刷新率等。屏幕上独立显示的点称为像素。点距就是指两个像素点间的距离，通常显示器的点距有 0.28 毫米、0.31 毫米或 0.39 毫米等。点距越小，图像越清晰。分辨率是指屏幕上可容纳的像素个数。分辨率 1024×768 表示每屏显示的水平扫描线有 768 条，每条扫描线上有 1024 个光点。每秒刷新屏幕的次数称为刷新率，单位为 Hz，如 19′LED 显示器为 75kHz。

显示器是通过显示适配器（简称显卡）与主机相连的，显示器必须与显卡匹配。显示器的质量和显卡的能力决定了显示的清晰与否。显卡有核芯显卡、集成显卡和独立显卡三类，独立显卡接口分 PCI、AGP 和 PCI-E。显示芯片是显卡的核心芯片，它的性能好坏直接决定了显卡性能的好坏，现在主流的显示芯片市场基本上被 AMD-ATI 和 NVIDIA 霸占。显存是用来存储要处理的图形信息的部件，其性能与容量对显卡性能影响很大，目前流行的显卡品牌有华硕、讯景、七彩虹等。

（2）打印机。

打印机主要有针式打印机、喷墨打印机和激光打印机（如图 1-14 所示）等。针式打印机速度慢，噪声大，但在专用场合很有优势，例如票据打印、多联打印等，并且它的耗材便宜。

图 1-14 针式打印机、喷墨打印机和激光打印机

喷墨打印机价格便宜、体积小、噪声低、打印质量高，但对纸张要求高、墨水消耗量大，适于家庭购买。激光打印机是激光技术和电子照相技术的复合物。它将计算机输出的信号转换成静电磁信号，磁信号使磁粉吸附在纸上形成有色字体。激光打印机印字质量高，字符光滑美观，打印速度快，噪声小，但价格稍高一些。

打印机的技术指标主要有打印速度、印字质量、打印噪声等。

6. 多媒体计算机的硬件设备

所谓多媒体（Multimedia），从字面上理解就是多种媒体的集合。指把文本、声音、图形、图像、视频等多种媒体的信息通过计算机进行数字化加工处理，集成为一个具有交互性系统的技术，称为多媒体技术。我们将在模块 7 中详细介绍多媒体技术相关知识。

在一台普通计算机上添加一些多媒体硬件，如光驱、声卡、视频卡等就可以组成一个多媒体计算机（Multimedia Personal Computer，MPC）。多媒体计算机能够编辑和播放声音、视频片段、录像、动画、图像或文本，它还能够控制诸如光驱、MIDI 合成器、录像机、摄像机等外围设备。

（1）声卡。

声卡又称音频卡（Audio Card），如图 1-15 所示，它用于处理音频媒体信息的输入输出，是一个重要的多媒体设备，与声卡相配套的硬件还有麦克风和音箱。现在的主板大都集成声音处理芯片，一般不需要安装独立声卡。

图 1-15　声卡、麦克风和音箱

（2）扫描仪。

扫描仪（Scanner）是一个典型的图像输入设备（如图 1-16 所示），它可以将照片、图片、图形输入到计算机中，并转换成图像文件存储于硬盘。扫描仪的主要技术参数是分辨率，用每英寸的检测点数表示，其单位是 DPI。一般的扫描仪的分辨率为 600DPI。

图 1-16　扫描仪

（3）数码设备。

越来越多的数码设备如 MP3 播放器、数码照相机、数码摄像机（如图 1-17 所示）能够直接与计算机相连，很方便地将数据从这些设备中导入到计算机硬盘中，然后用软件对音频或视频进行编辑，从而轻而易举地制作 DV（数码影像）和电子相册。投影机也越来越多地用于多媒体教学和商务会议中，计算机的功能和应用也因此越来越强了。

图 1-17　MP3 播放器、数码照相机、数码摄像机和投影机

（4）视频捕获卡。

视频捕获卡是视频媒体信息的输入设备，它可以将电视、摄影机和录像的视频信号输入到计算机中，你可以将视频片段录制到硬盘上。视频片段一般以 AVI（Audio Video Interleaved）格式的文件存放。

（二）微机的性能指标

怎么样衡量一台计算机的性能是不是优越呢？我们通常从以下几个性能指标来衡量。

1. 字长

字长是指计算机在同一时间内处理的一组二进制数称为一个计算机的"字"，而这组二进制数的位数就是"字长"。在其他指标相同时，字长越大计算机处理数据的速度就越快。目前，一般的大型主机字长在 128～256 位之间，小型机字长在 32～128 位之间，微型机字长在 16～64 位之间。

2. 内存容量

内存储器，也简称主存，是 CPU 可以直接访问的存储器，需要执行的程序与需要处理的数据就是存放在主存中的。内存储器容量的大小反映了计算机即时存储信息的能力。随着操作系统的升级，应用软件的不断丰富及其功能的不断扩展，人们对计算机内存容量的需求也不断提高。内存容量越大，系统功能就越强大，能处理的数据量就越庞大。

3. 主频

主频是指 CPU 的时钟频率，即 CPU 在单位时间（秒）内所发出的脉冲数，它在很大程度上决定了计算机的运算速度。微型计算机一般采用主频来描述运算速度，运算速度是衡量计算机性能的一项重要指标。主频的单位是 GHz，$1GHz=10^6Hz$。如 Intel 酷睿 i7 3770K 的主频为 3.5GHz，AMD FX 8150 的主频为 3.6GHz。

4. 运算速度

运算速度是指微机每秒钟能执行多少条指令。运算速度的单位用 MIPS（百万条指令/秒）。由于执行不同的指令所需的时间不同，因此，运算速度有不同的计算方法。现在多用各种指令的平均执行时间及相应指令的运行比例来综合计算运算速度，即用加权平均法求出等效速度，作为衡量微机运算速度的标准。

任务 2 认识计算机软件

没有配置任何软件的计算机称为"裸机",裸机不可能完成任何有实际意义的工作。软件是计算机系统必不可少的组成部分。软件是指程序、数据和相关文档的集合。计算机的软件系统包括操作系统软件、支撑软件和应用软件,如图 1-18 所示。

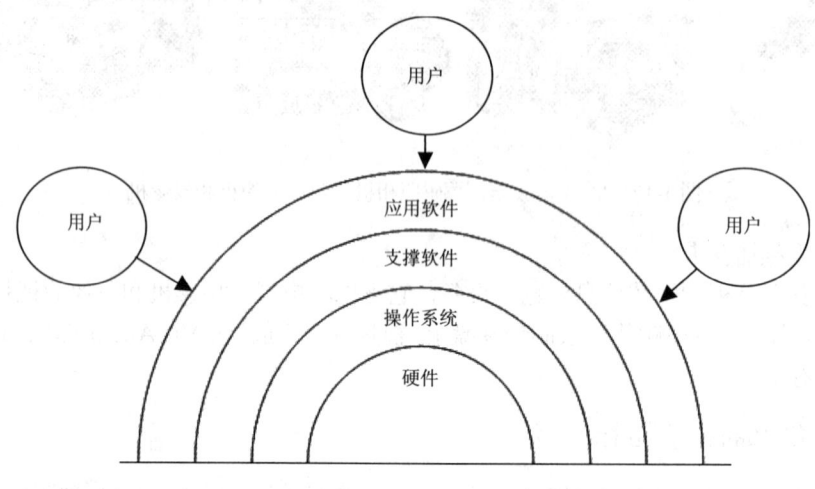

图 1-18 软件系统结构

（一）计算机软件简介

1. 系统软件

系统软件是计算机系统中最靠近硬件的软件。它与具体的应用无关,其他软件一般都是通过系统软件发挥作用的。系统软件的功能主要是对计算机硬件和软件进行管理,以充分发挥这些设备的效力,方便用户的使用。系统软件一般包括操作系统、语言处理程序、数据库管理系统等。

（1）操作系统。

操作系统是最基本、最重要的系统软件。它负责管理计算机系统的全部软件资源和硬件资源,合理地组织计算机各部分协调工作,为用户提供操作界面。常用的操作系统有 UNIX、Linux、Mac OS 和 Windows XP、Windows 7/8、Windows 10 等。我们将在模块 2 详细介绍 Windows 7 操作系统。

（2）计算机语言。

人与计算机交流信息所使用的语言称为计算机语言或程序设计语言。计算机语言可分为机器语言、汇编语言、高级语言三类。

（3）数据库管理系统。

数据库是存储在一起的相互有联系的数据的集合。它能为多个用户、多种应用所共享,又具有最小的冗余度;数据之间联系密切,又与应用程序没有联系,具有较高的数据独立性。数据库管理系统就是对这样一种数据库中的数据进行管理、控制的软件。它为用户提供了一套数据描述和操作语言,用户只须使用这些语言,就可以方便地建立数据库,并对数据进行存储、修改、增加、删除、查找。

2. 支撑软件

支撑软件是支持其他软件的编制和维护的软件。随着计算机应用的发展，软件的编制和维护在整个计算机系统中所占的比重已远远超过硬件。从提高软件的生产率，保证软件的正确性、可靠性和易于维护来看，支撑软件在软件开发中占有重要地位。广义地讲，可以把操作系统看作支撑软件，或者把支撑软件看作系统软件的一部分。但是随着支持大型软件开发而在20世纪70年代后期发展起来的软件支撑环境已和原来意义下的系统软件有很大的不同，它主要包括环境数据库和各种工具，例如测试工具、编辑工具、项目管理工具、数据流图编辑器、语言转换工具、界面生成工具等。

3. 应用软件

应用软件是为计算机在特定领域中的应用而开发的专用软件，例如文字处理软件、表格处理软件、绘图软件、各种信息管理系统、飞机订票系统、地理信息系统、CAD系统等。应用软件包括的范围是极其广泛的，可以这样说，哪里有计算机应用，哪里就有应用软件。我们将在模块3介绍文字处理软件Word 2010，在模块4介绍表格处理软件Excel 2010，在模块5介绍演示文稿制作软件PowerPoint 2010的使用。

应当指出，软件的分类并不是绝对的，而是相互交叉和变化的。例如系统软件和支撑软件之间就没有绝对的界限，所以习惯上也把软件分为两大类，即系统软件和应用软件。

（二）U盘安装操作系统

购置了一台计算机后，首先是必须安装系统软件才能使用计算机。购置的计算机如果有光驱，则可以采用光盘安装方法安装操作系统，这种方法比较简单。随着计算机USB接口的普及和存储设备的不断推陈出新，光驱成了可有可无的硬件设备，如果配置的计算机中没有安装光驱，则光盘安装操作系统就不能实现。本任务以"U启动"U盘安装系统为例为计算机安装Windows 7操作系统。

Windows系统文件一般分为两种格式：ISO格式（即后缀为.iso）和GHO格式（即后缀为.gho）。ISO格式的系统又分为Windows原版系统和封装的ghost系统两种。用解压工具解压开ISO文件后大约有600MB（Windows 7一般在2GB）以上的.gho文件（注意：只有ISO文件才可解压，gho文件则无需解压），那是封装好的ghost文件，U启动进入WinPE后，里面的"U启动一键装机"工具支持直接还原安装。如果解压以后没有大于600MB以上的GHO文件的则该系统为Windows原版系统，那么要用原版安装工具进行安装，主要有5个步骤。

第一步：制作前需要准备的软件和硬件。

（1）制作前需要准备一个U盘，建议容量8GB以上；

（2）下载U启动U盘制作软件；

（3）下载需要安装的ghost系统文件（建议使用Windows原版系统）。

第二步：用U启动将U盘制作成启动盘。

（1）在运行U启动主程序之前请尽量关闭杀毒软件和安全相关的软件。（本软件部分功能涉及对U盘的读写操作，部分杀毒软件的误报会导致程序报错!）下载好U启动软件后解压然后进行安装，安装完毕后（Windows XP系统下直接双击主程序运行，Windows Vista或者Windows 7/8系统请先点击右键"以管理员身份运行"。）

（2）插入 U 盘后待 U 启动识别到 U 盘详细信息后点击"一键制作启动 U 盘"按钮，程序会提示是否继续，确认所选 U 盘无重要数据后开始制作。

第三步：下载您需要的 GHO 系统文件并复制到 U 盘。

将你下载到的 GHO 系统文件或者文件后缀为.iso 的系统镜像包复制到 U 盘里面的"GHO"文件夹内，如果只是重新安装系统而无需格式化电脑上的其他分区，那也可将 GHO 系统文件或者文件后缀为.iso 的系统镜像包放在硬盘（系统盘除外）的其他分区中。

第四步：进入 BIOS 设置启动 U 盘顺序。

刚启动计算机时，在黑屏底部出现：press DEL to enter setup（不同的主板进入 BIOS 的方式不一样，请参看主板说明）时立即按键盘上的 Delete 键，就可以进入设置画面。在加载的界面用键盘方向键依次选择"Advanced BIOS FeaTRUEs→First boot device"，按 Enter 键后，将第一个启动项改为"USB"然后按 Enter 键。同样的做法，将第二启动项设置为"HARD DISK"从硬盘启动，安装好系统后可不用再设置"BIOS"了。设置好 BIOS 后，按 Esc 键返回到初始界面，选择"save&Esit setup"命令后按 Enter 键，弹出确认对话框，选择 yes 并按 Enter 键。如图 1-19、图 1-20、图 1-21 所示。

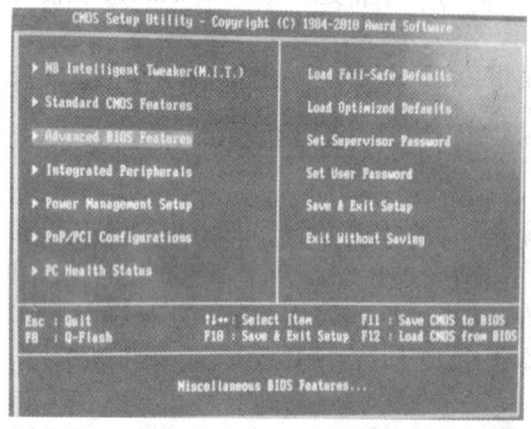

图 1-19　BIOS 高级设置

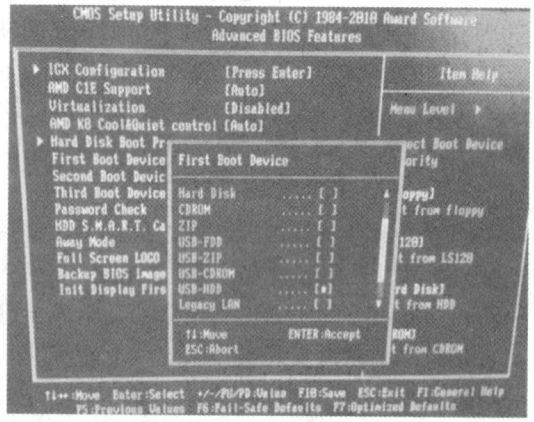

图 1-20　设置硬盘启动选项

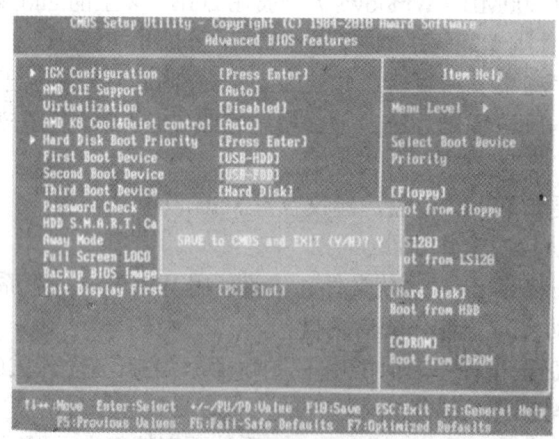

图 1-21　设置启动项为 USB 启动并保存

第五步：进入 Win PE 快速安装系统。

进入 PE 示意图，U 启动提供 3 款 WIN PE 系统供用户选择使用。如图 1-22 所示。

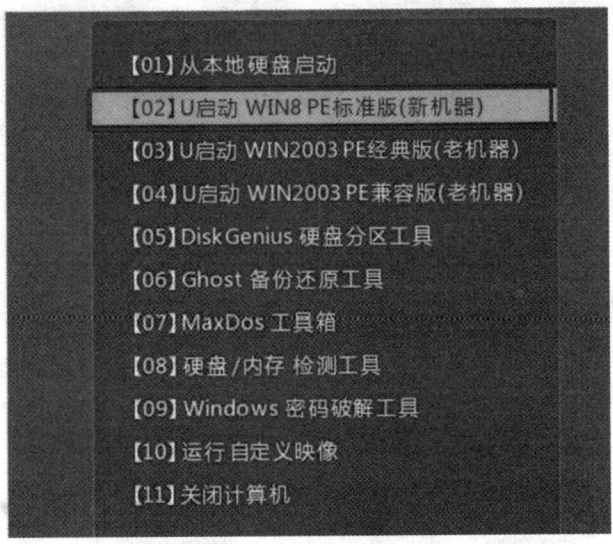

图 1-22　Win PE 快速安装系统

（1）安装 ghost 系统：进入 Win PE 系统后打开 U 启动智能装机工具，此工具运行后首先默认显示 U 盘里面储存的系统文件，如果没有找到您需要的系统文件，则请点击"更多"按钮将列出所有磁盘中可用的系统镜像文件，选择好以后单击"确定"按钮即可完成安装（选择安装磁盘默认 C 盘）。如图 1-23、图 1-24 所示。

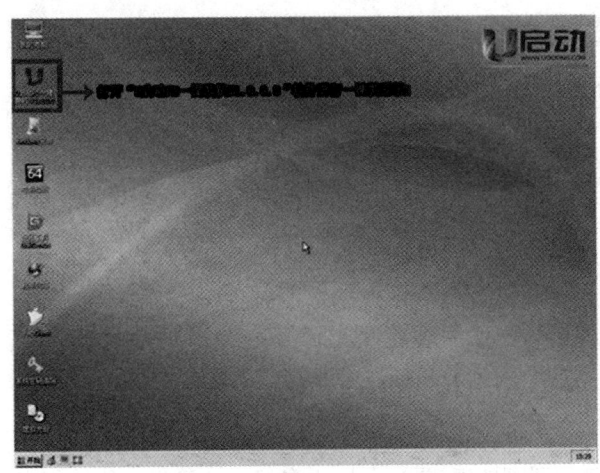
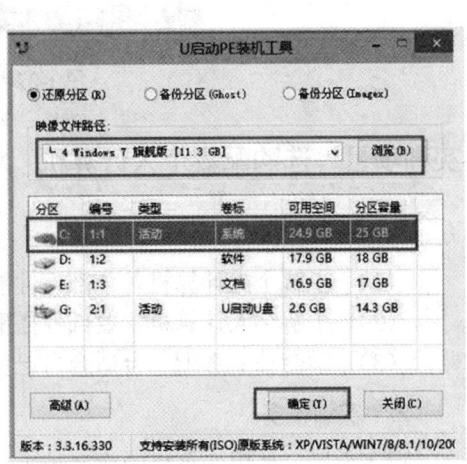

图 1-23　U 启动一键安装工具图　　　　图 1-24　U 启动自动加载原版镜像文件

（2）安装 Windows 原版系统：进入 Win PE 系统后首先打开原版系统存放目录找到原版系统文件，右键点击选择"加载 ImDisk 虚拟磁盘"打开装载磁盘如图 1-25、图 1-26、图 1-27 所示。

点击确定按钮进行装载，装载完后，打开"windows 安装"工具进行原版系统安装。

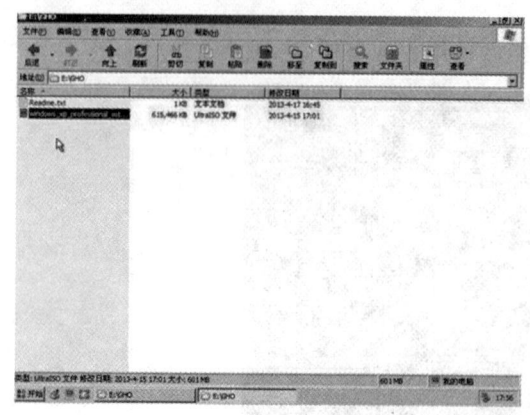

图 1-25 找到要安装的原版系统　　图 1-26 加载 ImDisk 虚拟磁盘

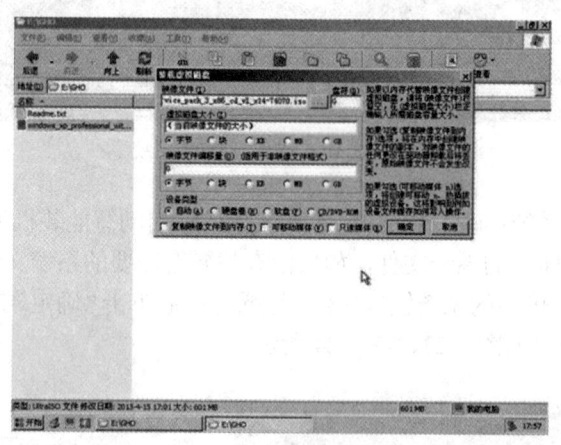

图 1-27 加载 ImDisk 虚拟磁盘

实训项目　选购配置个人计算机

1. 实训目标

（1）了解个人计算机各个部件性能指标，掌握各个部件的选购技巧。
（2）了解个人计算机主要部件搭配原则，熟悉组装流程。
（3）学会独立选配一台适合自己使用的个人计算机。

2. 实训任务

进入大学，使用计算机的频率越来越高，张明想配置一台属于自己的计算机，他希望自己的计算机性能既高价格又相对便宜，他需要：

（1）通过网络了解当前主流个人计算机各个部件性能、品牌和价格，借助各大 IT 门户网站提供的模拟攒机平台按自己的需求进行模拟攒机，制定配置单。

（2）到学校附近的电脑市场实地了解市场上个人计算机各个主流部件性能、品牌和价格，并与商家沟通了解更多信息。

（3） 根据多方信息，为自己配置一台经济实用的个人计算机。

3. 相关知识点

（1） 微型计算机的硬件系统。
（2） 多媒体计算机的硬件设备。

【知识链接】

信息在计算机中的表示

表面上千差万别的数据在计算机内部是怎样表示、存储和处理的？信息的主要用途有哪些？国际组织和相关机构对数据表示的标准有哪些？网页出现乱码是怎么产生的？如何解决？

（一）数制的基本概念

1. 数制的概念

数制是用一组固定的数字和一套统一的规则来表示数目的方法。按照进位方式计数的数制叫进位计数制。十进制即逢十进一，生活中也常常遇到其他进制，如六十进制（每分钟60秒、每小时60分钟，即逢60进1），十二进制，十六进制等。

人们日常生活中习惯使用十进制记数，计算机内部采用二进制处理信息，但是由于二进制数表示数值的位数较长，因此在书写时常采用八进制或十六进制。

2. 基数

基数是指该进制中允许选用的基本数码的个数。

十进制：基数为10，有10个计数符号：0、1、2、……9。运算规则是"逢十进一"。

二进制：基数为2，有2个计数符号：0和1。运算规则是"逢二进一"。

八进制：基数为8，有8个计数符号：0、1、2、……7。运算规则是"逢八进一"。

十六进制：基数为16，有16个计数符号：0~9，A，B，C，D，E，F。其中A~F对应十进制的10~15。运算规则是"逢十六进一"。

3. 位权

一个数码处在不同位置上所代表的值不同，如数字6在十位数位置上表示60，在百位数上表示600，而在小数点后1位表示0.6，可见每个数码所表示的数值等于该数码乘以一个与数码所在位置相关的常数，这个常数叫做位权。位权的大小是基数 R 的 i 次幂 R^i（i 为数码所在位置的序号）。不同的进制由于其进位的基数的不同，权值是不同的。十进制的个位数位置的位权是 10^0，十位数位置上的位权为 10^1，小数点后第1位的位权为 10^{-1}。

对于十进制数 $(34958.34)_{10}$，在小数点左边，从右向左，每一位对应权值分别为 10^0、10^1、10^2、10^3、10^4；在小数点右边，从左向右，每一位对应的权值分别为 10^{-1}、10^{-2}。

对于二进制数 $(100101.01)_2$，在小数点左边，从右向左，每一位对应的权值分别为 2^0、2^1、2^2、2^3、2^4；在小数点右边，从左向右，每一位对应的权值分别为 2^{-1}、2^{-2}。

4. 数值的按权展开式

十进制数 $(34958.34)_{10}=3×10^4+4×10^3+9×10^2+5×10^1+8×10^0+3×10^{-1}+4×10^{-2}$

二进制数 $(100101.01)_2 = 1\times2^5+0\times2^4+0\times2^3+1\times2^2+0\times2^1+1\times2^0+0\times2^{-1}+1\times2^{-2}$

一般而言，对于任意的 R 进制数 $a_{n-1}a_{n-2}\cdots a_1a_0a_{-1}\cdots a_{-m}$（其中 n 为整数位数，m 为小数位数），可以表示为下面的和式，该式称为该数的按权展开式：

$a_{n-1}\times R^{n-1}+a_{n-2}\times R^{n-2}+\cdots+a_1\times R^1+a_0\times R^0+a_{-1}\times R^{-1}+\cdots+a_{-m}\times R^{-m}$（其中 R 为基数）。

（二）二进制及其运算

在计算机内部几乎毫无例外地使用二进制来表示信息，这是因为：

（1）可行性。

采用二进制，只有 0 和 1 两个状态，能够表示 0、1 两种状态的电子器件很多，如开关的接通和断开，晶体管的导通和截止、磁元件的正负剩磁、电位电平的低与高等。使用二进制，电子器件具有实现的可行性。

（2）简易性。

二进制数的运算法则少，运算简单，使计算机运算器的硬件结构大大简化（十进制的乘法九九口诀表有 55 条公式，而二进制乘法只有 4 条规则）。

（3）逻辑性。

由于二进制 0 和 1 正好和逻辑代数的假（false）和真（true）相对应，有逻辑代数的理论基础，用二进制表示二值逻辑很自然。

1. 二进制数的算术运算

二进制数的算术运算与十进制数类似，但其运算规则更为简单，其规则见表 1-2。

表 1-2 二进制数的运算规则

加　　法	乘　　法	减　　法	除　　法
0+0=0	0×0=0	0−0=0	0÷0=（没有意义）
0+1=1	0×1=0	1−0=1	0÷1=0
1+0=1	1×0=0	1−1=0	1÷0=（没有意义）
1+1=10（逢二进一）	1×1=1	0−1=1（借一当二）	1÷1=1

2. 二进制数的逻辑运算

逻辑运算的结果只有"真"或"假"两个值，一般用"1"表示真，用"0"表示假。逻辑值的每一位表示一个逻辑值，逻辑运算是按对应位进行的，每位之间相互独立，不存在进位和借位关系，运算结果也是逻辑值。

基本的逻辑运算有"或"、"与"和"非"三种，其他复杂的逻辑关系都可以由这三种基本的逻辑运算组合而得到。

"或"运算符可用+、OR、∪或∨表示。逻辑"或"的运算规则如下：

　　0+0=0　　　　0+1=1　　　　1+0=1　　　　1+1=1

即两个逻辑位进行"或"运算，只要有一个为"真"，逻辑运算的结果为"真"。

"与"运算符可用 AND、•、×、∩或∧表示。逻辑"与"的运算规则如下：

　　0×0=0　　　　0×1=0　　　　1×0=0　　　　1×1=1

即两个逻辑位进行"与"运算，只要有一个为"假"，逻辑运算的结果便为"假"。

"非"运算常在逻辑变量上加一横线表示。逻辑"非"的运算规则如下:

$$\bar{1}=0 \qquad \bar{0}=1$$

即对逻辑位求反。

(三)不同数制间的转换

1. R 进制到十进制的转换

任意 R 进制数到十数制数的转换采用写出按权展开式,并按十进制计算方法算出结果的方法。

例1 二进制数$(100101.01)_2=1×2^5+0×2^4+0×2^3+1×2^2+0×2^1+1×2^0+0×2^{-1}+1×2^{-2}=(37.25)_{10}$
八进制数$(1325.24)_8=1×8^3+3×8^2+2×8^1+5×8^0+2×8^{-1}+4×8^{-2}=(725.3125)_{10}$
十六进制数$(2BA.4)_{16}=2×16^2+11×16^1+10×16^0+4×16^{-1}=(698.25)_{10}$

2. 十进制数转换为 R 进制数

十数制数到任意 R 进制数的转换采用基数乘除法,整数和小数部分须分别遵守不同的转换规则。对于整数部分:采用除 R 取余,逆序排列的方法,即整数部分不断除以 R 取余数,直到商为 0 为止,最先得到的余数为最低位,最后得到的余数为最高位。对小数部分:采用乘 R 取整,顺序排列的方法,即小数部分不断乘以 R 取整数,直到小数为 0 或达到有效精度为止,最先得到的整数为最高位(最靠近小数点),最后得到的整数为最低位。

为了将一个既有整数部分又有小数部分的十进制数转换成 R 进制数,可以将其整数部分和小数部分分别转换,然后再组合。

3. 二进制数与为八、十六进制数间的转换

八进制和十六进制的基数 8 和 16 都是 2 的整数次幂,因此 3 位二进制数相当于 1 位八进制数,4 位二进制数相当于 1 位十六进制数(见表 1-3),它们之间的转换关系也相当简单。将二进制数转换成八(或十六)进制数时,以小数点为中心分别向两边分组,每 3(或 4)位为一组,整数部分向左分组,不足位数左补 0。小数部分向右分组,不足部分右边加 0 补足,然后将每组二进制数转化成对应的八(或十六)进制数即可。将八、十六进制数转换为二进制时,方法类似,只需将每位八(或十六)进制数展开为 3(或 4)位二进制数即可。转换结果中,整数前的高位零和小数后的低位零均可取消。

(四)计算机中数据的编码

1. 数据

数据是描述客观事物的、能够被识别的各种物理符号,包括字符、符号、表格、声音和图形、图像等。数据有两种形式。一种形态为人类可读形式的数据,简称人读数据。例如图书资料、音像制品等,都是特定的人群才能理解的数据。一种形式为机器可读形式的数据,简称机读数据。如印刷在物品上的条形码,录制在磁带、磁盘、光盘上的数码,穿在纸带和卡片上的各种孔等,都是通过特制的输入设备将这些信息传输给计算机处理,它们都属于机器可读数据。显然,机器可读数据使用了二进制数据的形式。

表 1-3 二进制、八进制、十六进制数的对应关系表

二进制	八进制	二进制	十六进制	二进制	十六进制
000	0	0000	0	1000	8
001	1	0001	1	1001	9
010	2	0010	2	1010	A
011	3	0011	3	1011	B
100	4	0100	4	1100	C
101	5	0101	5	1101	D
110	6	0110	6	1110	E
111	7	0111	7	1111	F

2. 数据的单位

计算机中数据的常用单位有位、字节和字。

（1）位（Bit）。

计算机采用二进制，运算器运算的是二进制数，控制器发出的各种指令也表示成二进制数，存储器中存放的数据和程序也是二进制数，在网络上进行数据通信时发送和接收的还是二进制数。显然，在计算机内部到处都是由 0 和 1 组成的数据流。

计算机中最小的数据单位是二进制的一个数位，简称为位（英文名称为 bit，读作比特）。计算机中最直接、最基本的操作就是对二进制位的操作。

（2）字节（Byte）。

字节（Byte，简写为 B）是计算机中用来表示存储空间大小的基本容量单位。1 个字节由 8 个二进制数位组成。1Byte（字节）=8Bit（位），1KB（千字节）=1024B=2^{10}B，1MB（兆字节）=1024KB，1GB（十亿字节）=1024MB。

注意位与字节的区别：位是计算机中最小数据单位，字节是计算机中基本数据单位。

（3）字（Word）。

在计算机中，一般用若干个二进制位表示一个数或一条指令，把它们作为一个整体来处理、存储和传送。这种作为一个整体来处理的二进制位串，称为计算机字。每个字中二进制位数的长度，称为字长。一个字由若干个字节组成，不同的计算机系统的字长是不同的，常见的有 8 位、16 位、32 位、64 位等，字长越长，计算机一次处理的信息位就越多，精度就越高，字长是计算机性能的一个重要指标。

计算机是以字为单位进行处理、存储和传送的，所以运算器中的加法器、累加器以及一些寄存器，都选择与字长相同位数。字长一定，则计算机数据字所能表示的数的范围也就确定了。例如 8 位字长计算机，它可表示的无符号整数的最大值是 $(11111111)_2=(255)_{10}$。

注意字与字长的区别：字是单位，而字长是指标，指标需要用单位去衡量。正如生活中重量与公斤的关系，公斤是单位，重量是指标，重量需要用公斤加以衡量。

3. 常用的数据编码

数据要以规定好的二进制形式表示才能被计算机进行处理，这些规定的形式就是数据的编码。对于数值数据，可以方便地将它们转换成二进制数，以便计算机处理，但是对于字符、汉字、声音和图像等非数值数据，在计算机中也必须用二进制来编码。下面介绍几种常用的

数据编码。

（1）BCD 码。

因为二进制数不直观，于是在计算机的输入和输出时通常还是用十进制数。但是计算机只能使用二进制数编码，所以另外规定了一种用二进制编码表示十进制数的方式，即每1位十进制数数字对应4位二进制编码，称 BCD 码（Binary Coded Decimal——二进制编码的十进制数），又称 8421 码。表 1-4 是十进制数 0 到 9 与其 BCD 码的对应关系。

表 1-4　BCD 编码表

十进制数	BCD 码	十进制数	BCD 码
0	0000	5	0101
1	0001	6	0110
2	0010	7	0111
3	0011	8	1000
4	0100	9	1001

（2）ASCII 编码。

字符必须按规定好的二进制码表示，计算机才能处理。对西文字符，目前普遍采用的是 ASCII 码（American Standard Code for Information Interchange——美国标准信息交换码），ASCII 码虽然是美国国家标准，但它已被国际标准化组织（ISO）认定为国际标准。

标准的 ASCII 码是 7 位码（见表 1-5），用一个字节表示，最高位总是 0，可以表示 128 个字符。前 32 个码和最后一个码通常是计算机系统专用的，代表一个不可见的控制字符。数字字符 0 到 9 的 ASCII 码是连续的，从 30H 到 39H（H 表示是十六进制数）；大写字母 A 到 Z 和小写英文字母 a 到 z 的 ASCII 码也是连续的，分别从 41H 到 54H 和从 61H 到 74H。例如：A 的 ASCII 码为 1000001，即 ASC（A）=65；a 的 ASCII 码为 1100001，即 ASC（a）=97。

扩展的 ASCII 码是 8 位码，也是一个字节表示，其前 128 个码与标准的 ASCII 码是一样的，后 128 个码（最高位为 1）则有不同的标准，并且与汉字的编码有冲突。

（3）汉字编码。

计算机处理汉字信息时，由于汉字具有特殊性，因此汉字的输入、存贮、处理及输出过程中所使用的汉字代码不相同，有用于汉字输入的输入码，用于机内存贮和处理的机内码，用于输出显示和打印的字模点阵码（或称字形码）。

① 汉字字符集标准。

A.《信息交换用汉字编码字符集·基本集》是我国于 1980 年制定的国家标准 GB2312—80，称为国标码，是国家规定的用于汉字信息处理使用的代码的依据。GB2312—80 中规定了信息交换用的 6763 个汉字和 682 个非汉字图形符号（包括几种外文字母、数字和符号）的代码。6763 个汉字又按其使用频度、组词能力以及用途大小分成一级常用汉字 3755 个，二级常用汉字 3008 个。此标准的汉字编码表有 94 行、94 列，其行号称为区号，列号称为位号。双字节中，用高字节表示区号，低字节表示位号。非汉字图形符号置于第 1~11 区，一级汉字 3755 个置于第 16~55 区，二级汉字 3008 个置于第 56~87 区。

表 1-5 7 位 ASCII 码表

b4	b3	b2	b1	b7 b6 b5 列 行	0 0 0 0	0 0 1 1	0 1 0 2	0 1 1 3	1 0 0 4	1 0 1 5	1 1 0 6	1 1 1 7
0	0	0	0	0	NUL	DLE	SP	0	③	P	③	p
0	0	0	1	1	SOH	DC1	!	1	A	Q	a	q
0	0	1	0	2	STX	DC2	"	2	B	R	b	r
0	0	1	1	3	ETX	DC3	#	3	C	S	c	s
0	1	0	0	4	EOF	DC4	$	4	D	T	d	t
0	1	0	1	5	ENQ	NAK	%	5	E	U	e	u
0	1	1	0	6	ACK	SYN	&	6	F	V	f	v
0	1	1	1	7	BEL	ETB	'	7	G	W	g	w
1	0	0	0	8	BS	CAN	(	8	H	X	h	x
1	0	0	1	9	HT	EM	)	9	I	Y	i	y
1	0	1	0	10	LF	SUB	*	:	J	Z	j	z
1	0	1	1	11	CR	ESC	+	;	K	[	k	{
1	1	0	0	12	VT	IS4	,	<	L	\	l	|
1	1	0	1	13	CR	IS3	-	=	M	]	m	}
1	1	1	0	14	SO	IS2	.	>	N	^	n	~
1	1	1	1	15	SI	IS1	/	?	O	_	o	DEL

B．BIG5 字符集是 1984 年由中国台湾财团法人信息工业策进会和五家软件公司宏碁（Acer）、神通（MiTAC）、佳佳、零壹（Zero One）、大众（FIC）创立，故称大五码。Big5 字符集共收录 13 053 个中文字。Big5 码使用了双字节储存方法，第一个字节称为"高位字节"，第二个字节称为"低位字节"。高位字节的编码范围 0xA1～0xF9，低位字节的编码范围 0x40～0x7E 及 0xA1～0xFE。

C．《信息交换用汉字编码字符集基本集的扩充》是我国政府于 2000 年 3 月 17 日发布的新的汉字编码国家标准 GB18030—2000，2001 年 8 月 31 日后在中国市场上发布的软件必须符合本标准。GB 18030 字符集标准解决汉字、日文假名、朝鲜语和中国少数民族文字组成的大字符集计算机编码问题。该标准的字符总编码空间超过 150 万个编码位，收录了 27484 个汉字，覆盖中文、日文、朝鲜语和中国少数民族文字。满足中国大陆、中国香港、中国台湾、日本和韩国等东亚地区信息交换多文种、大字量、多用途、统一编码格式的要求，并与 Unicode 3.0 版本兼容，并且与以前的国家字符编码标准（GB2312，GB13000.1）兼容。GB 18030 标准采用单字节、双字节和四字节三种方式对字符编码。

D．Unicode 字符集编码是 Universal Multiple-Octet Coded Character Set 通用多八位编码字符集的简称，支持现今世界各种不同语言的书面文本的交换、处理及显示。UTF-8 是 Unicode 的其中一个使用方式。UTF-8 便于不同的计算机之间使用网络传输不同语言和编码的文字，使得双字节的 Unicode 能够在现存的处理单字节的系统上正确传输。UTF-8 使用可变长度字节来储存 Unicode 字符，如 ASCII 字母继续使用 1 字节储存，重音文字、希腊字母或西里尔字母等使用 2 字节来储存，而常用的汉字就要使用 3 字节。辅助平面字符则使用 4 字节。

② 汉字的机内码。

汉字的机内码是供计算机系统内部进行存储、加工处理、传输统一使用的代码，又称为汉字内部码或汉字内码。不同的系统使用的汉字机内码有可能不同。目前使用最广泛的一种为两个字节的机内码，俗称变形的国标码。这种格式的机内码是将国标 GB2312—80 交换码的两个字节的最高位分别置为 1 而得到的。其最大优点是机内码表示简单，且与交换码之间有明显的对应关系，同时也解决了中西文机内码存在二义性的问题。例如"中"的国标码为十六进制 5650（01010110 01010000），其对应的机内码为十六进制 D6D0（11010110 11010000），同样，"国"字的国标码为 397A，其对应的机内码为 B9FA。

③ 汉字的输入码（外码）。

汉字输入码是为了利用现有的计算机键盘，将形态各异的汉字输入计算机而编制的代码。目前在我国推出的汉字输入编码方案很多，其表示形式大多用字母、数字或符号。编码方案大致可以分为：以汉字发音进行编码的音码，例如全拼码、简拼码、双拼码等；按汉字书写的形式进行编码的形码，例如五笔字型码。也有音形结合的编码，例如自然码。

④ 汉字的字形码。

汉字字形码是汉字字库中存储的汉字字形的数字化信息，用于汉字的显示和打印。目前汉字字形的产生方式大多是以点阵方式形成汉字。因此，字形码主要是指字形点阵的代码。

汉字字形点阵有 16×16 点阵、24×24 点阵、32×32 点阵、64×64 点阵、96×96 点阵、128×128 点阵、256×256 点阵等。一个汉字方块中行数、列数分得越多，描绘的汉字也就越细微，但占用的存储空间也就越多。汉字字形点阵中每个点的信息要用一位二进制码来表示。对 16×16 点阵的字表码，需要用 32 个字节（16×16÷8=32）表示；24×24 点阵的字形码需要用 72 个字节表示。汉字字库是汉字字形数字化后，以二进制文件形式存储在存储器中而形成的汉字字模库。汉字字模库亦称汉字字形库，简称汉字字库。

注意： 国标码用 2 个字节表示 1 个汉字，每个字节只用后 7 位。计算机处理汉字时，不能直接使用国标码，而要将最高位置成 1，变换成汉字机内码，其原因是为了区别汉字码和 ASCII 码，当最高位是 0 时，表示为 ASCII 码，当最高位是 1 时，表示为汉字码。

（五）数据转换举例

1. 二进制的算术运算

例2 二进制数1001与1011相加。

算式：

$$
\begin{array}{r}
1\ 0\ 0\ 1 \quad \cdots\cdots (9)_{10} \\
+\ 1\ 0\ 1\ 1 \quad \cdots\cdots (11)_{10} \\
\hline
1\ 0\ 1\ 0\ 0 \quad \cdots\cdots (20)_{10}
\end{array}
$$

结果：$(1001)_2 + (1011)_2 = (10100)_2$

可以看出，两个二进制数相加时，逢二向高位进一。

例3 二进制数11000001与00101101相减。

算式：

$$\begin{array}{r} 1\ 1^10^10^10^1\ 0\ 0\ 1 \\ -\ 0\ 0\ 1\ 0\ 1\ 1\ 0\ 1 \\ \hline 1\ 0\ 0\ 1\ 0\ 1\ 0\ 0 \end{array} \quad \begin{array}{l} \cdots\cdots(193)_{10} \\ \cdots\cdots(45)_{10} \\ \cdots\cdots(148)_{10} \end{array}$$

结果：$(11000001)_2 - (11000001)_2 = (10010100)_2$

可以看出，两个二进制数相减时，从高位借一当二。

2. 二进制的逻辑运算

例4 如果A=1001111，B=(1011101)；求 A+B。

步骤如下：

$$\begin{array}{r} 1\ 0\ 0\ 1\ 1\ 1\ 1 \\ +\ 1\ 0\ 1\ 1\ 1\ 0\ 1 \\ \hline 1\ 0\ 1\ 1\ 1\ 1\ 1 \end{array}$$

结果：A+B=1001111+1011101=1011111

例5 如果A=1001111，B=(1011101)，求A×B。

步骤如下：

$$\begin{array}{r} 1\ 0\ 0\ 1\ 1\ 1\ 1 \\ \times\ 1\ 0\ 1\ 1\ 1\ 0\ 1 \\ \hline 1\ 0\ 0\ 1\ 1\ 0\ 1 \end{array}$$

结果：A·B=1001111×101101=1001101

3. 十进制数转换为 R 进制数

例6 将$(35.25)_{10}$转换成二进制数。

整数部分：

		取余数	
2	35		低 ↑
2	17	1	
2	8	1	
2	4	0	
2	2	0	
2	1	0	
	0	1	高

注意：第一次得到的余数是二进制数的最低位，最后一次得到的余数是二进制数的最高位。

小数部分：

	取整数	
0.25		高 ↑
× 2	0	
0.50		
× 2		
1.00	1	低 ↓

所以，$(35.25)_{10} = (100011.01)_2$

注意：一个十进制小数不一定能完全准确地转换成二进制小数，这时可以根据精度要求只转换到小数点后某一位为止即可。将其整数部分和小数部分分别转换，然后组合起来得到。

例7 将十进制数$(1725.32)_{10}$转换成八进制数（转换结果取3位小数）。

整数部分：

```
8 | 1725    取余数      低 ↑
8 |  215      5
8 |   26      7
8 |    3      2
       0      3         高
```

小数部分：

```
        0.32      取整数     高
      ×   8
        2.56        2
      ×   8
        4.48        4
      ×   8
        3.84        3        低 ↓
```

所以，$(1725.32)_{10} = (3275.243)_8$

例8 将$(237.45)_{10}$转换成十六进制数（取3位小数）。

整数部分：

```
16 | 237     取余数         低 ↑
16 |  14      13    D
        0     14    E       高
```

小数部分：

```
        0.45     取整数       高
      × 16
        7.20       7
      × 16
        3.20       3
      × 16
        3.20       3         低 ↓
```

所以，$(237.45)_{10} = (ED.733)_{16}$

4. 十进制数转换为R进制数

例9 将二进制数$(11101110.00101011)_2$转换成八进制和十六进制数。

$$(\underset{3}{011}\ \underset{5}{101}\ \underset{6}{110}\ .\ \underset{1}{001}\ \underset{2}{010}\ \underset{6}{110})_2 = (356.126)_8$$

$$(\underset{E}{1110}\ \underset{E}{1110}\ .\ \underset{2}{0010}\ \underset{B}{1011})_2 = (EE.2B)_{16}$$

例10 将八进制数（714.431）$_8$ 和十六进制数（43B.E5）$_{16}$ 转换为二进制数。

$$(714.431)_8 = (\underset{7}{111}\ \underset{1}{001}\ \underset{4}{100}\ .\ \underset{4}{100}\ \underset{3}{011}\ \underset{1}{001})_2$$

$$(43B.E5)_{16} = (\underset{4}{0100}\ \underset{3}{0011}\ \underset{B}{1011}\ .\ \underset{E}{1110}\ \underset{5}{0101})_2$$

各种进制转换中，最为重要的是二进制与十进制之间的转换计算，以及八、十六进制与二进制的直接对应转换。

案例二 互联网及应用

【任务描述】

晓明所在的宿舍有四台电脑和两台笔记本电脑，大家想用同一台 ADSL Modem 上网，共享 Internet 资源。那么他们如何在宿舍内组建一个小型局域网？又如何接入互联网呢？与互联网相关的知识都有哪些呢？互联网的常见应用有哪些？

【任务分析】

小型局域网可分为有线局域网和无线局域网，较为简单的是无线局域网的组建，省去了布线的工作，但要配备无线网卡。本任务是关于小局域网络的组建，采用星型拓扑结构布局，简单易用，重点是配备一个无线路由器或交换机。同时通过运营商提供的"猫"以及相关账号和密码进行配置后上网。要想实现这些，先需要了解和互联网相关的内容。

【实施方案】

任务1 认识互联网

（一）互联网基础知识

1. 计算机网络

所谓计算机网络是利用通信设备和通信线路将分布在不同地理位置上的具有独立功能的多个计算机系统相互连接起来，在网络软件的支持下在各个计算机之间实现数据传输及资源共享的系统，计算机网络是计算机技术与通信技术相结合的产物。

2. 计算机网络的组成

从系统功能的角度看，计算机网络主要由资源子网和通信子网两部分组成。资源子网与通信子网的关系如图 1-28 所示。

资源子网主要包括：联网的计算机、终端、外部设备、网络协议以及网络软件等。其主要任务是收集、存储和处理信息，为用户提供网络服务和资源共享功能等。

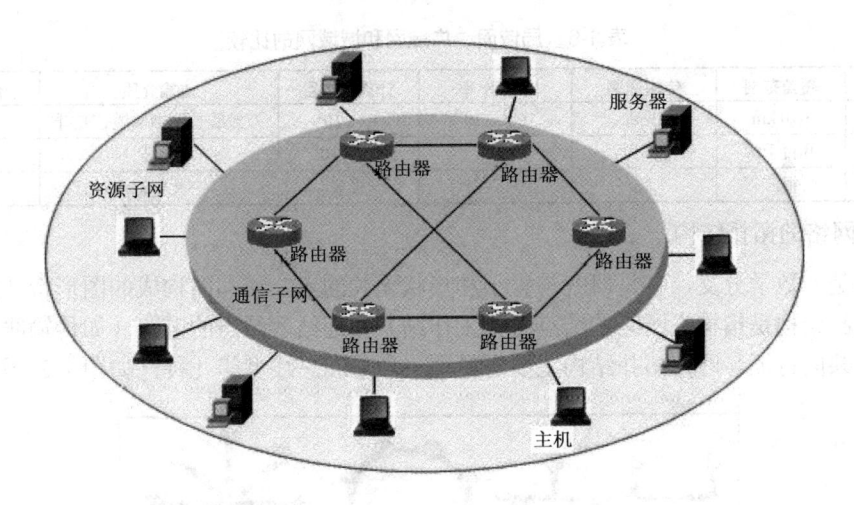

图 1-28　计算机网络的通信子网和资源子网

通信子网即把各站点互相连接起来的数据通信系统，主要包括通信线路（即传输介质）、网络连接设备（如路由器、交换机）、网络协议和通信控制软件等。其主要任务是连接网上的各种计算机，完成数据的传输、交换和通信处理。

3. 计算机网络的分类

计算机网络的分类标准很多。

按计算机网络的拓扑结构分类可分为星型、总线型、环型、树型、混合型网络等；按网络的交换方式分类可分为电路交换、报文交换、分组交换网络；按网络的传输介质分类可分为双绞线、同轴电缆、光纤、无线网络等；按网络信道分类可分为窄带网络和宽带网络；按网络的用途分类可分为教育、科研、商业、企业网络等。但是，各种分类标准只能从某一方面反映网络的特征。按网络覆盖的地理范围（距离）进行分类是最普遍的分类方法，它能较好地反映出网络的本质特征。依照这种方法，可把计算机网络分为三大类：局域网、广域网和城域网。

（1）局域网。

局域网 LAN（Local Area Network），是一种在小区域内使用的网络，其传送距离一般在几公里之内，最大距离不超过 10 公里。它是在微型计算机大量推广后被广泛使用的，适合于一个部门或一个单位组建的网络，例如：在一个办公室，一幢大楼或校园内，成本低，容易组网；易管理，使用灵活方便，所以，深受广大用户的欢迎。

（2）广域网。

广域网 WAN（Wide Area Network），是跨城市、跨地区甚至跨国家建立的计算机网络，其覆盖地理范围比局域网要大得多，也叫远程网络，可从几十公里到几千甚至几万公里，可以使用电话线、微波、卫星或者它们的组合信道进行通信。

（3）城域网。

城域网 MAN（Metropolitan Area Network），是建立在一个城市范围内的网络，也叫都市网，其覆盖地理范围介于局域网和广域网之间，一般为几公里到几十公里。

局域网、广域网和城域网的比较如表 1-6 所示。

表 1-6　局域网、广域网和城域网的比较

类　型	覆盖范围	传输速率	误码率	计算机数目	传输介质	所 有 者
LAN	<10 km	很高	$10^{-11} \sim 10^{-8}$	$10 \sim 10^3$	双绞线、同轴电缆、光纤	专用
MAN	几百千米	高	$<10^{-9}$	$10^2 \sim 10^4$	光纤	共/专
WAN	很广	低	$10^{-7} \sim 10^{-6}$	极多	公共传输网	共用

4. 网络的拓扑结构

拓扑是一数学分支，它是研究与大小和形状无关的点、线和面构成的图形特征的方法。网络的拓扑结构是指构成网络的结点（如工作站）和连结各结点的链路（如传输线路）组成的图形的共同特征。网络拓扑结构主要有星型、环形和总线型等几种，如图 1-29 所示。

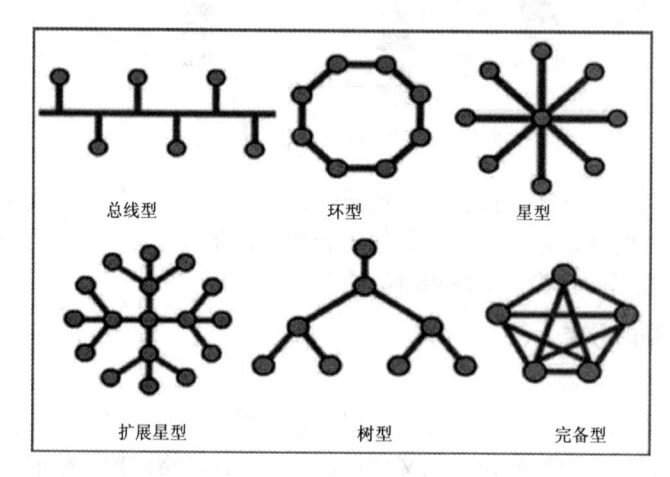

图 1-29　网络的拓扑结构

5. 计算机网络系统的功能

建立计算机网络的基本目的是实现数据通信和资源共享，其主要功能有以下几个方面。

（1）数据通信。

数据通信即数据传输和交换，是计算机网络的最基本功能之一。从通信角度看，计算机网络其实是一种计算机通信系统，其本质上是数据通信的问题。

（2）资源共享。

资源共享指的是网上用户能够部分或全部地使用计算机网络资源，使计算机网络中的资源互通有无、分工协作，从而大大地提高各种资源的利用率。资源共享主要包括硬件、软件和数据资源，它是计算机网络的最基本功能之一。

（3）提高计算机系统的可靠性和可用性。

计算机网络是一个高度冗余、容错的计算机系统。联网的计算机可以互为备份，一旦某台计算机发生故障，则另一台计算机可替代它继续工作。更重要的是，由于数据和信息资源存放在不同地点，因此可防止由于故障而无法访问或由于灾害造成数据破坏。

（4）易于进行分布处理。

在计算机网络中，每个用户可根据情况合理选择计算机网内的资源，以就近的原则快速地处理。对于较大型的综合问题，在网络操作系统的调度和管理下，网络中的多台计算机可协同工作来解决，从而达到均衡网络资源、实现分布式处理的目的。

6. 计算机网络协议和网络体系结构

计算机网络中的计算机要进行通信，必须使它们遵循相同的信息交换规则。我们把在计算机网络中用于规定交换信息的格式以及如何发送和接收信息的一整套规则称为网络协议或通信协议。协议组成的三个要素是语法、语义和时序。

语法规定了进行网络通信时，数据的传输和存储格式，以及通信中需要哪些控制信息，它解决"怎么讲"的问题。

语义规定了控制信息的具体内容，以及发送主机或接收主机所要完成的工作，它解决"讲什么"的问题。

时序规定计算机操作的执行顺序，以及通信过程中的速度匹配，解决"顺序和速度"的问题。

网络设计者为了降低网络协议设计的复杂性，采用了把整个问题划分为若干层次的许多小问题，然后逐一解决每个层次的小问题的方法来设计协议，这种划分层次的方法叫作开发网络协议的分层模型，这种方法能够简化网络协议的设计、分析、编码和测试。

计算机网络各层次及其协议的集合称为网络体系结构。

各计算机厂家都在研究和发展计算机网络体系，相继发表了本厂家的网络体系结构。为了把这些计算机网络互连起来，达到相互交换信息、资源共享、分布应用，ISO（国际标准化组织）提出了OSI/RM（开放系统互连参考模型）。该参考模型将计算机网络体系结构划分为七个层次，其草案建议于1980年提出供讨论，1982年4月形成国际标准草案，作为发展计算机网络的指导标准。

（二）Internet概述

1. Internet的概念

Internet，中文译名为因特网。因特网是一个建立在网络互连基础上的网际网，被称为信息高速公路，是一个全球性的巨大的信息资源库。它将全世界成千上万的局域网和广域网按照统一的协议连接起来，使得每一台接入因特网的计算机可以共享网上巨大的资源，可以在整个网络中自由地传送信息，它缩短了人们的生活距离，把世界变得更小了，使得千百年来人们梦寐以求的"千里眼顺风耳"及"天涯若比邻"真正成为现实。不言而喻，掌握因特网的使用已逐渐成为现代人的必需。

2. TCP/IP协议

因特网是通过路由器（Router）或网关（Gateway）将不同类型的物理网络互连在一起的虚拟网络。它采用TCP/IP协议控制各网络之间的数据传输，采用分组交换技术传输数据。

TCP/IP是用于计算机通信的一组协议，而TCP和IP是这众多协议中最重要的两个核心协议。

（1）IP（Internet Protocol）协议。

它位于网间层，主要将不同格式的物理地址转换为统一的IP地址，将不同格式的帧转换为"IP数据报"，向TCP协议所在的传输层提供IP数据报，实现无连接数据报传送；IP的另一个功能是数据报的路由选择，简单说，路由选择就是在网上从一端点到另一端点的传输路径的选择，将数据从一地传输到另一地。

（2）TCP（Transmission Control Protocol）协议。

它位于传输层，主要向应用层提供面向连接的服务，确保网上所发送的数据报可以完整地接收，一旦数据报丢失或破坏，则由 TCP 负责将丢失或破坏的数据报重新传输一次，实现数据的可靠传输。

3. IP 地址及域名

（1）IP 地址。

为了信息能准确传送到网络的指定站点，像每一部电话具有一个唯一的电话号码一样，各站点的主机（包括路由器和网关）都必须有一个唯一的可以识别的地址，称为 IP 地址。

（2）域名。

域名的实质就是用一组具有助记功能的英文简写名代替的 IP 地址。为了避免重名，主机的域名采用层次结构，各层次的子域名之间用圆点"·"隔开，从右至左分别为第一级域名（也称最高级域名）、第二级域名、…、直至主机名（最低级域名）。其结构为：

主机名·…·第二级域名·第一级域名

关于域名应该注意以下几点。

只能以字母字符开头，以字母字符或数字字符结尾，其他位置可用字符、数字、连字符或下划线；域名中大小写字母视为相同；各子域名之间以圆点分开；域名中最左边的子域名通常代表机器所在单位名，中间各子域名代表相应层次的区域，第一级子域名是标准化了的代码，常用的第一级子域名标准代码见表 1-7。整个域名长度不得超过 255 个字符。

域名和 IP 地址都是表示主机的地址，就好像一条大街上的一个商店，既可以通过门牌号又可以通过商店名找到它。如通过域名 www.baidu.com 或 IP 地址 202.108.22.5 都可以访问百度的主页。从域名到 IP 地址或从 IP 地址到域名的转换由域名服务器 DNS（Domain Name Server）完成。

国际上，第一级域名采用通用的标准代码，它分组织机构和地理模式两类。由于因特网诞生在美国，因此其第一级域名采用组织机构域名，而美国以外的其他国家，都用主机所在的国家或地区的名称（由两个字母组成，表 1-8 列出了部分国家和地区的域名），作为第一级域名。

表 1-7 常用一级子域名的标准代码

域名代码	意　义	域名代码	意　义
COM	商业组织	NET	主要网络支持中心
EDU	教育机构	ORG	其他组织
GOV	政府机关	MIL	军事部门

表 1-8 部分国家和地区的域名

域　名	国家和地区	域　名	国家和地区	域　名	国家和地区
Au	澳大利亚	fl	芬兰	Nl	荷兰
Be	比利时	Fr	法国	No	挪威
Ca	加拿大	Hk	中国香港	Nz	新西兰
Ch	瑞士	Ie	爱尔兰	Ru	俄罗斯
Cn	中国	In	印度	Se	瑞典
De	德国	It	意大利	Tw	中国台湾
Dk	丹麦	Jp	日本	Uk	英国
es	西班牙	Kp	韩国	Us	美国

根据《中国互联网络域名注册暂行管理办法》规定，我国的第一级域名是 CN，次级域名也分类别域名和地区域名，共计 40 个。类别域名有：AC 表示科研院所及科技管理部门，GOV 表示国家政府部门，ORG 表示各社会团体及民间非营利组织，NET 表示互联网络，COM 表示工、商和金融等企业，EDU 表示教育单位等 6 个。地区域名有 34 个"行政区域名"如 BJ（北京市）、SH（上海市）、TJ（天津市）、CQ（重庆市）、FJ（福建省）等。

例如：pku.edu.cn 是北京大学的一个域名，tsinghua.edu.cn 是清华大学的一个域名，ox.ac.uk 是牛津大学的域名，huanghuai.edu.cn 是黄淮学院域名。

在因特网中，由相应的软件把域名换成 IP 地址。所以在使用上，IP 地址和域名是等值的。IP 地址和域名是在因特网的使用中经常遇到的。

（3）中文域名。

用英文字母表示域名对于不懂英文的用户来讲很不方便，2000 年 11 月 7 日，CNNIC（中国互联网络信息中心）中文域名系统开始正式注册。现在 CNNIC 将同时为用户提供"中国"、"公司"和"网络"结尾的纯中文域名注册服务。其中注册"中国"的用户将自动获得"CN"的中文域名，如注册"清华大学·中国"，将自动获得"清华大学·CN"。

（4）子网及子网掩码。

子网是指在 IP 地址上生成的逻辑网络，它使用源于单个 IP 地址的 IP 寻址方案，把一个网络分成多个子网，要求每个子网使用不同的网络号，通过把主机号分成两个部分，为每个子网生成唯一的网络号。一部分用于标识作为唯一网络的子网，另一部分用于标识子网中的主机，这样原来的 IP 地址结构变成如下两层结构：

网络地址	主机地址

把一个网络划分成多个子网是通过子网掩码实现的。子网掩码是一个 32 位的 IP 地址，它的作用之一是用于屏蔽 IP 地址的一部分，以区别网络号和主机号。

4. Internet 的服务功能

Internet 之所以受到大量用户的青睐，是因为它能够提供丰富的服务，主要包括：

（1）WWW 服务。

WWW 中文译为"万维网"或"全球信息网"，简称为"WWW 服务"或"Web 服务"或"3W 服务"，是因特网的多媒体信息查询工具，是因特网上发展最快和使用最广的服务。它使用超文本和链接技术，使用户能以任意的次序自由地从一个文件跳转到另一个文件，浏览或查询各自需要的信息。

（2）电子邮件服务。

电子邮件是因特网的一个基本服务。通过因特网和电子信箱地址，通信双方可以快速、方便和经济地收发邮件。电子邮件不只是单纯的文字信息，还可以包括声音、影像和动画等。而且电子信箱不受用户所在的地理位置限制，只要能连接上因特网，就能使用电子信箱。正因为它具有省时、省钱、方便和不受地理位置限制的优点，所以，它是因特网上使用最高的一种功能。

（3）文件传输服务。

文件传输 FTP（File Transfer Protocol）又称为文件传输协议，它主要为因特网用户提供在网上传输各种类型的文件的功能，是因特网的基本服务之一。用户不仅可以从远程计算机上获取文件（下载），而且可以将文件从本地计算机传送到远程计算机（上传），特别是许多共享软件（Shareware 指试用一段时间后再付款的软件）和免费软件（Freeware 是指完全免费）都放在 FTP 服务器上，只要使用 FTP 文件传输程序连上所需软件所在的主机地址，就可以将软件下载到自己的本地计算机上。

（4）远程登录服务。

远程登录（Telnet）是 Internet 提供的基本信息服务之一，是提供远程连接服务的终端仿真协议。远程登录是一台主机的因特网用户，使用另一台主机的登录账号和口令与该主机实现连接，作为它的一个远程终端使用该主机的资源的服务。

（5）网上交易。

主要指电子数据交换和电子商务系统，包括金融系统的银行业务、期货证券业务，服务行业的订售票系统、在线交费、网上购物等。

（6）娱乐服务。

提供在线电影、电视、动画，在线聊天、视频点播（VOD）、网络游戏等服务。

（7）电子公告板系统。

电子公告板系统（Bulletin Board System，BBS）是 Internet 提供的一种社区服务，用户们在这里可以围绕某一主题开展持续不断的讨论，人人可以把自己参加讨论的文字"张贴"在公告板上，或者从中读取其他参与者"张贴"的信息。提供 BBS 服务的系统叫做 BBS 站点。

（8）网络新闻组。

网络新闻组（Netnews）也称为新闻论坛（Usenet），但其大部分内容不是一般的新闻，而是大量问题、答案、观点、事实、幻想与讨论等，是为了人们针对有关的专题进行讨论而设计的，是人们共享信息、交换意见和获取知识的地方。

（9）其他服务。

包括远程教育、远程医疗、远程办公、数字图书馆、工业自动控制、辅助决策、情报检索与信息查询、金融证券、Iphone（IP 电话）等服务。

任务 2　信息浏览、搜索与下载

【任务描述】

公司马上组织年会，大家积极筹备节目，晓明想在年会上大展身手，演唱一首陈奕迅的《你给我听好》送给大家，他想从网上查找这首歌曲，并把它下载到自己的手机上以便随时播放。他该怎么操作呢？

【任务分析】

针对这些问题，他请教了公司的 IT 主管。IT 主管给了他以下操作步骤顺利帮他完成了心愿。

- 打开 IE 浏览器，在地址栏中输入搜索引擎百度的地址。
- 在打开的主页中输入歌曲名，单击"百度一下"。
- 在搜索出的信息列表中选择其中一个，单击打开。
- 单击下载链接地址，在弹出的对话框中保存歌曲。
- 利用播放软件或 Windows 自带的播放器播放下载的歌曲。

【实施方案】

1. 打开浏览器

在桌面上找到 IE 浏览器图标 双击打开，在地址栏中输入要浏览的网页地址，这里输入搜索引擎百度的地址（www.baidu.com），进入百度的主页面。单击"mp3"超链接，进入 mp3 的主页面，效果如图 1-30 所示。

图 1-30 百度搜索主页面

2. 使用搜索引擎

在百度的主页面上单击"mp3"超链接，进入"mp3"的页面，在搜索栏里输入歌曲名"你给我听好陈奕迅"，单击右边的"百度一下"按钮，就可以看到搜索出的相关信息列表，如图 1-31 所示。

图 1-31 搜索信息列表

3. 下载文件

在信息列表中选中其中一首并单击超链接，即可在网络上试听该歌曲；如果想下载保存，单击下载地址，在弹出的对话框中单击"保存"会打开"另存为"对话框，在该对话框中输入要保存文档的路径和文件名后，单击"保存"按钮，即可将下载的歌曲保存到相应的位置，如图 1-32、图 1-33 和图 1-34 所示。

图 1-32 网络收听歌曲

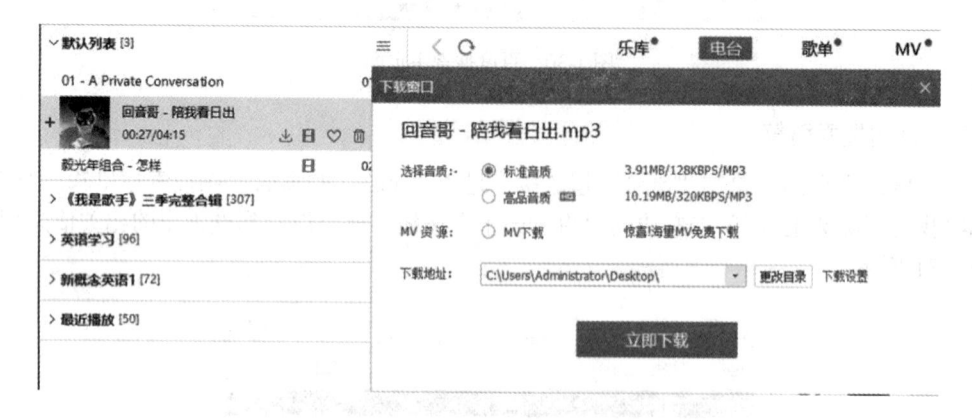

图 1-33 单击下载地址后保存界面

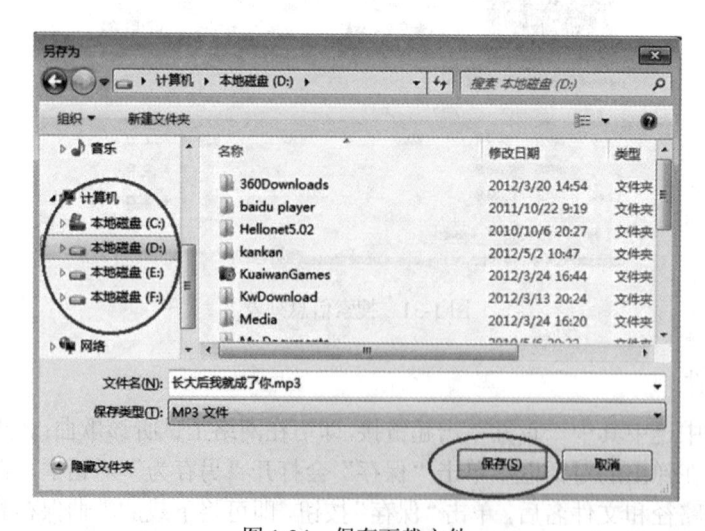

图 1-34 保存下载文件

任务3　电子邮箱的申请与使用

【任务描述】

公司年会在一片热烈的掌声中结束了，会后大家纷纷发表自己对这台晚会的感受，老板让大家把感受写下来，用电子邮件发送到老板指定的信箱。

【任务分析】

根据老板的要求，IT 主管给晓明提出了以下建议：
- 申请一个免费的电子邮箱。
- 利用申请的电子邮箱把对这台晚会的感受以附件的形式发送到指定的邮箱。

【实施方案】

（一）电子邮箱基本知识

1. 电子邮件

电子邮件（E-mail）是因特网上使用最广泛的一种基本服务。类似于普通邮件的传递方式，电子邮件采用存储转发方式传递，根据电子邮件（E-mail Address）由网上多个主机合作实现存储转发，从发信源结点出发，经过路径上若干个网络结点的存储和转发，最终使电子邮件传送到目的信箱。由于电子邮件通过网络传送，因此具有速度快、费用低等优点。

2. 电子邮件地址格式

电子邮件地址的格式是：<用户标识>@<主机域名>。它由收件人用户标识（如姓名或缩写）、字符"@"（读作"at"）和电子信箱所在计算机的域名三部分组成。地址中间不能有空格或逗号。例如前面申请的 huanghuaixuezi@126.com 就是一个电子邮件地址。

3. 电子邮件的格式

电子邮件都有两个基本部分：信头和信体。信头相当于信封，信体相当于信件内容。

（1）信头中通常包括以下几项：

收件人：收件人的 E-mail 地址。

抄送：表示同时可接到此信件的其他人的 E-mail 地址。

主题：概括描述信件内容的主题，可以是一句话，或一个主题词。

（2）信体。

信体是希望收件人看到的内容，有时还可以包含附件。

4. 复信与转发

（1）回复邮件。

看完一封信需要复信时，请在邮件阅读窗口中单击"回复作者"或"全部回复"图标。这时弹出复信窗口，这里的发件人和收件人的地址已由系统自动填好，原信件的内容也都显示出来。编写复信，这里允许原信内容和复信内容交叉，以便引用原信语句。复信内容就绪后，单击"发送"按钮，完成复信任务。

（2）转发。

如果觉得有必要让更多的人也阅读自己收到的这封信，就请转发该邮件。操作如下：

① 对于刚阅读过的邮件，直接在邮件阅读窗口中单击"转发"图标。对于收信箱中的邮件，可以先选中要转发的邮件，然后单击"转发"图标。之后，均可进入类似回复窗口那样的转发邮件窗口。

② 填入收件人地址，多个地址之间用分号隔开。

③ 必要时，在待转发的邮件之下撰写附加信息。最后，单击"发送"按钮，完成转发。

国内的很多站点都提供电子邮件功能，现介绍几个，有兴趣的话可注册一个。

http：//www.163.net

http：//www.126.net

http：//www.sina.com.cn

http：//www.china.com

http：//www.sohu.com

http：//www.qq.com

http：//www.21cn.com

（二）电子邮件的使用

1. 申请 126 免费邮箱

（1）打开 IE 浏览器，输入 www.126.com，进入 126 主页面，在页面右部可看到如图 1-35 所示页面。

图 1-35　126 主页中申请邮箱页面

（2）单击"注册"按钮，进入 126 免费电子邮箱注册页面，如图 1-36 所示。按照页面提示完成相关信息的输入，直至出现如图 1-37 所示的注册成功的界面，注意要牢记所申请的邮箱地址：huanghuaixuezi@126.com。值得一提的是，为了避免申请时出现用户名占用的现象，用手机号作为邮箱名申请是一个不错的选择。

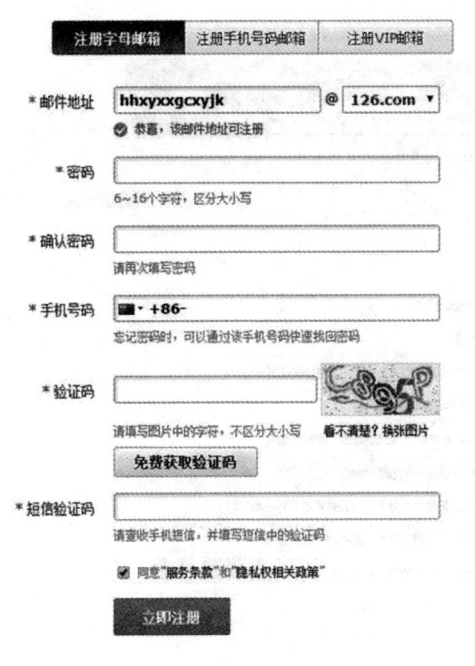

图 1-36　注册信息输入界面　　　　　图 1-37　提示注册成功界面

2. 利用刚申请的免费邮箱收发电子邮件

（1）再次进入 126 主页面，在如图 1-35 所示页面中，输入刚申请的邮箱名（如 huanghuaixuezi）和密码，进入到如图 1-38 所示的界面。

图 1-38　邮件服务页面

（2）浏览电子邮件。如果要浏览自己邮箱中的邮件，单击"收件箱"按钮，进入到收件箱列表界面，如图 1-39 所示。如果想要查看某一邮件的详细内容，单击邮件打开即可。

图1-39 邮件列表页面

（3）发送电子邮件。如果要发送电子邮件，请单击"写信"按钮，进入到写信页面，如图1-40所示。

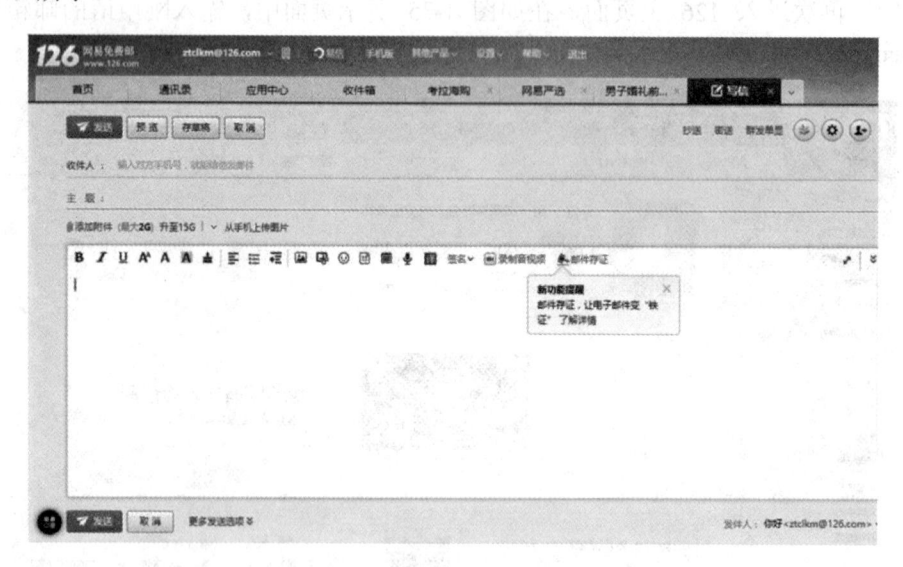

图1-40 写信主页面

在"收件人"文本框中输入收件人的邮箱地址，邮箱地址可以是自己的或别人的，如果一封邮件要发送给多人，多个邮箱间用"；"隔开；在"主题"文本框中输入信件的主题，在"内容"文本框中输入信件的内容；如果有其他的文件需要通过电子邮件一起发送，则可以单击"添加附件"按钮，在弹出的对话框中选择要发送的附件；检查无误后，单击"发送"

按钮即可成功发送，如图 1-41 和图 1-42 所示。

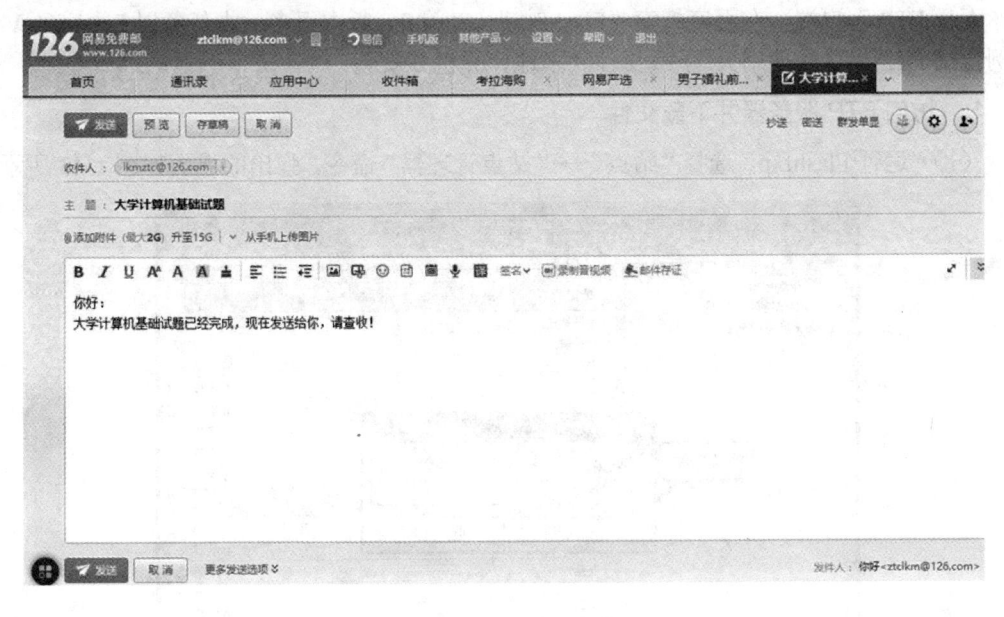

图 1-41　书写电子邮件

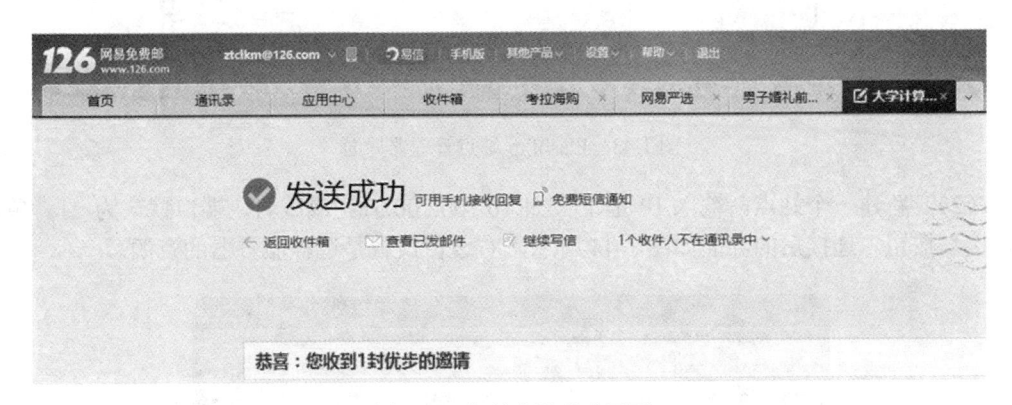

图 1-42　邮件发送成功界面

任务 4　文件传输服务

【任务描述】

晓明得知年会的录像视频放在公司 FTP 服务器上，准备下载欣赏一下自己的风采，同时晓明的工作资料也需要上传到公司服务器上，他又找到 IT 主管寻求指导如何登录 FTP 远程站点并上传下载文件。

【任务分析】

首先，需要在客户端安装 FTP 应用程序；其次，需要注意的是在访问服务器时需要输入的用户名通常是 annoymous 这个固定的用户名，对于一些收费或会员服务的需要预先申请账户才可以使用。由于权限的设置，匿名用户一般只能进行用户文件下载操作。

【实施方案】

下载 FTP 客户端，在百度搜索"Flashfxp"（Flashfxp 版本很多，本任务以 Flashfxp V4.4 为例介绍 FTP 软件的使用）。下载文件到本地计算机并安装。

1. 访问 FTP 服务器并下载文件

（1）运行 Flashfxp，选择"站点"→"站点管理器"命令，弹出的界面如图 1-43 所示。

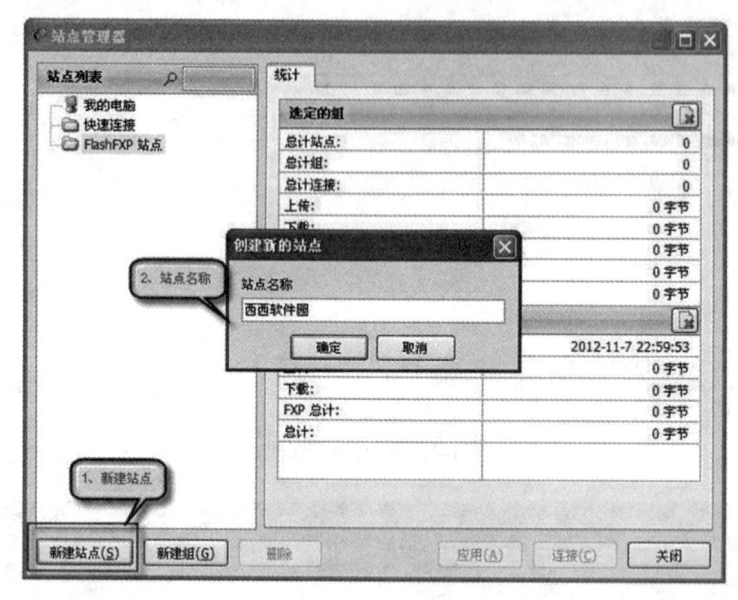

图 1-43　Flashfxp 站点管理器界面

（2）新建一个站点。输入 IP 地址（如 10.100.200.51）或域名，端口默认为 21。单击"连接"按钮。连接后的界面如图 1-44 所示，右边窗口就是远程服务器的资源。

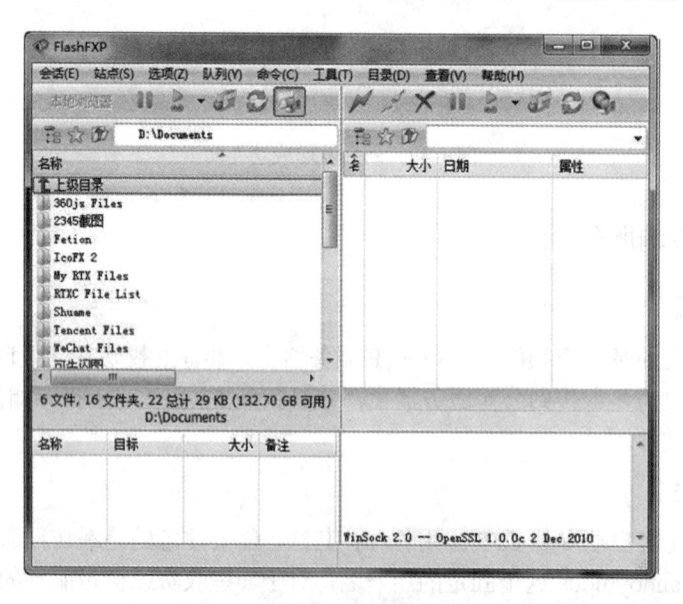

图 1-44　Flashfxp 资源管理器界面

（3）在 D 盘或 E 盘创建名为"ftp"的文件夹，将其作为下载文件夹的保存位置。

（4）右击要下载的文件，在弹出的菜单中选择"传输"命令或拖动到左侧本地文件夹内，将文件保存到本地计算机"ftp"文件夹内，如图 1-45 左边窗口所示。

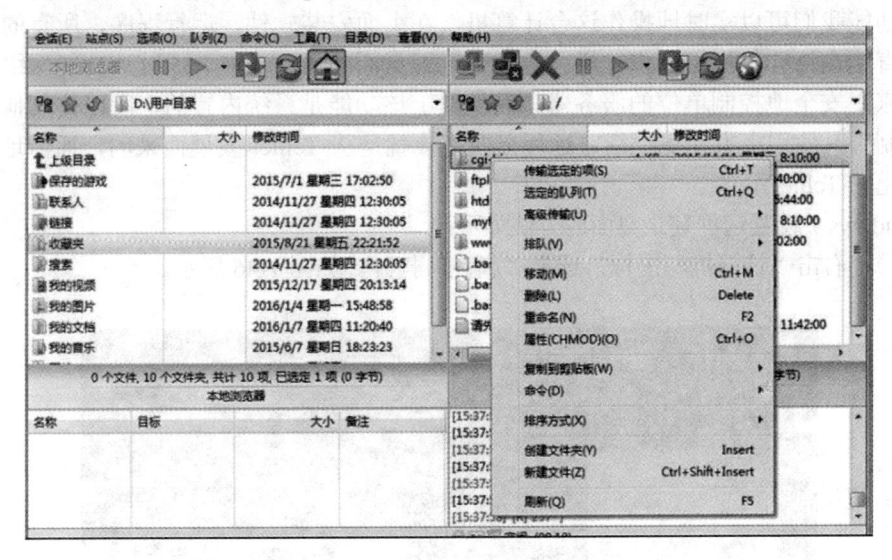

图 1-45　Flashfxp 上传和下载操作界面

2. 上传文件到 FTP 服务器

在确保有上传权限的情况下，右击要上传的文件，在弹出的菜单中选择"传输"命令或拖动到右侧服务器文件夹内，将文件上传到服务器。

任务 5　Windows 远程桌面连接

【任务描述】

晓明需要把年会的录像视频重新编辑一下，他从网上下载了视频编辑软件，但是对软件的使用不太了解，他想请教同学来教教他。不巧的是同学在外地，晓明感到有点失望。同学告诉他："现在都是网络时代了，我可以利用网络远程登录到你的桌面，这样你就可以感觉我在你身边教你一样。"

【任务分析】

晓明让同学利用网络远程登录到自己的电脑，让同学控制自己的计算机，在计算机上运行视频编辑软件，达到面对面学习的目的。晓明首先需要设置自己的计算机允许进行远程登录，同时告诉同学自己计算机的 IP 地址。利用这些条件同学就可以远程登录到晓明计算机，就像在晓明身边演示一样。

【实施方案】

远程登录是指用户使用 Telnet 命令，使自己的计算机暂时成为远程主机的一个仿真终端的过程。Telnet 用于因特网主机的远程登录。它可以使用户坐在联网的主机键盘前，登录进入远距离的另一联网主机，成为那台主机的终端。这使用户可以方便地操纵世界另一端的主机，就像它在身边一样。

通过远程登录，本地计算机便能与网络上另一远程计算机取得"联系"，并进行程序交互。进行远程登录的用户叫做本地用户，本地用户登录进入的系统叫做远地系统。当某台计算机开启了远程桌面连接功能后我们就可以在网络的另一端控制这台计算机了，通过远程桌面功能我们可以实时地操作这台计算机，在上面安装软件，运行程序，所有的一切都好像是直接在该计算机上操作一样。这就是远程桌面的最大功能，通过该功能网络管理员可以在家中安全地控制单位的服务器，而且由于该功能是系统内置的，所以比其他第三方远程控制工具使用更方便更灵活。远程桌面连接就是从 Telnet 发展而来的，通俗地讲它就是图形化的 Telnet。

Windows 7 设置远程登录桌面的方法如下：

（1）右击"计算机"图标，选择"属性"打开。如图 1-46 所示。

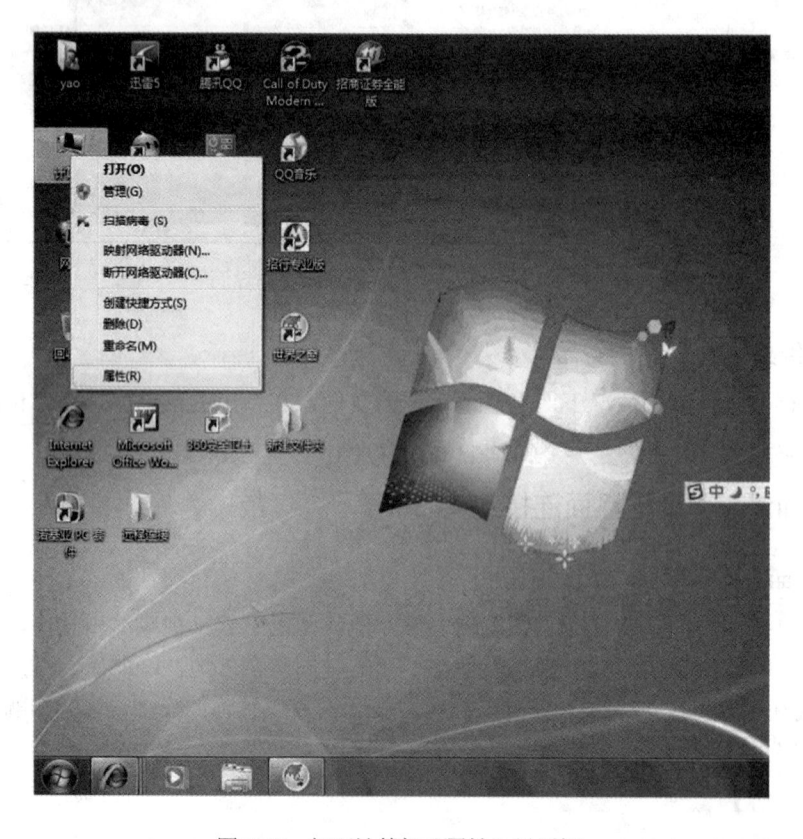

图 1-46　打开计算机"属性"对话框

（2）在打开的系统窗口右侧单击"远程设置"按钮，勾选"允许远程协助连接这台计算机"，接着在下面选择"运行任意版本远程桌面的计算机连接"，单击"确定"进入下一步。如图 1-47 所示。

（3）因为 Windows 7 远程桌面连接需要设置计算机密码，下面我们为计算机设置密码。单击控制面板，选择用户账号打开。进入下一步，如图 1-48 所示。

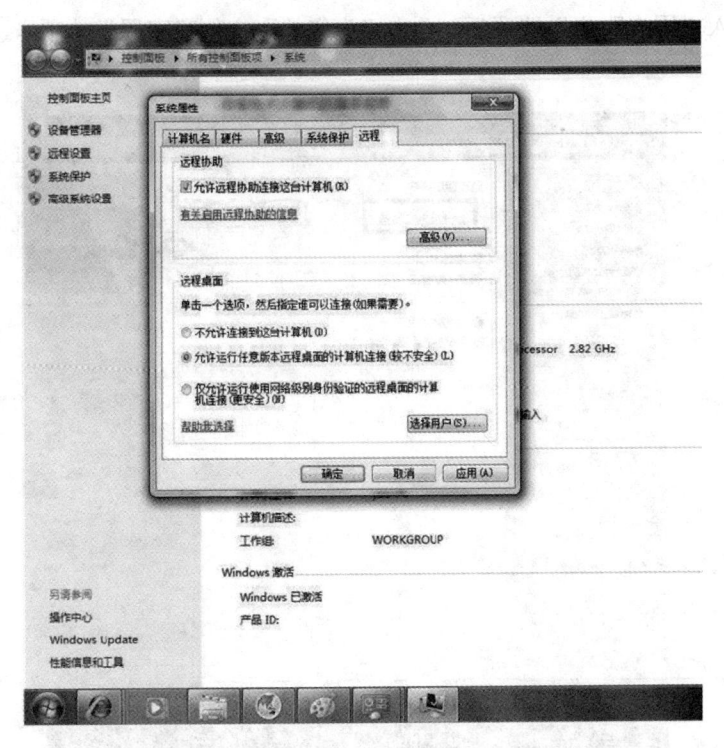

图 1-47　计算机"远程设置"对话框

图 1-48　打开"用户账户"对话框

（4）进入"用户账户"选项后，单击"为您的账户创建密码"选项，进入下一步，如图 1-49 所示。

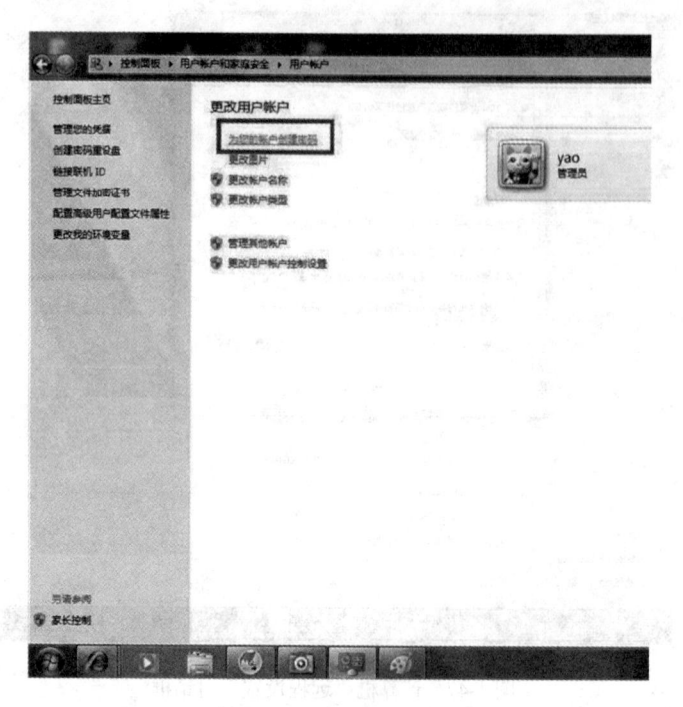

图 1-49 "创建用户密码"窗口

（5）在文本框内输入你要设置的密码，然后单击创建密码即可，如图 1-50 所示。

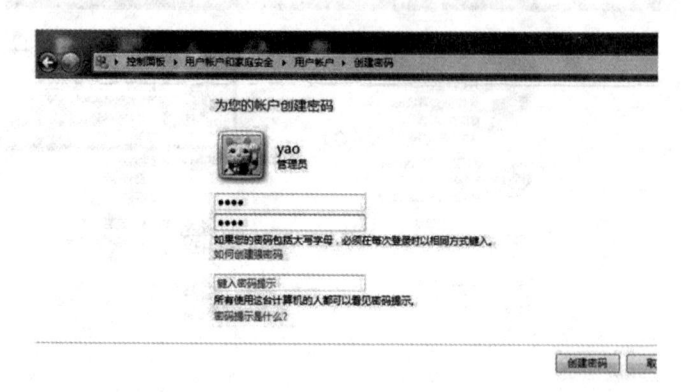

图 1-50 设置用户密码

（6）Windows 7 远程桌面连接密码设置完成后，我们开启另外一台电脑。单击"开始"按钮，在附件中选择远程桌面连接选项，进入下一步，如图 1-51 所示。

（7）在弹出的对话框中输入需要进行 Windows 7 远程桌面连接的计算机的 IP 地址，然后单击"连接"，进入下一步，如图 1-52 所示。

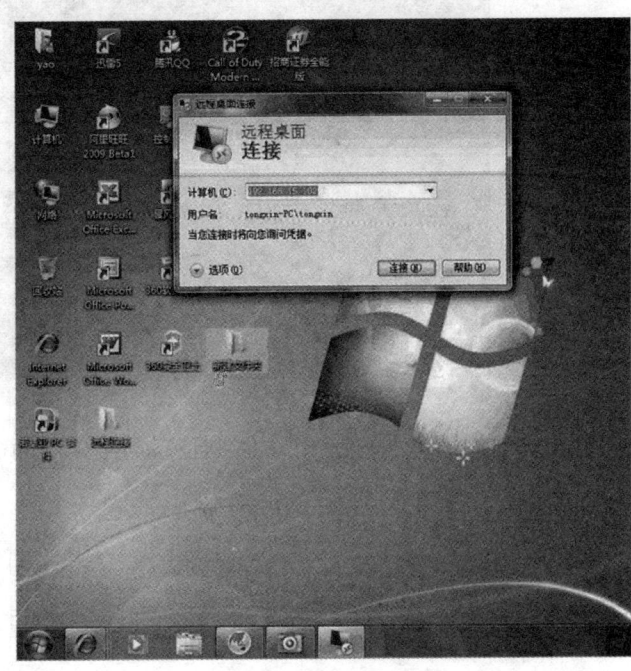

图 1-51　打开"远程桌面连接"　　　　　　图 1-52　输入要远程连接的 IP 地址

（8）在新弹出的窗口中输入已经设定好的账户和密码，单击"确定"即可，如图 1-53 所示。

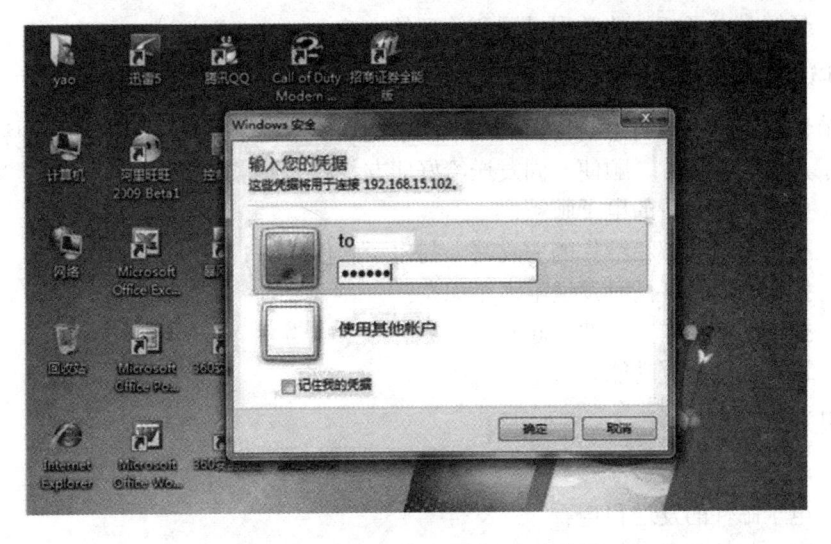

图 1-53　输入之前设置的账户和密码

（9）这时就成功地进行了远程桌面连接了，如图1-54所示。

图1-54　远程登录桌面

实训项目　互联网应用

一、发送电子邮件

1. 实训目标

（1）掌握申请免费电子邮箱的方法；
（2）掌握电子邮箱的使用方法；
（3）掌握附件的添加和删除方法；
（4）了解对电子邮件的常用设置和管理的方法。

2. 实训任务

中秋节快要到了，张明想给自己的高中同学发送一个电子邮件，祝朋友们中秋愉快。他精心准备了几张大学照片，顺便一同发送给好朋友，具体要求如下：

（1）申请一个免费的电子邮箱；
（2）利用申请的邮箱给你的朋友写一封电子邮件；
（3）把写好的邮件同时发送给多个朋友；
（4）把你的照片作为附件一起发送；
（5）设置自动回复功能。

3. 相关知识点

（1）电子邮件的申请；
（2）电子邮件的发送和查看；
（3）电子邮箱的设置与管理；
（4）多地址邮件的发送。

二、检索并下载专业论文

1. 实训目标

（1）掌握搜索引擎快速查找信息的方法。
（2）文件的下载与保存。

2. 实训任务

张明是一名计算机专业的学生，他想查找本专业的学术论文，了解本专业最新的研究成果，具体要求如下：

（1）打开中国知网（www.cnki.net），在知网提供的搜索中检索与自己所学专业相关的论文。
（2）下载并保存查找的文件。

3. 相关知识点

（1）IE 浏览器的使用。
（2）使用 baidu 查找并下载文件。
（3）对文件进行排版。

【知识链接】

晓明所在的宿舍有四台电脑和两台笔记本电脑，大家想用同一台 ADSL Modem 上网，共享 Internet 资源，可以参考以下方案进行接入互联网。

宿舍局域网组网实施方案

1. 安装网卡，选购无线路由器

计算机一般自带网卡，如果没有网卡，在 PCI 插槽插入网卡，并上好螺丝。考虑到四台台式机和两台笔记本电脑，选择 TP Link 无线路由器，如图 1-55 所示。

图 1-55　无线路由器外部接口

2. 布线

确定无线路由器和每台计算机之间的距离，分别截取相应长度的双绞线（配备 RJ45 水晶头），要注意的是双绞线的长度不得超过 100 米，否则影响使用效果。完成布线后，将网线一头插在网卡接头处，另外一头插在路由器上，网络拓扑如图 1-56 所示。

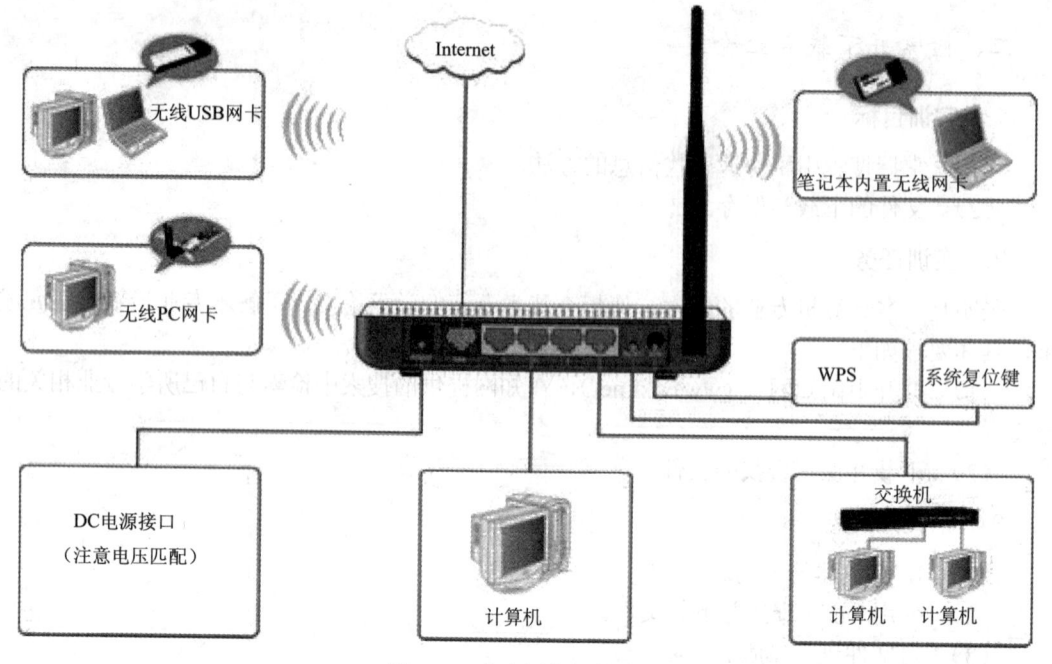

图 1-56 宿舍网络拓扑结构

3. 配置网络

装好网卡驱动程序之后,单击右下角的网络图标,选择"打开网络共享中心":单击本地连接,打开本地连接网络配置:点击"属性",在弹出的窗口中单击"Internet 协议版本 4 (TCP/IPv4)"再单击"属性",进入显示界面,如图 1-57 所示。

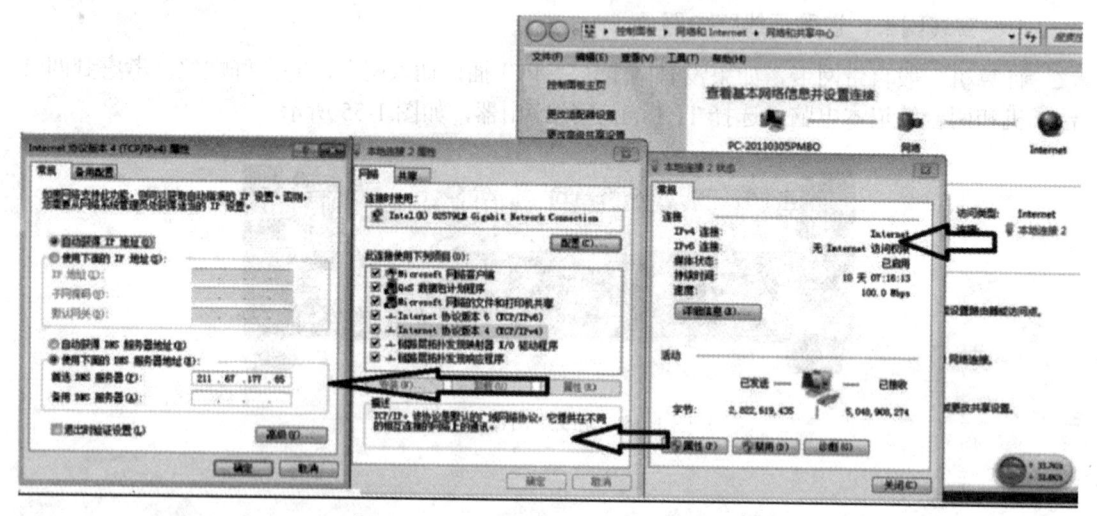

图 1-57 Windows 7 本地连接网络配置

设置 IP 地址的第四组数据时,一般输入数字在 2~254 之间(最好在 110~199 之间);一般使用自动获取 IP 地址,由无线路由自动分配。在"默认网关"一栏输入路由器地址:192.168.1.1,如需获取 DNS 服务器地址则需要询问电信运营商。

4. 路由器参数设置

用网线将无线路由器和计算机连接起来，当然也可以直接使用无线搜索连接，但是新手还是建议使用网线直接连接。

（1）连接好之后，打开浏览器，建议使用 IE，在地址栏中输入 192.168.1.1 进入无线路由器的设置界面，如图 1-58 所示。

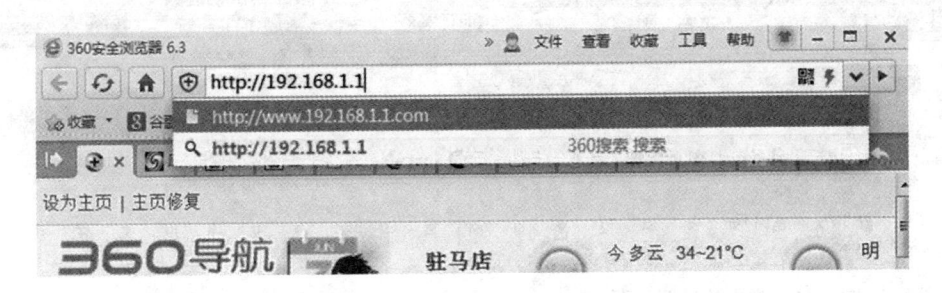

图 1-58　进入无线路由器的设置界面

（2）需要登录之后才能设置其他参数，默认的登录用户名和密码都是 admin，可以参考说明书，如图 1-59 所示。

（3）选择正确的上网方式，ADSL 拨号上网设置：

在页面中选择"ADSL 拨号"，输入宽带的账号和密码，单击"确定"按钮即可，如图 1-60 所示，可参考图中的设置步骤。

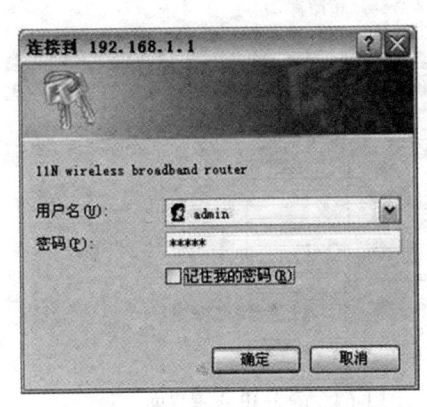

图 1-59　登录用户名和密码界面 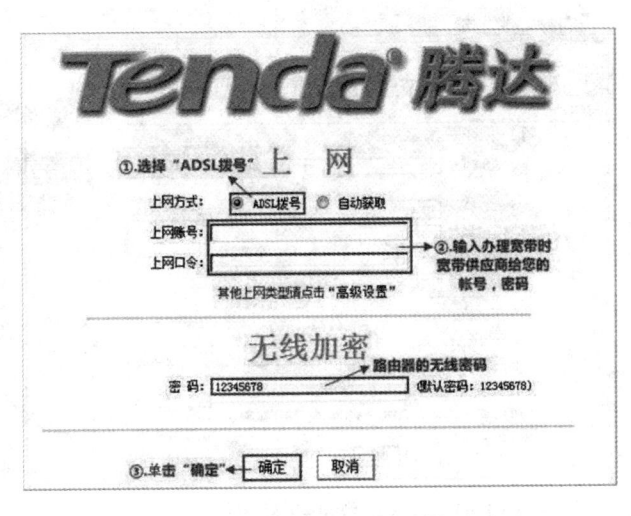　　　　图 1-60　无线路由设置向导的界面

（4）试试计算机可以上网了吗？注意：通过路由器正常上网后，不需要再单击"宽带连接"，开机就能上网。如果 WAN 口状态显示"已连接"，就可以浏览网页，上网冲浪了。通过向导可以设置路由器的基本参数，如图 1-61 所示。

（5）单击"无线设置"更改无线网络名称和无线网络密码。

修改无线网络名称，如图 1-62 所示，可参考图中的操作步骤。

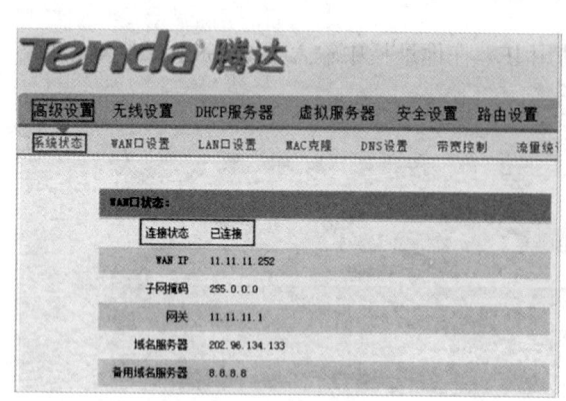

图 1-61　弹出的设置界面　　　　　　　　图 1-62　无线设置界面

（6）修改无线网络密码，如图 1-63 所示，可参考图中的操作步骤。
（7）静态 IP 上网设置。

在页面中单击"高级设置"→"WAN 口设置"，选择模式为"静态 IP"。

输入计算机上网固定的 IP 地址，子网掩码，默认网关，DNS 服务器，单击"确定"按钮即可，如图 1-64 所示，可参考图中的操作步骤。

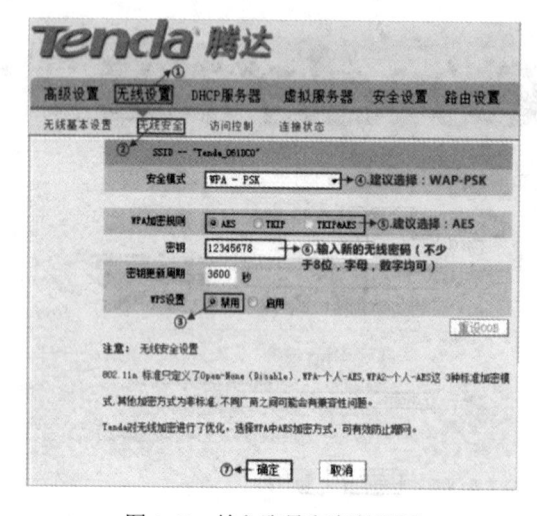

图 1-63　输入账号和密码界面　　　　　　图 1-64　静态 IP 设置界面

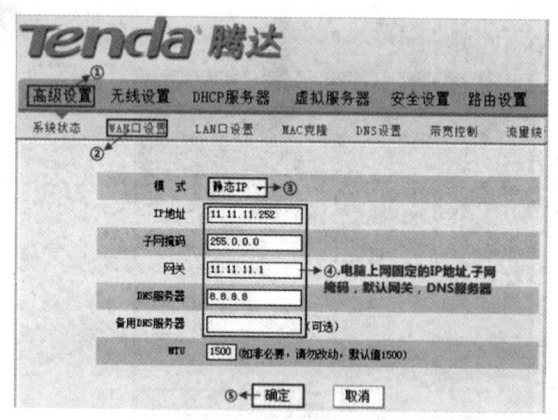

至此，无线路由器的设置就大功告成了。

案例三　计算机系统安全与维护

【任务描述】

晓明使用的计算机现在经常出现"计算机的文件无法打开"、"计算机慢了很多"、"U 盘的文件不见了"等问题,他的同事在晚上加班时,遇到突然断电后,计算机不能正常启动的情况。IT 主管建议他们日常做好计算机硬件和软件的维护,具体内容如下:

- 计算机病毒的防治。
- 计算机硬件和软件的日常维护。
- 系统的备份及还原。

【任务分析】

计算机是人们日常使用的智能化工具,如果操作不当、系统参数设置不对、人为干扰(如计算机病毒)以及客观环境干扰(如掉电、电压不稳)等会造成计算机不能正常工作。为了提高计算机使用效率和延长计算机使用寿命,经常对其进行维护是必要的。计算机维护主要体现在两个方面:一是硬件维护;二是软件维护。

当计算机感染病毒之后,应该使用杀毒软件进行病毒治疗。但病毒治疗是一个被动的过程,只有在发现病毒并进行研究以后,才可能找到相应的方法,所以,病毒的防治重点应放在预防上。

用户在使用系统还原操作前,首先要创建系统还原点。所谓系统还原点就是在系统遭到破坏之前对整个系统进行备份,当系统出现问题时,可利用系统还原的功能,让系统恢复到创建还原点时的参数设置。这里,将用到 Ghost 软件完成这一任务。

【实施方案】

任务1 计算机病毒的防治

(一)计算机病毒概述

1. 计算机病毒概念和特征

计算机病毒,是指编制或者在计算机程序中插入的破坏计算机功能或者毁坏数据,影响计算机使用,并能自我复制的一组计算机指令或者程序代码。

计算机病毒特征如下:

(1) 传染性。

计算机病毒的传染性是指病毒具有把自身复制到其他程序中自我繁殖的目的。只要一台计算机染毒,如不及时处理,那么病毒会在这台机子上迅速扩散,其中的大量文件(一般是可执行文件)会被感染。而被感染的文件又成了新的传染源,再与其他机器进行数据交换或通过网络接触,病毒会继续进行传染。

(2) 非授权性。

病毒具有正常程序的一切特性,它隐藏在正常程序中,当用户调用正常程序时窃取到系统的控制权,先于正常程序执行,病毒的动作、目的对用户是未知的,是未经用户允许的。

(3) 隐蔽性。

大部分病毒的代码设计得非常短小,非常不易被人察觉。

(4) 潜伏性。

大部分的病毒感染系统之后一般不会马上发作,只有在满足其特定条件时才启动其表现(破坏)模块。著名的"黑色星期五"在逢13号的星期五发作。这些病毒在平时会隐藏得很好，只有在发作日才会露出本来面目。

（5）破坏性。

任何病毒只要侵入系统，都会对系统及应用程序产生程度不同的影响。轻者会降低计算机工作效率，占用系统资源，重者可导致系统崩溃。由此特性可将病毒分为良性病毒与恶性病毒。

（6）不可预见性。

从对病毒的检测方面来看，病毒还有不可预见性，病毒对反病毒软件永远是超前的。

2. 病毒的危害

计算机病毒会感染、传播，但这并不可怕，可怕的是病毒的破坏性。其主要危害有：

（1）单击硬盘主引导扇区、Boot 扇区、FAT 表、文件目录，使磁盘上的信息丢失。

（2）删除 U 盘、硬盘或网络上的可执行文件或数据文件，使文件丢失。

（3）占用磁盘空间。

（4）修改或破坏文件中的数据，使内容发生变化。

（5）抢占系统资源，使内存减少。

（6）占用 CPU 运行时间，使运行效率降低。

（7）对整个磁盘或扇区进行格式化。

（8）破坏计算机主板上 BIOS 内容，使计算机无法工作。

（9）破坏屏幕正常显示，干扰用户的操作。

（10）破坏键盘输入程序，使用户的正常输入出现错误。

（11）攻击喇叭，会使计算机的喇叭发出响声。有的病毒作者让病毒演奏旋律优美的世界名曲，在高雅的曲调中去杀戮人们的信息财富。有的病毒作者通过喇叭发出种种声音。

（12）干扰打印机，假报警、间断性打印、更换字符。

3. 计算机病毒的传播途径

计算机病毒的传播主要是通过复制文件、传送文件、运行程序等方式进行。而主要的传播途径有以下几种：

（1）U 盘。

U 盘主要是携带方便，为了计算机之间互相传递文件，经常使用 U 盘也会将一台机子的病毒传播到另一台机子。

（2）硬盘。

因为硬盘存储数据多，在其互相借用或维修时，将病毒传播到其他的硬盘或 U 盘上。

（3）光盘。

光盘的存储容量大，所以大多数软件都刻录在光盘上，以便互相传递；由于普通用户的经济收入不高，购买正版软件的人就少，一些非法商人就将软件放在光盘上，因其只读，所以上面即使有病毒也不能清除，商人在制作过程中难免会将带毒文件刻录在上面。

（4）网络。

在计算机日益普及的今天，人们通过计算机网络，互相传递文件、信件，这使病毒的传播速度又加快了；因为资源共享，人们经常在网上下载免费、共享软件，病毒也难免会夹在其中。

（二）病毒的查杀与预防

经常使用 U 盘，上网冲浪，很容易受计算机病毒侵害，怎么样最大程度地降低损失呢？一般情况下，建议遵循以下原则，防患于未然。

（1）建立正确的防毒观念，学习有关病毒与反病毒知识。

（2）不随便下载网上的软件。尤其是不要下载那些来自无名网站的免费软件，因为这些软件无法保证有没有被病毒感染。不要使用盗版软件。

（3）不要随便使用别人的 U 盘或光盘。尽量做到专机专盘专用。

（4）使用反病毒软件。及时升级反病毒软件的病毒库，开启病毒实时监控。

（5）注意计算机有没有异常症状，发现可疑情况及时通报以获取帮助。

（6）使用新设备和新软件之前要检查。

（7）有规律地制作备份。要养成备份重要文件的习惯。

（8）制作应急盘/急救盘/恢复盘。按照反病毒软件的要求制作应急盘/急救盘/恢复盘，以便恢复系统急用。

（9）重建硬盘分区，减少损失。若硬盘资料已经遭到破坏，不必着急格式化，因病毒不可能在短时间内将全部硬盘资料破坏，故可利用"灾后重建"程序加以分析和重建。

360 杀毒软件的使用方法如下：

1. 下载 360 安全卫士和 360 杀毒软件

在百度搜索"360"，下载 360 安全卫士和 360 杀毒软件到本地计算机并安装，如图 1-65 所示。

图 1-65　360 主页

2. 运行 360 安全卫士

（1）运行 360 安全卫士进行安全体检等各项安全修复功能，弹出的界面如图 1-66 所示。

图1-66　360安全卫士运行界面

（2）运行360杀毒软件进行计算机病毒检测与查杀，弹出的界面如图1-67所示。

图1-67　360杀毒运行界面

任务 2　系统备份及还原

系统在使用过程中，不可避免地会出现设置故障、文件丢失或者是感染病毒导致系统无法使用等，为防范这种情况，我们需要对重要的设置或文件进行备份，在遇到设置故障、文件丢失或者是感染病毒时，就可以通过这些备份文件进行恢复。最简单的方法是使用 Ghost 软件进行系统备份和还原，操作如下：

1. 安装 Ghost 软件

Ghost 软件版本很多，本任务采用"一键 GHOST2014.01.14 版本"，操作方法基本一样，上网下载 Ghost 软件到本地计算机并安装，选择"开始"菜单→"所有程序"→"一键 Ghost"→"一键 Ghost"命令，启动 Ghost 程序，主界面如图 1-68 所示。

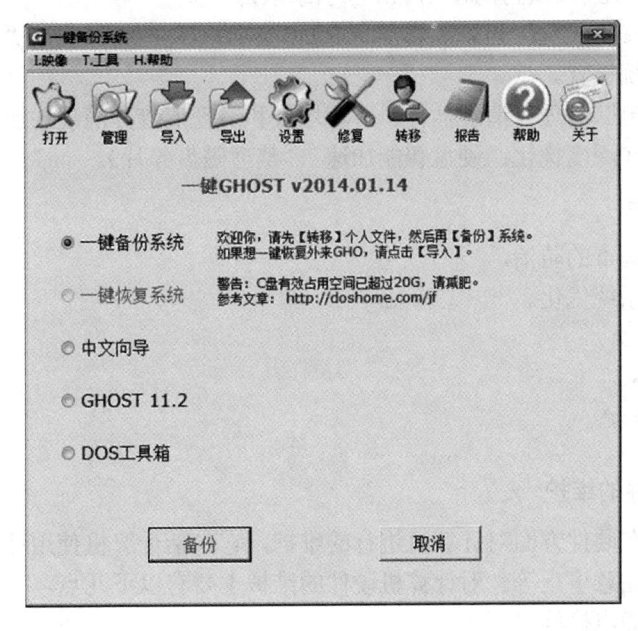

图 1-68　一键 Ghost 运行界面

2. 备份

在 Ghost 主界面中选择"一键备份系统"单选按钮，单击"备份"按钮，弹出备份确认对话框，在确认之前要将正在使用的其他窗口关闭，最后单击"确定"按钮，计算机将会自动执行备份程序。

3. 还原

打开 Ghost 程序，在 Ghost 主界面中选择"一键恢复系统"单选按钮，单击"恢复"按钮并确定重启计算机，计算机将会自动执行恢复程序。

如果计算机不能正常启动，可以选择"Ghost"启动选项来引导启动（启动项默认为"Windows 7"）；或进入"安全模式"来启动计算机，在计算机启动时按下"F8"功能键，在启动模式菜单中选择"安全模式"，进入安全模式以后就可以按上述还原法进行还原。

实训项目 使用360安全卫士进行系统优化

1. 实训目标

（1）对系统进行优化和整理内存等操作，从而提高计算机的速度。

（2）对系统潜在木马威胁进行扫描，从而提高计算机安全性能。

2. 实训任务

在学习了计算机的病毒内容后，张明想用360杀毒软件全面扫描自己的计算机，检测是否感染了病毒，同时使用软件对电脑进行软件维护，具体要求如下：

（1）应用"电脑体检"对计算机进行详细的检查，应用"查杀木马"，使用360云引擎、360启发式引擎、小红伞本地引擎、QVM四引擎杀毒。

（2）应用"修复漏洞"为系统修复高危漏洞和功能性更新，应用"系统修复"修复常见的上网设置，系统设置。

（3）应用"电脑清理"清理插件、清理垃圾和清理痕迹并清理注册表。应用"优化加速"加快开机速度（深度优化：硬盘智能加速 + 整理磁盘碎片）。

3. 相关知识点

（1）计算机病毒的防治。

（2）计算机系统优化。

【知识链接】

计算机日常维护

1. 计算机硬件的维护

硬件维护是指在硬件方面对计算机进行的维护，它包括计算机使用环境、各种器件的日常维护和工作时的注意事项等。对计算机硬件的维护主要有以下几点。

（1）做好防静电措施。

静电有可能造成计算机芯片的损坏，为防止静电对计算机造成损害，在打开计算机机箱前应当用手接触水管等可以放电的物体，将身体的静电放掉后再接触计算机的配件；另外在安放计算机时将机壳用导线接地，可以起到很好的防静电效果。

（2）主机维护。

要定期用吸尘器或无水酒精为设备除尘，经常检查各部件间的电源是否连接牢固。没有维护能力的用户不要随便拆卸零件。

（3）硬盘的维护。

在硬盘工作时，严禁振动机器；不要轻易将硬盘低级格式化或硬盘分区；要做好硬盘重要信息的备份工作，以免硬盘发生故障时造成重要信息的丢失。

（4）键盘的维护。

击键要轻快，不要用力太猛或按键时间太长；保持键盘清洁，防止水或杂物进入键盘。

2. 计算机软件的维护

对计算机软件的维护主要有以下几点。

（1）对所有的系统软件要做备份，当遇到异常情况或某种偶然原因，可能会破坏系统软件，此时就需要重新安装软件系统；如果没有备份的软件系统，将使计算机难以恢复工作；对重要的应用程序和数据也应该做备份；避免进行非法的软件复制；经常检测，防止计算机染上病毒。

（2）对使用的软件经常进行更新，减少软件漏洞。

知识拓展

一、计算机的发展与应用

现代计算机的诞生是20世纪人类最伟大的发明创造之一。计算机是各行各业必不可少的一种基本工具，计算机与信息处理知识已成为人们必修的基础文化课程之一。

（一）计算机的概念

计算机（Computer）是一种能够在其内部指令控制下运行，并能够自动、高速而准确地对信息进行处理的现代化电子设备。它通过输入设备接收字符、数字、声音、图片和动画等数据；通过中央处理器进行计算、统计、文档编辑、逻辑判断、图形缩放和色彩配置等数据处理；通过输出设备以文档、声音、图片或各种控制信号的形式输出结果；通过存储器将数据、处理结果和程序存储起来以备后用。

随着计算机技术的不断发展，计算机的功能也越来越完善，已具有相当强的逻辑判断力、自动控制能力和记忆能力，在一定程度上代替了人脑的工作，所以有时人们也将计算机称为"电脑"。

（二）电子计算机的诞生及发展历程

1. 电子计算机的诞生

1946年2月14日，世界上第一台电子数字积分计算机 ENIAC（Electronic Numerical Integrator And Calculator）在美国宾夕法尼亚大学诞生，如图1-69所示。它是为计算弹道和射程而设计的，主要元件是电子管，每秒钟能完成5000次加法。该机使用了1500个继电器，18800个电子管，占地170平方米，重达30多吨，耗电150千瓦，真可谓"庞然大物"。ENIAC的问世标志着电子计算机时代的到来，它的出现具有划时代的意义。

图1-69　电子数字积分计算机

2. 电子计算机的发展历程

从第一台电子计算机诞生到现在的60多年，计算机技术以前所未有的速度迅猛发展，早期计算机大约每隔8～10年速度提高10倍，成本、体积缩小10倍；近年来，大约每隔3年，计算机性能提高近4倍，成本下降50%。人们常按制造计算机所采用的元器件将计算机分为四代：

(1) 第一代计算机。

第一代电子管计算机（1946—1957 年），其基本元件是电子管。内存为磁鼓，外存为磁带，使用机器语言或汇编语言编程，运算速度为每秒几千次到几万次，内存储器容量非常小。这一代的计算机体积庞大、造价昂贵、速度低、存储容量小、可靠性差、不易掌握、应用范围小，主要应用于军事和科研领域的科学计算。UNIVAC-I 是第一代计算机的代表。

(2) 第二代计算机。

第二代晶体管计算机（1958—1964 年），其主要元件是晶体管。晶体管计算机体积小、速度快、功能强和可靠性高。第二代计算机与第一代计算机相比，其运算速度从每秒几万次提高到几十万次，内存储器容量扩展到几十万字节，使用范围也由单一的科学计算扩展到数据处理和事务处理等其他领域中。IBM-7000 系列机是第二代计算机的代表。

(3) 第三代计算机。

第三代集成电路计算机（1965—1971 年），其主要元件是采用小规模集成电路和中规模集成电路。所谓集成电路是用特殊的工艺将完整的电子线路做在一个硅片上。与晶体管相比，集成电路计算机的体积、重量、功耗都进一步减小，运算速度、逻辑运算功能和可靠性都进一步提高。此外，软件在这个时期形成了产业。操作系统在规模和功能上发展很快，提出了结构化、模块化的程序设计思想，出现了结构化的程序设计语言。这一时期的计算机同时向标准化、多样化、通用化、机种系列化发展。IBM-360 系列是最早采用集成电路的通用计算机，也是影响最大的第三代计算机的代表。

(4) 第四代计算机。

第四代大规模和超大规模集成电路计算机（1971 年至今），其主要特征是逻辑器件采用大规模和超大规模集成电路。计算机的体积、重量和耗电量进一步减小，计算机的性价比基本上以每 18 个月翻一番的速度上升。IBM4300 系列，3080 系列、3090 系列和 9000 系列是这一代计算机的代表性产品。

尽管人们早已谈论第五代、第六代计算机了，但一些专家认为，新一代计算机系统的本质是智能化，它具有知识表示和推理能力，可以模拟或部分代替人的智能，具有人-机自然通信能力。

从 1946 年第一台计算机诞生起，计算机已经走过了半个世纪的发展历程。60 多年来，计算机将提高速度、增加功能、缩小体积、降低成本和开拓应用等方面不断发展。未来的计算机在朝着巨型化、微型化、多媒体化、网络化、智能化的方向发展。

（三）计算机的分类

按照国际上比较流行的分类法，计算机可以根据其规模和处理能力分为巨型计算机、大型主机、小巨型计算机、小型计算机、工作站和微型计算机 6 大类。

1. 巨型计算机

巨型计算机（Supercomputer）又称为超级计算机，通常指最大、最快、最贵的计算机。如由国防科大研制的"天河二号"超级计算机系统，以峰值计算速度每秒 5.49 亿亿次、持续计算速度每秒 3.39 亿亿次双精度浮点运算的优异性能，成为全球最快超级计算机，如图 1-70 所示。

图1-70 "天河二号"超级计算机

2. 大型主机

大型主机（Mainframe）也称大型计算机，包括通常所说的大、中型计算机。这是在微型机出现之前最主要的计算模式，即把大型主机放在计算中心的机房中，用户要上机就必须去计算中心的终端上工作。大型主机经历了批处理阶段、分时处理阶段，进入了分散处理与集中管理的阶段。美国IBM公司是大型主机的主要生产厂家，控制超过90%的市场份额，日本的富士通、NEC公司也生产这类计算机。

3. 小巨型计算机

小巨型计算机（Minisupercomputer）是新发展起来的小型超级计算机，或称桌面型超级计算机，它可以使巨型机缩小成个人机的大小，或者使个人机具有超级计算机的性能。它是对巨型机的高价格发出的挑战，发展非常迅速。例如，美国Conver公司的C系列、Alliant公司的FX系列就是比较成功的小巨型机。

4. 小型计算机

由于大型主机价格昂贵，操作复杂，只有大企业大单位才能买得起，因此，随着集成电路的问世，20世纪60年代DEC推出了一系列小型计算机。小型机（Minicomputer）的软件、硬件系统规模比较小，但价格低、可靠性高、便于维护和使用，为中小企事业单位所采用。例如，美国DEC公司的VAX系列、DG公司的MV系列、IBM公司的AS/400系列，以及富士通公司的K系列都是有名的小型机。

5. 工作站

工作站（Workstation）有自己鲜明的特点，它的运算速度通常比微型计算机要快，需要配置大屏幕显示器和大容量的存储器，并且要有比较强的网络通信功能，主要用于特殊的专业领域，例如图像处理、计算机辅助设计等方面。

工作站又分为初级工作站、工程工作站、超级工作站，以及超级绘图工作站等，典型机型有HP工作站、Sun工作站等。

6. 微型计算机

微型计算机（Microcomputer）又称个人计算机（PC），目前已经非常普及，广泛应用于办公、教育领域及普通家庭。随着微型计算机的用户日众，人们对其要求也不断提高。目前微机正在由桌上型向笔记本型发展，功能也由单一的办公用具发展为集音视频、电话、传真和电视等一体化的多媒体计算机，不但可以满足日常办公的需要，还成为人们的一大娱乐工具。

（四）计算机的特点

机械可使人类的体力得以放大，计算机则可以使人类的智慧得以放大。作为人类智力的工具，计算机具有以下主要特点。

1. 运算速度快

通常以每秒钟完成基本加法指令的数目表示计算机的运算速度。现在每秒执行百万次的计算机已不罕见，有的机器可达数百亿次，甚至数千亿次。计算机的高速度使它在金融、交通、通信等领域达到实时、快速的服务。

2. 精确度高

计算机在进行数值计算时能达到很高的精度。在常用的数字表中，数值的结果达到4位，如果要达到8位或16位的话，用手工计算需花费很多时间，而对于计算机来说，让它来快速而又精确地生成32位或64位的结果是件非常容易的事。如用计算机计算圆周率，目前可达到小数点后数百万位了。

3. 具有记忆功能

计算机的存储器相当于人的大脑，可以"记忆"大量的信息。能够把数据、指令等信息存储起来，在需要的时候再将它们调出。描述计算机记忆能力的是存储容量，常用的存储容量单位有：字节（B）、KB、MB、GB等，现在的计算机存储容量越来越大。

4. 具有逻辑判断功能

计算机不仅能完成加、减、乘、除等数值计算，还能实现逻辑运算。逻辑运算的结果为"真"或"假"。计算机的这种功能可以用以实现事务处理，并广泛用于各种管理决策中。

5. 实现自动控制功能

冯·诺依曼体系结构计算机的基本思想之一是存储程序的控制，用户只要将编制好的程序输入计算机，然后发出执行的指令，计算机就能自动完成一系列预定的操作，因此计算机在人们编制好的程序控制下，自动工作，不需要人工干预，工作完全自动化。

6. 可靠性高

计算机硬件采用大规模和超大规模集成电路，使计算机具有非常高的可靠性，其平均无故障时间可达到以"年"为单位了，可靠性非常高。

7. 适用范围广，通用性强

计算机是靠存储程序控制进行工作的。无论是数值的还是非数值的数据，都可以表示成二进制数的编码；无论是复杂的还是简单的问题，都可以分解成基本的算术运算和逻辑运算，并可用程序描述解决问题的步骤。所以，在不同的应用领域中，只要编制和运行不同的软件，计算机就能在此领域中很好地服务，即通用性很强。

（五）计算机的应用

计算机得以飞速发展的根本动力是计算机的广泛应用。目前计算机已被广泛应用于各种学科领域，并迅速渗透到人类社会的各个方面，同时也进入了家庭。概括起来计算机的应用分为以下几个方面。

1. 科学计算

计算机是为科学计算的需要而发明的。科学计算所解决的大都是从科学研究和工程技术中所提出的一些复杂的数学问题，计算量大而且精确度要求高，传统的计算工具是难以完成的，只有具有高速运算和存储量大的计算机系统才能完成。例如：建筑设计中为了确定构件尺寸，通过弹性力学导出了一系列复杂方程，但长期以来由于计算方法跟不上而一直无法求解，使用计算机不但求解出了这类方程，而且还引起了弹性理论上的一次突破。

2. 信息处理

信息处理是目前计算机应用最广泛的领域之一。信息处理是指用计算机对各种形式的信息（如文字、图像、声音等）收集、存储、整理、统计、加工、利用和传送的过程。现代社会是信息社会，信息是资源，信息已经和物质、能量一起被列为人类社会活动的三大基本要素，用计算机进行信息处理，对办公自动化、管理自动化乃至社会信息化都有积极的促进作用。

3. 过程控制

过程控制是指用计算机对生产或其他过程中所采集到的数据按一定的算法经过处理，然后反馈到执行机构去控制相应过程，它是生产自动化的重要技术和手段。比如，在冶炼车间可将采集到的炉温、燃料和其他数据传送给计算机，由计算机按照预定的算法计算并确定控制吹氧或加料的多少等。过程控制可以提高自动化程度、减轻劳动强度、提高生产效率、节省原料、降低生产成本、保证产品质量的稳定。

4. 计算机辅助设计和辅助制造

计算机辅助设计和辅助制造分别简称 CAD（Computer Aided Design）和 CAM（Computer Aided Manufacturing）。在 CAD 系统与设计人员的相互作用下，能够实现最佳化设计的判定和处理，能自动将设计方案转变成生产图纸。CAD 技术提高了设计质量和自动化程度，大大加快了新产品的设计与试制周期，从而成为生产现代化的重要手段。例如利用计算机图形方法学，对建筑工程、机械结构和部件进行设计，飞机、船舶、汽车、建筑、印制电路板等，通过 CAD 和 CAM 的结合就可直接把 CAD 设计的产品加工出来。

5. 现代教育

近年来，随着计算机的发展和应用领域的不断扩大，它对社会的影响已经有了"文化"层次的含义。在学校教学中，已把计算机应用技术作为"文化基础"课程安排于教学计划中。计算机作为现代教学手段在教育领域中应用得越来越广泛、深入。主要有以下几种形式。

（1）计算机辅助教学。

目前，流行的计算机辅助教学 CAI（Computer Aided Instruction）模式有练习与测试模式和交互的教学模式。计算机辅助教学适用于很多课程，更适应于学生个别化、自主化的学习。

（2） 计算机模拟。

计算机模拟是一种计算机辅助教学的手段。例如，在电工教学中，让学生利用计算机设计电子线路实验并模拟，查看是否达到预期的结果，这样可以避免不必要的电子器件的损坏，节省费用。同样，飞行模拟器训练飞行员，汽车驾驶模拟器训练汽车驾驶员都是利用计算机模拟进行教学、训练的例子。

（3） 多媒体教室。

利用多媒体计算机和相应的配套设备建立的多媒体教室可以演示文字、图形、图像、动画和声音，给教师提供了强有力的现代化教学手段，使得课堂教学变得图文并茂，生动直观。

（4） 网上教学和电子大学。

利用计算机网络将大学校园内开设的课程传送到校园以外的各个地方，使得更多的人能有机会受到高等教育。网上教学和电子大学在地域辽阔的中国将有诱人的发展前景。

6. 人工智能

人工智能（Artificial Intelligence，AI）是指计算机模拟人类某些智力行为的理论、技术和应用。人工智能是计算机应用的一个新的领域，这方面的研究和应用正处于发展阶段。在医疗诊断、定理证明、语言翻译、机器人等方面，已有显著的成效。例如，用计算机模拟人脑的部分功能进行思维学习、推理、联想和决策，使计算机具有一定的"思维能力"。

机器人是计算机人工智能的典型例子，其核心就是计算机。第一代机器人是机械手；第二代机器人对外界信息能够反馈，有一定的触觉、视觉、听觉；第三代机器人是智能机器人，具有感知和理解周围环境，使用语言、推理、规划和操纵工具的技能，可以模仿人完成某些动作。机器人不怕疲劳，精确度高，适应力强，现已开始用于搬运、喷漆、焊接、装配等工作中。机器人还能代替人在危险工作中进行繁重的劳动，如在有放射线、污染有毒、高温、低温、高压、水下等环境中工作。

（六）未来的新型计算机

按照摩尔定律，每过18个月，微处理器硅芯片上晶体管的数量就会翻一番。随着大规模集成电路工艺的发展，芯片的集成度越来越高，也越来越接近工艺甚至物理的上限，最终，晶体管会变得只有几个分子那样小。在这样小的距离内，起作用的将是"古怪"的量子定律，电子从一个地方跳到另一个地方，甚至越过导线和绝缘层，从而发生致命的短路。

以摩尔速度发展的微处理器使全世界的微电子技术专家面临着新的挑战。尽管传统的、基于集成电路的计算机短期内还不会退出历史舞台，但旨在超越它的超导计算机、纳米计算机、光计算机、DNA计算机和量子计算机正在跃跃欲试。

1. 超导计算机

所谓超导，是指在接近绝对零度的温度下，电流在某些介质中传输时所受阻力为零的现象。1962年，英国物理学家约瑟夫逊提出了"超导隧道效应"，与传统的半导体计算机相比，使用被称作"约瑟夫逊器件"的超导元件制成的计算机的耗电量仅为其几千分之一，而执行一条指令所需时间却要快上100倍。

1999年11月，日本超导技术研究所与企业合作，在超导集成电路芯片上密布了1万个约瑟夫逊元件。此项成果使日本朝着制造超导计算机的方向迈进了一大步。据悉，这家研究所定于 5 年后生产这种超导集成电路，在 10 年后制造出使用这种集成电路的超导计算机。

2. 纳米计算机

科学家发现，当晶体管的尺寸缩小到 0.1 微米（100 纳米）以下时，半导体晶体管赖以工作的基本原理将受到很大限制。研究人员需另辟蹊径，才能突破 0.1 微米界限，实现纳米级器件。现代商品化大规模集成电路上元器件的尺寸约在 0.35 微米（即 350 纳米），而纳米计算机的基本元器件尺寸只有几到几十纳米。

目前，在以不同原理实现纳米级计算方面，科学家提出四种工作机制：电子式纳米计算技术，基于生物化学物质与 DNA 的纳米计算机，机械式纳米计算机，量子波相干计算。它们有可能发展成为未来纳米计算机技术的基础。

像硅微电子计算技术一样，电子式纳米计算技术仍然利用电子运动对信息进行处理。不同的是：前者利用固体材料的整体特性，根据大量电子参与工作时所呈现的统计平均规律；后者利用的是在一个很小的空间（纳米尺度）内，有限电子运动所表现出来的量子效应。

3. 光计算机

与传统硅芯片计算机不同，光计算机用光束代替电子进行运算和存储：它以不同波长的光代表不同的数据，以大量的透镜、棱镜和反射镜将数据从一个芯片传送到另一个芯片。运算速度快，光开关每秒可进行 1 万亿次逻辑动作，很容易实现并行处理信息，光信息在交叉时也不会发生干扰，在空间可实现几十万条光同时传递，不产生热，噪声小。

从采用的元器件看，光计算机有全光学型和光电混合型。1990 年贝尔实验室研制成功的那台机器就采用了混合型结构。相比之下，全光学型计算机可以达到更高的运算速度。

然而，要想研制出光计算机，需要开发出可用一条光束控制另一条光束变化的光学"晶体管"。现有的光学"晶体管"庞大而笨拙，若用它们造成台式计算机将有一辆汽车那么大。因此，要想短期内使光计算机实用化还很困难。

4. DNA 生物计算机

1994 年 11 月，美国南加州大学的阿德勒曼博士提出一个奇思妙想，即以 DNA 碱基对序列作为信息编码的载体，利用现代分子生物技术，在试管内控制酶的作用下，使 DNA 碱基对序列发生反应，以此实现数据运算。阿德勒曼在《科学》上公布了 DNA 计算机的理论，引起了各国学者的广泛关注。

在过去的半个世纪里，计算机的意义几乎完全等同于物理芯片。然而，阿德勒曼提出的 DNA 计算机拓宽了人们对计算现象的理解，从此，计算不再只是简单的物理性质的加减操作，而又增添了化学性质的切割、复制、粘贴、插入和删除等方式。

DNA 计算机的最大优点在于其惊人的存储容量和运算速度：$1cm^3$ 的 DNA 存储的信息比 1 万亿张光盘存储的还多；十几个小时的 DNA 计算，就相当于所有计算机问世以来的总运算量。更重要的是，它的能耗非常低，只有电子计算机的一百亿分之一。

5. 量子计算机

量子计算机以处于量子状态的原子作为中央处理器和内存，利用原子的量子特性进行信息处理。由于原子具有在同一时间处于两个不同位置的奇妙特性，即处于量子位的原子既可以代表 0 或 1，也能同时代表 0 和 1 以及 0 和 1 之间的中间值，故无论从数据存储还是处理的角度，量子位的能力都是晶体管电子位的两倍。对此，有人曾经做过这样一个比喻：假设一只老鼠准备绕过一只猫，根据经典物理学理论，它要么从左边过，要么从右边过，而根据量子理论，它却可以同时从猫的左边和右边绕过。

量子计算机与传统计算机在外形上有较大差异：它没有传统计算机的盒式外壳，看起来像是一个被其他物质包围的巨大磁场；它不能利用硬盘实现信息的长期存储……但高效的运算能力使量子计算机具有广阔的应用前景，这使得众多国家和科技实体乐此不疲。尽管目前量子计算机的研究仍处于实验室阶段，但不可否认，终有一天它会取代传统计算机进入寻常百姓家。

二、信息社会与信息素养

信息社会对人的基本要求有哪些？如何培养适应未来社会的信息素养？通过学习使大家充分了解与信息技术相关的法律法规，熟悉现代社会所要求的信息素养内涵和标准，不断增强信息素质，培养良好的信息道德素养，为适应信息社会工作和生活奠定基础。

（一）信息产业的法律法规

由于信息产业涵盖的面十分广泛，这里只对和计算机有关的法律法规做些介绍，以期使读者在今后的工作中能有法制观念和版权意识，避免那些不必要的麻烦。

目前广泛采用的计算机软件保护手段、相应法律法规主要有：著作权法（或版权法）、专利法、商标法及保护商业秘密法、中华人民共和国知识产权海关保护条例、反不正当竞争法等。

1. 计算机软件保护

对于计算机软件的保护在法律上是指如下两个层面，即以法律手段对计算机软件的知识产权提供保护和为支持计算机软件的安全运行而提供的法律保护。

（1）计算机软件的著作权。

计算机软件的著作权又称为版权，是指作品作者根据国家著作权法对自己创作的作品的表达所享有的专有权的总和。我国的法律和有关国际公约认为：计算机程序和相关文档、程序的源代码和目标代码都是受著作权保护的作品。国家依法保护软件开发者的这些专有权利。对软件权利人利益的最主要的威胁是擅自复制程序代码和擅自销售程序代码的复制品，这是侵害软件权利人的著作权的行为。

（2）与计算机软件相关的发明专利权。

专利权是由国家专利主管机关根据国家颁布的专利法授予专利申请者或其权利继承者在一定的期限内实施其发明以及授权他人实施其发明的专有权利。世界各国用来保护专利权的法律是专利法，专利法所保护的是已经获得了专利权、可以在生产建设过程中实现的技术方案。

（3）计算机软件中商业秘密及保护。

如果一项软件的技术设计没有获得专利权，而且尚未公开，这种技术设计就是非专利的技术秘密，可以作为软件开发者的商业秘密而受到保护。对于商业秘密，其拥有者具有使用权和转让权，可以许可他人使用，也可以将之向社会公开或者去申请专利。

（4）计算机软件名称标识的商标权。

商标是指商品的生产者、经销者为使自己的商品同其他人的商品相互区别而置于商品表面或者商品包装上的标志，通常由文字、图形或者兼由这两者组成。对商标的专用权也是软件权利人的一项知识产权叫商标权。

随着软件技术产业的不断壮大发展，各种涉及软件著作权、专利权的纠纷会越来越多，法律法规会逐步完善，但无论在哪种情况下，遵纪守法是每个人所必须遵守的基本准则。

2. 有关网络方面的法律法规

自 1986 年 4 月开始，我国相继制定并颁布了《中华人民共和国计算机信息系统安全保护条例》、《计算机系统安全规范》、《计算机病毒控制规定》、《互联网安全条例》、《计算机信息网络国际互联网安全保护管理办法》、《中华人民共和国电信条例》等一系列规定和法规，并在刑法、刑事诉讼法、民法、民事诉讼法等相关法律条文中写入了有关计算机信息安全方面的条文。为适应信息产业和信息犯罪增加的形势，我国加快了信息立法的步伐。2000 年 9 月 29 日，国务院第 31 次常委会议通过公布实施《互联网信息服务管理办法》，这是我国为尽快融入世贸组织规则而制定的有效管理信息产业、应对国际竞争和处理信息安全问题的基本框架性政策。了解有关网络方面的法律法规，规范网上行为。

（二）信息社会与信息素质

1. 信息素质

信息素质是指一个人的信息需求、信息意识、信息知识、信息道德、信息能力方面的基本素质。信息素质，是人类素质的一部分，是人类社会的信息知识、信息意识、接受教育、环境因素影响等形成的一种稳定的、基本的、内在个性的心理品质。

信息素质一词，最早是在 1974 年，由美国信息工业协会的会长 Paul Zurkowski 首次提出的。当时他对信息素质下的定义是：利用大量的信息工具及主要信息源使问题得到解答的技术和技能。发展到今天，对它最广泛性的解释为作为具有信息素质的人，必须具有一种能够充分认识到何时需要信息，并有能力有效地发现、检索、评价和利用所需要的信息，解决当前存在问题的能力。信息素质是现在人才的必备条件之一。

2. 信息素质的内涵和标准

（1）信息素质的内涵。

信息素质的内涵包括四个方面：信息意识、信息知识、信息能力和信息品质。信息意识是指人们对信息的敏感程度；信息知识是指与信息技术相关的常用术语和符号、与信息技术相关的文化及其符号、与信息获取和使用有关的法律规范；信息能力是指发现、评价、利用和交流信息的能力；信息品质是指积极生活和高情商、敏感和开拓创新精神、团队和协作精神、服务和社会责任心。

（2）信息素质的标准。

美国全国图书馆协会和教育传播与技术协会在 1998 年制定了学生学习的九大信息素质标准，这一标准分信息素质、独立学习和社区责任三个方面，这一标准丰富了信息素质的内涵。一般认为信息素质的评判标准如下：

① 信息素质方面。

标准一：具有信息素质的人能够高效地获取信息。

标准二：具有信息素质的人能够熟练地、批判性地评价信息。

标准三：具有信息素质的人能够精确地、创造性地使用信息。

② 独立学习方面。

标准四：作为一个独立的学习者具有信息素质，并能探求与个人兴趣有关的信息。

标准五：作为一个独立的学习者具有信息素质，并能欣赏作品和其他对信息进行创造性表达的内容。

标准六：作为一个独立的学习者具有信息素质，并能力争在信息查询和知识创新中做得最好。

③ 社区责任方面。

标准七：对学习社区和社会有积极贡献的人具有信息素质，并能认识信息对社会的重要性。

标准八：对学习社区和社会有积极贡献的人具有信息素质，并能实行与信息和信息技术相关的符合伦理道德的行为。

标准九：对学习社区和社会有积极贡献的人具有信息素质，并能积极参与活动来探求和创建信息。

3. 增强信息素质，培养良好的信息道德素养

大学生正处在人生观、世界观和价值观形成和确立的关键时期，因此，大学生要跟上教育信息化的步伐，在网络信息的海洋中自由地航行，就必须具备抵御风浪的能力，即良好的信息道德素质。随着全社会对信息道德问题的日益重视，大学生要了解信息道德法律和规范，充分认识网络的各种功能，发挥利用网络信息资源的主观能动性，培养和训练自己的创新思维和个性品质的同时，明确网络的负面影响，规范自己的上网行为，提高信息鉴别能力和自我约束能力，增强对信息污染的免疫力，在学习和以后的工作中成为具有较高信息道德素养的人。

首先，应从自我做起，不从事各种侵权行为。其次，不越权访问、窃听、攻击他人系统，不编制、传播计算机病毒及各种恶意程序。在网上不能发布无根据的消息，更不能阅读、复制、传播、制作妨碍社会治安和污染社会的有关反动、暴力、色情等有害信息，也不要模仿"黑客"行为。

4. 构建信息时代的网络道德体系

道德是调整人们相互关系的行为准则和规范的总和，网络道德是社会道德的反映。一般而言，人们在现实生活中有什么样的道德素质，在虚拟空间也会有相应的道德品质体现。

团中央、教育部等部门曾向社会发布了《全国青少年网络文明公约》，其内容大致可归纳为"五要"和"五不"："要善于网上学习，不浏览不良信息；要诚实友好交流，不侮辱欺诈他人；要增强自护意识，不随意约会网友；要维护网络安全，不破坏网络秩序；要有益身心健康，不沉溺虚拟时空。"《公约》正式启动了网络文明工程，号召"文明上网、文明建网、文明网络"，使我国青少年有了较为完备的网络行为道德规范。

练习题

1. 选择题

（1）存储容量的基本单位是_____。
　　A. 位　　　　　　B. 字节　　　　　　C. 字　　　　　　D. ASCII 码

（2）I/O 设备的含义是_____。
　　A. 输入输出设备　　B. 通信设备　　C. 网络设备　　D. 控制设备

（3）一个完整的计算机系统包括_____。
　　A. 计算机及外部设备　　　　　　B. 系统软件和应用软件
　　C. 主机、键盘和显示器　　　　　D. 硬件系统和软件系统

（4）第四代计算机所采用的主要逻辑元件是_____。
　　A. 电子管　　　　　　　　　　B. 晶体管
　　C. 集成电路　　　　　　　　　D. 大规模和超大规模集成电路

（5）完整的计算机存储器应包括_____。
　　A. 软盘、硬盘　　　　　　　　B. 磁盘、磁带、光盘
　　C. 内存储器、外存储器　　　　D. RAM、ROM

（6）我们通常使用的计算机属于_____。
　　A. 巨型机　　　　　　　　　　B. 小型计算机
　　C. 工作站　　　　　　　　　　D. 微型计算机

（7）计算机软件系统包括_____。
　　A. 操作系统和网络软件
　　B. 系统软件和应用软件
　　C. 客户端应用软件和服务器端系统软件
　　D. 操作系统、应用软件和网络软件

（8）计算机网络是计算机技术与_____技术紧密结合的产物。
　　A. 通信　　　　　B. 电话　　　　　C. Internet　　　　　D. 卫星

（9）计算机网络的目的在于实现_____和信息交流。
　　A. 资源共享　　　B. 远程通信　　　C. 网页浏览　　　D. 文件传输

（10）通信双方必须共同遵守的规则和约定称为网络_____。
　　A. 合同　　　　　B. 协议　　　　　C. 规范　　　　　D. 文本

（11）IPv6 将 IP 地址增加到了_____。
　　A. 32　　　　　　B. 64　　　　　　C. 128　　　　　　D. 256

（12）微型计算机的微处理器包括_____。
　　A. 运算器和主存　　　　　　　B. 控制器和主存
　　C. 运算器和控制器　　　　　　D. 运算器、控制器和主存

（13）在微机中，访问速度最快的存储器是_____。
　　A. 硬盘　　　　　B. 软盘　　　　　C. 光盘　　　　　D. 内存

（14）下列软件中，_____是系统软件。

A. 工资管理软件
B. 用 C 语言编写的求解一元二次方程的程序
C. 用汇编语言编写的一个练习程序
D. Windows 操作系统

(15) 运行一个程序文件时，它被装入到_____中。
　　A. RAM　　　　　　B. ROM　　　　　　C. CD-ROM　　　　D. EPROM
(16) 目前最好的防病毒软件的作用是_____。
　　A. 检查计算机是否染有病毒，消除已感染的任何病毒
　　B. 杜绝病毒对计算机的侵害
　　C. 查出计算机已感染的任何病毒，消除其中的一部分
　　D. 检查计算机是否染有已知病毒，消除已感染的部分病毒
(17) 计算机病毒具有_____。
　　A. 传播性，潜伏性，破坏性　　　　　B. 传播性，破坏性，易读性
　　C. 潜伏性，破坏性，易读性　　　　　D. 传播性，潜伏性，安全性
(18) 下面列出的计算机病毒传播途径，不正确的说法是_____。
　　A. 使用来路不明的软件　　　　　　　B. 通过借用他人的 U 盘
　　C. 通过非法的软件复制　　　　　　　D. 通过把多个 U 盘叠放在一起
(19) 局域网中每一台计算机的网卡上都有一个全球唯一的_____地址。
　　A. MAC　　　　　　B. IP　　　　　　C. 计算机　　　　　D. 网络
(20) 一座办公大楼各个办公室中的微机进行联网，这个网络属于_____。
　　A. WAN　　　　　　B. LAN　　　　　　C. MAN　　　　　　D. PAN
(21) Internet 的中文标准译名为_____。
　　A. 因特网　　　　　　B. 万维网　　　　　C. 互联网　　　　　D. 广域网
(22) IP 地址分为_____地址和主机地址两部分。
　　A. 子网　　　　　　B. 网络　　　　　　C. A 类　　　　　　D. C 类
(23) _____是 Web 服务器与浏览器间如何传送所要求的文件协议。
　　A. HTTP　　　　　　B. HTML　　　　　　C. FTP　　　　　　D. URL
(24) _____是一种专门用于定位和访问 Web 网页信息，获取用户希望得到的资源的导航工具。
　　A. IE　　　　　　　B. QQ　　　　　　　C. MSN　　　　　　D. 搜索引擎

2. 填空题

(1) _____年_____月，第一台现代电子计算机 ENIAC 在_____诞生，其中文全称为_____。
(2) 简单地说，计算机是一种能够自动进行_____和_____的电子机器。
(3) 计算机是由_____五大部件组成的，缺一不可。
(4) 中央处理器简称为_____。
(5) 随机存储器简称为_____。
(6) 计算机语言可分为_____、_____和_____三类，计算机能够直接执行的是_____。

（7） 在微型计算机中常用的西文字符编码是_____等。

（8） 在计算机工作时，内存储器的作用是_____。

（9） 常用 ASCII 码采用_____位编码，最多可表示_____个字符。

（10） 内存储器分为_____和_____两类。

（11） 存储容量的基本单位是_____。

3. 判断题

（1） 操作系统是计算机硬件和软件资源的管理者。（　）

（2） 在计算文件字节数时，1 KB=1 000 B。（　）

（3） 微型机的主要性能指标是机器的样式及大小。（　）

（4） 第一代计算机采用电子管作为基本逻辑元件。（　）

（5） RAM 的中文名称是"随机存储器"。（　）

（6） 微软公司的 Office 系列软件属于系统软件。（　）

（7） 操作系统是用于管理、操纵和维护计算机各种资源或设备并使其正常高效运行的软件。（　）

（8） 运算器和控制器合称"中央处理器"（CPU），CPU 和内存储器则合称"计算机的主机"，在微型机中主机安装在一块主机板上。（　）

（9） 媒体是指信息表示和传输的载体或表现形式，而多媒体技术指利用计算机技术把文字、声音、图形、动画和图像等多种媒体进行加工处理的技术。（　）

（10） 电子计算机的发展已经经历了四代，第一代电子计算机不是按照存储程序和程序控制原理设计的。（　）

4. 简答题

（1） 按所采用的元器件计算机经历了几代？各代的特征是什么？

（2） 冯·诺依曼型计算机的工作原理是什么？

（3） 简述计算机的分类，计算机的特点。

（4） 计算机硬件系统由哪几个部分构成？各部分的作用是什么？

（5） 什么是系统软件？什么是应用软件？各举出两个例子说明。

（6） 当前计算机的应用领域有哪些方面？

（7） 什么是计算机软件保护？

（8） 如何防治计算机病毒？

（9） 什么是信息素质？信息素质的内涵和标准是什么？

（10） 作为信息时代的一名在校大学生，如何培养良好的信息道德素养？

（11） Internet 的功能主要体现在哪几个方面？

（12） 在上网浏览信息时如何收藏喜欢的网页？

模块 2　Windows 7 操作系统

教学目标：

通过本模块的学习，了解操作系统的基本概念，掌握 Windows 7 的基本操作，理解文件及文件夹的基本概念，掌握 Windows 7 的文件及文件夹管理操作，掌握在 Windows 7 中利用控制面板进行系统设置与管理操作。

教学内容：

本模块介绍目前主流微机操作系统 Windows 7 的基本功能和使用方法，主要包括：
1. 个性化桌面设置。
2. Windows 7 的文件及文件夹管理。
3. Windows 7 的系统设置与管理。
4. Windows 7 的附件工具。

教学重点与难点：

1. Windows 7 基本操作。
2. Windows 7 中信息资源管理方法。
3. Windows 7 控制面板的常用功能和使用方法。
4. Windows 7 中常用附件工具的功能和使用方法。

案例一　个性化桌面设置

【任务描述】

李晓华应聘到蓝天地产集团有限公司担任办公室秘书，入职后公司为她配置了一台电脑。结合工作任务，她需要对桌面进行个性化的设置，主要包括以下内容：
- 在桌面上显示"计算机"、"回收站"、"控制面板"图标。
- 在桌面上添加"日历"和"时钟"小工具。
- 将系统提供的"建筑"主题作为桌面背景，图片每隔 10 分钟更换一张。
- 设置屏幕保护程序为"三维文字"，文字定义为"有蓝天，有未来"。
- 改变"开始"菜单的显示方式。设置"个人文件夹"和"控制面板"的显示方式为"显示为菜单"；隐藏常用程序列表。

- 更改任务栏的显示。移动任务栏位置将其置于桌面的顶部；将应用程序 Word 锁定于任务栏；设置任务按钮为始终合并，隐藏标签；使用 Aero Peek 预览桌面。
- 建立公用的用户账户。账户名为"Common"，账户类型为标准账户。

【任务分析】

桌面元素主要有桌面图标、"开始"按钮、任务栏和桌面背景等。要完成个性化桌面设置，必须先熟悉 Windows 7 桌面上的主要元素和基本构成，掌握 Windows 7 的基本操作，掌握桌面的简单调整方法，掌握任务栏、"开始"菜单的设置方法。

【实施方案】

任务 1　认识 Windows 7

操作系统是最基本的系统软件，它是整个计算机系统的控制和管理中心，是计算机软件与硬件资源的管理者。为了有效地管理计算机硬件与软件资源，李晓华找来相关资料开始学习 Windows 7 操作系统，通过学习她认识了 Windows 7 操作系统。

1. Windows 的主流版本

Windows 是微软公司推出的操作系统系列产品。自 Windows 95 诞生至今，微软公司先后正式发布的 Windows 版本主要有以下两个系列。

（1）Windows XP/ Windows Vista/Windows 7/Windows 8。

2001 年 10 月正式推出的 Windows XP 是微软公司目前在这个系列的主打产品。2007 年年初，Windows 再出新版本 Windows Vista，无论从界面上还是功能上都大为提升，尤其是 Vista 自带的微软搜索功能给用户带来了全新体验。但是，由于 Windows Vista 对计算机硬件要求非常高，许多功能对个人用户来说并不实用，并且某些应用软件对 Vista 也不兼容，因此遭到多半 Windows 用户的排斥。2007 年 10 月 Windows 7 发布，它借鉴了 Windows XP 和其他操作系统的优秀之处，并减少了 Windows Vista 中的一些烦琐步骤。继 Windows 7 之后，2012 年 10 月推出 Windows 8，Windows 8 在系统界面上采用 Modern UI 界面；在操作上提供屏幕触控支持；在硬件兼容上 Windows 8 支持来自 Intel、AMD 和 ARM 的芯片架构，可应用于台式机、笔记本、平板电脑上。Windows 7、Windows 8 已成为当前市场上主流的微机操作系统。

（2）Windows NT/ Windows 2000 /Windows 2003/ Windows 2007/Windows 2008/ Windows 2012 RC。

这些版本主要面向网络服务器。Windows 2000 采用了先进的 NT 架构，Windows XP 继承了这种技术。2003 年 4 月推出的 Windows 2003，全称是 Windows Server 2003，采用了有别于 NT 核心的.NET 架构。2012 年 6 月发布 Windows 2012。

2. Windows 7 的新增功能

Windows 7 是微软公司在 Windows XP 与 Windows Vista 的基础上推出的新一代客户端操作系统，是当前主流的微机操作系统之一，与以往版本的 Windows 相比，Windows 7 在性能、易用性、安全性等方面都有了非常明显的提高，它不仅继承了 Windows 家族的传统优点，而且给用户带来了全新的体验。

（1）多功能任务栏。

Windows 7 的任务栏有三方面改进。第一，可以将应用程序锁定在任务栏便于快速启动。第二，在一个被多个窗口覆盖的拥挤的桌面上，可以使用"航空浏览（Aero Peek）"功能从分组的任务栏程序中预览各个窗口，甚至可以通过缩略图关闭文件。第三，在任务栏的最右边，设有一个永久性的"显示桌面"按钮，单击它就可以清除桌面上的所有窗口，而再次单击一下则会把所有的窗口又重新恢复到它们原来的位置。

（2）跳转列表。

Windows 7 的跳转列表可以快速访问常用的文档、图片、歌曲或网站。跳转列表一般是最近打开的项目列表，例如文件、文件夹或网站，显示的内容完全取决于程序本身，对于不同的程序显示的文件也是不一样的，例如 IE 跳转列表可显示经常浏览的网站；Word 则显示经常打开的 Word 文件等。

（3）窗口智能排列。

Windows 7 的窗口智能排列可以将桌面的窗口进行自动排列，把一些应用程序窗口拖到屏幕顶端，或桌面左右两侧的时候，应用程序就会自动最大化或是占据屏幕的左右两边。

（4）桌面便笺简易灵活。

Windows 7 新增了一个方便的"便笺"工具，就像我们用过的便利贴一样想贴哪儿就贴哪儿，这些小便签也可以随时贴在桌面的任何地方，既快速又方便。

（5）超强的库功能。

在 Windows 7 中，系统引入了"库"的概念，它有别于 Windows XP 的资源管理器，对分布在硬盘上不同位置的同类型文件进行索引，将文件信息保存到"库"中，就像为一些文件夹在库中创建了快捷方式，这样在不改动文件存放位置的情况下集中管理，可以更加便捷地查找、使用和管理分布于整个计算机或网络中的文件，提高工作效率。

（6）增强的系统还原功能。

在 Windows 7 中系统还原功能，除传统的还原方式外，还新增一个"扫描受影响的应用程序"功能，可"预知"扫描系统还原后对当前系统的哪些应用程序受到影响。

（7）桌面小工具的改进。

Windows Vista 中微软在系统桌面中集成了一个侧边栏小工具，在桌面的侧边栏中显示自己一些个性信息。在 Windows 7 中系统对桌面小工具进行了改进，可以根据需要将这些小工具随意放置到桌面的任意地方。

（8）自动电脑清理。

用户如果没有经验，可能会打乱先前的设置，安装可疑软件、删除重要文件或者是导致各种不必要毁坏。当用户在注销登录时，电脑上所进行的一系列操作都会被清除，自动进行电脑清理。

（9）PC 卫士让电脑更安全。

Windows 7 为用户提供了"PC 卫士"功能，可以在不影响其他用户在电脑上的操作的同时对系统中的某个用户进行保护，这样对维护电脑提供了很大的方便。

（10）高效搜索框。

Windows 7 系统资源管理器的搜索框能快速搜索 Windows 中的文档、图片、程序、Windows 帮助甚至网络等信息。Windows 7 系统的搜索是动态的，当我们在搜索框中输入第一个字的时候，Windows 7 的搜索就已经开始工作，大大提高了搜索效率。

任务 2　Windows 7 的基本操作

认识了 Windows 7 后,李晓华接着开始练习 Windows 7 的基本操作。通过训练,她熟悉了 Windows 7 桌面上的主要元素和基本构成,掌握了 Windows 7 的桌面操作与窗口操作。

1. Windows 7 的启动与退出

启动、注销和退出操作系统是最基本的操作。在使用装有 Windows 7 的计算机时,打开计算机的过程其实就是启动 Windows 7 操作系统的过程。

（1）启动 Windows 7。

当用户启动一台已经安装好 Windows 7 操作系统的计算机后,打开计算机电源,系统将会进入自检状态。自检结束后,进入 Windows 7 的登录界面,如图 2-1 所示。如果计算机中只设置了一个账户,且没有设置启动密码,启动后会自动进入 Windows 7 操作界面;如果计算机中设置了多个账户且没有设置密码,在登录界面将显示多个用户账户的图标,单击某个账户图标即可进入该用户的系统界面;如果用户账户设置了登录密码,选择账户后还需输入正确的密码才可以进入操作系统。

（2）注销、切换用户与锁定计算机。

Windows 7 是一个支持多用户的操作系统,用户都可以进行个性化设置又相互不影响。为了方便不同的用户使用计算机,Windows 7 提供了注销、切换用户与锁定计算机功能。

① 注销:用于保存当前设置,关闭当前登录用户。使用注销功能,可以使用户在不重新启动计算机的情况下实现多用户快速登录,这种登录方式不但方便快捷,而且减少了对硬件的损耗。选择下列操作之一,可以注销 Windows 7 系统。

- 单击"关机"按钮右侧的 ▶ 按钮,从弹出的下拉菜单中选择"注销"命令,如图 2-2 所示。

图 2-1　Windows 7 登录界面　　　　图 2-2　"关机"按钮的下拉菜单

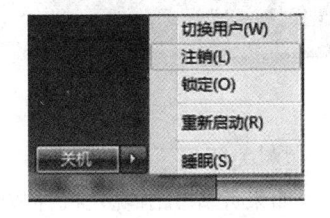

- 按 Ctrl+Alt+Del 组合键,在 Windows 7 安全选项界面中选择"注销"选项,如图 2-3 所示。

② 切换用户:用于在不关闭当前用户账户的情况下切换到另外一个用户,当前用户可以不关闭正在运行的程序,当再次返回时系统会保留原来的状态。选择下列操作之一,可以切换用户。

- 单击"关机"按钮右侧的▶按钮,从弹出的下拉菜单中选择"切换用户"命令。
- 按 Ctrl+Alt+Del 组合键,在 Windows 7 安全选项界面中选择"切换用户"选项,然后单击要切换的用户即可。

③ 锁定计算机:当用户为账户设置了登录密码后,如果需要暂时离开一下,并且不希望其他用户进入系统,避免资料泄露等危害,选择下列操作之一,可以切换到锁定计算机的界面。

- 单击"关机"按钮右侧的▶按钮,从弹出的下拉菜单中选择"锁定计算机"命令。
- 按 Ctrl+Alt+Del 组合键,在 Windows 7 安全选项界面中选择"锁定计算机"选项。
- 按 Win+L 组合键。

(3) 退出 Windows 7。

当用户需要关闭或重新启动计算机时,可退出 Windows 7 操作系统。但在退出之前应注意先关闭所有的应用程序,非正常关机可能会造成数据丢失,严重时还可能造成系统损坏。正确退出 Windows 7 操作系统的步骤如下:

① 关闭系统中所有正在运行的应用程序。

② 单击"开始"菜单,在打开的"开始"菜单中选择"关机"命令,如图 2-4 所示。

图 2-3 Windows 7 安全选项界面　　　　图 2-4 "开始"菜单

③ 关闭显示器电源。

如果计算机出现死机等故障,可以重新启动计算机,以解决出现的问题。方法是在"开始"菜单中单击"关机"按钮右侧的▶按钮,从弹出的菜单中选择"重新启动"命令。

2. 桌面操作

启动 Windows 7 之后,首先出现的就是桌面,即屏幕工作区,桌面好比个性化的工作台,操作所需的内容都在桌面上显示。桌面上的图标数据与计算机的设置有关,主要元素有桌面图标、"开始"按钮、任务栏和桌面背景等。Windows 7 的桌面组成如图 2-5 所示。

图 2-5　Windows 7 的桌面

（1）桌面背景。

桌面背景是操作系统为用户提供的一个图形界面，作用是让系统的外观变得更加美观，用户可根据需要更换不同的桌面背景。

（2）桌面图标。

桌面图标是指桌面上那些带有文字标志的小图片，每个图标分别代表一个对象，如文件夹、文档或应用程序。对图标的操作主要有以下几种。

① 添加新图标：可以从其他窗口用鼠标拖动一个对象到桌面上，也可以在桌面上右击鼠标，从弹出的快捷菜单中选择"新建"命令，在子菜单中选择所需对象创建新对象图标。

② 删除桌面上的图标：右击桌面上欲删除的图标，在弹出的快捷菜单中选择"删除"命令即可。

③ 排列桌面上的图标对象：可以用鼠标将图标对象拖动到桌面的任意地方进行排列，也可以右击桌面，在弹出的快捷菜单中选择"排列图标"命令即可。

④ 启动程序或窗口：双击桌面上的相应图标对象即可。通常，可以把一些重要而常用的应用程序、文件等摆放在桌面上，使用起来很方便，但同时影响了桌面背景画面的美观。

（3）任务栏。

任务栏是 Windows 7 桌面的一个重要组成部分，它显示出各种可以执行或者正在执行的任务。它通常位于桌面底部，由"开始"按钮、程序按钮区、通知区和显示桌面按钮 4 部分构成。

① "开始"按钮：用于打开"开始"菜单。"开始"菜单是由"固定程序"列表、"常用程序"列表、搜索框、"启动"菜单和"关闭选项"按钮区组成的。可以启动已安装的应用程序或调出系统程序。

② 程序按钮区：任务栏中的按钮表示已打开的文件夹或应用程序窗口。Windows 7 可以同时运行多个任务。但是，用户每次只能在一个窗口中进行操作，其他的窗口都最小化为按钮排列在任务栏上，单击任务栏上的任务按钮可以进行窗口切换。

③ 通知区：用于显示一些计算机设备及某些正在运行程序的状态图标，位于任务栏的最右侧。通常情况下，任务栏的通知区中有输入法图标、日期时间图标和音量图标。

④ 显示桌面按钮：用于暂时预览桌面，位于任务栏的最右侧。

3. 窗口操作

在 Windows 7 中，所有窗口的外观都基本相同，其操作的方法也都一样，是一个具有标题栏、菜单栏、工具按钮等图形符号的矩形区域，如图 2-6 所示。窗口为用户提供多种工具和操作手段，是人机交互的主要界面。Windows 7 环境下所有资源的管理和使用、系统或应用程序的交互等都可以在窗口中进行。

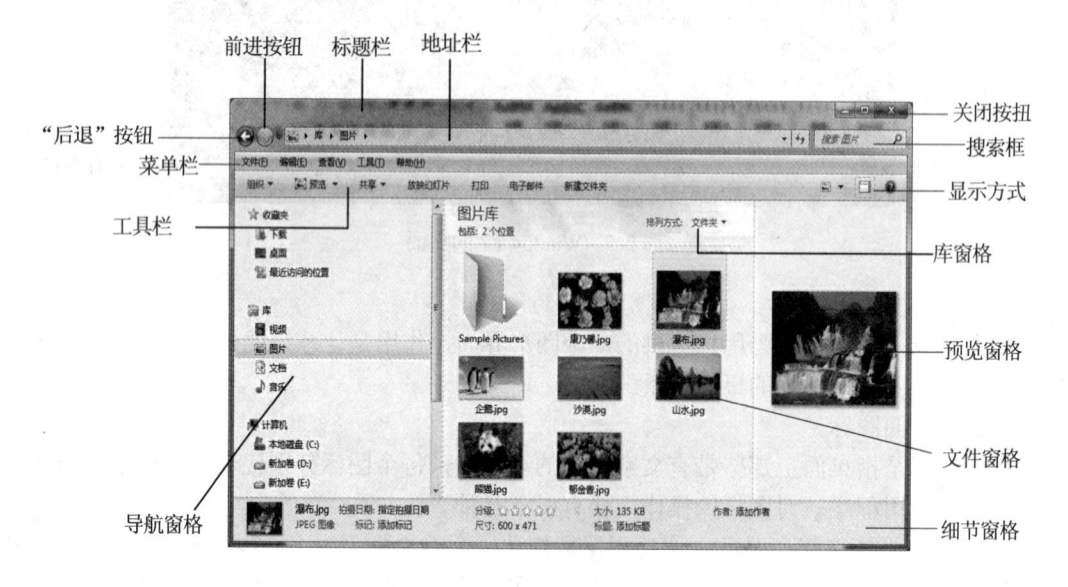

图 2-6　Windows 7 窗口

（1）窗口类型。

Windows 7 操作系统中的窗口分为四类：

① 文件夹窗口。

文件夹窗口是管理文件夹时所用的一种特殊窗口，用于显示一个文件夹的下属文件夹和文件的主要信息。Windows 7 将文件夹窗口和 Internet Explorer（IE）浏览器窗口格式统一起来，通过浏览器可以浏览本机的文件夹信息，从文件夹窗口也可以直接浏览网页。

② 程序窗口。

运行任何一个需要人机交互的程序都会打开一个该程序特有的"程序窗口"，一般关闭程序窗口就关闭了程序。

③ 文档窗口。

文档窗口是隶属于应用程序的子窗口。有些应用程序可以同时打开多个文档窗口，称为多文档界面。

④ 对话框。

对话框可看成一种特殊窗口，用来输入信息进行参数设置。

（2）窗口的组成。

一个典型的窗口主要由标题栏、"前进"与"后退"按钮、菜单栏、工具栏、地址栏、搜索框、导航窗格、库窗格、文件窗格与细节窗格等元素构成。

① 标题栏：位于窗口的最顶端，其左端标明窗口的名称，右端有"最小化"按钮■，"最

大化"按钮 □ 及"关闭"按钮 ☒。在 Windows 7 中可以同时打开多个窗口，但只有一个是活动窗口，只有活动窗口才能接收鼠标和键盘的输入。活动窗口的标题栏呈高亮度显示，默认颜色为蓝色。如果标题栏呈灰色，则该窗口是非活动窗口。

② "前进"与"后退"按钮：用于快速访问下一个或上一个浏览过的位置。单击"前进"按钮右侧的小箭头，可以显示浏览列表，以便于快速定位。

③ 菜单栏：位于标题栏的下方，其中通常有"文件"、"编辑"、"查看"、"工具"、"帮助"等菜单项，这些菜单几乎包含了对窗口操作的所有命令。

④ 工具栏：通常位于菜单栏的下面，以按钮或下拉列表框的形式将常用功能分组排列出来，使用鼠标单击按钮便能直接执行相应的操作。

⑤ 地址栏：显示当前访问位置的完整路径。在地址栏中输入一个地址，然后单击"转到"按钮，窗口将转到该地址所指的位置。另外，Windows 7 利用地址栏将文件夹窗口与浏览器（IE）连接起来，在文件夹窗口的地址栏输入网页地址（URL），文件夹窗口就可显示网页内容，作为浏览器使用。

⑥ 搜索框：在搜索框中输入关键字后，就可以在当前位置使用关键字进行搜索，凡是文件内部或文件名称中包含该关键字，都会显示出来。

⑦ 导航窗格：以树形图的方式列出一些常见位置，同时该窗格中还根据不同位置的类型，显示了多个结点，每个子结点可以展开或合并。

⑧ 库窗格：库窗格中提供了一些与库有关的操作，并且可以更改排列方式。如果希望隐藏该位置的库窗格，可以单击"组织"按钮，从菜单中选择"布局" / "库窗格"命令。

⑨ 文件窗格：列出了当前浏览位置包含的所有内容。

⑩ 预览窗格：如果在文件窗格中选定了某个文件，其内容就会显示在预览窗格中。单击窗口右上角的"显示预览窗格"按钮即可将该窗格打开。

⑪ 细节窗格：在文件夹窗格中单击某个文件或文件夹后，细节窗格中就会显示该对象的属性信息，显示内容与所选对象有关。

（3） 窗口基本操作。

对窗口的基本操作包括调整窗口大小，移动、切换、排列或关闭窗口等。

① 调整窗口大小。

当窗口处于非最大化状态时，将鼠标指针指向窗口的边框或者顶角，当指针变成一个双向箭头时，按住鼠标左键拖动鼠标，当窗口大小合适后，松开鼠标即可。

② 移动窗口。

当窗口处于非最大化状态时，移动窗口的方法有以下两种：

- 使用鼠标：将指针指向标题栏，按住鼠标左键拖动鼠标。
- 使用键盘：右击窗口的标题栏，在弹出的快捷菜单中选择"移动"命令，当指针变为四向箭头后，按键盘上的方向键，直到窗口位置合适后按下 Enter 键即可。

③ 切换窗口。

当打开了多个窗口同时进行工作时，用户只能对当前窗口进行操作，当需要切换到另一个窗口时，可以采用下面三种方法。

- 使用鼠标：如果要切换的窗口在屏幕上能看到，单击该窗口的任一部分即可将该窗口切换到屏幕最前面；如果在屏幕上看不到要切换的窗口，可单击任务栏中的任务按钮。

- 使用键盘：按 Alt+Tab 组合键。
- 使用 Flip 3D：Flip 3D 以三维方式排列所有打开的窗口和桌面，可以快速地浏览窗口中的内容。在按下 Win 键的同时，重复按 Tab 键即可使用 Flip 3D 切换窗口，如图 2-7 所示。当切换到要查看的窗口时，释放 Win 键即可。另外单击某个窗口的任意部分也可以显示窗口中的内容。

④ 排列窗口。

在 Windows 7 中提供了层叠窗口、堆叠窗口与并排显示窗口 3 种窗口排列方式。其中"层叠窗口"是把所有打开的窗口按照层叠形式排列显示。"堆叠显示窗口"是把所有打开的窗口按照横向两个，纵向平均分布的方式堆叠排列起来。"并排显示窗口"是把所有打开的窗口按照纵向两个，横向平均分布的方式并排排列起来。可以采用下面两种方法。

- 使用快捷菜单：右击任务栏的空白区域，弹出任务栏的快捷菜单，如图 2-8 所示。在快捷菜单中选择相应的命令即可更改窗口的排列方式。

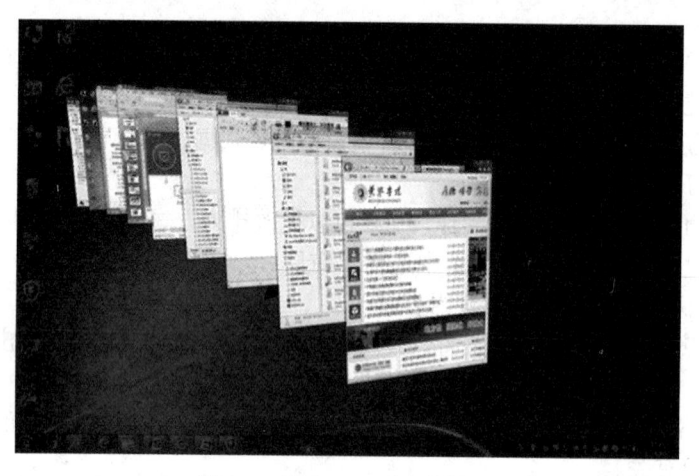

图 2-7 使用 Flip 3D 切换窗口　　　　图 2-8 "任务栏"的快捷菜单

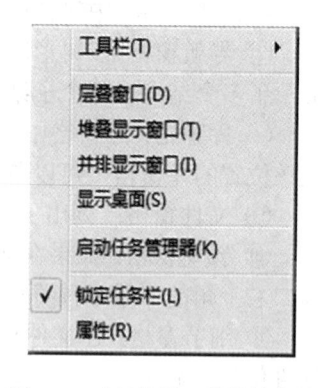

- 使用 Aero 吸附功能：将鼠标指针指向需要并排显示窗口的标题栏，按住左键将其拖动到屏幕最左侧，此时屏幕上会出现该窗口的虚拟边框，并自动占据屏幕一半的面积，释放鼠标按键，将另一个需要并排显示的窗口，向屏幕右侧拖放即可。

将窗口向屏幕中央拖动，可使每个窗口都重新恢复为原来的大小；将窗口向屏幕顶部拖动，则可以直接将该窗口最大化；向下方拖动，则可从最大化状态恢复为原始状态。

⑤ 最大化、最小化与还原窗口。

在 Windows 7 中，最大化、最小化与还原窗口的方法有以下 4 种：

- 使用窗口按钮：单击"最大化"按钮，可将窗口调到最大；单击"最小化"按钮，可将窗口最小化到任务栏上；将窗口调到最大化后，"最大化"按钮会变成"还原"按钮。
- 使用快捷菜单：右击窗口的标题栏，在弹出的快捷菜单中选择"最大化"或"最小化"或"还原"命令即可。
- 使用"显示桌面"按钮：单击任务栏通知区域最右侧的"显示桌面"按钮，将所有打开的窗口最小化以显示桌面。若再次单击该按钮，则还原窗口。

- 通过 Aero 晃动：将鼠标指针指向一个窗口的标题栏上按住鼠标左键不放，然后左右晃动鼠标若干次，除它之外的所有其他窗口全部都最小化了。如果再次按下鼠标左键不放，然后左右晃动鼠标若干次，则又回到原来的窗口布局。

⑥ 关闭窗口。

单击窗口右上角的"关闭"按钮，或者选择"文件"菜单中的"关闭"命令，或者按 Alt+F4 组合键，即可关闭当前窗口。

任务 3 个性化桌面设置

李晓华首先对桌面上的元素进行了调整，更改了桌面背景与屏幕保护程序，然后对"任务栏"与"开始"菜单进行了设置，并为本部门员工使用计算机建立了公用的用户账户。

1. 在桌面上显示"计算机"、"回收站"、"控制面板"图标

（1）右击桌面空白处，从弹出的快捷菜单中选择"个性化"命令，打开"个性化"窗口，如图 2-9 所示。

（2）单击"个性化"窗口中的"更改桌面图标"，打开"桌面图标设置"对话框。在"桌面图标"栏内勾选"计算机"、"回收站"、"控制面板"复选框，并单击"确定"按钮，返回"个性化"窗口，如图 2-10 所示。

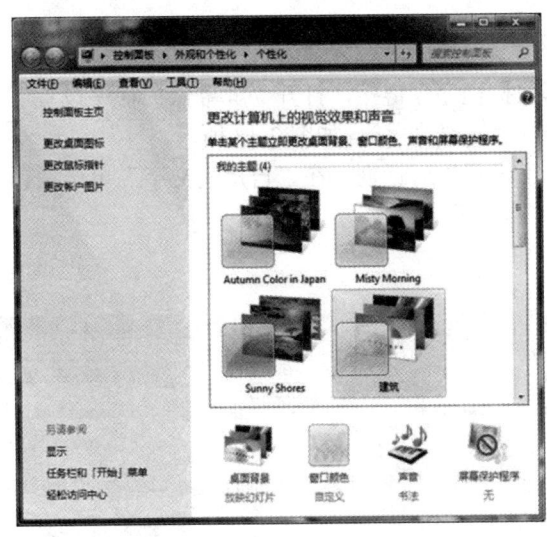

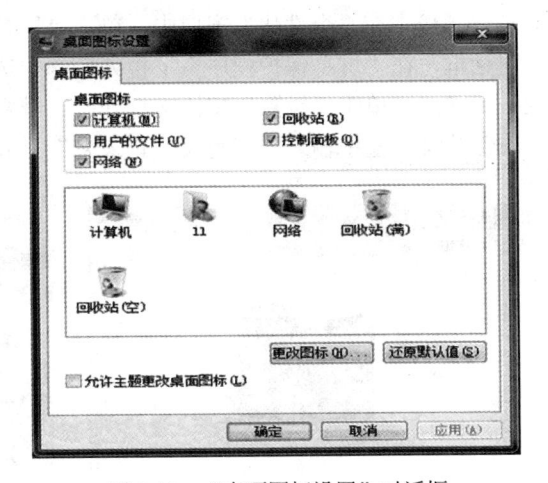

图 2-9 "个性化"窗口　　　　　图 2-10 "桌面图标设置"对话框

2. 在桌面上添加"日历"和"时钟"小工具

（1）右击桌面空白处，从弹出的快捷菜单中选择"小工具"命令，打开"小工具"窗口，如图 2-11 所示。

（2）在"小工具"窗口中，分别右击"日历"与"时钟"小工具，从弹出的快捷菜单中选择"添加"命令。

3. 将系统提供的"建筑"主题作为桌面背景

（1）打开"个性化"窗口，在"个性化"窗口中，单击列表框中"Aero 主题"栏中的

"建筑"主题。

（2）单击"桌面背景"链接，打开"桌面背景"窗口，将"更改图片时间间隔"设置为 10 分钟，如图 2-12 所示。

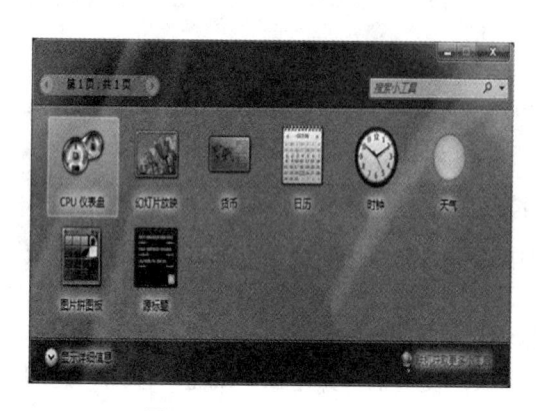

图 2-11 "小工具"窗口

图 2-12 "桌面背景"窗口

4. 设置屏幕保护程序为"三维文字"，文字为"有蓝天，有未来"

（1）在"个性化"窗口中，单击"屏幕保护程序"链接，打开"屏幕保护程序设置"对话框，在"屏幕保护程序"下拉列表框中选择"三维文字"，如图 2-13 所示。

（2）单击"设置"按钮，打开"三维文字设置"对话框，在"自定义文字"单选按钮右侧的文本框中输入"有蓝天，有未来"，如图 2-14 所示。

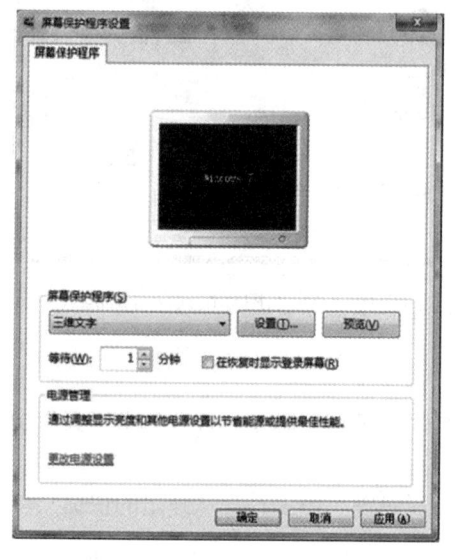

图 2-13 "屏幕保护程序设置"对话框

图 2-14 "三维文字设置"对话框

（3）单击"确定"按钮，返回"屏幕保护程序设置"对话框。

5. 改变"开始"菜单的显示方式

（1）设置"个人文件夹"和"控制面板"的显示方式为"显示为菜单"。

① 右击任务栏的空白处，在弹出的快捷菜单中选择"属性"选项，可以打开"任务栏和「开始」菜单属性"对话框，如图 2-15 所示。

② 选择"「开始」菜单"选项卡，单击"自定义"按钮，打开"自定义「开始」菜单"对话框，如图 2-16 所示。

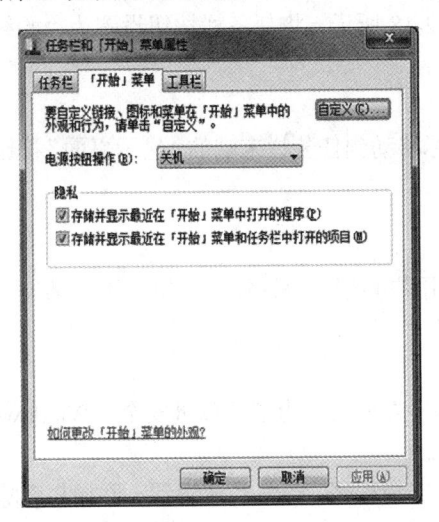

图 2-15　"任务栏和「开始」菜单属性"对话框 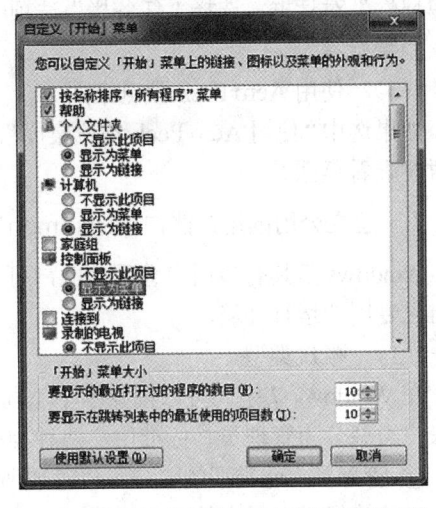　　　图 2-16　"自定义「开始」菜单"对话框

③ 在"「开始」菜单项目"列表框中的"个人文件夹"与"控制面板"中选中"显示为菜单"单选按钮。单击"确定"按钮，返回"任务栏和「开始」菜单属性"对话框，再单击"确定"或"应用"按钮，完成设定。此时，"开始"菜单中的"个人文夹"和"控制面板"菜单项增加扩展标记"▶"，可以显示相应文件夹窗口的内容，如图 2-17 所示。这样可以方便操作，如单击"个人文件夹"菜单项下的"我的图片"文件夹下的某一图片文件，即可打开相应的图片。

（2）更改/隐藏常用程序列表。

① 更改常用程序的显示数目。

右击任务栏的空白处，在弹出的快捷菜单中选择"属性"选项，可以打开"任务栏和「开始」菜单属性"对话框，在"「开始」菜单"选项卡中，单击"自定义"按钮，在弹出的对话框中对"要显示的最近打开过的程序数目"进行设置。

② 隐藏"常用程序"列表。

图 2-17　更改显示方式后的"开始"菜单

将"任务栏和「开始」菜单属性"对话框中的"要显示的最近打开过的程序数目"设置为 0 或在"「开始」菜单"选项卡中取消勾选"存储并显示最近在「开始」菜单中打开的程序"

复选框。

6. 更改任务栏的显示

（1）将应用程序 Word 锁定于任务栏。

右击应用程序 Word，在弹出的快捷菜单中选择"将此程序锁定到任务栏"菜单项即可。

（2）设置任务按钮为始终合并，隐藏标签。

右击任务栏的空白处，在弹出的快捷菜单中选择"属性"选项，打开"任务栏和「开始」菜单属性"对话框，选择"任务栏"选项卡，如图 2-18 所示。将任务栏按钮设置为"始终合并，隐藏标签"。

（3）使用 Aero Peek 预览桌面。

如果选中"使用 Aero Peek 预览桌面"，则当鼠标移动到任务栏末端的"显示桌面"按钮，会暂时查看桌面。

7. 建立公用的用户账户"Common"

Windows 7 具有多用户管理功能，可以让多个用户共用一台计算机，每个用户都可以建立自己专用的运行环境。

（1）账户类型。

在 Windows 7 中，可以创建多个不同的账户供多人使用，为了计算机安全，Windows 7 的账户类型分为管理员、标准用户两种类型。

① 管理员：此类型的账户可以存取所有文件、安装程序、改变系统设置、添加与删除账户，对计算机具有最大的操作权限。

② 标准用户：可以使用大多数软件，以及更改不影响其他用户或计算机安全的系统设置。

（2）添加账户。

在计算机上添加新用户，必须有计算机管理员账户，才能将新用户添加到计算机。

① 双击桌面上的"控制面板"图标，出现如图 2-19 所示的"控制面板"窗口。

图 2-18　"任务栏"选项卡　　　　图 2-19　"控制面板"窗口

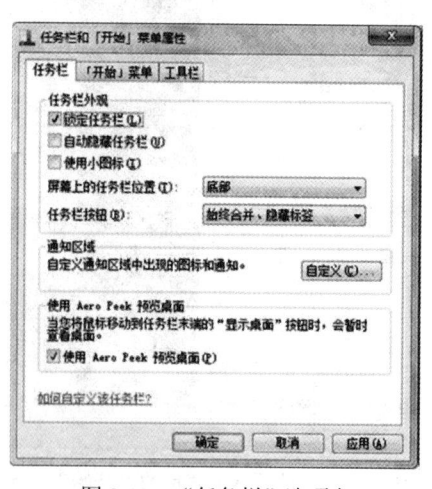

② 双击"用户账户和家庭安全"图标，打开如图 2-20 所示的"管理账户"窗口。

③ 在"管理账户"窗口中，单击"创建一个新账户"链接，打开"创建新账户"窗口。

输入账户名为"Common",选择账户类型为标准用户,如图 2-21 所示。最后单击"创建账户"按钮,返回"管理账户"窗口。

④ 单击"关闭"按钮,关闭"管理账户"窗口。该账户可以使用计算机现有的资源,但不能自行安装或卸载应用程序。

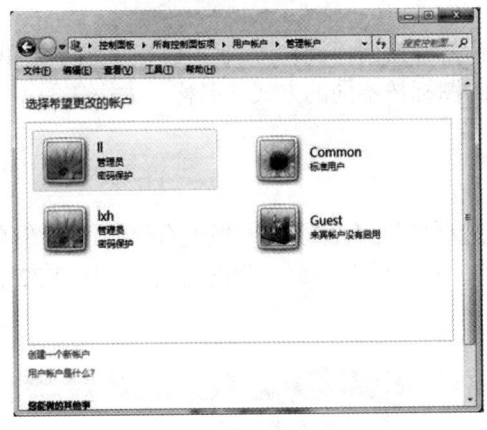

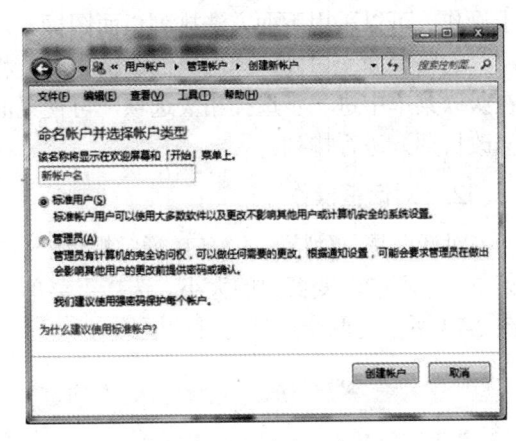

图 2-20 "管理账户"窗口　　　　图 2-21 "创建新账户"窗口

实训项目　优化你的桌面

1. 实训目标

（1） 掌握"用户账户"的建立方法；
（2） 掌握桌面个性化的设置；
（3） 掌握"任务栏"与"开始"菜单的设置。

2. 实训任务

王刚是通信工程专业的学生,结合学习与生活的需要,他需要对桌面进行优化设置,具体操作任务如下:

（1） 用你的姓名建立一个标准账户,账户图标设置为系统自带的图片,并设置密码。
（2） 切换用户到你的账户。
（3） 将桌面背景设置为一幅"山水田园"的风景图片,位置为"平铺"。
（4） 设置屏幕保护程序为"照片",使用自己喜爱的照片,幻灯片放映速度为中速。
（5） 根据实际需要,改变"开始"菜单的显示方式,便于快捷操作。
（6） 更改任务栏的显示。移动任务栏位置将其置于桌面的顶部；将应用程序 Excel 锁定于任务栏；设置任务按钮为始终合并、隐藏标签；使用 Aero Peek 预览桌面。

3. 相关知识点

（1） "用户账户"的建立；
（2） 桌面背景的设置；
（3） 屏幕保护程序的设置；
（4） "开始"菜单的设置；
（5） 任务栏的设置。

【知识链接】

1. 排列桌面图标

桌面是用户和计算机进行交流的窗口,将桌面上的图标元素按一定的方式排列,使其便于操作。可以采用下面方法排列桌面图标。

右击桌面空白处,弹出桌面快捷菜单。将鼠标指针指向"排列方式",弹出下级子菜单,在级联菜单中进一步选择相关选项,可使桌面上的图标按不同的方式(名称、大小、类型、修改日期)进行排列。

2. 对话框操作

对话框是一种特殊的窗口,通常提供一些参数选项供用户设置,它一般没有控制菜单图标、菜单栏,不能改变窗口的大小。选择了菜单中带有"…"的菜单命令弹出对话框。图2-22和图2-23所示为两个典型的对话框。

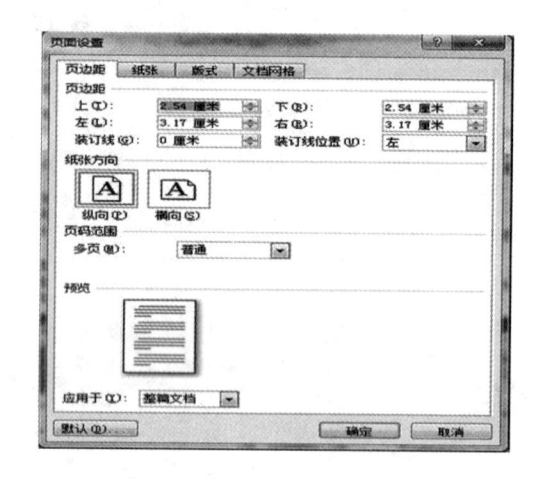

图2-22 "页面设置"对话框　　　　图2-23 "打印"对话框

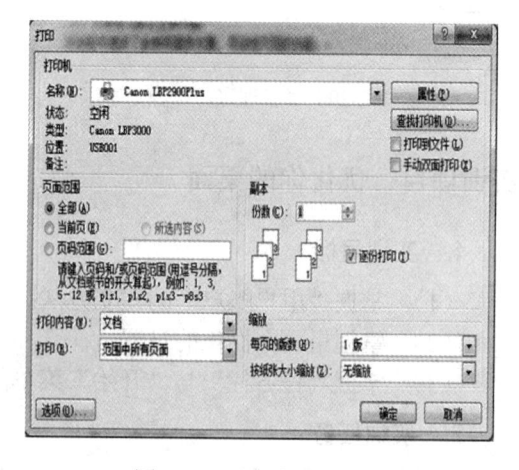

（1）对话框元素及主要功能。

对话框中提供了多种可操作元素,可实现不同的功能。

① 选项卡:当对话框中含有多种不同类型的选项时,系统将会把这些内容分类放在不同的选项卡中。单击任意一个选项卡即可显示出该选项卡中包含的选项。

② 列表框:将所有的选项显示在列表中,供用户选择。

③ 复选框:一组复选框可以同时选中零个或多个。被选中的复选框中将出现对钩,再次单击一次可取消选择。

④ 单选按钮:一组单选按钮只能选中一个按钮。当一个单选按钮被选中后,同组的其他单选按钮将自动被取消选择,被选中的单选按钮中出现一个圆点。

⑤ 文本框:用于接收输入的信息。

⑥ 下拉列表框:含有下拉按钮 的文本框叫作下拉列表框,可通过单击下拉按钮,直接选择系统提供的可用文本信息。

⑦ 数字框:含有微调按钮 的文本框也叫微调框或数值框,用于输入数字信息。

⑧ "确定"按钮:用于确认并执行对各种选项的设置。

⑨ "取消"按钮：用于关闭对话框并取消各项设置。
⑩ "帮助"按钮：对话框右边的"？"按钮是帮助按钮。
（2） 对话框元素的定位。
对话框元素的定位可以通过鼠标或键盘来实现。
① 鼠标操作：直接单击。
② 键盘操作：按 Tab、Shift+Tab 组合键移动光标。

3. 菜单操作

菜单实际上是一组"操作命令"列表，通过简单的鼠标单击就可以实现各种操作。
（1） 菜单类型。
Windows 7 中的菜单主要有开始菜单、下拉菜单、级联菜单和快捷菜单。
① "开始"菜单："开始"菜单主要用于存放操作系统或设置系统的绝大多数命令，利用"开始"菜单可以实现使用和管理计算机软件硬件资源。
② 下拉菜单：单击菜单名或图标展开的菜单。窗口菜单栏上的菜单都属于这种类型。
③ 级联菜单：菜单项后面带有右三角标识"▶"，表示该菜单项有子菜单，选择这类菜单项，将打开一个级联菜单。
④ 快捷菜单：右击操作对象会弹出该对象在当前状态下的可用操作和状态名称。不同的操作对象，快捷菜单的内容会有很大的差异。
（2） 菜单符号的约定。
Windows 7 菜单中有多种不同含义的符号。图 2-24 是 Windows 7 中两种常用的菜单。

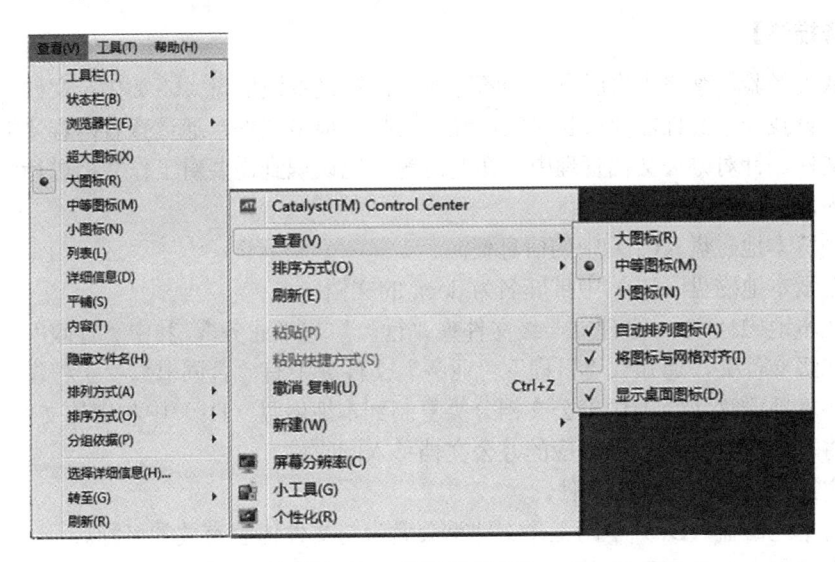

图 2-24 两种常用菜单

① 菜单的分组线：为方便用户查找，菜单中属同一类型的菜单项排列在一起成为一组，各组间用横线分隔。
② 无效菜单项：若菜单项呈灰色（而不是黑色）显示，表示该菜单项的功能当前不可用。
③ 英文省略号"…"：菜单项的后边带有省略号"…"，表示单击该菜单项会弹出一个对话框，它是菜单项的功能标记。

④ 右三角符号"▶"：菜单项后边带有右三角标识"▶"表示该菜单项含有级联菜单，鼠标指针指向该菜单项后会弹出级联菜单，它是菜单项的功能标记。

⑤ 菜单项左边的圆点"•"："•"为单选标记，表示该菜单项对应的功能被启用。

⑥ 菜单项左边的对钩"√"："√"为复选标记，表示该菜单项对应的功能已启用。一组中可以选中多个，也可以一个也不选。

⑦ 菜单项后括弧中的字母：括弧中加下划线的字母是该菜单项的键盘操作代码。打开菜单后，直接键入该字母即可执行相应的操作，与鼠标单击该项效果一样。

⑧ 选项后的组合键：表示该菜单项的快捷键，不打开菜单，直接键入组合键即可执行该命令。

（3）菜单操作。

① 打开"开始"菜单：单击"开始"按钮或按组合键 Ctrl+Esc 即可打开"开始"菜单。

② 打开下拉菜单：单击菜单名或使用组合键。

③ 打开级联菜单：直接单击菜单名或者用鼠标指向菜单名并停留 1~2 秒，系统将自动展开其级联菜单。

④ 打开快捷菜单：右击对象，便可打开该对象的快捷菜单。

⑤ 关闭菜单：执行菜单中的某个命令或执行与菜单无关的其他任何鼠标操作或按 Esc 键可以随时关闭当前打开的菜单。

案例二　信息资源管理

【任务描述】

由于缺乏经验，李晓华将所有文档随意放在计算机本地磁盘（C:）中，文件命名也没有什么规律，查找一个文件需要很长时间，经常要打开很多文件，通过查看内容才能找到自己所需要的文件。针对办公文档管理中存在的问题，她认识到需要对工作文档进行整理，以提高办公效率，主要包括以下内容：

- 浏览本地磁盘（C:）中的信息资源。
- 搜索本地磁盘（C:）中扩展名为.docx 的文档。
- 在本地磁盘 D：\上建立一级文件夹"行政"与"业务"，其中"行政"文件夹中有二级文件夹"通知"、"日程"；"业务"文件夹中有"合同书"、"工程设计"。
- 将本地磁盘（C:）中办公文档分类复制到本地磁盘（D:）中相应的文件夹中。
- 将本地磁盘（C:）中相应的办公文档移入回收站。
- 定期清理回收站中的文件。
- 将本地磁盘（D:）中的工作文档重命名为与文件内容有关的名称。
- 在桌面上创建打开"行政"与"业务"文件夹的快捷方式。
- 新建"业务"库，并将分布在不同盘的相关文件夹放在"业务"库中。

【任务分析】

在 Windows 7 中可以通过"资源管理器"、"计算机"、"库"等工具进行信息资源管理。李晓华要完成公司信息资源管理，首先要掌握"资源管理器"、"计算机"、"库"等工具的使用方法，才能够用 Windows 7 提供的工具有效地管理公司信息资源。

【实施方案】

任务 1　浏览与搜索信息资源

在计算机系统中，信息是以文件的形式保存的。如何对这些类型繁多、数目巨大的文件和文件夹进行管理是非常重要的。在整理信息资源之前，李晓华准备先浏览与搜索公司工作文档资料。

1. 浏览本地磁盘（C:）中的信息资源

（1）利用"资源管理器"浏览本地磁盘（C:）中的信息资源。

① 右击"开始"菜单，在弹出的快捷菜单中选择"资源管理器"命令，即可打开 Windows 7"资源管理器"窗口，如图 2-25 所示。

Windows 7 地址栏中为每级目录都提供了下拉菜单小箭头，单击这些小箭头可以快速查看和选择指定目录中的其他文件夹。在本地磁盘（C:）中寻找浏览的文件夹。利用滚动条滚动左窗格，单击"◢"标识关闭不需要查找的文件夹；单击"▷"标识打开需查找的文件夹。

② 在左窗格中单击找到所需要浏览的文件夹"设计演示"，如图 2-26 所示。

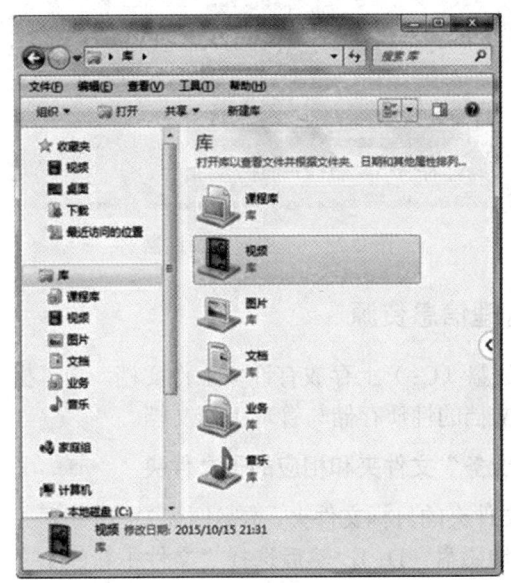

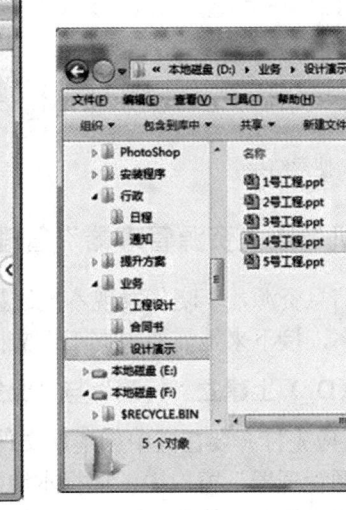

图 2-25　"资源管理器"窗口　　　　图 2-26　"设计演示"文件夹窗口

③ 双击右窗格所要的对象，激活该对象。

（2）利用"计算机"浏览本地磁盘（C:）中的信息资源。

① 双击"计算机"图标，将其打开。

② 双击要查看的本地磁盘（C:）。

③ 双击要查看的文件、文件夹或要运行的某个程序。

2. 搜索本地磁盘（C:）中扩展名为.docx 的文档

在 Windows 7 中，通过"开始"菜单中的"搜索框"选项，也可以通过"计算机"或"资源管理器"窗口中工具栏上的"搜索框"来调用其文件与文件夹搜索功能。

在"资源管理器"窗口的导航窗格中,选择需要搜索的驱动器,本案例为"本地磁盘(C:)",在工具栏的"搜索框"中输入需要搜索的文件与文件夹的名称,本案例为"*.docx",搜索结果如图 2-27 所示。在右窗格的列表框中,可对这些搜索结果进行删除、复制、移动、重命名和查看属性等操作。

在 Windows 7 中可以通过添加搜索筛选器来设置更具体的搜索条件,包括被搜索对象的种类、修改日期、类型与名称,如图 2-28 所示。另外,搜索对象还可以是计算机、用户与互联网上的信息。

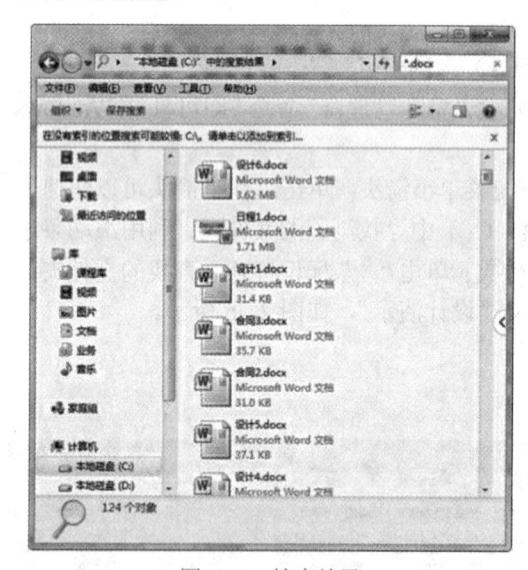

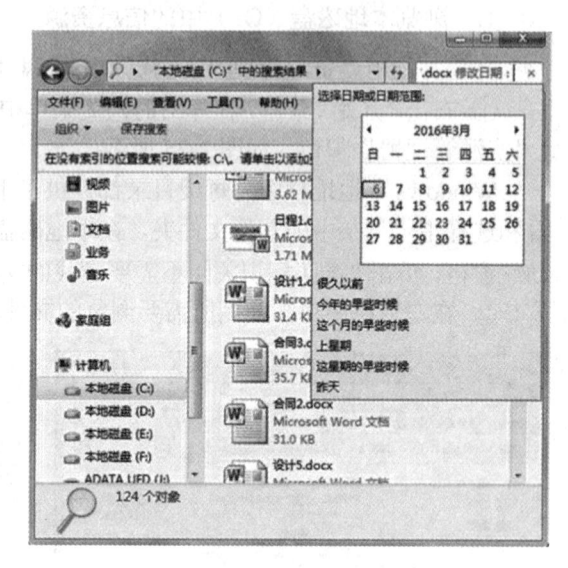

图 2-27 搜索结果　　　　图 2-28 添加搜索筛选器

任务 2　用"计算机"或"资源管理器"管理信息资源

通过浏览与搜索信息资源,李晓华发现本地磁盘(C:)上存放有许多工作文档。为了提高管理信息资源的效率,接下来她需要根据工作文档的性质存储与管理工作文档。

1. 在本地磁盘(D:)上建立"行政"与"业务"文件夹和相应的子文件夹

要创建新文件夹,应先打开要在其中创建新文件夹的目标文件夹,本案例为 D: 驱动器。在"计算机"或"资源管理器"窗口中,选择本地磁盘(D:),然后选择"文件|新建|文件夹"命令。或者右击文件和文件夹列表中的空白处,从弹出的快捷菜单中选择"新建|文件夹"命令,即可出现一个默认名称为"新建文件夹"的文件夹图标,将默认名称改为所需的文件夹名称,然后按 Enter 键或在文件和文件夹列表的空白处单击即可。本案例新建文件夹的名称为"行政"与"业务"。

分别打开"行政"与"业务"文件夹,用同样的方法在"行政"文件夹中创建文件夹"通知"、"日程";在"业务"文件夹中创建文件夹"合同书"、"工程设计"与"设计 PPT"。

2. 将本地磁盘(C:)中办公文档分类复制到本地磁盘(D:)中相应的文件夹中

文件及文件夹的复制是实现为所选的文件或文件夹在指定的位置创建一个备份。

(1)文件及文件夹复制的一般方法。

选定要复制的文件或文件夹,选择"编辑|复制"命令,再打开目标盘或目标文件夹,

选择"编辑|粘贴"命令。或者先选定要复制的文件或文件夹，按下 Ctrl+C 组合键，切换到目标文件夹窗口，按下 Ctrl+V 组合键。

本案例利用该方法即可将所搜索到的本地磁盘（C:）上的办公文档分类复制到本地磁盘（D:）中相应的文件夹中。

（2）在同一驱动器之间的复制。

先选定要复制的文件或文件夹，按住 Ctrl 键的同时，拖动文件或文件夹到目标文件夹。

（3）在不同驱动器之间的复制。

选定要复制的文件或文件夹，直接拖动文件或文件夹到目标驱动器的指定位置即可。

3. 将本地磁盘（C:）中相关的信息资源移入回收站

文件或文件夹的删除有两种情况：一种情况是对象删除后移入回收站，如果需要还可恢复；另一种情况是对象彻底从系统中删除，而不移入回收站。

（1）对象删除后移入回收站。

① 在要删除的对象上右击，从弹出的快捷菜单中选择"删除"命令。

② 选定需要删除的对象后，选择"文件|删除"命令，或者按下 Delete 键。

③ 直接将文件或文件夹拖动到回收站中。

按上述某一种方法执行删除操作时，会弹出一个确认文件或文件夹删除提示对话框，如图 2-29 所示。确认无误后，单击"是"按钮，即可将删除的文件或文件夹移入回收站。

注意：有三类文件或文件夹执行上述操作后不会移入到回收站，它们是 U 盘上的文件或文件夹；网络上的文件或文件夹；在 MS-DOS 方式下删除的文件或文件夹。

（2）对象彻底删除。

选定需要删除的对象后，按下 Shift 键，选择"文件|删除"命令，或者按下 Shift+Del 组合键。这时系统会弹出一个确认文件或文件夹删除提示对话框，如图 2-30 所示。确认无误后，单击"是"按钮，即可将选定文件或文件夹彻底从系统中删除。

图 2-29　确认文件删除提示对话框　　　　图 2-30　确认文件删除提示对话框

4. 定期清理回收站中的文件

（1）恢复被删除的文件或文件夹。

在管理文件或文件夹时，如果因误操作而将有用的文件或文件夹删除，可以借助"回收站"将被删除的文件或文件夹恢复。在清空回收站之前，被删除的文件被保存在回收站中。通过"回收站"恢复被删除的文件或文件夹的具体操作如下：

在"资源管理器"左窗格中，选择"回收站"，在右窗格中选择要恢复的文件或文件夹，

然后选择"文件|还原"命令即可完成恢复操作。

（2）清除回收站中的垃圾文件。

在回收站窗口选择"文件|删除"命令将选择的垃圾文件删除。如果确认回收站中全部为垃圾文件，可以直接选择"文件|清空回收站"。

5. 将本地磁盘（D:）中的工作文档重命名为与文件内容有关的名称

在"资源管理器"或者在"计算机"窗口中，选择本地磁盘（D:）上需要改名的文件或文件夹，单击"文件|重命名"命令，或者右击在快捷菜单中选择"重命名"命令，或者鼠标指向文件名单击一次，再单击一次，输入新的名称，然后按 Enter 键。

本案例利用以上方法均可将本地磁盘（D:）中搜索到的工作文档用与文件内容有关的关键字进行重命名，尽可能地做到"见名知内容"。

任务 3 用库管理信息资源

库是 Windows 7 中新增的一项功能，库把搜索功能和文件管理功能整合在一起，库中实际上并没有真实存储数据，它只是采用索引文件的管理方式。库中的文件会随着原始文件的变化而自动更新，并且可以以同名的形式存在于文件库中。李晓华新建了"业务"库，并在库中添加了来自 D 盘中的文件夹"工程设计"、"合同书"，便于她快捷地使用。

新建"业务"库，并将相关文件夹放在"业务"库中

Windows 7 中默认有文档库、音乐库、图片库和视频库。

（1）新建库。

① 在"开始"菜单的用户账户上单击，即可打开个人文件夹。本案例的账户为 lxh，打开该用户账户的个人文件夹窗口，如图 2-31 所示。

② 单击导航窗格中的"库"选项，然后单击工具栏中的"新建库"按钮。

③ 输入库的名称，本案例为"业务"，然后单击"库"窗口的空白区域或按 Enter 键，如图 2-32 所示。

图 2-31 个人文件夹窗口　　　　　　　　　图 2-32 新建库

（2）在库中包含常用文件夹。
在使用库时，可以将其他位置相关的常用文件夹包含进来。
① 选中要包含到库中的文件夹"工程设计"、"合同书"、"设计 PPT"。
② 单击工具栏中的"包含到库中"按钮，从下拉菜单中选择相应的命令，如图 2-33 所示。
（3）更改库的默认保存位置。
将其他位置的文件或文件夹复制到库中时，会将其复制到库的默认保存位置。如果不方便使用该位置，则可以更改库的默认保存位置。
① 打开 Windows 7 资源管理器。
② 选择"资源管理器"窗口中的"业务"文件夹选项，打开"业务库"窗口。
③ 在业务文件列表的上方，单击文字"包括"右侧的"3 个位置"链接，打开"业务库位置"对话框，如图 2-34 所示。

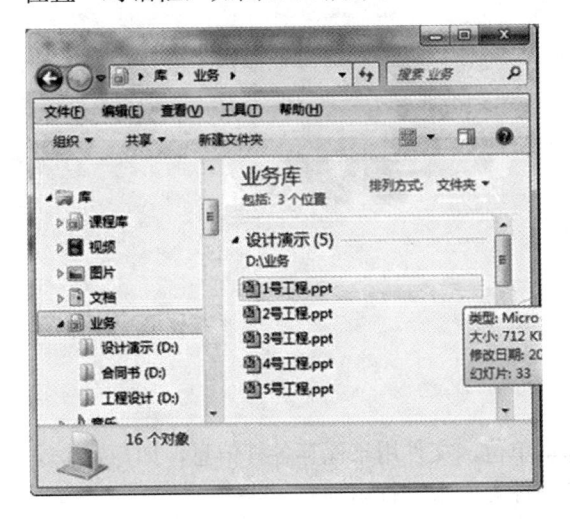

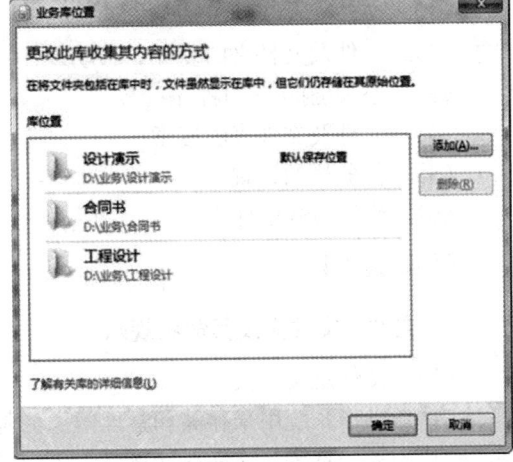

图 2-33 将文件夹包含到库中　　　　图 2-34 "业务库位置"对话框

④ 右击当前不是默认保存位置的库位置，从快捷菜单中选择"设置为默认保存位置"命令，更改业务库的默认保存位置。
⑤ 单击"确定"按钮，并关闭对话框。

实训项目　优化你的信息资源管理

1. 实训目标

（1）掌握文件夹的建立方法；
（2）掌握文件及文件夹的搜索；
（3）掌握文件及文件夹的复制、移动；
（4）掌握库的创建与使用；
（5）掌握快捷方式的建立。

2. 实训任务

由于王刚对 Windows 7 中文件及文件组织管理认识不深入，他将所有的文件随意放在计算机本地磁盘（C:）中，查找文件费时费力，并且经常出现文件找不到。为此，他意识到需要优化自己的信息资源管理，具体操作任务如下：

（1）在工作盘（假设为 D 盘），建立"课程学习"文件夹以及其子文件夹"课件 PPT"和"作业"；

（2）搜索本地磁盘（C:）中与课程学习相关的文件；

（3）将搜索到的与课程学习有关的分别复制到本地磁盘（D:）上"课件 PPT"文件夹与"作业"文件夹中；

（4）逻辑删除本地磁盘（C:）中与课程学习有关的文件；

（5）创建"课程"库，并将分布在不同盘的课程学习相关文件夹放在"课程"库中；

（6）物理删除本地磁盘（C:）中与课程学习有关的文件与文件夹；

（7）在桌面上建立打开"课程学习"的快捷方式。

3. 相关知识点

（1）文件夹及快捷方式的创建；

（2）文件及文件夹的复制、移动；

（3）添加/删除应用程序；

（4）文件及文件夹的搜索；

（5）任务栏的设置；

（6）快捷方式的建立。

【知识链接】

1. 文件、文件夹及其命名规则

（1）文件及文件夹。

文件是操作系统用来存储和管理信息的基本单位，文件用来保存各种信息，如声音、文字、图片视频信息等。文件在计算机中采用"文件名"来进行识别。

文件夹是 Windows 操作系统管理和组织文件的一种方法，是为方便用户存储、查找、维护文件而设置的。用户可以将文件存储在同一个文件夹中，也可以存储在不同的文件夹中。用户还可以在文件夹中创建子文件夹。

（2）文件及文件夹的命名规则。

文件名一般由文件名称和扩展名两部分组成，这两部分之间用一个小圆点隔开。扩展名代表文件的类型，文件名也可以没有扩展名。例如，Word 2010 文件的扩展名为.docx，文本文档的扩展名为 .txt 等。

在表 2-1 中列出了在文件名中不能使用的特殊字符。文件名称由 1～255 个字符组成（即支持长文件名），而扩展名由 1～4 个字符组成，但文件夹一般没有扩展名。

表 2-1 在文件名中不能使用的特殊符号

点（.）	引号（"）	垂直线（ǀ）	分号（;）
斜杠（/）	冒号（:）	问号（?）	尖括号（>、<）
反斜杠（\）	星号（*）		

在 Windows 7 操作系统下，扩展名也表示文件类型，表 2-2 列出了常见的扩展名对应的文件类型。另外，也用文件图标来区分不同类型的文件名，与扩展名是相对应的。

表 2-2 常见的扩展名对应的文件类型

扩 展 名	文件类型	扩 展 名	文件类型
COM	命令程序文件	BMP、JPG、GIF	图像文件
EXE	可执行文件	DOCX	Word 文档
BAT	批处理文件	BMP	图形文件
SYS	系统文件	HLP	帮助文件
TXT	文本文件	PPTX	演示文稿文件
DBF	数据库文件	XLSX	电子表格文件

文件分为程序文件和非程序文件。当用户选中程序文件，用鼠标双击或按下 Enter 键后，计算机就会打开程序文件，而打开程序文件的方式就是运行它。当用户选中非程序文件，用鼠标双击或按下 Enter 键后，计算机也会试图打开它，而这个打开方式就是用特定的程序去打开它。至于用什么特定程序来打开，则决定于这个文件的类型。

2. 文件目录结构

树形文件目录结构是最常用的一种文件组织和管理形式。文件系统的目录结构的作用与图书管理中目录的作用完全相同，采用这种结构，可以实现按名存取、快速检索等功能。

在文件目录结构中，第一级目录称为根目录，目录树中的非树叶结点均称为子目录，树叶结点称为文件，如图 2-35 所示为文件目录结构。

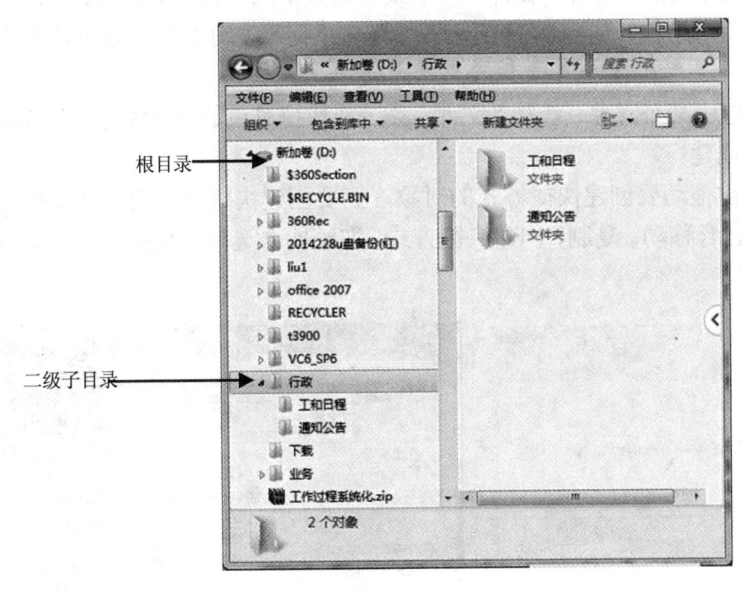

图 2-35 文件目录结构

在树形文件目录结构中，用户访问某个文件时，除了知道文件的名字外，还需要知道文件所在位置，即文件所在的磁盘，以及磁盘上哪个文件夹中。文件在树形文件目录结构中的位置称为文件的路径。

3. 移动文件或文件夹

文件及文件夹的移动是指将所选的文件或文件夹移动到指定的位置，在原位置不再有此文件或此文件夹。移动文件或文件夹的方法类似于复制文件或文件夹。

（1）移动文件或文件夹的一般方法。

先选定要复制的文件或文件夹，选择"编辑 | 剪切"命令，再打开目标盘或目标文件夹，选择"编辑 | 粘贴"命令。先选定要复制的文件或文件夹，按下 Ctrl+X 组合键，切换到目标文件夹窗口，按下 Ctrl+V 组合键。或者选定对象后，选择"文件和文件夹任务"窗格中的"移动"命令，在弹出的对话框中选择要移动的目的地。单击"移动"按钮，即可将选定的对象移动到指定的位置。

（2）在同一驱动器之间的移动。

用鼠标按住要移动的非程序文件或文件夹，直接拖到目标位置。注意，在同一驱动器上拖动程序文件是建立文件的快捷方式，而不是移动文件。

（3）在不同驱动器之间的移动。

按住 Shift 键的同时拖动要移动的文件或文件夹到目标位置。

4. 创建快捷方式

快捷方式是一个很小的文件，存放的是文件或文件夹的地址。双击快捷方式图标，可以立刻运行这个应用程序，完成打开这个文档或文件夹的操作。为了提高管理效率，李晓华在桌面上创建了打开公司工作文档文件夹的快捷方式。

创建快捷方式有以下三种情况。

（1）如果未选中某个对象，选择"文件"菜单或快捷菜单的"创建快捷方式"选项后，会弹出"创建快捷方式"对话框，如图 2-36 所示。它是一个向导，可在其引导下逐步完成对对象快捷方式的创建。

（2）如果事先已选中某个对象，选择"文件"菜单或快捷菜单的"快捷方式"选项后，不会弹出向导，会立即创建。

（3）使用鼠标右键拖动要创建快捷方式的对象，到要创建快捷方式的目标文件夹后，释放鼠标，将出现一个包含移动、复制、创建快捷方式、取消四个选项的快捷菜单，如图 2-37 所示。

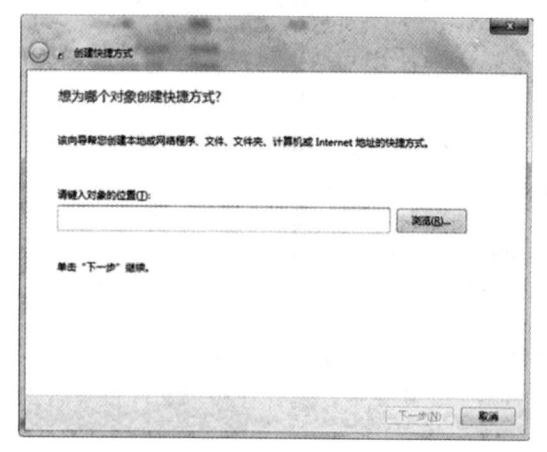

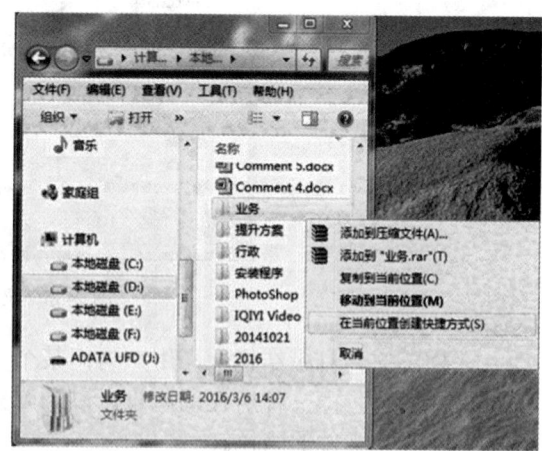

图 2-36　"创建快捷方式"对话框　　　　图 2-37　"创建快捷方式"快捷菜单

5. 查看或修改文件或文件夹的属性

文件除了文件名外，还有文件大小、占用空间、创建时间等信息，这些信息称为文件属性。除了这些信息外，文件还有以下几个重要属性。

（1）只读属性。

设置为只读属性的文件只能读，不能修改或删除，只读起保护作用。

（2）隐藏属性。

具有隐藏属性的文件在一般情况下是不显示的。如果设置了显示隐藏文件和文件夹，则隐藏的文件和文件夹是浅色的，以表明它们与普通文件不同。

（3）存档属性。

任何一个新创建或修改的文件都有存档属性。

在"资源管理器"中，可以方便地查看或修改文件和文件夹的属性。

① 选定要查看或修改属性的文件或文件夹。

② 在"资源管理器"窗口中，选择"文件 | 属性"命令，打开文件或文件夹属性对话框，如图 2-38 所示。

③ 在"常规"选项卡中，显示了文件及文件夹的名称、类型、位置、大小，创建的日期和时间、最近一次修改的日期和时间，最近一次访问的日期和时间等属性。

④ 在"属性"栏中可以查看或修改文件或文件夹的属性。

⑤ 单击"应用"或"确定"按钮。

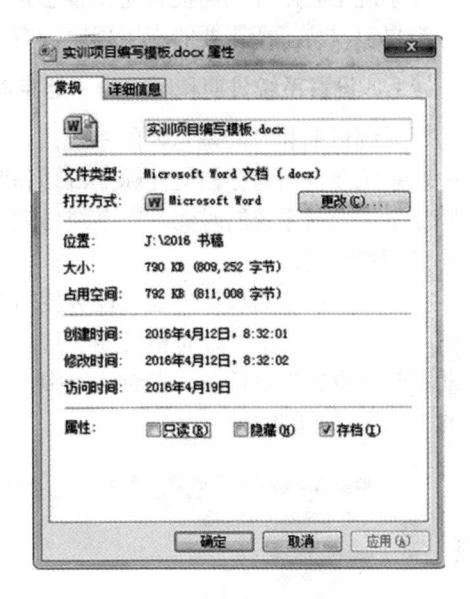

图 2-38　文件夹属性对话框

案例三　定制工作环境与故障处理

【任务描述】

结合工作任务实际，李晓华需要利用 Windows 7 的控制面板完成系统管理与环境设置。另外，由于计算机连入网络再加上部门人员频繁使用 U 盘，计算机感染了病毒，计算机运行速度减慢，并且频繁出现死机现象。为此她需要添加杀毒软件，并进行故障处理。

- 修改系统日期与时间为"北京时间 2016 年 10 月 1 日 08：30 分"。
- 添加微软拼音输入法、删除全拼输入法。
- 添加"仿宋_GB2312"字体、删除"方正行楷"字体。
- 添加 360 卫士、删除金山词霸应用程序、添加 IIS 组件。
- 安装打印机 Canon LBP3000，并设置为默认打印机。
- 调整鼠标双击速度，设置指针方案为"Windows 反转"，滑轮一次滚动行数为 4 行。
- 进入安全模式查杀病毒。
- 设置系统还原点。

【任务分析】

在 Windows 7 中利用控制面板可以实现系统管理与环境设置。要完成系统管理与环境设置，李晓华首先要熟悉控制面板的基本构成，掌握控制面板的使用方法，掌握利用控制面板设置系统日期与时间、添加/删除程序、添加/删除输入、添加删除硬件等。

【实施方案】

任务 1　定制工作环境

李晓华利用控制面板首先调整了系统日期与时间，然后添加了输入法、字库、打印机，并为自己安装了所需要的应用程序，有效地完成了系统资源管理与环境设置任务。

1. 设置系统日期和时间为"北京时间 2016 年 10 月 1 日 08：30 分"

系统日期和时间是重要的系统属性，许多程序运行时需要日期和时间信息。Windows 7 中，系统会自动为存档文件标上日期和时间，以供用户检索和查询。在 Windows 7 任务栏右侧显示了当前系统的时间，当系统日期和时间不准确或在特定的情况下，用户可以更改系统的日期和时间。

双击"控制面板"中或者任务栏右侧显示的时间图标，打开"日期和时间"对话框，如图 2-39 所示。在"时间和日期"选项卡下单击对话框中的"更改日期和时间"，进入"日期和时间设置"对话框，在对话框中设置系统的日期和时间为"北京时间 2016 年 10 月 1 日 08：30"，如图 2-40 所示。

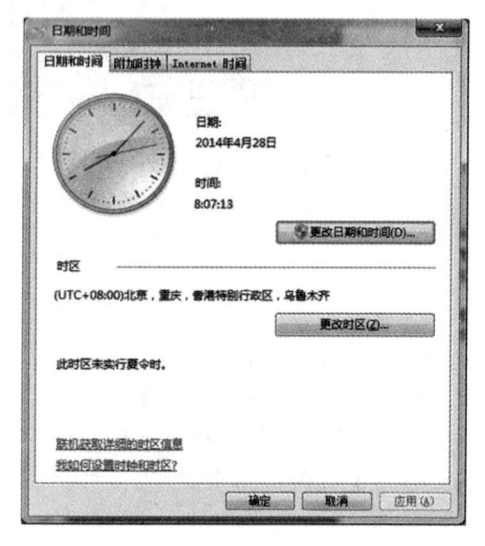

图 2-39　"日期和时间"对话框　　　　图 2-40　"日期和时间设置"对话框

2. 添加微软拼音输入法、删除全拼输入法

Windows 7 提供了多种中文输入法，用户可以根据不同的习惯选择相应的输入法进行汉字的输入。

（1）打开和关闭输入法。

默认情况下，系统启动后出现的是英文输入法，用户可单击"任务栏"右端的语言栏上的图标▦,弹出当前系统已装入的输入法菜单,单击要使用的输入法,即可切换到该输入法。

用户可以使用 Ctrl+Shift 组合键在英文输入法及各种中文输入法之间进行切换,用"Ctrl+空格键"可以在当前中文输入法和英文输入法之间切换。

（2） 添加/删除输入法。

对于 Windows 7 自带的输入法,如果输入法菜单中没有显示,可通过"文字服务和输入语言"对话框来进行安装;如果要使用其他非 Windows 7 自带的输入法,如极品五笔输入法、紫光拼音等,则需使用相应的软件进行安装。

① 添加输入法。

如果要添加 Windows 7 自带的而没有显示在输入法菜单中的输入法,可用以下方法进行安装:右击"语言栏",在弹出的快捷菜单中选择"设置"命令,打开如图 2-41 所示的"文本服务和输入语言"对话框,单击其中的"添加"按钮,打开"添加输入语言"对话框,在"输入语言"下拉列表框中选择输入的语言,并单击"确定"按钮。

本案例选择"微软拼音输入法",如图 2-42 所示。单击"确定"按钮后,该输入法即添加到"语言栏"中的输入法菜单中。

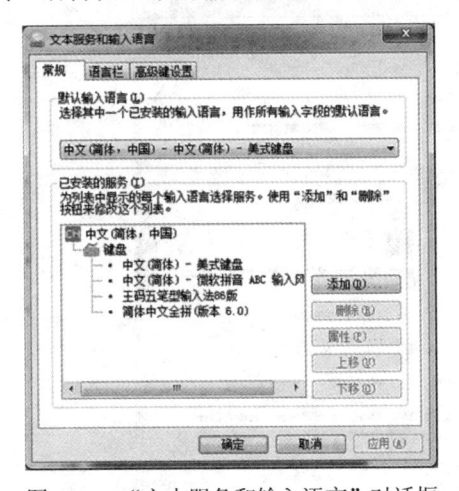

图 2-41　"文本服务和输入语言"对话框 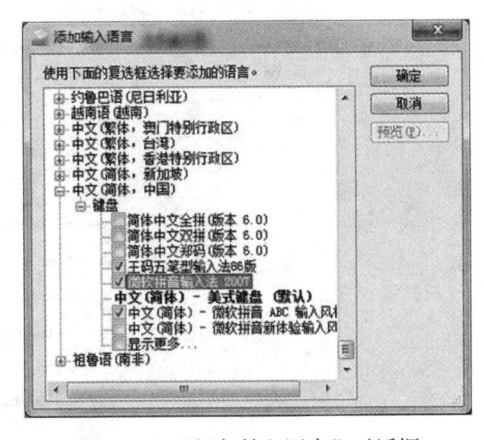　　　　图 2-42　"添加输入语言"对话框

② 删除输入法。

如果要删除某种输入法,打开"文本服务和输入语言"对话框后,在"已安装的服务"列表框中选择要删除的输入法,然后单击"删除"按钮。本案例选择"简体中文全拼",然后单击"删除"按钮即可。

（3） 设置默认输入法。

计算机启动时会使用一个已安装的输入法作为默认输入法。Windows 7 中默认的输入法是英文输入法,用户可以将自己习惯使用的输入法设置为默认输入法。

打开"文本服务和输入语言"对话框后,在"默认输入语言"下拉列表框中选择要设置为默认语言的输入法,然后单击"确定"按钮,即可将该输入法设置为默认输入法。

3. 添加"仿宋_GB2312"字体、删除"方正行楷"字体

在 Windows 7 中,用户可用的字体包括可缩放字体、打印机字体和屏幕字体。目前流行的 TrueType 字体是典型的可缩放字体,使用这种字体时,打印出来的效果与屏幕显示的完全

一致，也就是"所见即所得"。添加/删除字体的具体操作如下：

（1）添加"仿宋_GB2312"字体。

先下载仿宋_GB2312 字体文件，然后右击字体文件仿宋_GB2312.ttf，在弹出的快捷菜单中选择"安装"或"作为快捷方式安装"，系统就会自动安装字体。

（2）删除"方正行楷"字体。

在 Windows 7 字体文件夹 Font 中选择要删除的字体文件，单击"文件 | 删除"即可。

4. 添加应用程序"360 卫士"、卸载应用程序"金山词霸"、添加 IIS 组件

在 Windows 7 环境下可运行多种应用程序，在使用它们之前首先要进行安装，不再使用时，也可从系统中卸载，以节约系统资源。"程序和功能"是 Windows 7 控制面板中的一个组件，用于安装、更改和卸载程序，包括各种应用程序和 Windows 7 组件。其优点是保持 Windows 7 对安装和卸载过程的控制，不会因为误操作而造成对系统的破坏。在"控制面板"窗口中双击"程序和功能"图标，即可打开"程序和功能"窗口，如图 2-43 所示。

图 2-43 "程序和功能"窗口

（1）更改或卸载程序。

要更改或卸载应用程序，需要在"程序和功能"窗口中的"卸载或更改程序"列表框中选择要更改或卸载的程序，单击"更改或卸载程序"按钮，再根据不同程序的需要和提示进行操作。本案例选择"金山词霸"。

（2）添加新程序。

若要从本地计算机（例如硬盘）添加程序，运行相应的安装程序，在安装程序向导的提示下，执行相应的操作，即可完成应用程序的安装。本案例需要运行 360 卫士安装程序。

（3）添加/删除 Windows 组件 IIS。

默认安装完成 Windows 7 后，系统只安装了一些最常用的组件。要添加或删除 Windows 组件，可以在"程序和功能"窗口中单击"打开或关闭 Windows 功能"，打开如图 2-44 所示的"Windows 功能"对话框，在"组件"列表框中选中要添加的 IIS 组件复选框，或者清除要删除的 IIS 组件复选框，然后单击"确定"按钮，弹出如图 2-45 所示的安装或删除 IIS 组

件对话框，过几分钟后即可完成 IIS 组件的添加或删除。

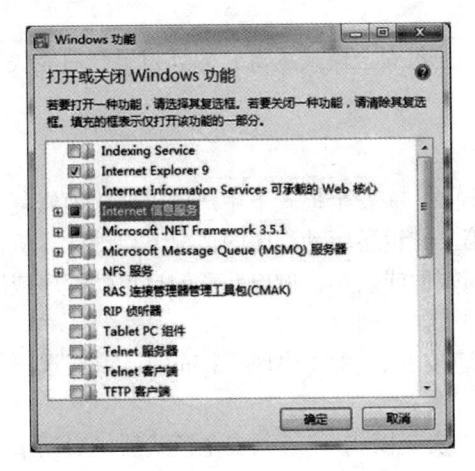

图 2-44 "Windows 功能"对话框 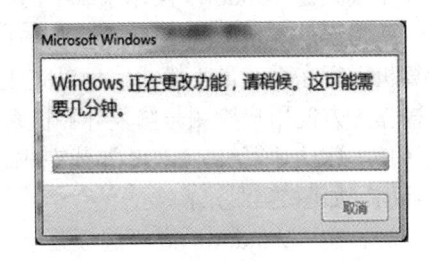　　　　图 2-45 安装或删除 IIS 组件对话框

5. 调整鼠标双击速度，设置指针方案为"Windows 反转"，滑轮一次滚动行数为 4 行

在"控制面板"窗口双击"鼠标"图标，打开"鼠标属性"对话框，在该对话框中可以对鼠标进行设置，如图 2-46 所示。

（1）"鼠标键"选项卡：用于设置鼠标键的作用、速度等。本案例要求在"双击速度"处按住鼠标左键左右拖动滑块调整鼠标的双击速度。

（2）"指针"选项卡：用于设置鼠标指针的形状。本案例要求在"方案"下拉列表框中选择"Windows 反转（系统方案）"。

（3）"指针选项"选项卡：用于设置鼠标指针移动的速率。

（4）"滑轮"选项卡：用于设置滚动滑轮一次滚动的范围。本案例要求将鼠标滑轮一次滚动的行数设置为 4 行，如图 2-47 所示。

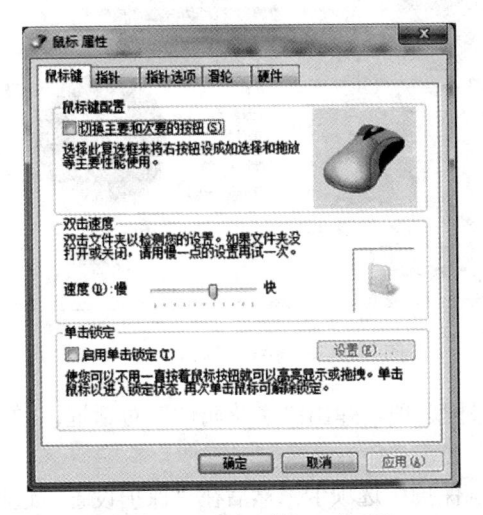

图 2-46 "鼠标属性"对话框 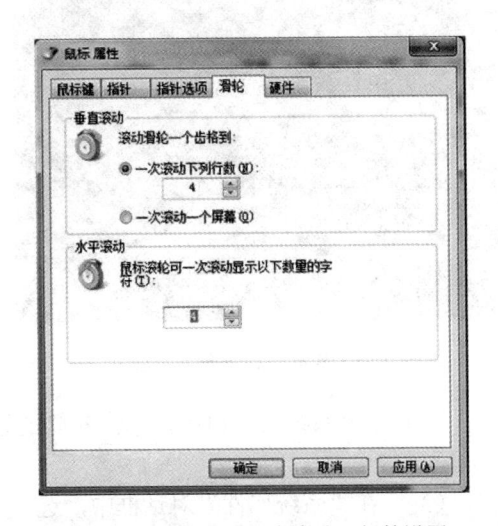　　　　图 2-47 鼠标滑轮一次滚动 4 行的设置

任务2　故障处理

为了清除计算机所感染的顽固病毒,李晓华先进入安全模式杀毒。并且为了今后能快速排除计算机出现的故障,她还设置了系统还原点。

1. 进入安全模式查杀病毒

安全模式是 Windows 操作系统中的一种特殊模式,在安全模式下用户可以轻松地修复系统的一些错误。安全模式的工作原理是在不加载第三方设备驱动程序的情况下启动计算机,使计算机运行在系统最小模式,可以完成删除顽固软件或病毒、揪出恶意的自启动程序或服务等操作,方便用户检测与修复计算机系统的各种错误。

(1) 启动计算机,BIOS 加载完成之后,迅速按下 F8 键,出现"Windows 高级选项菜单"界面,如图 2-48 所示。

(2) 在"Windows 高级选项菜单"中选择"安全模式",进入安全模式后,启动杀毒软件查杀病毒。

由于病毒有可能会交叉感染,在 Windows 正常模式下有时不能够干净彻底地清除病毒,而在安全模式下系统只加载最基本的驱动程序,这样就能够更干净、更彻底地清除病毒。

2. 设置系统还原点

"系统还原"是系统中的一个组件,利用该组件可以在计算机发生故障时恢复到以前的状态,而不会丢失用户个人文件。在进行"系统还原"操作之前,必须在"系统属性"窗口中开启系统还原功能。

(1) 用鼠标右击"计算机",选择"属性",弹出"系统"窗口,如图 2-49 所示。

图 2-48　Windows 高级选项菜单　　　　图 2-49　"系统"窗口

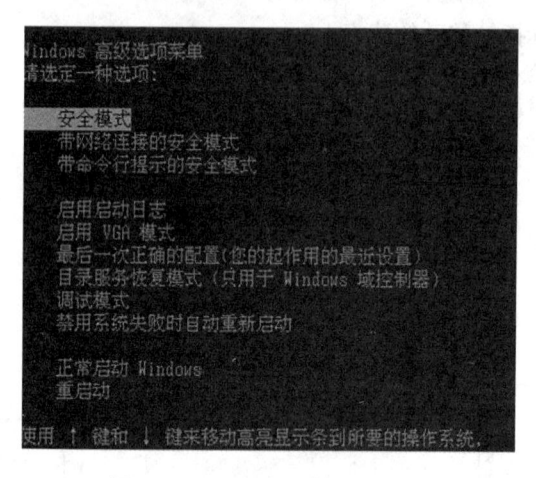

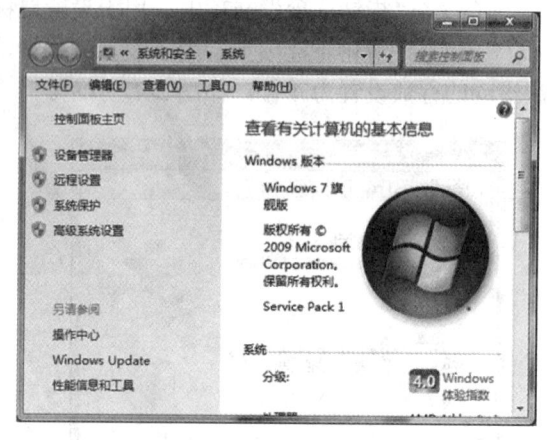

(2) 在"系统"窗口中,单击左侧的系统保护选项,弹出"系统属性"对话框,如图 2-50 所示。

(3) 在"系统属性"对话框中,选择"系统保护"选项卡,然后在"保护设置"选项框中选择相应的驱动器,本案例选择"本地磁盘(C:)",并单击"配置"按钮,弹出"系统保护本地磁盘"对话框,如图 2-51 所示。在对话框中勾选"还原系统设置和以前版本的文件",并单击"确定"按钮。

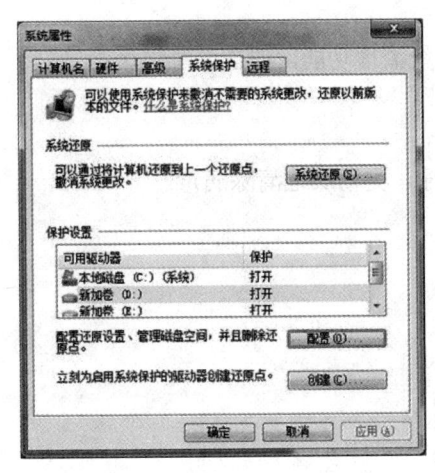

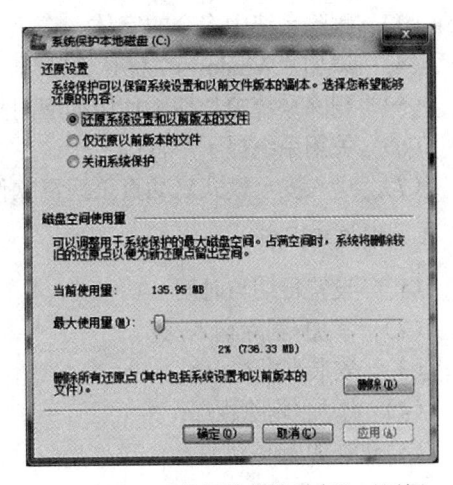

图 2-50 "系统属性"对话框　　　　图 2-51 "系统保护本地磁盘"对话框

（4）返回到"系统属性"对话框，在对话框中，单击"创建"按钮，弹出"系统保护"对话框，如图 2-52 所示。在对话框中输入还原点名称，并单击"创建"按钮，系统便会自动创建还原点。

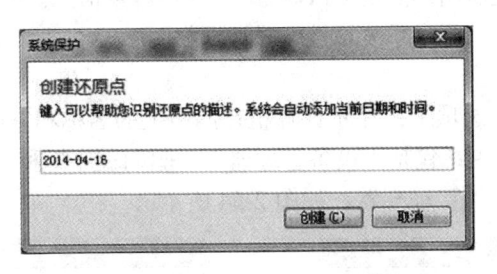

图 2-52 "系统保护"对话框

实训项目　优化你的工作环境

1. 实训目标

（1）熟悉控制面板的基本构成；
（2）掌握控制面板的使用方法；
（3）掌握系统日期与时间设置；
（4）掌握应用程序的添加/删除；
（5）掌握输入法的添加/删除等。

2. 实训任务

结合日常学习与生活的实际，王刚需要利用 Windows 7 的控制面板优化自己的工作环境。另外，由于计算机感染了病毒，运行速度大幅度变慢，并且频繁出现死机现象。为此她需要添加杀毒软件，并进行故障处理，具体操作任务如下：

（1）修改系统日期与时间为"北京时间 2016 年 5 月 1 日星期日 7：50 分"；
（2）添加"万能五笔"输入法，删除系统中多余的输入法；

（3）删除系统中多余的字体；
（4）添加"Windows 7 优化大师"，使用其系统清理功能，清理系统垃圾；
（5）删除系统中长期不使用的应用程序；
（6）关闭系统提示声音；
（7）进入安全模式启动查杀病毒软件，更干净、更彻底地清除病毒。

3. 相关知识点

（1）设置日期与时间；
（2）添加/删除输入法；
（3）安装/删除字体；
（4）添加/删除程序；
（5）添加/删除硬件。

【知识链接】

1. 系统属性设置

在"控制面板"窗口双击"系统"图标，打开"系统"窗口，在该窗口中显示 Windows 7 操作系统的版本信息、注册用户名的 CPU 频率及内存容量信息。单击"系统"窗口左栏中的"高级系统设置"链接，打开"系统属性"对话框如图 2-53 所示。系统主要属性的设置选项如下。

（1）"计算机名"选项卡：显示计算机在网络上的名称和它所属的工作组名或域名。
（2）"硬件"选项卡：包括"设备管理器"、"驱动程序"和"硬件配置文件"。通过相应按钮实现对计算机硬件的管理配置，如图 2-54 所示。

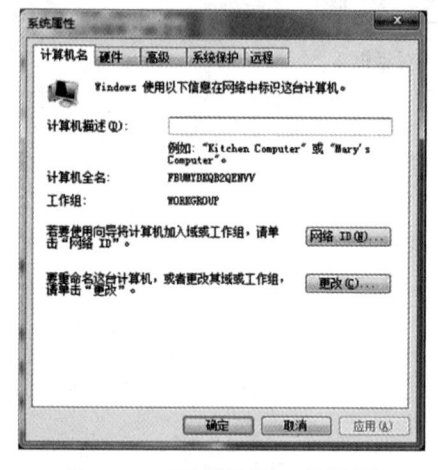

图 2-53 "系统属性"对话框图   图 2-54 "系统属性"对话框

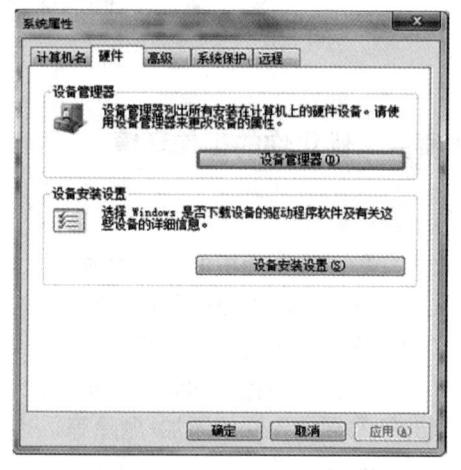

（3）"高级"选项卡：更改计算机处理器资源指派给前台和后台程序的方式，设置计算机页面文件和注册表大小；更改环境变量；更改打开计算机时启动的默认操作系统；选择系统意外终止时，Windows 7 应采取的操作。
（4）"系统保护"选项卡：通过对"在所有驱动器上关闭系统还原"复选框的设置，控制是否跟踪并更正对计算机进行的更改。

(5)"远程"选项卡：设置"远程协助"和"远程桌面"。

2. **文件夹选项设置**

一般情况下，文件夹窗口内容的显示方式是预先设置好的，可以在"文件夹选项"对话框中更改文件夹窗口的显示方式。

（1）设置浏览文件夹和打开文件夹项目的方式。

在文件夹窗口中选择"工具"｜"文件夹选项"命令，打开"文件夹选项"对话框，选择"常规"选项卡，如图 2-55 所示。

在"文件夹选项"对话框的"常规"选项卡中还可以设置以下选项。

① "浏览文件夹"：此选项组用于选择浏览文件夹的方式。"在同一窗口中打开每个文件夹"单选按钮用于指定在同一窗口中打开每个文件夹的内容，要返回到前一个文件夹，单击工具栏上的"返回"按钮或按下 BackSpace 键即可；"在不同窗口中打开不同的文件夹"单选按钮用于指定在新窗口中打开每个文件夹的内容，前一文件夹将仍显示在其窗口中，从而可在文件夹之间切换。

② "打开项目的方式"：此选项组用于选择打开文件或文件夹的方式。"通过单击打开项目（指向时选定）"单选按钮用于指定通过单击来打开文件或文件夹，以及桌面上的项目，就像单击网页上的链接一样，如果希望选中某一项而不打开，只需将指针停在上面；"通过双击打开项目（单击时选定）"单选按钮用于在单击时选择项目，双击时打开项目，这是默认的打开项目的方式。

（2）显示所有文件和文件夹。

默认情况下，具有隐藏属性的文件或文件夹是不显示的。当需要查看它们或对其进行操作时，必须先显示所有文件和文件夹。显示所有文件和文件夹的方法是在"文件夹选项"对话框中切换到"查看"选项卡，在"高级设置"列表框中选择"隐藏文件和文件夹"中的"显示隐藏文件、文件夹和驱动器"单选按钮，如图 2-56 所示。

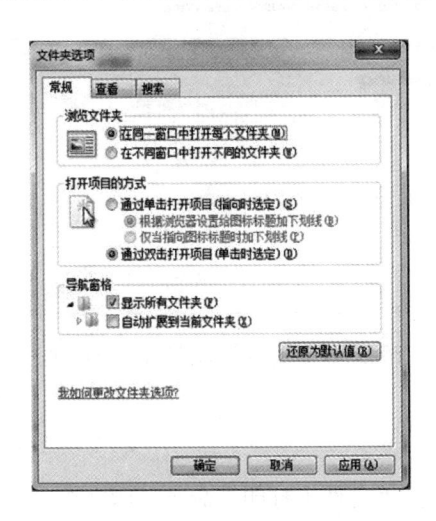

图 2-55　"常规"选项卡　　　　　　　　图 2-56　"查看"选项卡

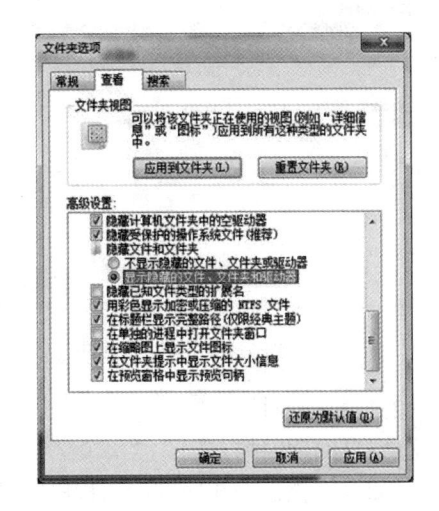

3. **PC 防护**

Windows 7 中的 PC 卫士让电脑更安全。首先以管理员用户进行登录才能使用 PC 卫士防

护,然后依次点击"控制面板"|"用户账户和家庭安全"|"用户账户"|"管理其他账户",在打开的用户列表中点选要保护的用户,进入到账户管理界面。默认情况下,PC卫士对受保护用户的整个磁盘进行保护。若只想保护其中的某个磁盘分区,则在"设置PC防护"界面中单击"锁定磁盘驱动器",然后选择不被保护的磁盘分区后进入到"锁定或解除该硬盘驱动器"界面,单击"解锁"即可。

4. 添加硬件

对于即插即用设备,只要根据生产商的说明将设备连接在计算机上,然后打开计算机启动Windows 7,Windows 7将自动检测新的"即插即用"设备并安装所需要的驱动程序,必要时插入含有相应驱动程序的软盘或CD-ROM光盘即可。如果Windows 7没有检测到新的"即插即用"设备,则设备本身不能正常工作、没有正确安装或根本没有安装。这时需要使用控制面板中的"设备和打印机"或"设备管理器"工具进行安装。

5. 添加打印机

(1) 添加打印机驱动程序。

添加打印机实际上就是安装打印机驱动程序。在安装打印机之前,先确认打印机与计算机是否已正确连接,同时应了解打印机的生产厂商和型号。

在"控制面板"窗口中单击"设备和打印机",弹出"添加打印机"对话框,如图2-57所示。在"添加打印机"对话框中单击"添加本地打印机",弹出"选择打印机端口"对话框,如图2-58所示。在对话框中选择"使用现有的端口"单选按钮。然后按照系统提示,依次进行下一步操作,直至完成打印机的安装。

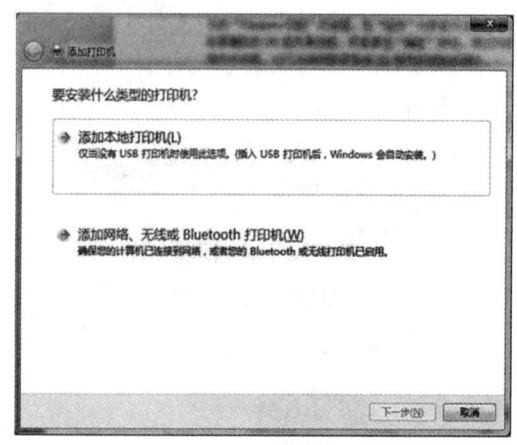

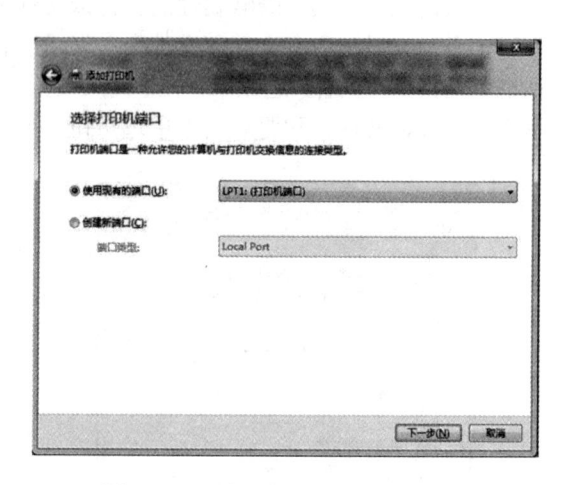

图 2-57 "添加打印机"对话框   图 2-58 "选择打印机端口"对话框

(2) 打印文档。

文档打印有两种方法。

① 如果文档已在相应的应用程序中打开,则选择"文件|打印"命令打印文档。

② 如果文档未在相应的应用程序中打开,将文档直接拖动到"打印机"图标上即可。

打印文档时,在任务栏上将出现一个打印机图标。该图标消失表示文档打印完毕。

(3) 查看打印机状态。

在文档打印过程中,双击任务栏右侧的打印机图标则出现打印队列窗口,其中包含该打印机的所有打印作业。如果要取消或暂停打印的文档，则可选定该文档，然后选择"打印机"菜单中的相应命令即可完成操作。文档打印完成后，任务栏右侧的打印机图标自动消失。

（4）更改打印机设置。

在"打印机"窗口中选定要更改设置的打印机，然后选择"文件│属性"命令，弹出打印机属性窗口，在打印机属性窗口中根据需要更改打印机设置。

案例四　Windows 7 附件的使用

【任务描述】

为了树立品牌，扩大公司影响力，公司近期计划制作一期电子宣传简报，李晓华准备利用 Windows 7 附件中的一些小工具为电子宣传简报制作一些素材。另外，李晓华发现近期计算机运行速度减慢，影响了工作进度，为此，她需要优化存储空间，主要内容如下：

- 使用"画图"工具截取公司网页上的标志性图像，将其插入到公司简介文档中。
- 使用"录音机"应用程序，录制一段设计解说词，插入到设计 PPT 演示文稿中。
- 使用系统工具优化存储空间。浏览"本地磁盘（C:）"，查看该磁盘空间的大小后清理磁盘，并进行碎片整理操作。

【任务分析】

Windows 7 附件为用户提供了一系列实用的工具程序，如画图、录音机、系统工具、记事本、写字板和截图工具等。李晓华需要利用"画图"工具制作图片文件，利用"录音机"工具制作音频文件，利用"磁盘碎片整理"、"磁盘清理工具"整理与清理磁盘。

【实施方案】

任务 1　网页截图

李晓华打开蓝天地产集团有限公司网站，先把公司网站首页复制到剪贴板上，然后利用附件中的"画图"工具，截取了网页上的公司标志图像元素，并将其粘贴到了公司简介工作文档中。

使用"画图"工具截取公司网页上的公司标志性图像，将其插入到公司简介中

（1）打开蓝天地产集团有限公司网站首页，按下 Print Screen 键，将整个屏幕复制到剪贴板上。

（2）启动"画图"应用程序。单击"开始│程序│附件│画图"菜单项，会打开如图 2-59 所示的"画图"程序窗口。在"画图"窗口标题栏的下面是选项卡，分类列出了"画图"程序的全部功能；"画图"窗口的中间是工作区，也称为画布；窗口的最下面是状态栏。

（3）将剪贴板上的内容粘贴到"画图"应用程序中。

（4）用工具箱中的"选定"工具，选定图形中公司标志图像元素。

方法：单击选定工具，按住鼠标左键不放，拖动选中要复制的公司标志图像元素。

（5）把选定的公司标志图像元素复制到剪贴板上。

（6）将剪贴板上的公司标志图像元素粘贴到公司简介工作文档中。

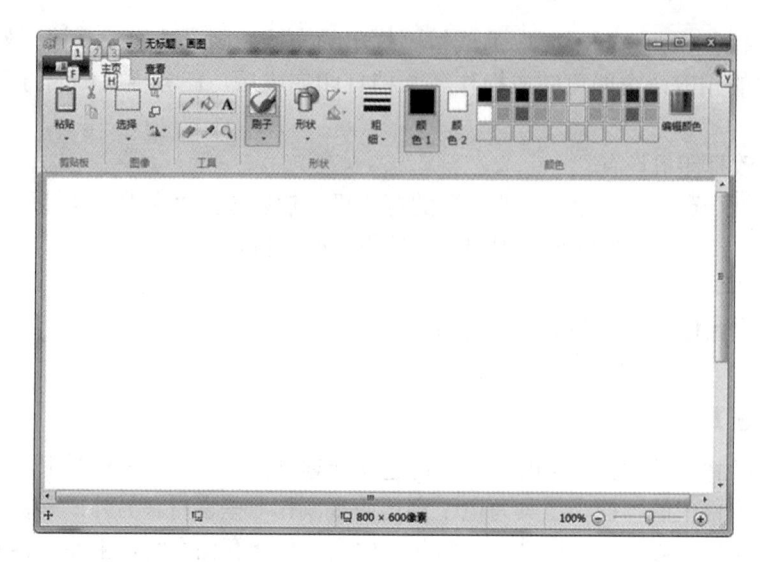

图 2-59 "画图"窗口

任务 2　录制解说词

李晓华使用"录音机"应用程序,录制了一段设计作品的解说词,并以"设计解说词"为名进行存盘后,将其插入到设计 PPT 演示文稿中。

使用"录音机"程序,录制一段装饰设计解说词,插入到设计 PPT 演示文稿中

（1）启动"录音机"应用程序。

单击"开始 | 程序 | 附件 | 录音机"项,打开"录音机"窗口,如图 2-60 所示。

（2）单击"录音机"窗口中的"开始录制"按钮 ●,对着麦克风讲解,录音程序开始录制,如图 2-61 所示。

图 2-60　"录音机"窗口　　　　　　图 2-61　录制过程

（3）声音录制好后,选择"文件 | 保存"命令,打开"另存为"对话框。

（4）单击对话框左侧的"音乐"按钮,在"文件名"文本框中输入文件名"设计解说词",在"保存类型"下拉列表框中选择"声音（*.wav）"选项,单击"保存"按钮。

（5）打开设计 PPT 演示文稿,将录制的解说词音频文件插入到演示文稿中相应位置。

任务 3　优化存储空间

李晓华查看了本地磁盘（C:）属性后发现磁盘剩余空间很小。她准备对本地磁盘（C:）进行磁盘清理和碎片整理,以释放更大的空间来提高系统运行速度。

使用系统工具进行磁盘管理

Windows 7 操作系统对所有的系统资源进行管理,磁盘管理是其中一个重要部分,主要包括磁盘的浏览、清理、碎片整理、备份、格式化等操作。

（1）浏览"本地磁盘（C:）"中的内容。

在"我的电脑"或"资源管理器"窗口中双击"本地磁盘（C:）"驱动器图标，可以浏览"本地磁盘（C:）"中的内容。

（2）查看"本地磁盘（C:）"的属性。

在"我的电脑"或"资源管理器"窗口中，右击"本地磁盘（C:）"图标，在弹出的快捷菜单中单击"属性"命令，出现磁盘属性对话框，如图2-62所示。

（3）检测磁盘。

在磁盘属性对话框中，选择"工具"选项卡，出现如图2-63所示的对话框。单击对话框中的"开始检查"按钮，会出现检查磁盘对话框，如图2-64所示。在检查磁盘对话框中设定磁盘检查选项，单击"开始"按钮，系统就开始对磁盘进行检查和修复。磁盘的检查和修复过程不能被打断，必须等到该过程完成。

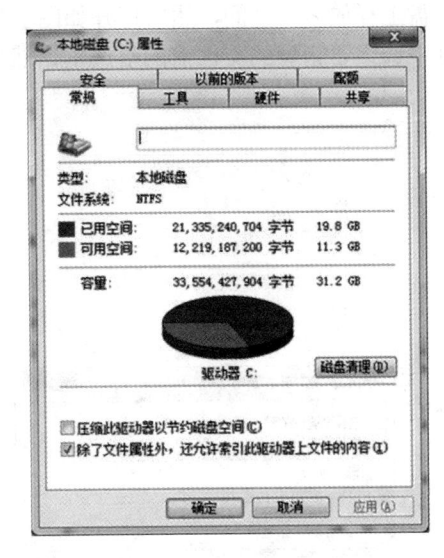

图 2-62　磁盘属性对话框

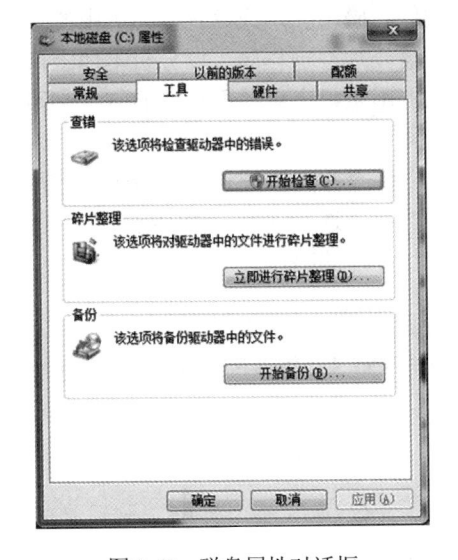

图 2-63　磁盘属性对话框　　　　图 2-64　检查磁盘对话框

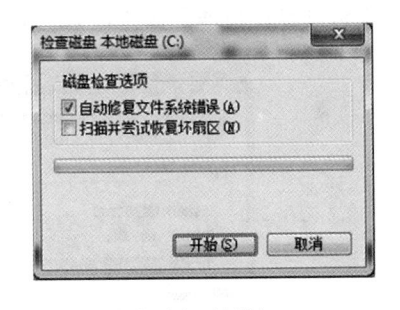

（4）清理"本地磁盘（C:）"。

在计算机上运行Windows操作系统时,有时Windows 会使用用于特定目的的临时文件，然后将这些文件保留在为临时文件指派的文件夹中。用户在使用 Internet 时也会产生许多Internet 缓存文件。这些残留文件不但占用磁盘空间，而且会影响系统的整体性能。使用磁盘清理程序可以释放硬盘驱动器空间。磁盘清理程序搜索用户的磁盘驱动器，然后列出临时文件、Internet 缓存文件和可以安全删除的不需要的程序文件。用户可以使用磁盘清理程序删除这些文件的部分或全部。

选择"程序｜附件｜系统工具｜磁盘清理"命令，打开如图2-65所示的选择驱动器对话框，选择要清理的驱动器后单击"确定"按钮，计算机便开始扫描文件，计算可以在清理的磁盘上释放多少空间，然后打开如图 2-66 所示的磁盘清理对话框，在"要删除的文件"列表框中选定要删除的文件前的复选框，然后单击"确定"按钮即可进行磁盘清理。

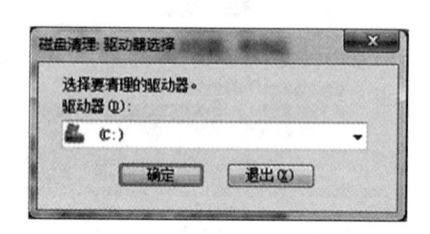

图 2-65　选择驱动器

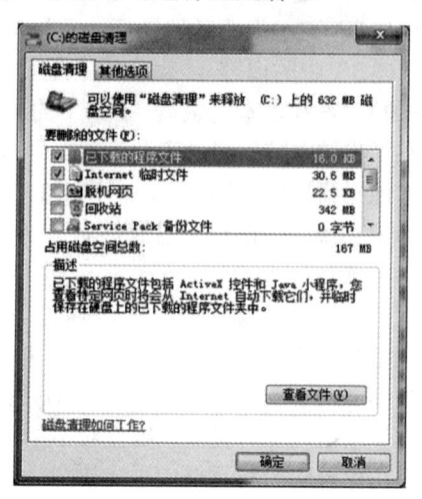

图 2-66　选择要删除的文件

（5）对"本地磁盘（C:）"进行碎片整理。

若用户经常创建和删除文件与文件夹、安装新软件，磁盘会形成碎片。磁盘中的碎片越多，计算机的文件输入/输出系统性能就越低。使用磁盘碎片整理程序可以分析本地磁盘及合并碎片文件和文件夹，以便每个文件或文件夹都可以占用磁盘上单独而连续的磁盘空间。合并文件和文件夹碎片的过程称为碎片整理。

在"开始"菜单中选择"程序｜附件｜系统工具｜磁盘碎片整理程序"命令，打开如图 2-67 所示的"磁盘碎片整理程序"窗口，在列表框中选择要进行碎片整理的磁盘驱动器，然后单击"磁盘碎片整理"按钮，系统即可自动开始进行碎片的整理。

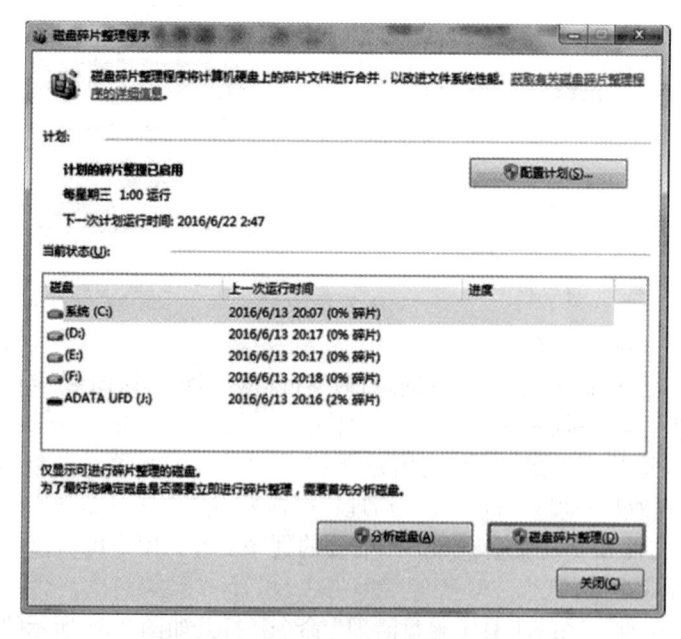

图 2-67　"磁盘碎片整理程序"窗口

实训项目　附件程序的使用

1. 实训目标

（1）掌握 Windows 7 附件中常用工具的使用方法；
（2）掌握"截图"与"便笺"工具的使用；
（3）掌握"计算器"工具的使用；
（4）掌握"磁盘清理"工具的使用。

2. 实训任务

王刚在大学计算机基础课程第二课堂学习中，通过网络调查与市场调查对个人计算机的选购与配置进行了调研，为自己配置了一台经济实用的个人计算机。在撰写"个人计算机的选购与配置"调查报告时，他需要利用 Windows 7 自带的一些小工具完成一些操作，具体操作任务如下：

（1）使用"截图"工具截取不同品牌的计算机的主要组成部件的图片；
（2）使用计算器完成以下计算：
① 计算个人电脑配置清单中电脑的总价；
② 购置一台 6000 元的电脑，如果首付款为 1500 元，其他费用采用分期付款的方式，还款年限为 12 个月，计算月还款额；
（3）使用便笺功能新建 2 个便笺，一个便笺用来记录并提醒自己近期要做的事情；
（4）查看"本地磁盘（C:）"的属性，并进行磁盘清理。

3. 相关知识点

（1）"截图"应用程序；
（2）"计算器"应用程序；
（3）"便笺"应用程序；
（4）"磁盘清理"应用程序。

【知识链接】

1. 计算器

Windows 7 提供了标准型、科学型、程序员、统计信息四种类型的计算器，每种类型的计算器提供有基本、单位转换、日期计算、工作表四种功能。在"计算器"窗口的"查看"菜单可以选择计算器的类型。

单击"开始 | 程序 | 附件 | 计算器"菜单项，便会打开如图 2-68 所示的"计算器"窗口。如果需要进行抵押计算，则可在"计算器"窗口中单击"查看" | "工作表" | "抵押"菜单项，便会打开如图 2-69 所示的抵押计算"计算器"窗口。

如果要把计算结果直接提取到其他正在编辑的文档（例如用写字板编辑的文档）中，则需要在"计算器"窗口的"编辑"菜单中选择"复制"命令，然后切换到其他正编辑的文档，将插入点移动到要放置结果的地方，再右击选择"粘贴"命令即可。

如果要将其他文档（例如用写字板编辑的文档）中的数据提取到计算器中参加计算，则先选中要用的数据，然后右击，选择"复制"命令，再启动计算器，选择"计算器"窗口的"编辑"菜单中的"粘贴"命令，则其他文档中的数据便被提取到计算器中。

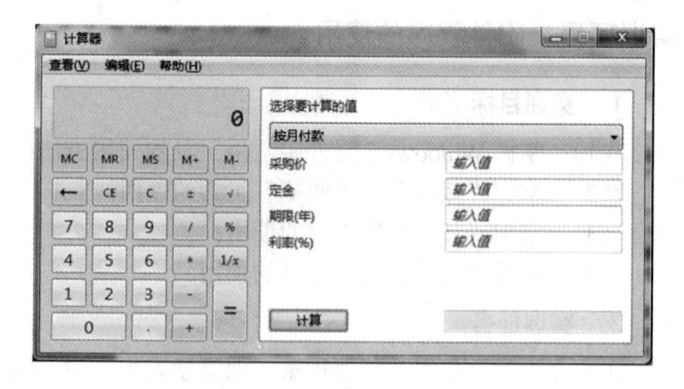

图 2-68 "计算器"窗口　　　　　　图 2-69 抵押计算"计算器"窗口

2. 记事本

记事本是 Windows 7 在附件中提供的文本文件（以.TXT 为扩展名）编辑器，它运行速度快、占用空间小、使用简单方便。用"记事本"编辑的文本文件不包含特殊格式代码和控制符，可以被 Windows 7 的大部分应用程序调用。

单击"开始｜程序｜附件｜记事本"菜单项，便会打开如图 2-70 所示的"记事本"窗口。在"记事本"窗口中可以便捷地完成文本文档的建立、打开、保存、编辑和打印等操作。

"记事本"菜单栏中的"文件"菜单用于新建文件、保存文件和打印文件等的文件操作；"编辑"菜单的各项命令用于实现对文本文件的编辑操作。"格式"菜单用于字体格式设置和自动换行设置。

3. 写字板

写字板是 Windows 7 在附件中提供的另一个文档编辑器，适于编辑具有特定格式的短小文档，可以设置不同的字体和段落格式，支持多种对象（如图形）的插入，还提供了工具栏与标尺等窗口元素。

写字板与记事本都是用于编辑文档的工具，两者均不支持多个文档的同时编辑，均只能同时处理一个文档。但是写字板的功能要比记事本丰富得多，它支持多种文件格式，如 Word 文档、RTF 文档、文本文档等。

单击"开始｜程序｜附件｜写字板"项，便会打开如图 2-71 所示的"写字板"窗口。

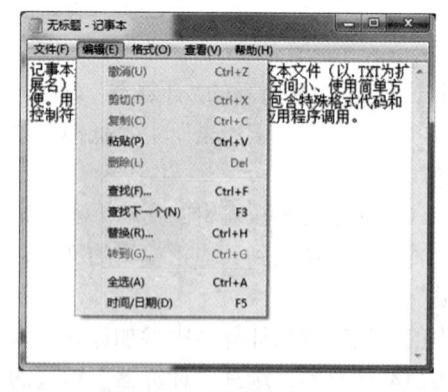

图 2-70 "记事本"窗口　　　　　　图 2-71 "写字板"窗口

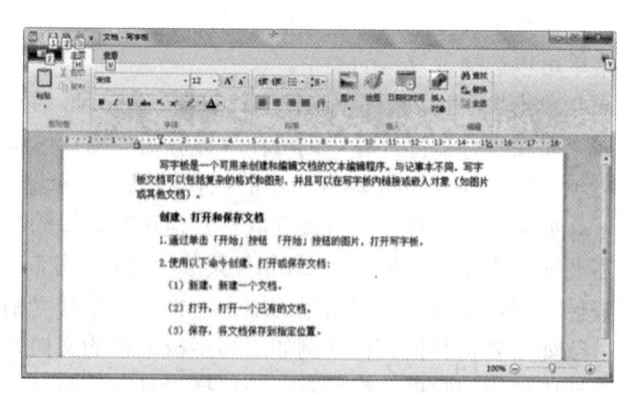

"写字板"窗口提供了工具栏、标尺和状态栏等窗口元素，利用它们可以方便地完成某些操作，也可以将它们隐藏起来，以获得更大的文档编辑窗口。

4. 便笺工具

在 Windows 7 系统中的便笺工具能够帮助用户记录并提醒每天需要做的事务。单击"开始"｜"所有程序"｜"附件"｜"便笺工具"，这时桌面上会打开一个小小的便签窗口，如图 2-72 所示，在窗口中输入要记录的文字信息。在便笺窗口上点击鼠标右键，在下拉菜单上可以看到列出了很多颜色，选择一种作为便笺的底色；单击便笺窗口左上角的"+"按钮，可以新建多个便笺；单击便笺窗口"×"按钮就可将其删除。

图 2-72 "便笺工具"窗口

5. 截图工具

Windows 7 操作系统自带有一款小巧实用的截图工具。单击"开始"｜"所有程序"｜"附件"｜"截图工具"，就可以启动截图工具程序，如图 2-73 所示。在"新建"下拉列表中有"任意格式截图"、"矩形截图"、"窗口截图"和"全屏幕截图"四种截图模式。用户从下拉菜单中选择合适的截图模式，就可以开始截图了。

图 2-73 "截图工具"窗口

6. Windows Media Player

Windows Media Player 12 是集成在 Windows 7 系统中的一款媒体播放与管理软件，可以播放、编辑和嵌入多种媒体文件，包括视频、音频和动画文件，不仅可以播放本地的多媒体文件，还可以播放来自 Internet 的流式媒体文件。

单击"开始"按钮，选择"所有程序｜Windows Media Player"命令，打开"Windows Media Player"窗口，如图 2-74 所示。

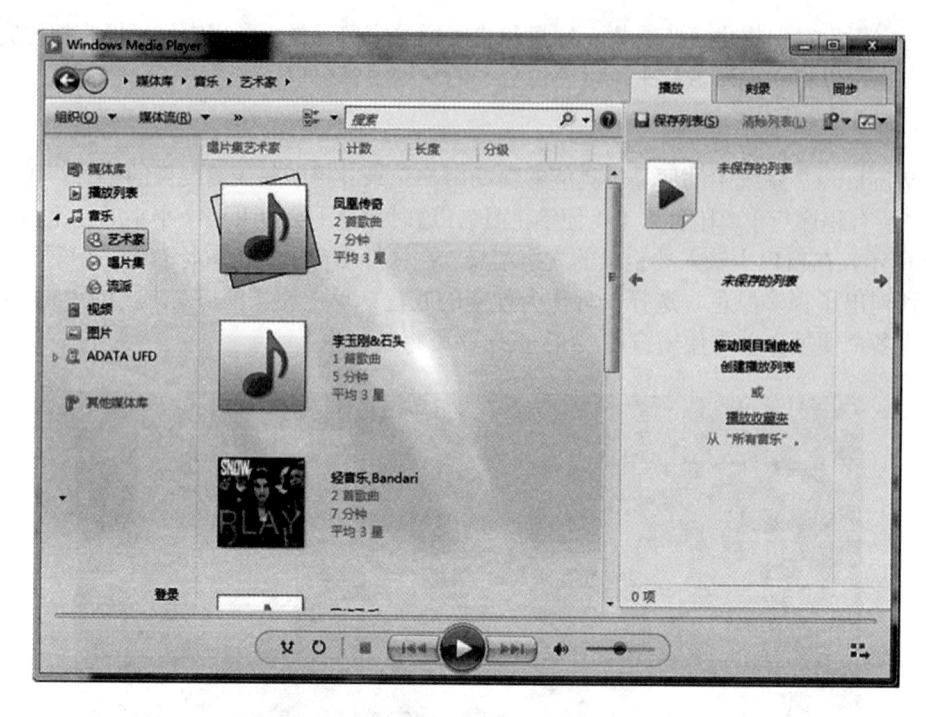

图 2-74 "Windows Media Player"窗口

在"Windows Media Player"窗口中用户可以播放添加到媒体库中的音乐或视频文件，也可以播放未添加到媒体库中的音乐或视频文件。

练习题

1. 选择题

（1）在窗口中关于当前窗口的有关信息显示在_____中。
  A. 标题栏   B. 导航窗格
  C. 状态栏   D. 地址栏

（2）要在多个窗口中进行切换，应按_____键。
  A. Alt+Tab   B. Ctrl+Alt+Tab
  C. Alt+F4   D. Ctrl+Alt+F4

（3）要选中某个对象时，通常使用鼠标的_____操作。
  A. 单击   B. 双击
  C. 右击   D. 拖动

（4）可执行文件的扩展名为_____。
  A. COM   B. EXE
  C. BAK   D. BAT

（5）数字锁定键是_____。
  A. Caps Lock   B. Num Lock
  C. Scroll Lock   D. Pause

(6) 在 Windows 7 中,剪贴板是_____。
　　A. 硬盘上的一块区域　　　　　　　B. 内存中的一块区域
　　C. 软盘上的一块区域　　　　　　　D. ROM 中的一块区域

(7) 在 Windows 7 的"资源管理器"窗口右部,若已单击了第一个文件,再按住 Ctrl 键,并单击了第 5 个文件,则_____。
　　A. 有 0 个文件被选中　　　　　　　B. 有 5 个文件被选中
　　C. 有 1 个文件被选中　　　　　　　D. 有 2 个文件被选中

(8) 在 Windows 7 中,能直接进行中/英文转换的操作是_____。
　　A. Shift + Space　　　　　　　　B. Ctrl + Space
　　C. Ctrl + Alt　　　　　　　　　　D. Ctrl + Shift

(9) 按下_____组合键,可以迅速锁定计算机。
　　A. Ctrl + M　　　　　　　　　　B. Win +M
　　C. Ctrl + L　　　　　　　　　　　D. Win +L

(10) 在 Windows 7 环境下,文档文件都与某个应用程序关联。类型名.txt 的关联应用程序名是_____。
　　A. 画图　　　　　　　　　　　　　B. 写字板
　　C. Word　　　　　　　　　　　　D. 记事本

(11) 将鼠标光标指向窗口最上方的"标题栏",然后"拖放",则可以_____。
　　A. 变动窗口上缘,从而改变窗口大小　B. 移动该窗口
　　C. 放大窗口　　　　　　　　　　　D. 缩小该窗口

(12) 在 Windows 7 中若将窗口拖至屏幕最上方则窗口会_____。
　　A. 最小化　　　　　　　　　　　　B. 标题栏一半会被拖至屏幕外方
　　C. 最大化　　　　　　　　　　　　D. 无法拖出去,即没有发生变化

(13) Windows 7 是_____。
　　A. 工具软件　　　　　　　　　　　B. 应用软件
　　C. 系统软件　　　　　　　　　　　D. 办公自动化软件

(14) 下列操作中能在各种输入法之间切换的是_____。
　　A. Ctrl+Shift 组合键　　　　　　B. Ctrl+空格键
　　C. Alt+F 功能键　　　　　　　　　D. Shift+空格键

(15) 画图程序可以实现_____。
　　A. 制作动画　　　　　　　　　　　B. 查看和编辑图片
　　C. 编辑文档　　　　　　　　　　　D. 编辑表格

(16) 在 Windows 7 的文件夹中如果按键盘上的 Backspace 则_____。
　　A. 重复上一次操作　　　　　　　　B. 删除选中的文件(夹)
　　C. 返回上一级文件夹　　　　　　　D. 返回上一个操作

(17) Windows 7 的菜单项前带有"√"标记的表示_____。
　　A. 选择该项将打开一个下拉菜单　　B. 选择该项将打开一个对话框
　　C. 该项是复选项目被选中　　　　　D. 该项是单选项目被选中

(18) 在 Windows 7 中,用于定制工作环境的应用程序是_____。
　　A. 计算机　　　　　　　　　　　　B. 资源管理器

C. 控制面板　　　　　　　　　　　D. 任务管理器

（19）在 Windows 7 操作系统中，显示 3D 桌面效果的快捷键是_____。
　　A. Win+D　　　　　　　　　　　B. Win+Tab
　　C. Win+P　　　　　　　　　　　D. Alt+Tab

（20）在 Windows 7 中，要将当前窗口放入剪贴板应该按_____键。
　　A. Alt + Print Screen　　　　　　B. Ctrl + Print Screen
　　C. Print Screen　　　　　　　　　D. Shift + Print Screen

（21）Windows 7 推出的第一大特色，它就是最近使用的_____项目列表，能够帮助用户迅速地访问历史记录。
　　A. 跳转列表　　　　　　　　　　B. Aero 特效
　　C. Flip 3D　　　　　　　　　　　D. Windows 家庭组

（22）查看 IP 地址的操作是在控制面板的_____中进行。
　　A. 系统　　　　　　　　　　　　B. 性能信息和工具
　　C. 同步中心　　　　　　　　　　D. 网络和共享中心

（23）以下不属于 Windows 7 窗口的排列方式的是_____。
　　A. 层叠窗口　　　　　　　　　　B. 堆叠显示窗口
　　C. 并排显示窗口　　　　　　　　D. 纵向平铺窗口

（24）在 Windows 7 中系统默认提供的小工具有_____种。
　　A. 6　　　　　　　　　　　　　　B. 7
　　C. 8　　　　　　　　　　　　　　D. 9

（25）下列哪种方法不可以打开任务管理器。_____
　　A. Ctrl + Shift + ESC　　　　　　　B. Ctrl + Alt + Del
　　C. 右击任务栏空白处　　　　　　D. 在运行对话框中输入任务管理器

2. 填空题

（1）在 Windows 7 中，文件或文件夹的管理可以在"计算机"或_____中进行。

（2）如果软件没有自带卸载程序，可以使用系统的_____对软件进行卸载。

（3）文件名一般由_____和_____两部分组成，这两部分用一个小圆点隔开。_____代表文件的类型。

（4）对磁盘进行格式化，可以_____，同时检查出整个磁盘上有无缺陷的磁道，并对_____加注标记，以免把信息存储在这些坏磁道上。

（5）使用磁盘碎片整理程序可以_____和_____，以便_____。

（6）在 Windows 7 中选取某一菜单后，若菜单项后面带有省略号（…），表示单击该项（或执行该命令）后将打开一个_____。

（7）在 Windows 7 中，有多个打开的窗口时，只有一个是_____。

（8）当某个窗口占满整个桌面时，双击窗口的标题栏，可以使窗口_____。

（9）用"记事本"所创建文件的默认扩展名为_____。

（10）在 Windows 7 中，当用鼠标左键在不同驱动器之间拖动对象时，系统默认的操作是_____。

3. 简答题

（1） 如果某个应用程序或文件夹经常用到，应该怎么设置？
（2） 如何限制他人使用自己的计算机？
（3） 如何将"画图"工具锁定在任务栏中？
（4） 如何添加/删除输入法？
（5） 什么是库？如何创建与使用库？
（6） 什么是快捷方式？使用快捷方式有什么好处？
（7） 搜索文件和文件夹的含义是什么？如何限定搜索条件？

模块 3　Word 2010 文字处理软件

教学目标：

通过本模块的学习，熟悉 Word 2010 的工作环境，理解 Word 2010 的基本功能及用途，熟练掌握 Word 2010 文档的管理与操作、文本的基本编辑及段落排版技术，掌握图形、图片及艺术字的插入与格式设置，熟练掌握表格的制作编辑及数据的排序与公式计算、目录及邮件合并等操作方法。能够帮助用户轻松地制作图文并茂、具有专业水准的精美文档。

教学内容：

本模块主要介绍 Word 2010 软件的基本概念和使用 Word 2010 编辑文档、排版、页面设置、表格制作和图形绘制等基本操作，主要包括：

1. Word 2010 的基本概念，启动和退出。
2. 文档的创建、输入、打开、保存、保护和打印。
3. 文本的选定、移动与复制、插入与删除、查找与替换等基本编辑技术。
4. 文字格式、段落设置、页面设置和分栏等基本排版技术。
5. 图片和艺术字的插入与格式设置、图形的绘制和编辑。
6. 表格的制作、修改以及表格中文字的编排和格式设置等。
7. 表格中数据的排序与公式计算。
8. 目录的生成与更新。
9. 邮件合并。

教学重点与难点：

1. 文档的基本编辑。
2. 文字格式及段落设置。
3. 图形、图片的编辑与格式设置。
4. 表格的制作及编排。
5. 表格中数据的排序与公式计算。
6. 邮件合并。

案例一　制作迎新欢迎词

【任务描述】

新学期开学了，学校将要举行新生开学典礼，请你作为学生代表发言，向新生致欢迎词，具体内容参考如图 3-1 所示的“迎新欢迎词”排版效果。

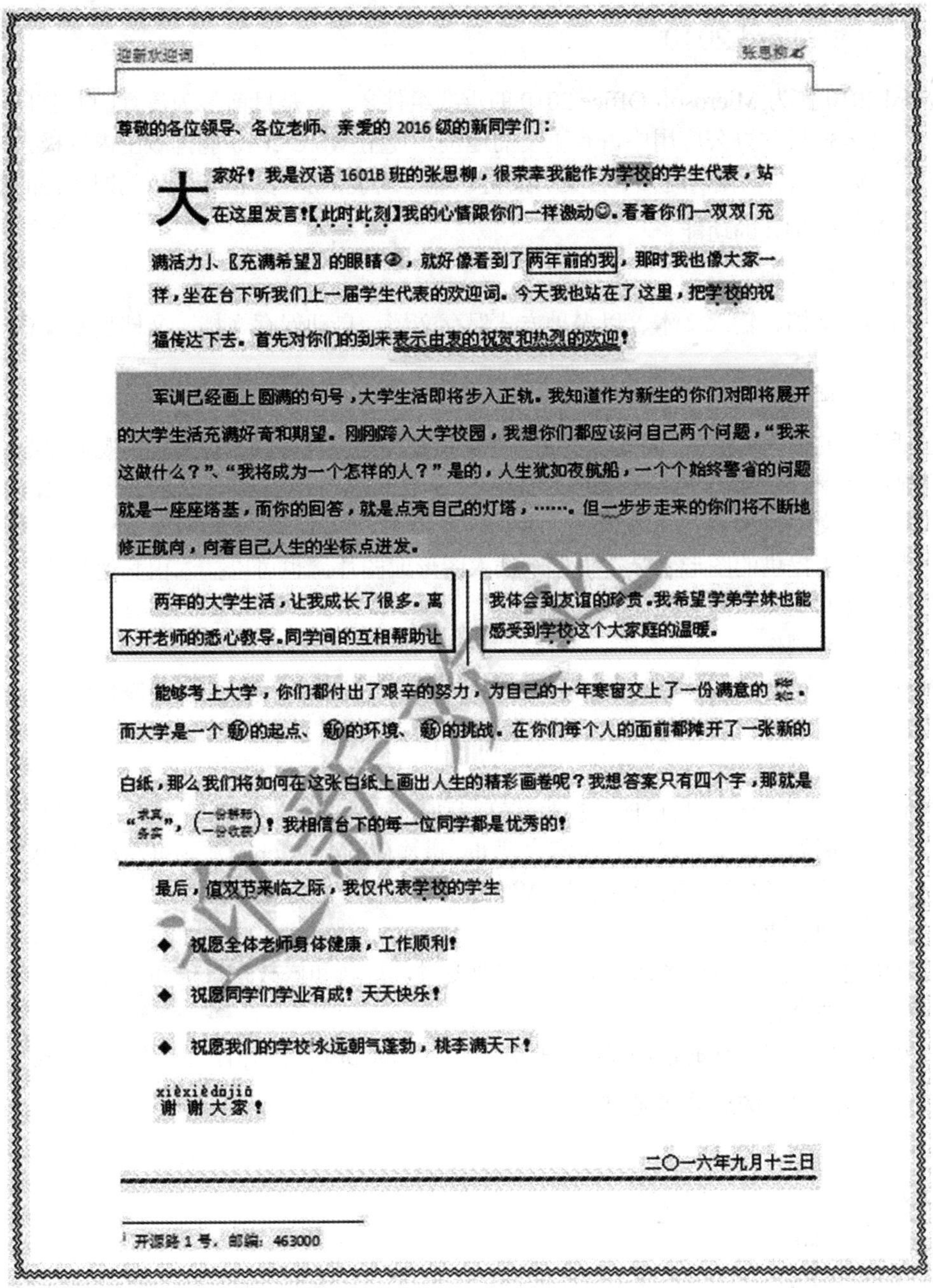
迎新欢迎词　　　　张思柳

尊敬的各位领导、各位老师、亲爱的 2016 级的新同学们：

大家好！我是汉语 1601B 班的张思柳，很荣幸我能作为学校的学生代表，站在这里发言！【此时此刻】我的心情跟你们一样激动☺。看着你们一双双「充满活力」、〖充满希望〗的眼睛👁，就好像看到了两年前的我，那时我也像大家一样，坐在台下听我们上一届学生代表的欢迎词。今天我也站在了这里，把学校的祝福传达下去。首先对你们的到来表示由衷的祝贺和热烈的欢迎！

军训已经画上圆满的句号，大学生活即将步入正轨。我知道作为新生的你们对即将展开的大学生活充满好奇和期望。刚刚跨入大学校园，我想你们都应该问自己两个问题，“我来这做什么？”、“我将成为一个怎样的人？”是的，人生犹如夜航船，一个个始终警省的问题就是一座座塔基，而你的回答，就是点亮自己的灯塔，……。但一步步走来的你们将不断地修正航向，向着自己人生的坐标点进发。

两年的大学生活，让我成长了很多。离不开老师的悉心教导。同学间的互相帮助让我体会到友谊的珍贵。我希望学弟学妹也能感受到学校这个大家庭的温暖。

能够考上大学，你们都付出了艰辛的努力，为自己的十年寒窗交上了一份满意的答卷。而大学是一个新的起点、新的环境、新的挑战。在你们每个人的面前都摊开了一张新的白纸，那么我们将如何在这张白纸上画出人生的精彩画卷呢？我想答案只有四个字，那就是“求真务实”，（一分耕耘一分收获）！我相信台下的每一位同学都是优秀的！

最后，值双节来临之际，我仅代表学校的学生

◆ 祝愿全体老师身体健康，工作顺利！

◆ 祝愿同学们学业有成！天天快乐！

◆ 祝愿我们的学校永远朝气蓬勃，桃李满天下！

xièxiè dàjiā
谢谢大家！

二〇一六年九月十三日

1 开源路 1 号，邮编：463000

图 3-1　“迎新欢迎词”排版效果

【任务分析】

“迎新欢迎词”内容中主要包括文字、项目符号、文字及段落的边框和底纹、特殊字符、脚注等。要完成制作，必需先熟悉 Word 文档的基本排版和编辑操作，掌握在 Word 文档中文字格式及段落格式的设置等操作。

【实施方案】

任务 1　认识 Word 2010

Word 2010 作为 Microsoft Office 2010 的重要组件之一，是目前最为流行的办公自动化软件之一，在人们日常办公应用中占有重要的地位。使用 Word 2010 能排版出内容极为丰富多彩的文档，如书籍、信函、通知、公文、报刊、简历、海报等，真正实现所见即所得的效果。

1. Word 2010 的功能

（1）文档管理。

包括创建文档、输入文本、以多种方式保存文档、自动保存文档、文档加密及意外恢复等。

（2）文档的编辑与排版。

包括文本的插入、删除、移动、复制、查找和替换等操作，页面有多种美观的排版方式，以提高排版效率，制作出丰富多彩的文章。

（3）图文混排。

利用 Word 提供的图形工具在文档中插入图形或图片，也可以插入由其他软件产生的图形或图片，使文档具有图文并茂的效果。

（4）表格制作。

Word 提供了丰富的表格编辑功能和表格的自动套用格式，使得表格的制作成为一件轻松的事情。

（5）自动更正。

Word 可以让用户根据自己的习惯来建立自动更正库，在输入英文单词时会自动修正单词的拼写错误。例如，可能在输入时常常会把 the 错输成 hte 或 teh，那么可以在自动更正库中加入 hte 和 teh 这两项，以后再输错时，Word 就会自动更正为 the 了。

（6）自动生成目录。

可以快速地完成目录的要求，并且内容改变时，更新和修改目录也非常方便。

（7）邮件合并。

如果将内容大同小异的信函发给一批人，可使用 Word 中的邮件合并功能来简化工作。

2. Word 2010 的启动和退出

（1）启动。

启动 Word 2010 有 3 种方法：

① 常规方法。

在 Windows 下运行一个应用程序的操作，单击"开始｜所有程序｜Microsoft Office｜Microsoft Office Word 2010"命令。

② 快捷方式。

双击 Windows 桌面上的 Word 2010 快捷方式图标，这是启动 Word 的一种快捷的方法。

③ 利用文档启动 Word 2010。

打开保存有 Word 文档的文件夹，双击一个 Word 2010 文档的文件名，系统会自动启动 Word 2010，并将该文档装入到系统内。

（2）退出 Word。

退出 Word 的方法有以下几种，可任选其一。

① 单击"文件"下拉菜单中的"退出"命令。

② 单击标题栏右端 Word 窗口的关闭按钮 ✖ 。

③ 双击标题栏左端 Word 窗口的 Word 图标 W 。

④ 利用快捷键：按下 Alt+F4 组合键。

3. Word 2010 的工作窗口

Word 2010 启动后，首先看到的是 Word 2010 的标题屏幕，然后出现 Word 窗口并自动创建一个名为"文档 1"的新文档。其窗口由快速访问工具栏、标题栏、功能区、工作区和状态栏等部分组成。在 Word 窗口的工作区中包含标尺、滚动条、文档编辑区和视图切换按钮等，如图 3-2 所示。

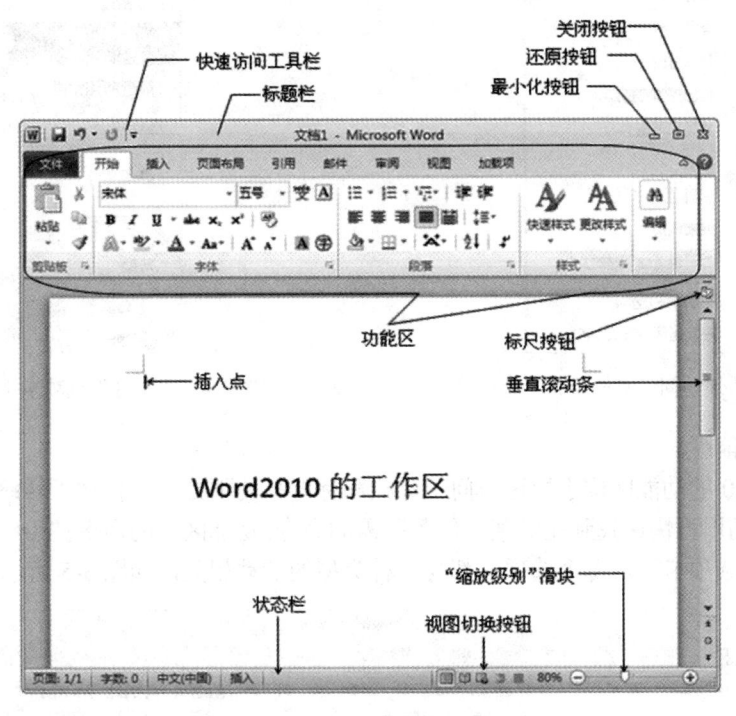

图 3-2　Word 2010 主窗口的组成

熟悉 Word 窗口的主要组成部分和它们的功能对掌握 Word 的操作是有益的，下面分别对 Word 窗口的主要组成部分作简要说明。

（1）标题栏。

标题栏位于程序窗口的最上方，快速访问工具栏的右面，显示了程序名称、当前编辑的文档名和"最小化"、"向下还原/最大化"及"关闭"按钮。

（2）快速访问工具栏。

快速访问工具栏位于标题栏的左边，默认显示"控制菜单"、"保存"、"撤消插入"和"重复清除"4 个按钮。它是 Office 2010 的组成部分，始终显示在程序界面中。单击快速访问工具栏右端的"自定义快速访问工具栏"按钮 ，可弹出一个下拉菜单，其中包含一些常用工具,如"新建"、"打开"、"打印预览"、"绘制表格"等,如图 3-3 所示。

在"自定义快速访问工具栏"下拉菜单中选择某一命令,即可使其显示在快速访问工具栏中;而取消对其选择,又可将其隐藏。若在下拉菜单中选择"在功能区下方显示"命令,则可以将快速访问工具栏移到功能区的下方显示。

(3) "文件"选项卡。

"文件"选项卡位于 Word 2010 程序窗口的左上角,单击该按钮弹出一个下拉菜单,其中包括一些常用的命令及选项按钮,并列出最新打开过的文档,以便用户快速打开这些文档,如图 3-4 所示。

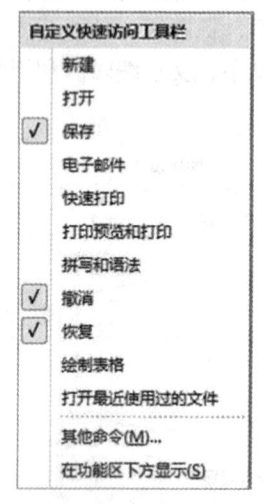

图 3-3 快速访问工具栏及其下拉菜单　　　图 3-4 "文件"选项卡下拉菜单

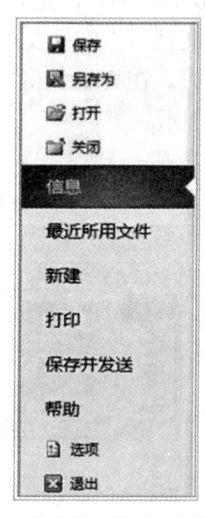

(4) 功能区。

Word 2010 的功能区位于快速访问工具栏和标题栏的下方,它代替了传统的菜单栏和工具栏,可以帮助用户快速找到完成某一任务所需的命令。功能区中的命令被组织在逻辑组中,逻辑组集中在选项卡下。每个选项卡都与一种类型的活动相关,如图 3-5 所示。

图 3-5 功能区

(5) 工作区。

工作区即文档编辑区,是 Word 2010 主窗口中的主要组成部分。用户在该区域对文档进行输入、编辑、修改和排版等工作。在工作区的右侧,除垂直滚动条外,还有几个具有特殊作用的按钮:"标尺"、"前一次查找/定位"、"选择浏览对象"和"下一次查找/定位"按钮。它们的作用分别如下:

① 标尺。

"标尺":用于显示或隐藏标尺。标尺有水平标尺和垂直标尺两种。标尺除了显示文字所在的实际位置、页边距尺寸外,还可以用来设置制表位、缩进段落、改变栏宽、调整页边距、左右缩进、首行缩进等。

② 文档编辑区。

标尺下面是文档内容的显示区,称为文档编辑区,在此可以输入、编辑、排版和查看文档。

③ 插入点和文档结束标记。

在编辑区中闪烁的垂直竖线"I",称为插入点。它表示键入字符将显示的位置。每输入一个字符,插入点自动向右移动一格,在编辑文档时,可以移动"I"状的鼠标指针并单击,来移动插入点的位置,也可使用光标移动键将插入点移到所希望的位置。

④ 滚动条。

当文档内容一屏显示不完时会自动出现滚动条。滚动条分水平滚动条和垂直滚动条,可拖动滚动条中的滑块或单击滚动箭头米翻动查看一屏中未显示出来的其他内容,从而浏览整个文档。

⑤ 视图与视图切换按钮。

Word 2010 提供了 5 种版式视图,该按钮组中的每个按钮与某种版式的视图对应,单击对应按钮即可切换到相应的版式视图。Word 中 5 种视图具体操作功能如表 3-1 所示。

表 3-1 视图切换按钮的操作

视图	视图模式功能
页面视图	该视图可以输入、编辑和排版文档,也可以处理页边距、图文框、分栏、页眉和页脚、Word 绘制的图形等;其显示与最终打印的效果相同,具有所见即所得的效果
阅读版式视图	该视图以图书的分栏样式显示 Word 文档,"文件"选项卡、功能区等窗口元素被隐藏起来。它模拟书本阅读的方式,用户可以单击"工具"按钮选择各种阅读工具,使得阅读文档十分方便
Web 版式视图	该视图使正文显示得更大,显示和阅读文章最佳。可看到背景和为适应窗口而换行显示的文本,且图形位置与在 Web 浏览器中的位置一致
大纲视图	该视图可显示文档结构,并可通过拖动标题来移动、复制或重新组织正文。也可以"折叠"文档的标题或子标题或通过工具栏上的"升级"或"降级"按钮可以升降标题级别
草稿视图	该视图仅显示文本和段落格式,而不能分栏显示、首字下沉,页眉、页脚、脚注、页号、边距,以及用 Word 绘制的图形等不可见

⑥ 状态栏。

状态栏位于 Word 窗口的最下端,它用来显示当前的一些状态,如当前光标所在的页号、当前页/总页数、位置、行号和列号。在状态栏的右侧还提供了视图方式切换按钮和显示比例控件,从而使用户可以非常方便地在各种视图方式之间进行切换,以及调节页面的显示比例,如图 3-6 所示。

图 3-6 状态栏

任务 2 编辑迎新欢迎词

1. 迎新欢迎词的创建

当启动 Word 2010 后,就会在 Word 窗口中自动打开一个名为"文档 1"的新文档,如果在编辑文档的过程中还需另外创建一个或多个新文档时,可以用下列方法之一来创建。新建的文档以创建的顺序,依次命名为"文档 2"、"文档 3"等。

（1）在 Word 2010 中，用户可以通过单击快速访问工具栏中的"新建"按钮。
（2）单击"文件"选项卡，在弹出的菜单中选择"新建"命令。
（3）直接按快捷键 Ctrl+N。

使用方法（2）创建文档时，会出现如图 3-7 所示的"新建"对话框，其他两种方法则直接打开一个空白文档，不打开"新建"对话框。

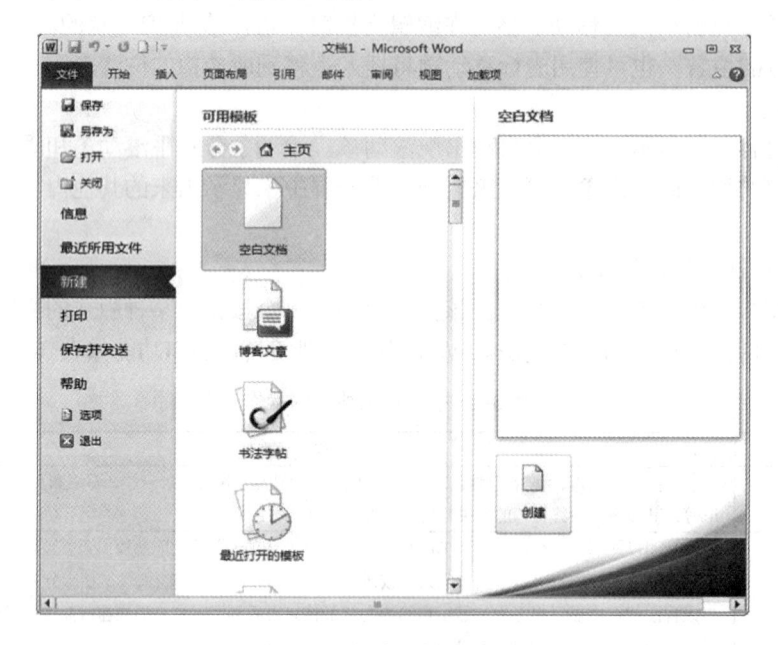

图 3-7 "新建文档"对话框

也可以选择"新建"对话框中的"可用模板"列表框中的"空白文档"并单击"创建"按钮来创建一个新的空白文档。

2. 输入迎新欢迎词内容

在中文 Word 中，既可以输入英文，又可以输入汉字。中/英文输入法的切换方法有：
（1）单击"任务栏"右端的"语言指示器"按钮，在"输入法"列表中单击所需要的输入法；
（2）按组合键 Ctrl+空格键可以在中/英文输入法之间切换；
（3）按组合键 Ctrl+Shift 可以在各种输入法之间循环切换。

在中文输入法状态下，按组合键 Shift+空格键可以在半角和全角之间切换，但只有在小写字母状态时才能输入汉字，可用 CapsLock 键转换字母的大小写。

3. 在迎新欢迎词中插入日期和时间

在迎新欢迎词末尾插入日期可以直接键入，也可以使用"插入 | 日期和时间"按钮来插入日期和时间。直接输入日期和时间后，当日期与时间发生改变时需要手工修改。用"插入"选项卡中的"日期和时间"按钮插入日期和时间，则可使之随系统日期和时间自动更新，具体步骤如下：
（1）把插入点移到要插入日期和时间的位置。
（2）单击"插入 | 日期和时间"按钮，打开如图 3-8 所示的"日期和时间"对话框。

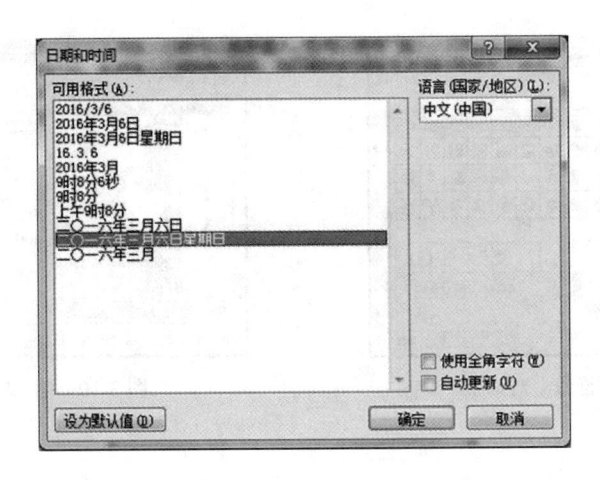

图 3-8 插入"日期和时间"对话框

（3） 在"可用格式"列表框中选择合适的日期和时间格式。如果选中"自动更新"复选框，则插入的日期和时间会自动更新，否则保持原来的插入值。

（4） 单击"确定"按钮，即可在指定的插入点处插入当前的日期和时间。

如果按上述步骤插入了日期和时间，则在打印该文档时，Word 会自动将日期和时间改为系统当前日期和时间，这适合用于通知及信函等文档类型。在浏览编辑时，要对之进行更新，则只需将插入点移到日期和时间中并按 F9 键即可。

4. **插入符号**

在输入文本时，可能要输入或插入一些特殊的符号，如俄、日、希腊文字符、数学符号、图形符号等，这些可利用汉字输入法的软键盘，而对于像"☺"一类的特殊符号或"👁"一类的图形符号却即使使用软键盘也不能输入。对于这些特殊符号，Word 还提供"插入符号"的功能，具体操作步骤如下：

（1） 把插入点移动到要插入符号的位置。

（2） 用户可单击"插入｜符号｜其他符号（M）…"按钮 Ω，打开如图 3-9 所示的"符号"对话框。

（3） 在"符号｜字体"列表框中选定适当的字体项，单击符号列表框中所需要的符号，该符号将以蓝底白字放大显示。

（4） 单击"插入"按钮就可将选择的符号插入到文档的插入点处。

（5） 单击"关闭"按钮，关闭"符号"对话框，返回文档。

另外，还可以使用"符号"对话框中的"特殊字符"选项卡来插入其他的特殊符号。例如：如果要插入版权符号©、注册符号®或商标符号™等不常见的特殊符号时，则可打开"符号"对话框中的"特殊字符"选项卡，选择后单击"插入"按钮即可。

为了方便起见，Word 还将单位符号、数字序号、拼音符号、标点符号、数学符号及其他一些常用的特殊符号单独组织到了一起。在"插入｜特殊符号｜符号"按钮，选择"更多…"命令，可打开"插入特殊符号"对话框，如图 3-10 所示。在适当的选项卡中选择所需的符号，然后单击"确定"按钮将其插入到文档中。此外，常用的特殊符号会显示在"插入｜特殊符号｜符号"下拉菜单中，单击某一图标按钮即可插入相应的符号。

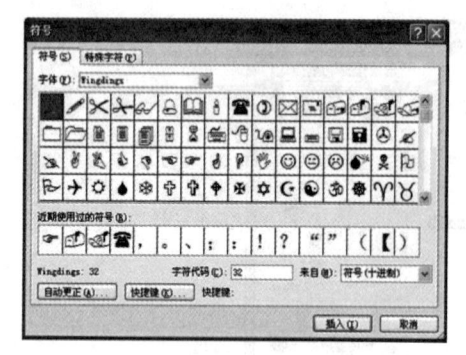

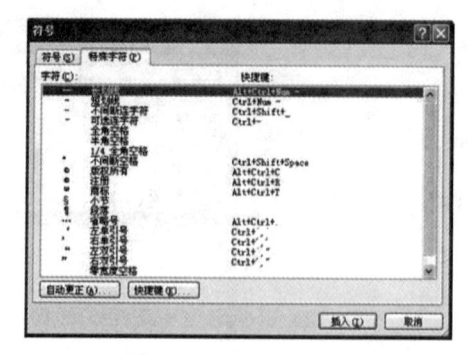

图 3-9 "符号"对话框　　　　图 3-10 插入特殊字符

5. 保存文档

在编辑 Word 文档的过程中也要注意随时执行保存操作，以保存最新编辑数据，避免丢失文档信息。Word 2010 在保存文档时默认为 DOCX 格式，而不是传统的 DOC 格式。要使早期的 Word 版本能够打开使用 Word 2010 编辑的文档，还必须将其保存类型指定为"Word 97-2003 文档"，通常 Word 中保存文档的方法有如下几种。

（1）单击"快速访问工具栏 | 保存"按钮 。

（2）单击"文件按钮 | 保存"命令，即可保存当前文档。

（3）直接按快捷键 Ctrl+S。

当对新建的文档第一次进行"保存"操作时，会出现如图 3-11 所示的"另存为"对话框。在出现的对话框中，用户可在其中指定保存位置、文件名称、保存类型，最后单击"保存"按钮，执行保存操作即可保存文档。文档保存后，该文档窗口并没有关闭，用户可以继续输入或编辑该文档。

6. 打开文档

如果当前没有启动 Word 2010，可通过双击所要打开的文件名来启动 Word 并打开该文档。如果已启动了程序，则可通过以下几种方法来打开文档。

（1）单击"打开按钮 | 打开"命令，在弹出的"打开"对话框中选择要打开的文档，然后单击"打开"按钮，如图 3-12 所示。

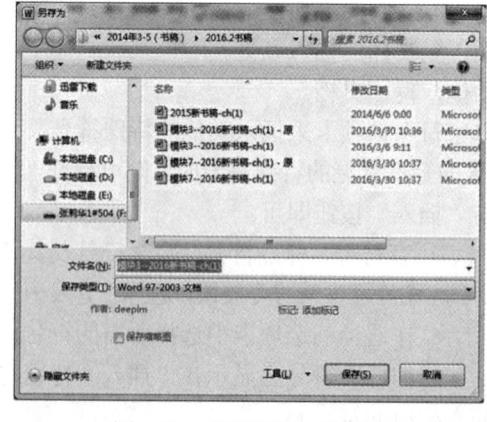

图 3-11 "另存为"对话框　　　　图 3-12 "打开"对话框

（2）按 Ctrl+O 组合键，在弹出的"打开"对话框中选择要打开的文档，单击"打开"按钮。

（3）单击"文件 | 最近所用文件"按钮，从弹出的菜单中选择最近使用过的文档名称。

（4）单击"快速访问工具栏 | 打开"按钮，在弹出的"打开"对话框中选择所需文档，然后单击"打开"按钮或者双击所选文档。

7. 保护文档

如果所编辑的文档不希望无关人员查看，则可以给文档设置"打开权限密码"；如果所编辑的文档允许别人查看，但禁止修改，那么可以给这种文档加一个"修改权限密码"。使文档以"只读"方式查看，则无法修改内容。设置密码是保护文件的一种方法，则操作步骤如下：

（1）单击"文件按钮 | 另存为"命令，打开"另存为"对话框。

（2）单击"另存为"对话框左下角的"工具"按钮。

（3）在"工具"按钮下拉菜单中选择"常规选项"命令，弹出"常规选项"对话框，如图 3-13 所示。

（4）在"常规选项"对话框中进行密码的设置，单击保存即可完成该文档的密码设置。

（5）当用户需要打开文档再次访问时，会弹出如图 3-14 所示的键入"密码"信息框，用户输入正确的密码，即可打开文档。

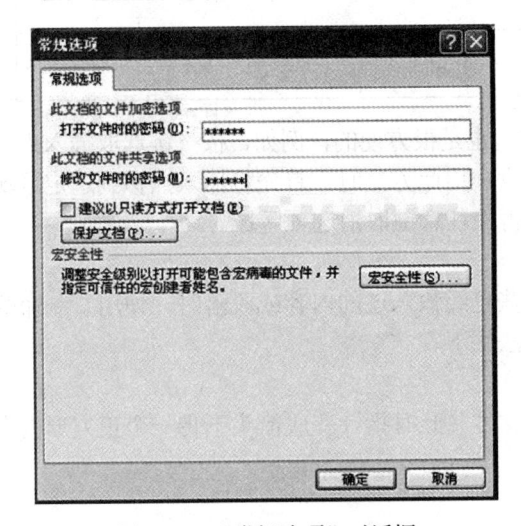

图 3-13 "常规选项"对话框   图 3-14 键入"密码"信息框

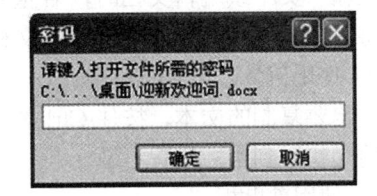

（6）如果想要取消已设置的密码，可以按 Delete 键删除"打开文件时的密码"文本框中的一排"*"号，再单击"确定"按钮。

（7）返回到编辑状态后，再对文档进行保存。这样就删除了密码，以后再打开此文件时就不需要密码了。

任务 3 设置迎新欢迎词的格式

1. 迎新欢迎词内容编辑

在插入状态下（是 Word 的默认状态），每输入一个字符或汉字，插入点右面的所有文字都相应右移一个位置，可以在插入点前插入所需要的文字和符号。根据用户的需要可对文档内容进行选定、复制或剪切、移动、插入、删除等编辑操作。

（1）选定文本。

如果要复制或移动文本的某一部分，或者要对文本中某部分进行排版，则首先要选定这部分文本。

① 用鼠标选定文本：可以按住 Ctrl 键，将鼠标光标移到所要选的句子的任意位置处单击选定一个句子；拖动鼠标左键直到要选定文本区的最后一个文字并松开选定任意大小的文本区。将鼠标指针移动到所选区域的左上角，按住 Alt 键，拖动鼠标直到区域的右上角，放开鼠标可以选定矩形区域中的文本。

② 用键盘选定文本时可用的组合键如表 3-2 所示。

表 3-2 选定文本常用的组合键

组 合 键	功 能
Shift+→	选定插入点右边的一个字符或汉字
Shift+←	选定插入点左边的一个字符或汉字
Shift+↑	选定到上一行同一位置之间的所有字符或汉字
Shift+↓	选定到下一行同一位置之间的所有字符或汉字
Shift+Home	从插入点选定到它所在行的开头
Shift+End	从插入点选定到它所在行的末尾
Shift+PageUp	选定上一屏
Shift+PageDown	选定下一屏
Ctrl+A	选定整个文档

③ 利用 Word 的扩展功能键（F8）选定文本也是很方便的，例如，按→键选取插入点右边的一个字符或汉字，按↓键选取下一行。注意：用此方法时，首先将插入点移到选定区域的开始处。按 Esc 键可以关闭扩展选取方式，再按任意键取消选项区域。

（2）复制文本。

在输入文本或编辑文档时，若重复输入一些已经输入过的内容或段落时，使用复制命令可以将内容复制到其他应用程序的文档中，方法如下。

① 使用鼠标。

选定要复制的文本，按住 Ctrl 键拖动选定文本（此时指针变成箭头下带一个正方形内有加号的形状）到目标位置。

② 使用剪贴板。

选中要复制的文本，按 Ctrl+C 组合键将选定文本复制到剪贴板中。然后把插入点定位到复制的目标位置，按 Ctrl+V 组合键。

（3）移动文本。

在编辑文档的时候，经常需要将某些文本从一个位置移动到另一个位置，以调整文档的结构。移动文本的方法有：

① 使用鼠标。

选定要移动的文本，拖动选定文本（此时指针变成箭头下带一个矩形的形状）到目标位置。

② 使用键盘。

选中要移动的文本，按 Ctrl+X 组合键将选定文本从原位置处剪切，并放入剪贴板中。然后把插入点定位到移动的目标位置，按下 Ctrl+V 组合键。

（4）删除文本。

在输入文本或编辑文档时，可以利用 Backspace 键或 Delete 键删除。

（5）查找与替换。

使用 Word 2010 的查找功能不仅可以查找文档中某一指定的文本，而且还可以查找特殊符号，如段落标记、制表符等。查找和替换功能主要用于在当前文档中搜索和替换指定的文本或特殊字符，例如：查找文中的"你"并替换为"您"，如图 3-15 所示。

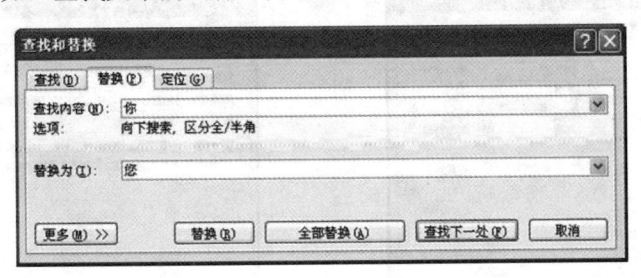

图 3-15 "查找与替换"对话框

（6）撤消与恢复。

在"快速访问工具栏"中有"撤消" 和"恢复" 两个按钮和列表框。对于编辑过程的误操作（例如：误删除了不应删除的文本），可用"快速访问工具栏"中的"撤消"按钮来挽回。单击"撤消"按钮右端的下拉箭头按钮可以打开记录各次编辑操作的列表框，最上面的一次操作是最近的一次操作，单击一次"撤消"按钮撤消一次操作，如果选定"撤消"列表框中某次操作，那么这次操作上面的所有操作也同时撤消。同样，所撤消的操作可以按"恢复"按钮重新执行。

2. 文字格式设置

内容输入完毕后，可根据需要进行文字及段落的格式设置，字符的格式包括字体、字号、字形、颜色及特殊的阴影、空心字等修饰效果。

（1）设置文字格式。

① 按钮设置。

单击"开始丨字体"组中的"字体"、"字号"、"加粗"、"倾斜"、"下划线"、"字符边框"、"字符底纹"和"字体颜色"等按钮来设置文字的格式，如图 3-16 所示。

② 浮动格式工具栏。

Word 2010 还提供了一个相当智能的格式工具栏，当用户选中文档中的任意文字松开鼠标后，选中区域的右上角就会显示一个半透明的浮动工具栏，其中包含了字体、字号、对齐方式、字体颜色等格式设置工具。用鼠标指向它即可使其正常显示，如图 3-17 所示。

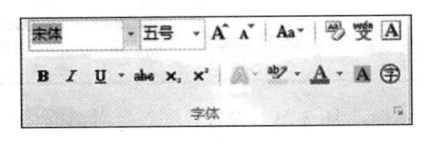

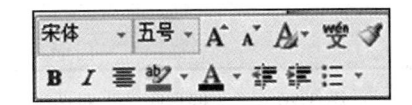

图 3-16 "字体"组按钮   图 3-17 浮动格式工具栏

③ 对话框设置。

单击"开始丨字体"右下角的按钮 ，弹出"字体"对话框，如图 3-18 所示。选定"字体"标签设置字体格式,在预览框中查看所设置的字体效果,确认后单击"确定"按钮。

(2)字符间距设置。

在迎新欢迎词中,需要将"谢谢大家"字符间距加宽 1.5 磅,Word 提供了 3 种方式:标准、加宽、紧缩。首先在"字体"对话框中选择"高级"标签,如图 3-19 所示。可在间距列表中选择"加宽",在磅值项中设置"1.5 磅",单击"确定"按钮即可。

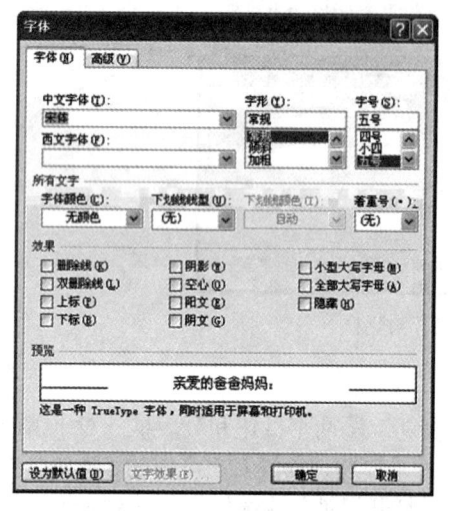

图 3-18 设置"字体"对话框

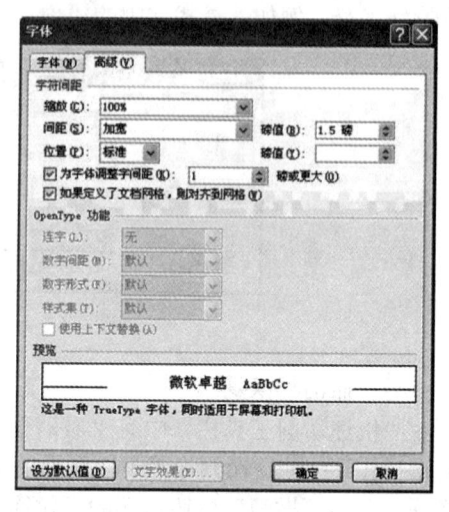

图 3-19 设置"字符间距"对话框

3. 在迎新欢迎词中添加文字的边框和底纹

边框是围在文本或段落四周的框(不一定是封闭的);底纹是指用背景颜色填充一个段落或部分文本。例:两年前的我加文字边框,学校加文字底纹。具体操作步骤如下:

(1)选择将要加边框和底纹的文本内容。

(2)单击"开始 | 段落 | 边框和底纹"按钮 下拉菜单中的"边框和底纹"命令,打开如图 3-20 所示的"边框和底纹"对话框。

图 3-20 "边框和底纹"对话框

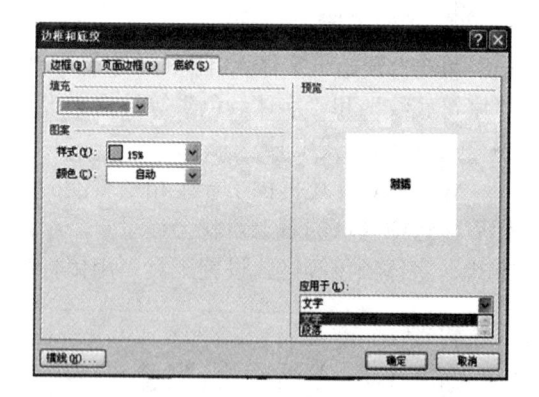

图 3-21 设置"底纹"对话框

(3)打开"边框"标签。在"边框"选项卡的"设置"、"样式"、"颜色"和"宽度"等列表框中选定合适的参数。在"应用于"列表中选定为"文字",即可针对所选择的文字添加边框。

（4）在预览框中查看结果，确认后单击"确定"按钮。

另外，如果要加"底纹"，那么单击"底纹"标签类似上述操作，如图3-21所示。在选项卡中选定底纹的颜色和图案；在"应用于"列表中选定为"文字"；在预览框中查看结果，确认后单击"确定"按钮。

4. 在迎新欢迎词中设置文字特殊格式

在迎新欢迎词内容的编辑排版中，还有一些比较特殊的排版格式，具体操作方法及步骤如下。

（1）首字下沉。

选择第一段文本中的"大"字，单击"插入 | 文本 | 首字下沉"按钮，打开"首字下沉"对话框，可以设置或取消首字下沉，如图3-22所示。

（2）带圈字符。

首先选定要插入带圈字符的文本"新"，单击"开始 | 字体 | 带圈字符"按钮，打开如图3-23所示的"带圈字符"对话框，在"字符"下的文本框内输入字符，在"圈号"框内选择要加的圈的形状，单击"确定"按钮，就可以为字符"新"加圈号，例如㊟。也可以根据需要为字符添加其他的圈号，例如：正方形□、三角形△和菱形◇。

图3-22 "首字下沉"对话框   图3-23 "带圈字符"对话框

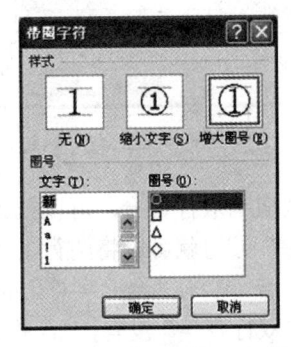

（3）纵横混排。

首先选定要纵向显示的文本"答卷"，然后单击"开始 | 段落 | 中文版式"按钮，选择"纵横混排"命令，打开如图3-24所示的"纵横混排"对话框，便可以使文字纵向与横向混合排版，例如：一份满意的答卷。如果要恢复原来的样子，就将光标定位在混排的文字中，打开"纵横混排"对话框，单击"删除"按钮后单击"确定"按钮。

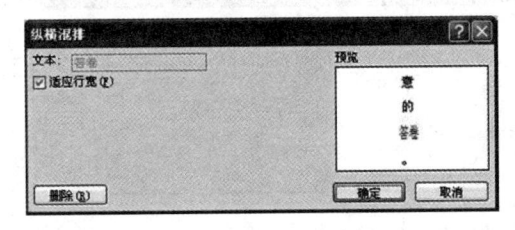

图3-24 "纵横混排"对话框

（4）合并字符。

选定要合并的字符"求真务实"，然后单击"开始 | 段落 | 中文版式"按钮，选择"合

并字符"命令,打开如图3-25所示的"合并字符"对话框,可以将多个字符合并为一个字符,如 求真务实 。如果想取消字符的合并,则可以把光标定位在被合并的字符中,打开"合并字符"对话框,单击"删除"按钮,文档中的合并字符效果就消失了。

(5) 双行合一。

选定要合并的文字"一份耕耘一份收获",单击"开始|段落|中文版式"按钮，选择"双行合一"命令,打开如图3-26所示的"双行合一"对话框,选定的文字已经出现在了"文字"输入框中,从"预览"窗中可以看到效果,如果想要"双行合一"后的文字带上括号,可以将"带括号"选项前的复选框选中。单击"确定"按钮,文档中的这些文字就变成了一行的高度中显示两行的样子,如(一份耕耘一份收获)。

图3-25 "合并字符"对话框　　　　图3-26 "双行合一"对话框

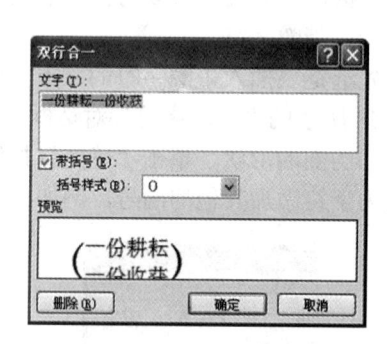

如果要取消双行合一,可以把光标定位到这个双行合一处,打开"双行合一"对话框,单击"删除"按钮就可以将两行上的文字合为一行。

"双行合一"与"合并字符"的作用有些相似,但不同的是:"合并字符"有6个字符的限制,而"双行合一"没有,"合并字符"时可以设置合并的字符的字体的大小,而"双行合一"却不行。

(6) 拼音指南。

选定要添加拼音的文字"谢谢大家",单击"开始|段落|中文版式"按钮，打开如图3-27所示的"拼音指南"对话框,单击"组合"按钮可将拼音组合,并通过调节"偏移量"和"字号"等下拉框可改变拼音与文字之间的距离及拼音的大小等格式。

图3-27 "拼音指南"对话框

5. 设置迎新欢迎词的段落格式

（1）选定需要设置格式的段落，单击"开始 | 段落"右下角的按钮，打开"段落"对话框，如图 3-28 所示。选择"缩进和间距"标签，可精确设置各段落的缩进方式。

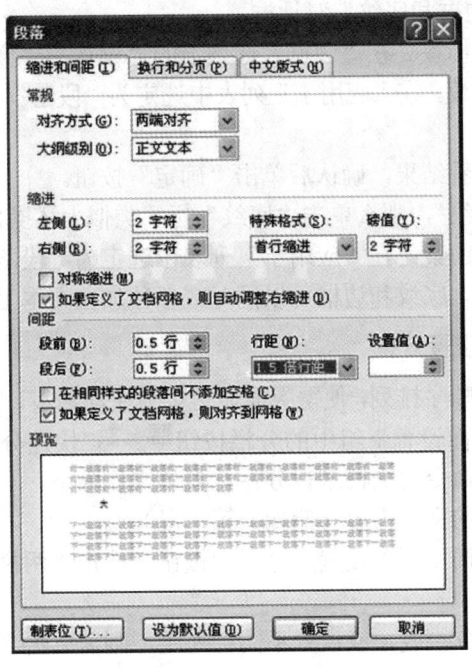

图 3-28 "段落"对话框

（2）使用标尺可以快速灵活地设置段落的缩进，水平标尺上有 4 个缩进滑块，如图 3-29 所示。用鼠标拖动滑块时可以根据标尺上的尺寸确定缩进的位置。

① "首行缩进"：用于使段落的第一行缩进，其他部分不动。
② "悬挂缩进"：用于使段落除第一行外的各行缩进，第一行不动。
③ "左缩进"：用于使整个段落的左部跟随滑块移动缩进。
④ "右缩进"：用于使整个段落的右部跟随滑块移动缩进。

拖动相应标记块即可改变缩进方式；先按住 Alt 键再拖动相应标记块，可显示位置值。

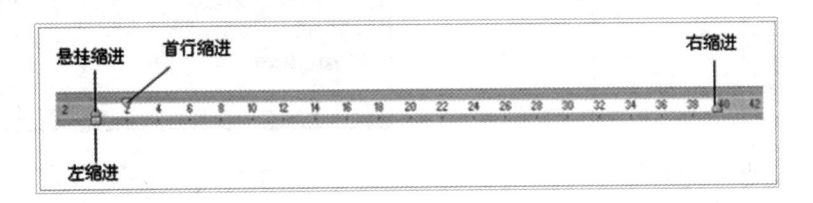

图 3-29 标尺上的缩进滑块

（3）段间距、行间距设置。

在信件中，如果需要调整各段落间距，例如：各段间距为 0.3 行、行间距为 22 磅。可单击"开始 | 段落"右下角的按钮，打开"段落"对话框，如图 3-28 所示。选择"缩进和间距"标签，可精确设置信件内容的段落间距及行间距。

6. **在迎新欢迎词中添加段落的边框和底纹**

（1） 选择将要加边框和底纹的段落。

（2） 单击"开始｜段落｜边框和底纹"按钮 下拉菜单中的"边框和底纹"命令，打开如图 3-20 所示的"边框和底纹"对话框。

（3） 打开"边框"标签。在"边框"选项卡的"设置"、"样式"、"颜色"和"宽度"等列表框中选定合适的参数。在"应用于"列表中选定为"段落"。即可针对所选择的文字或段落添加边框。

（4） 在预览框中查看结果，确认后单击"确定"按钮。

另外，如果要加"底纹"，那么单击"底纹"标签类似上述操作，如图 3-21 所示。在选项卡中选定底纹的颜色和图案；在"应用于"列表中选定为"段落"；在预览框中查看结果，确认后单击"确定"按钮。底纹和边框可以同时或单独加在文本上。

7. **在迎新欢迎词中设置分栏**

分栏可使文本按纵列顺序排列，使得版面显得更为生动活泼，增强可读性。可以通过"页面布局"选项卡中的"页面设置"组中的分栏按钮 快速分栏，也可以通过"页面设置"组中的"更多分栏"命令对文档进行分栏，具体操作如下：

（1） 选定需要分栏的文本内容（例如：第三段）。

（2） 单击"页面布局｜页面设置｜分栏"按钮，选定"两栏"命令，如图 3-30 所示，即可完成分栏。

（3） 如果需要添加分割线，或设置不同栏间距，则需单击"页面布局｜页面设置｜分栏"按钮，选定"更多分栏"命令，打开"分栏"对话框，如图 3-31 所示。

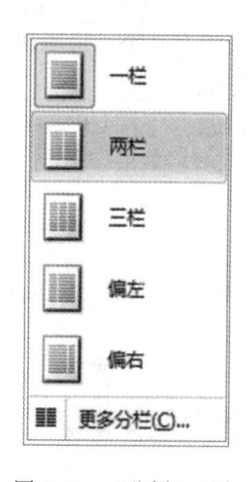

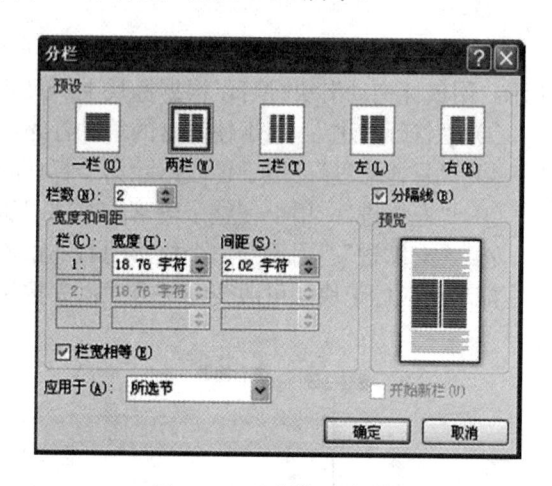

图 3-30　"分栏"列表　　　　　图 3-31　"分栏"对话框

（4） 选定"预设"框中的分栏格式，或在"列数"文本框中键入分栏数，在"宽度和间距"框中设置栏宽和间距。

（5） 单击"栏宽相等"复选框。则各栏的宽度相等，否则可以逐栏设置宽度。

（6） 单击"分隔线"复选框，可以在各栏之间加一分割线。

（7） "应用范围"框中有"整篇文档"、"插入点以后"、"所选文字"等，选定后单击"确定"按钮。

如果对整篇文档分栏时，显示结果未达到预想的效果，改进的办法是先在文档结束处插入分节符，然后再分栏。只有在页面视图或打印预览下才能显示分栏效果。

8. 插入脚注和尾注

在编写文章时，需要对一些名词或事件加注释，脚注和尾注都是用来对文档中某个内容进行解释、说明或提供参考资料等的对象。其唯一的区别是：脚注是放在每一页面的底端，而尾注放在文档的结尾处。如图 3-32 所示。

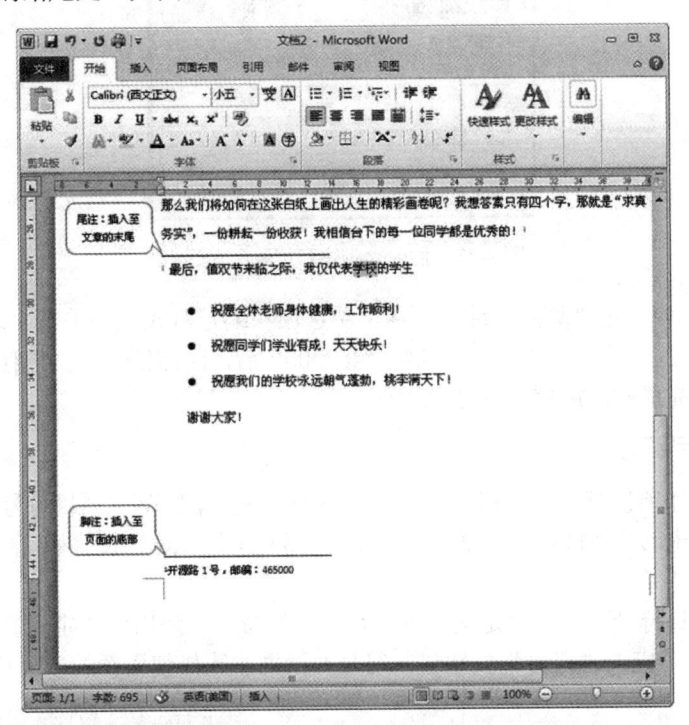

图 3-32　"脚注和尾注"引用参考样图

在本文档中需要对"祝愿我们的学校"之后添加注释，脚注和尾注都是用来对文档中某个内容进行解释、说明或提供参考资料等的对象。Word 提供的插入脚注和尾注的功能可以在指定的文字处插入注释。脚注通常出现在页面的底部，作为文档某处内容的说明；而尾注一般位于文档的末尾，用于说明引用文献的来源等。脚注和尾注都是注释，在同一个文档中可以同时包括脚注和尾注。其唯一的区别是：脚注是放在每一页面的底端，而尾注放在文档的结尾处。插入脚注和尾注的操作步骤如下。

（1）按钮输入。

① 将插入点移动到需要插入脚注和尾注的文字"祝愿我们的学校"之后。

② 单击"引用｜脚注｜插入脚注或插入尾注"按钮，光标即自动切换到需要输入内容的目标地。

③ 如果要删除脚注或尾注，则选定脚注或尾注号，按 Delete 键。

（2）对话框设置。

① 将插入点移动到需要插入脚注和尾注的文字之后。

② 单击"引用｜脚注"右下角按钮 ，弹出"脚注和尾注"对话框，如图 3-33 所示。

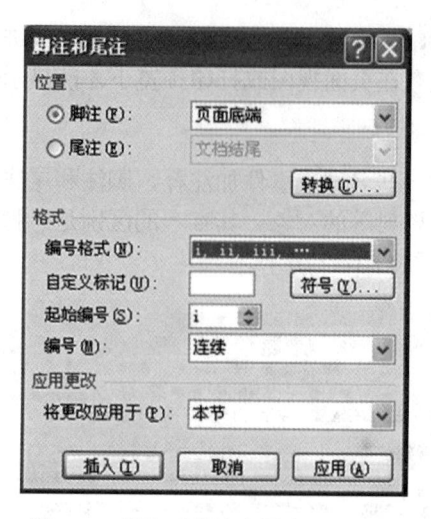

图 3-33 插入"脚注和尾注"对话框

③ 在对话框中选定"脚注"或"尾注"单选项和编号格式,并单击"确定"按钮。

④ 输入注释文字"开源路 1 号,邮编:463000"后,鼠标指针在文档任意处单击一下退出注释的编辑,完成脚注或尾注的插入工作。

9. 添加项目符号

选择需要添加项目符号的文档段落文本,单击"开始|段落|项目符号"按钮 。也可使用快捷菜单中的"项目符号"命令打开如图 3-34 所示的提示框,为已输入的段落添加项目符号。

如需其他项目符号可单击"定义新项目符号…"命令,弹出的"定义新项目符号"对话框如图 3-35 所示,点击"符号"按钮进入符号对话框,选择使用新的项目符号。

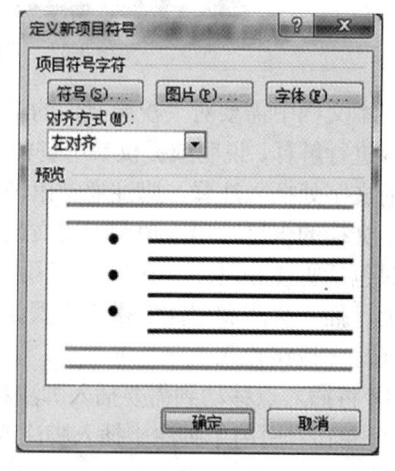

图 3-34 "项目符号"提示框　　　图 3-35 "定义新项目符号"对话框

10. 添加页面背景、页面边框及文字水印

"页面布局|页面背景"组中的工具用于设置文档页面的背景效果,如图 3-36 所示。其中各选项的功能如下。

(1)"水印":用于在页面内容后面插入虚影文字。通常表示要将文档特殊对待或提示。

① 单击"水印"按钮,单击"自定义水印…"命令,弹出"水印"对话框,如图 3-37 所示。

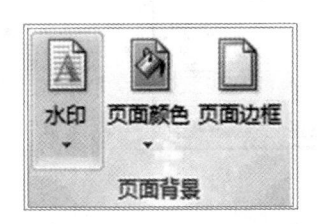

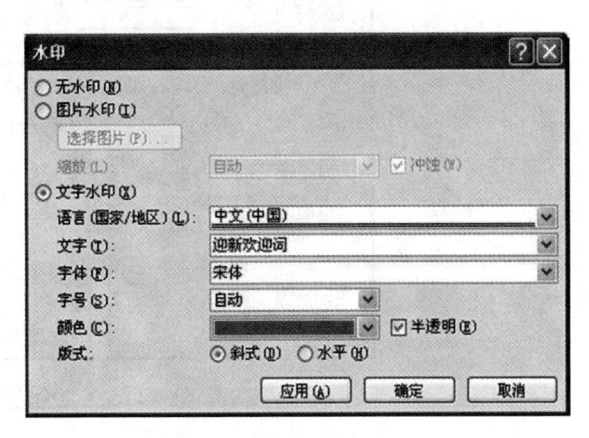

图 3-36 "页面背景"组　　　　　　图 3-37 设置"水印"对话框

② 选择"文字水印"项,在文字列表框中输入"迎新欢迎词",并选择合适的文字格式,单击"确定"按钮即可为文本添加文字水印效果。

另外,也可通过"图片水印"项设置,为文档添加图片水印效果。

(2)"页面颜色":用于选择页面的背景颜色或图案等效果。

① 单击"页面颜色"按钮,可直接在弹出的列表中选择背景颜色,如图 3-38 所示。

② 选择"填充效果…",弹出如图 3-39 所示的对话框,可设置更多背景填充效果。

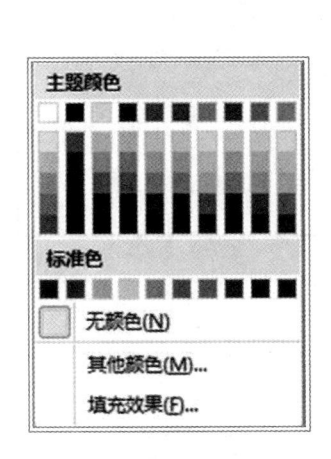

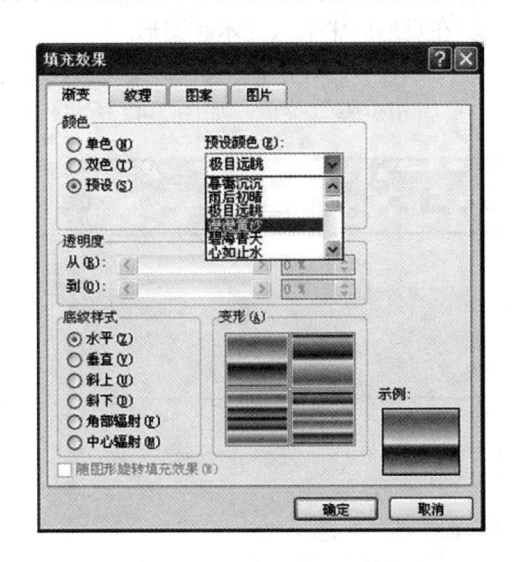

图 3-38 设置"页面背景"列表　　　　　　图 3-39 "页面背景"填充效果对话框

(3)"页面边框":用于添加或更改页面周围的边框,如为本文添加红色双曲线边框效果,如图 3-40 所示。也可选择"艺术型"列表,添加更多类型的个性页面边框。

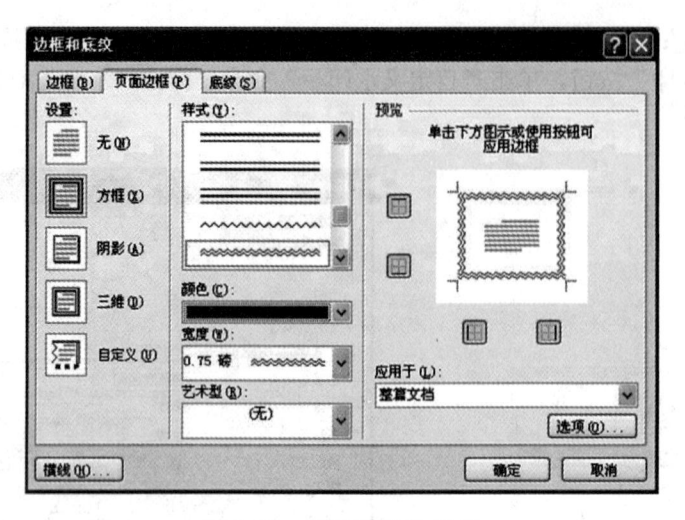

图 3-40 "页面边框"设置

11. 插入页眉\页脚及页码

页眉和页脚通常用于打印文档,页眉出现在每页的顶端,打印在上页边距中;而页脚出现在每页的底端,打印在下页边距中。用户可以在页眉或页脚中插入文本或图形,如页码、日期、徽标、文档标题、文件名或作者名等,以美化文档。

（1）插入页眉和页脚。

① 单击"插入｜页眉和页脚"组中的"页眉和页脚"按钮,弹出的"页眉和页脚"菜单,如图 3-41 所示,选择"编辑页眉",输入页眉内容。

② 在页眉区中输入文本和图形。

③ 要创建页脚,单击"插入"选项卡中"页眉和页脚"组中的"页眉和页脚"按钮,弹出的"页眉和页脚"菜单,如图 3-42 所示,选择"编辑页脚",输入页脚内容。

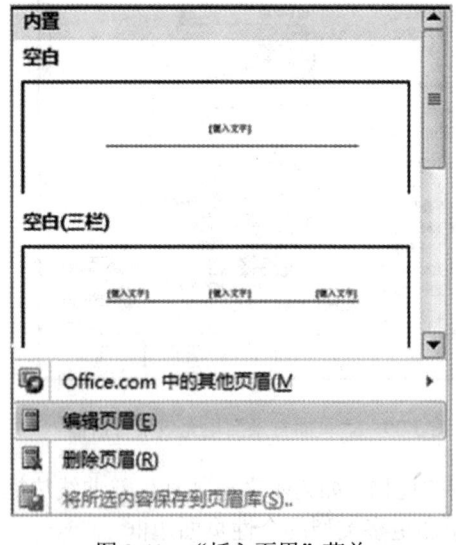

图 3-41 "插入页眉"菜单　　　　图 3-42 "插入页脚"菜单

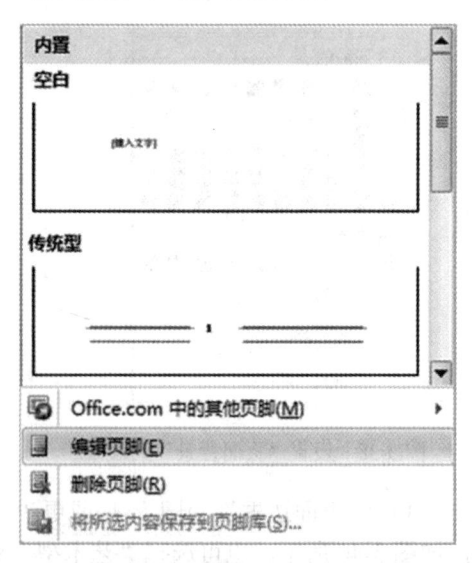

④ 单击"设计 | 关闭页眉和页脚"按钮 ❌，如图 3-43 所示。

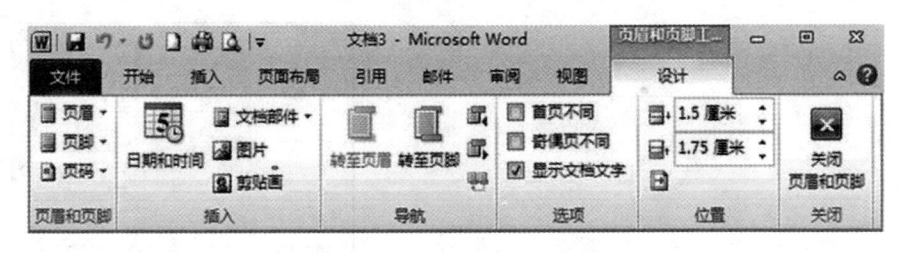

图 3-43 "页眉和页脚"关闭按钮

（2） 删除页眉或页脚。

删除一个页眉或页脚时，Word 2010 中自动删除整篇文档中相同的页眉或页脚。

① 单击"插入"选项卡中的"页眉和页脚"组中的"页眉和页脚"按钮，在弹出的"页眉和页脚"菜单中选择"删除页眉"或"删除页脚"。

② 在页眉或页脚区中选定要删除的文字或图形，然后按 Delete 键。

【知识链接】

1. 格式的复制和清除

对一部分文字设置的格式可以复制到另一部分文字上，使其具有同样的格式。设置好的格式如果觉得不满意，也可以清除它。使用"开始 | 剪贴板 | 格式刷"按钮 可以实现格式的复制。

（1） 格式的复制。

① 选定已设置格式的文本。

② 单击"开始 | 剪贴板 | 格式刷"按钮，此时鼠标指针变为刷子形。

③ 将鼠标指针移到要复制格式的文本的开始处。

④ 拖动鼠标直到要复制格式的文本的结束处，放开鼠标左键即可。

注意：上述方法的格式刷只能使用一次。如果想多次使用，应双击"格式刷"按钮，此时，"格式刷"就可使用多次，如果要取消"格式刷"功能，只要再单击"格式刷"按钮或按 Esc 键即可。

（2） 格式的清除。

如果对于所设置的格式不满意，逆向使用格式刷可以清除已设置的格式，恢复到 Word 默认状态。也可以选定文本，按组合键 **Ctrl+Shift+Z**，清除其格式。

2. 插入特殊编号

在文档中我们需要输入特殊格式的数字，如(1)、①、(一)、或 I、i、甲、壹等，除了可以使用插入符号的方法以外，还可以使用"插入 | 编号"按钮 ，在打开的"编号"对话框中输入数字，如图 3-44 所示。同时选择数字的格式类型，单击"确定"按钮，则该种格式类型的数字便会出现在插入点位置处。

3. 编号设置

选择文档段落文本，在"开始"选项卡上单击"段落 | 编号"按钮 。也可使用快捷

菜单中的"编号"命令打开如图 3-45 所示的提示框，为已输入的段落添加编号。

图 3-44　"编号"对话框

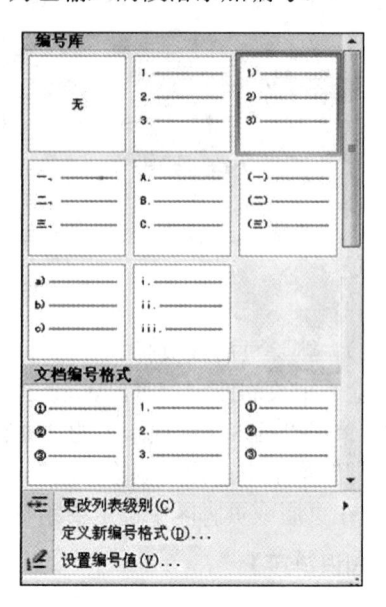

图 3-45　编号格式框

4. 制表位的设定

Word 2010 提供了灵活的制表功能，可以方便地用制表位产生制表信息。使用制表位能够向左、向右或居中对齐文本行，或将文本与小数点字符或竖线字符对齐。

设置制表位的方法如下：

（1）利用标尺。

在水平标尺上单击要插入制表位的位置。

（2）利用对话框。

将插入点置于要设置制表位的段落。

单击"开始|段落"组右下角的按钮 ，打开"段落"对话框。点击"段落"对话框左下角的"制表位"按钮，打开"制表位"对话框，如图 3-46 所示。

① 在"制表位位置"文本框中键入具体的位置。

② 在"对齐方式"组中单击某一对齐方式单选框。

③ 在"前导符"组中选择一种前导符。

④ 单击"设置"按钮。

⑤ 重复以上步骤，可以设置多个制表位。

如果要删除某个制表位，则可以在"制表位"文本框中选定要清除的制表位位置，并单击"清除"按钮即可。单击"全部清除"按钮可以一次清除所有设置的制表位。

设置制表位时，还可以设置带前导符的制表位，这一功能对目录排版很有用，如图 3-47 所示。

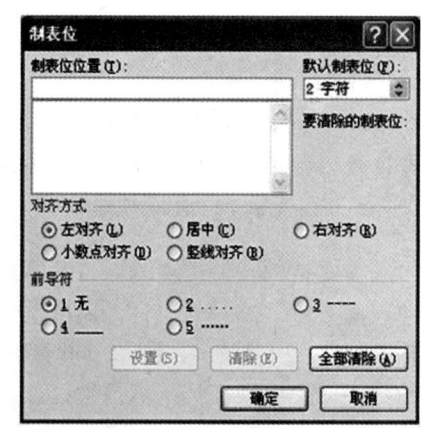

图 3-46　"制表位"对话框

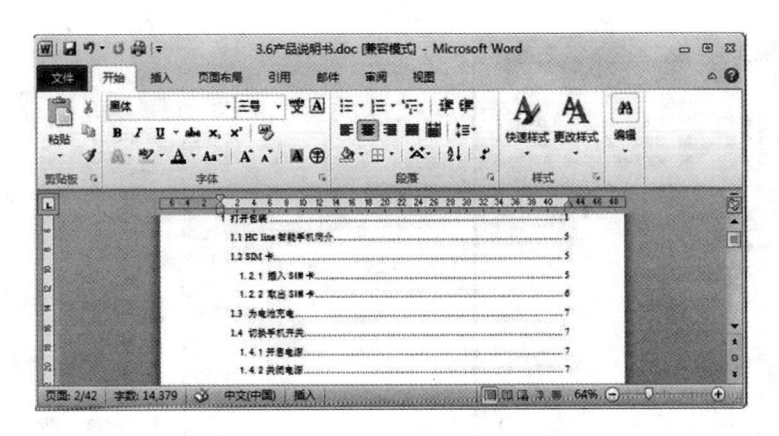

图3-47 带前导符的制表位应用示例

5. 页面设置

页面设置包括设置纸张的大小、页边距、页眉和页脚的位置、每页容纳的行数和每行容纳的字数等。在新建一个文档时，其页面设置适用于大部分文档。用户也可以根据需要自行设置，通过"页面布局 | 页面设置"组中的按钮或在"页面设置"对话框中进行操作，如图3-48所示。

（1）"页边距"：用于设置文档内容和纸张四边的距离，通常正文显示在页边距以内，包括脚注和尾注，而页眉和页脚显示在页边距上。页边距包括"上边距"、"下边距"、"左边距"和"右边距"。在设置页边距的同时，还可以设置装订线的位置或选择打印方向等。

（2）"纸张"：用于选择打印纸的大小。一般默认值为A4纸。如果当前使用的纸张为特殊规格，可以选择"自定义大小"选项，并通过"高度"和"宽度"文本框定义纸张所需的大小。

（3）"版式"：用于设置页眉和页脚的特殊选项，如奇偶页不同、首页不同、距页边界的距离、垂直对齐方式等。

（4）"文档网络"：用于设置每页容纳的行数和每行容纳的字数，文字打印方向，行、列网格线是否要打印等。

通常，页面设置作用于整个文档，如果对部分文档进行页面设置，应在"应用于"下拉列表中选择范围。

6. 分页设置

Word具有自动分页的功能，也就说，当键入的文本或插入的图形满一页时，Word会自动分页，当编辑排版后，Word会根据情况自动调整分页的位置。有时为了将文档的某一部分内容单独形成一页，那么可以插入分页符号进行强制人工分页。插入分页符的步骤如下。

① 将插入点移到新的一页的开始位置。
② 按组合键Ctrl+Enter。

另外，单击"页面布局"的"页面设置"组中"分隔符"按钮列表中的"分页符"命令也可完成分页操作，如图3-49所示。

在普通视图下，人工分页符是水平虚线。如果想删除分页符，那么只要把插入点移到人工分页符的水平虚线中，按Delete键即可。

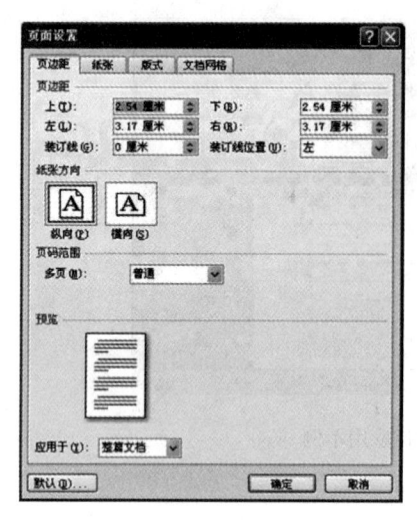

图 3-48 设置"水印"对话框　　　　　图 3-49 "分页符"列表设置

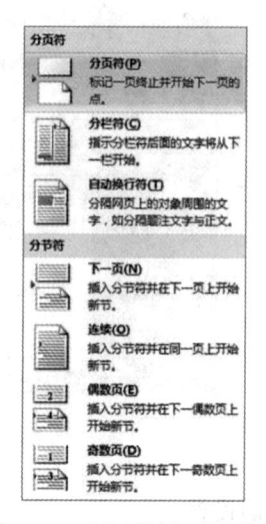

7. 设置页码

如果希望在每页文档的打印件中插入页码，那么可以使用"插入|页眉和页脚|页码"按钮，具体操作如下。

（1）单击"插入|页眉和页脚|页码"按钮，打开"页码"菜单，如图3-50所示，根据用户需要选择合适的命令。

（2）如果要更改页码的格式，可以单击"页码|设置页码格式"命令，打开"页码格式"对话框，如图 3-51 所示，在此对话框中设定页码格式。

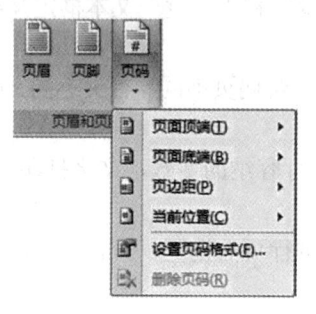

图 3-50 "页码"菜单项　　　　　图 3-51 "页码格式"对话框

（3）查看预览框，确认后单击"确定"按钮。

只有在页面视图和打印预览方式下才可以看到插入的页码，普通视图和大纲视图下看不到页码。在大纲视图或 Web 版式视图中，"页码"命令不可选。在普通视图中可以添加页码，但看不到页码。在页面视图中两者均可。

实训项目 1 主题：军训生活感言

1. 实训目标

（1）了解 Word 的窗体构成及各组成部分的功能。

（2）掌握 Word 文档的基本操作。

（3） 掌握 Word 文档中文字的录入及格式设置。
（4） 掌握 Word 文档中段落格式的设置。

2. 实训任务

新生军训结束后，学院要求每个新入校的学生对大学的军训生活写出自己的真实感想，具体要求如下：

（1） 新建 Word 文档，以"军训生活"为主题，输入不少于 700 字的内容（分四段），并以"学号-姓名（军训生活）"命名保存在 E:\个人文件夹中。
（2） 设置纸张大小为 A4，上、下页边距为 2.1cm，左、右页边距为 2.1cm。
（3） 标题居中、加粗、楷体、小一号、字体效果使用阴影。
（4） 正文字体为五号宋体、行距为 23 磅；第二段分 2 栏，部分文字为蓝色。
（5） 第一段左右缩进 3 个字符，并设置首字下沉 2 行。
（6） 输入页眉"我的军训生活"，华文彩云、小五号字，居中对齐。
（7） 为第三段文字添加段落边框和文字底纹。（颜色自定义）
（8） 参考模板添加项目符号、特殊符号、特殊字体格式等设置。
（9） 为标题插入尾注，内容为："※军训生活感想※"。
（10） 在文档末尾插入当前自动更新的日期和时间，并添加对应的页面边框。

3. 参考模板

如图 3-52 所示。

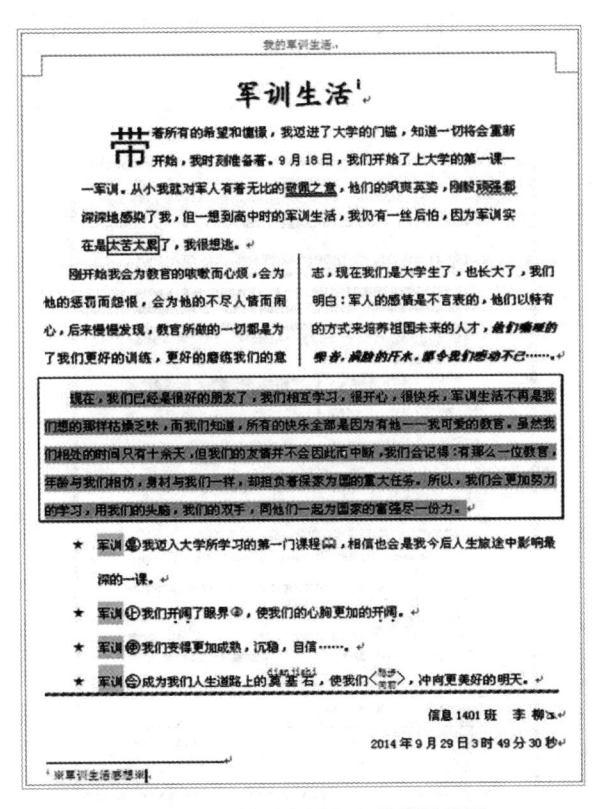

图 3-52 "军训生活"参考模板样图

实训项目 2 主题：我爱黄淮

1. 实训目标

（1） 掌握 Word 文档中文字格式设置、段落格式的设置。
（2） 掌握页面格式设置、Word 的基本格式的排版操作。

2. 实训任务

新学期开始了，学院将以"我爱黄淮"为主题开展征文比赛活动，要求每个学生对大学里的生活写出自己的感想，具体要求如下：

（1） 新建 Word 文档，以"我爱黄淮"为主题，输入不少于 800 字的内容，并以"学号-姓名（我爱黄淮）"命名保存在 E:\个人文件夹中。
（2） 设置纸张大小为 A4，上、下页边距为 2.1cm，左、右页边距为 2.1cm。
（3） 标题居中、加粗、华文隶书、一号、字体效果使用阴影。
（4） 正文字体为五号宋体、行距为 1.1 倍；第一段设置首字下沉，第二段分 3 栏。
（5） 第一段左右缩进 1 个字符，并设置首字下沉 2 行。
（6） 输入页眉"我的大学"，华文彩云、小五号字，居中对齐。
（7） 为第三段文字添加段落边框和文字底纹。（颜色自定义）
（8） 参考模板添加项目符号、特殊符号、特殊字体格式等设置。
（9） 为标题插入尾注，内容为："※我的大学※"。
（10） 在文档末尾插入当前自动更新的日期和时间，并添加对应的页面边框。

3. 参考模板

如图 3-53 所示。

图 3-53 "我爱黄淮"参考模板样图

案例二　制作学生成绩表

【任务描述】

新学期开始后,文化传媒学院辅导员张森需要对上学期的成绩做进一步统计,包括排序、总成绩、平均成绩、不及格等数据,请你帮辅导员制作一张学生成绩表,具体内容案例效果如图 3-54 所示。

学生成绩表(文化传媒学院)

班级\课程\数据	公共基础		专业基础		总成绩	平均分
	大学英语	计算机基础	古代汉语	文学		
电1401B 刘小明	90	64	97	75		
谢君	■	72	84	66		
张丽	76	82	83	76		
胡容华	88	85	76	■		
最高分						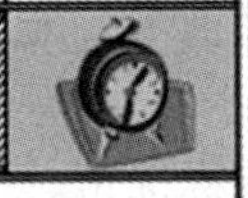
最低分						
提醒	利用公式计算总成绩、平均分、最高分、最低分。					

图 3-54 "学生成绩表"样表

【任务分析】

在 Word 中制作"学生成绩统计表"首先要熟悉在 Word 文档中表格的插入与编辑等操作,掌握在 Word 文档中如何插入表格、修改行\列格式、输入内容、设置表格边框和底纹等操作。

【实施方案】

任务 1　创建学生成绩表

Word 2010 提供了多种创建表格的方法,既可以直接插入规范表格或者手工绘制表格,然后向其中填充内容,也可以直接将文本转换为表格,还可以插入 Excel 电子表格,或者套用 Word 2010 内置的表格样式和内容,修改其中的内容。

（1）　自动创建表格。

将鼠标定位在要插入表格的位置后,单击"插入 | 表格 | 表格"按钮▦,在弹出菜单上半部的示例表格中拖动鼠标,示例表格顶部就会显示相应的行列数,如图 3-55 所示。当行列数达到所需数目时释放鼠标按键,即可插入一个具有相应行列数的表格。

（2）　插入表格。

如果要预先指定表格的格式,可在"表格"按钮弹出菜单中选择"插入表格…"命令,打开"插入表格"对话框,指定表格的列数和行数,并进行其他参数设置,如图 3-56 所示。

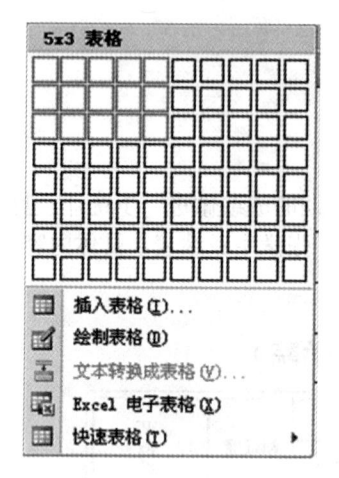

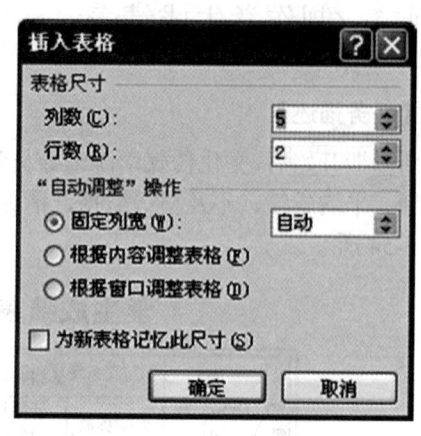

图 3-55　示例表格　　　　　　　　　图 3-56　"插入表格"对话框

任务 2　修改学生成绩表

在修改表格前需要先选定将要修改的部分，如表格、单元格、行或列。选定的方法及步骤如下。

（1）用鼠标选定。

把鼠标指针移到要选定的单元格的左下角，当指针变为右指箭头"➚"时，单击鼠标左键，就可以选定该单元格；如果拖动鼠标，就可以选定多个连续的单元格。被选定的单元格呈反相显示。若把鼠标指针移到表格的顶端的选定区中，当鼠标指针变成向下箭头"⬇"时，单击鼠标左键，就可以选定箭头所指的列。

另外，在"布局"选项卡中的 ■ 按钮中提供了选择单元格、列、行或整个表格的命令，如图 3-57 所示。其操作方法如下。

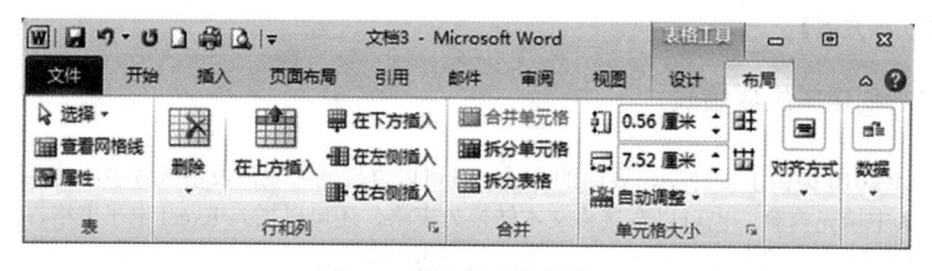

图 3-57　表格"布局"选项卡

① 选定单元格：将插入点置于欲选行的某一单元格中，单击"选择｜选择单元格"命令。
② 选定列：将插入点置于欲选列的某一单元格中，单击"选择｜选择列"命令。
③ 选定行：将插入点置于欲选列的某一单元格中，单击"选择｜选择行"命令。
④ 选定整个表格：将插入点置于表格的任一单元格中，单击"选择｜选择表格"命令。

（2）插入和删除行或列。

① 插入行、列或单元格。

在表格中如果缺少行或列，可以选择某行或某列，或者将插入点置于要插入行或列的位置，然后在表格工具的"布局"选项卡中单击"行和列"组中的"在上方插入"、"在下方插入"、"在左侧插入"或"在右侧插入"按钮，即可在相应位置插入行、列或单元格。

② 删除表格、行、列或单元格。

选择要删除的表格、行、列或单元格，然后单击表格工具的"布局|行和列|删除"按钮，即可删除表格、行、列或单元格。

（3）合并单元格。

在规则表格的基础上，通过对单元格的合并或拆分可以制作比较复杂的表格。合并单元格的方法比较简单，选定要合并的单元格区域后，在"布局|合并|合并单元格"按钮，即可将多个单元格合并为一个大单元格。

（4）拆分单元格。

首先选定这些要拆分的单元格，在"布局|合并|拆分单元格"按钮，打开如图3-58所示的"拆分单元格"对话框，在"列数"和"行数"数值框中分别输入要拆分的列数和行数，然后单击"确定"按钮。

（5）调整行高与列宽。

将鼠标指针移到要调整行高的行边框线上，当出现一个改变大小的行尺寸工具"═"时按住鼠标左键拖动鼠标，此时出现一条水平的虚线，显示行改变后的大小。移到合适位置释放鼠标，行的高度即被改变。

如果要更改列宽，则可将鼠标指针移到要调整列宽的列边框线上，当出现一个改变大小的列尺寸工具"╫"时，按住鼠标左键拖动鼠标，此时出现一条垂直的虚线，显示列改变后的大小。移到合适位置释放鼠标，列的大小被改变。

另外，使用"表格属性"对话框可以使行高和列宽调整至精确的尺寸，如图3-59所示。

图3-58 "拆分单元格"对话框　　　　图3-59 "表格属性"对话框

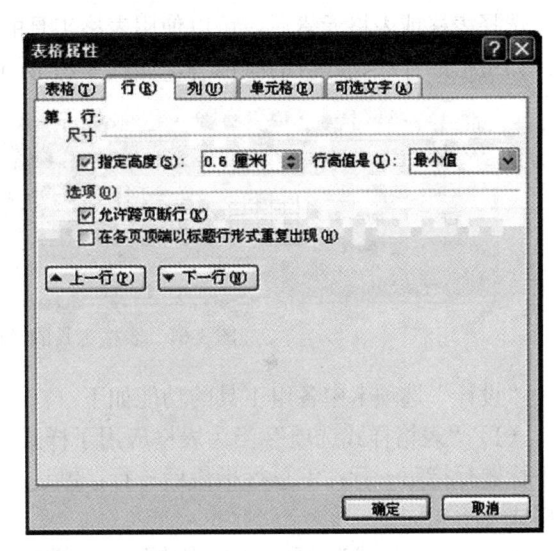

（6）在学生成绩表中绘制斜线表头。

表头位于所选表格的第1个单元格中，绘制斜线表头的方法可利用手工绘制表格的方法，可以在表格表头中绘制出斜线；如果需要多个斜线表头，可通过插入图形中的绘制直线来完成。而所需要的文字可以直接输入也可以通过前面学过的文本框实现。

— 145 —

任务3　格式化学生成绩表

1. 设置表格的边框和底纹

表格的格式化主要指表格、行、列及单元格线型与背景的编辑设置，单击"布局 | 表格属性"按钮，弹出"表格属性"对话框，单击"边框和底纹"按钮，打开如图3-60所示的设置表格的"边框和底纹"对话框，通过选择可设置模板对象所需要的边框线型及底纹格式。

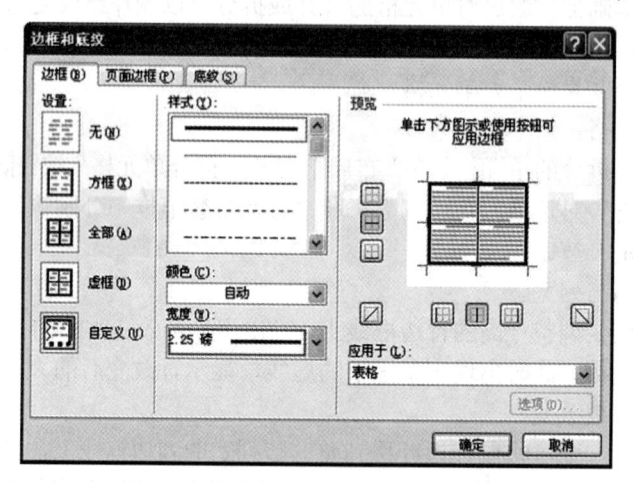

图3-60　表格的"边框和底纹"对话框

2. 设置表格自动套用样式

选择表格或表格元素后，可以使用表格工具的"设计"选项卡来设置表格的整体外观样式，如边框的样式、底纹的颜色等，如图3-61所示。

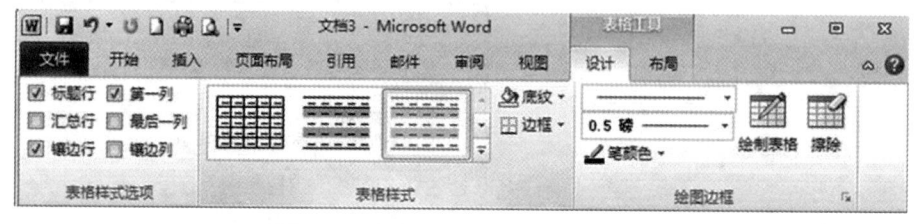

图3-61　表格工具的"设计"选项卡

"设计"选项卡中各组工具的功能如下：

（1）"表格样式选项"：当为表格应用了样式后,可用此组中的工具栏内更改样式细节。其中标题行指第一行；汇总行指最后一行；镶边行和镶边列是指使偶数行或列与奇数行或列的格式互不相同。

（2）"表样式"：用于选择表格的内置样式，并可使用"底纹"和"边框"两个按钮更改所选样式中的底纹颜色和边框样式。

（3）"绘图边框"："笔样式"、"笔画粗细"和"笔颜色"3种工具分别用于更改线条的样式、粗细、颜色；"擦除"按钮用于启用橡皮擦，拖动它可以擦除已绘制的表格边框线；"绘制表格"按钮用于开始或结束表格的绘制状态。

任务 4 处理学生成绩表中的数据

1. 学生成绩统计表中数据的排序

（1） 将插入点置于要排序的表格数据中。

（2） 单击"布局丨排序"按钮，打开如图 3-62 所示的"排序"对话框。

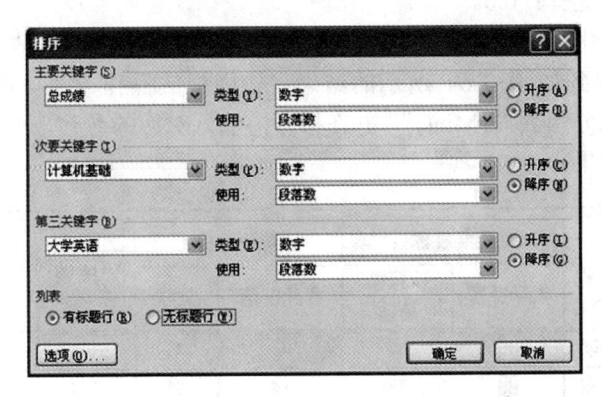

图 3-62 "排序"对话框

（3） 在"主要关键字"列表框中选定"总成绩"项，在其右边的"类型"列表框中选定"数字"，再单击"降序"单选框。

（4） 在"次要关键字"列表框中选定"计算机基础"项，在其右边的"类型"列表框中选定"数字"，再单击"降序"单选框。

（5） 在"第三关键字"列表框中选定"大学英语"项，在其右边的"类型"列表框中选定"数字"，再单击"降序"单选框。

（6） 在"列表"选项组中，单击"有标题行"单选框。

（7） 单击"确定"按钮，即可完成表格中数据的排序操作。

2. 学生成绩统计表中数据的公式计算

Word 提供了对表格数据的一些诸如求和、求平均值等常用的计算功能。利用这些计算功能可以对表格中的数据进行计算，具体步骤如下。

（1） 将插入点移到存放总成绩的单元格中（例如放在第 3 行的第 6 列）。

（2） 切换到表格工具中的"布局"选项卡，单击"数据"组中的"公式"按钮 fx，打开如图 3-63 所示的"公式"对话框。

图 3-63 "公式"对话框

（3）在"公式"列表框中显示"=SUM（LEFT）"表明要计算左边各列数据的总和，单击"确定"按钮；或在"公式"列表框中显示"=SUM（B3：E3）"也可以求得其总分。

（4）求平均分与求和步骤类似，只需输入求平均值函数"=Average()"，在括号内输入参数"B3：E3"，单击"确定"按钮。

（5）在"公式"对话框中可通过"编号格式"设置平均值的结果显示格式，如需要保留的1位小数位，可选择：0.0。

（6）计算公式中所需要的函数也可通过"公式"对话框中的"粘贴函数"选取获得。

通过以上步骤得到如图 3-64 所示的结果，按同样的操作方法可以输入求最高分函数"=Max()"和求最低分函数"=Min()"，并在括号内输入对应的参数，单击"确定"按钮，即可得出对应的计算结果。

班级	课程\数据	公共基础		专业基础		总成绩	平均分
		大学英语	计算机基础	古代汉语	文学		
电1401B	刘小明	90	64	97	75	326	81.5
	谢君	■	72	84	66	274	68.5
	张丽	76	82	83	76	317	79.3
	胡容华	88	85	76	■	307	76.8
最高分		90	85	97	76		
最低分		52	64	76	58		
提醒		利用公式计算总成绩、平均分、最高分、最低分。					

图 3-64　计算结果后样表

【知识链接】

1. 手工绘制表格

在实际应用中，不规则的表格，可以通过手绘的方法来得到。单击"插入｜表格｜表格"按钮，从弹出的菜单中选择"绘制表格"命令，此时鼠标指针将变成笔状 ✎，在页面中拖动可直接绘制表格外框，行列线及斜线（在线段的起点按住鼠标左键并拖拽至终点释放），表格绘制完成后再单击"绘制表格"按钮或按 Esc 键，取消选定状态，如图 3-65 所示。

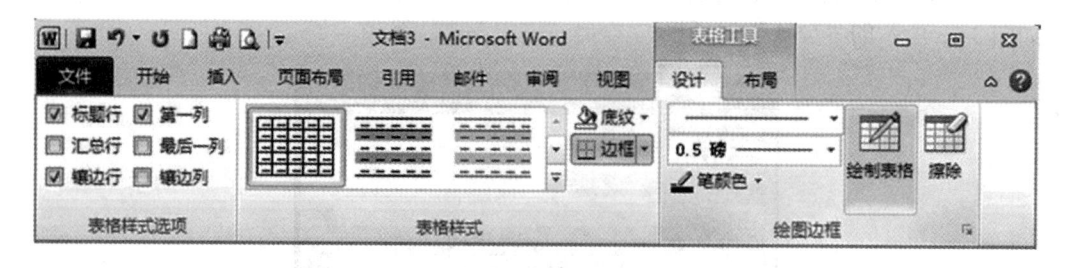

图 3-65　"表格"工具栏

在绘制过程中，可以根据需要在"表格工具"中选择表格线的线型、宽度和颜色。对多余的线段可利用"擦除"按钮擦除。

2. 文本转换成表格

如果已经有了需要将来添加到表格中的数据，如图 3-66 所示，可以使用 Word 中的文本转换为表格功能直接将其转换成表格。

```
学号      姓名    语文   数学   英语   计算机   备注
2014-01   张三    86    78    90    92
2014-02   李峰    90    66    76    71
2014-03   王敏    73    56    86    87
```

图 3-66 要转换为表格的文本

在转换之前，必须先确定已在文本中添加了分隔符，以便在转换时将文本放入不同的列中，然后单击"插入｜表格｜表格"按钮，从弹出的菜单中选择"文本转换为表格"命令，打开如图 3-67 所示。

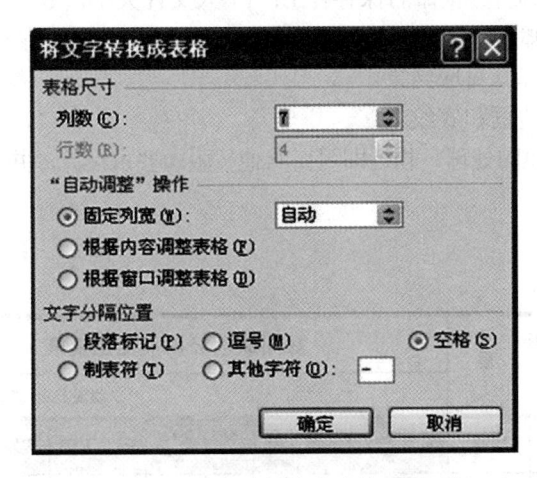

图 3-67 "将文字转换成表格"对话框

从中指定表格的行列数及正确的列分隔符，即可将选定文字转换为表格。完成转换后的表格，如表 3-3 所示。

表 3-3 转换后的表格

学 号	姓 名	语 文	数 学	英 语	计算机	备 注
2014-01	张三	86	78	90	92	
2014-02	李峰	90	66	76	71	
2014-03	王敏	73	56	86	87	

3. 表头的重复

当一张表格超过一页时，通常希望在第二页的续表中也包括第一页的表头。Word 提供了表头的重复功能，具体步骤如下：

（1）选定第一页表格中由一行或多行组成的标题行。

（2）单击"布局｜重复标题行"按钮。

这样，Word 会在因分页而拆开的续表中重复表头标题，在页面视图方式下可以查看此重复的标题。用这种方法重复的标题，修改时也只要修改第一页表格的标题就可以了。

实训项目 1　制作郑州联创公司员工工资表

1. 实训目标

（1）掌握表格制作的方法及格式设置。
（2）掌握表格中插入文字及图片的方法。
（3）掌握表格中数据的公式计算方法。

2. 实训任务

郑州联创公司要为员工制作一份新的工资表，需要对工资做进一步统计，包括排序、基本工资、职务工资、补贴等数据，请你帮财务处小张制作一份新的工资统计表，具体要求如下。

（1）新建 Word 文档，以"郑州联创公司员工工资表"为主题，制作员工工资表，并以"学号-姓名（员工工资表）"命名保存在 E:\个人文件夹中。
（2）设计制作"郑州联创公司员工工资表"，内容包括：艺术字标题、表格及所需内容。
（3）利用公式计算其对应结果。
（4）为表格设置边框和底纹。
（5）本题涉及颜色的处理，相近即可；其他按版面要求设计，并排版出模板所示效果。

3. 参考模板

如图 3-68 所示。

姓名\数据\标题			郑州联创公司员工工资表						
						制表日期：2016 年 10 月			
姓名	性别	职称	基本工资	职务工资	补贴	水电费	应发工资	实发工资	备注
黄明明	男	高工	2789	2000	300	385			
江成云	女	工程师	2785	1800	200	268			
江立力	男	技师	1690	1500	150	177			
刘华	女	助理	1568	1000	100	145			
宋祖耀	女	高工	2558	1200	300	267			
王军	男	技师	1450	1000	150	155			
王建国	男	助理	1369	800	100	115			
平均值									
最高值									
最低值									

图 3-68　"郑州联创公司员工工资表"参考模板样图

实训项目 2　制作个人简历

1. 实训目标

（1）掌握表格中插入文字及图片的方法。
（2）掌握表格中数据的排序及公式计算方法。

2. 实训任务

学校下周将有一个招聘会，英语系的杨凡自荐书还没有制作完成，请你帮助他完成"个人简历"部分页面的制作，具体要求如下：

（1） 新建 Word 文档，以"个人简历"为主题，制作个人简历表格，并以"杨凡（个人简历）"命名保存在 E:\个人文件夹中。

（2） 设计制作"个人简历"，内容参考模板输入。

（3） 为表格设置对应的边框和底纹，利用公式计算其对应结果。

（4） 本题涉及颜色的处理，相近即可；其他按版面要求设计，并排版出模板所示效果。

3. 参考模板

如图 3-69 所示。

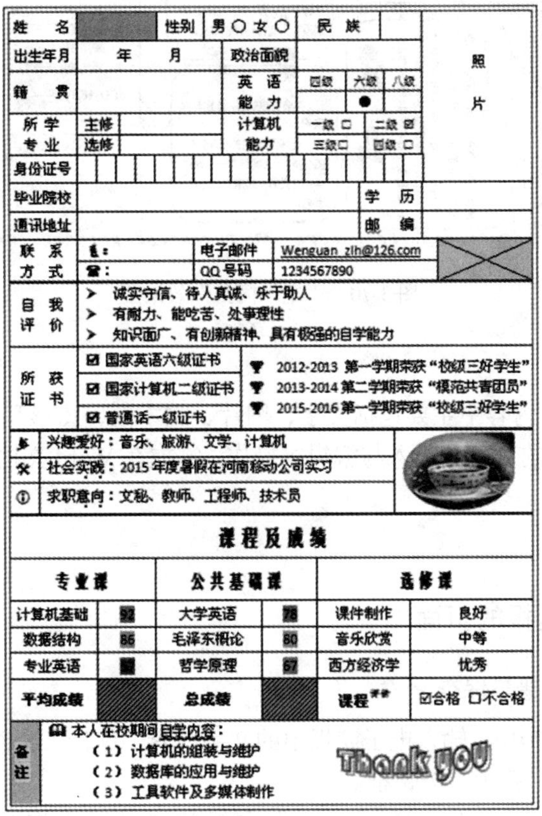

图 3-69 "个人简历"参考模板样图

案例三 制作电子简报

【任务描述】

学校将在 12 月份举办一期以宣传"环保"为主题的电子简报，请你为学校报社设计制作本期电子简报的版面及内容，具体案例效果参考模板如图 3-70 所示。

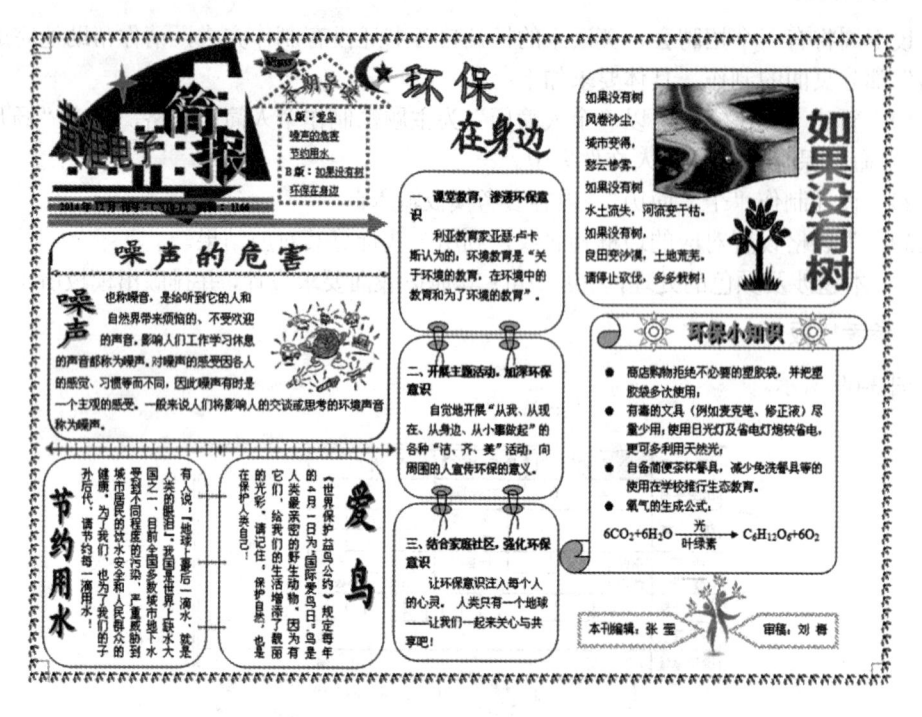

图 3-70 "电子简报"效果图

【任务分析】

"电子简报"作品内容中主要包括文字、图片、文本框、图形和艺术字。要完成制作，必需先熟悉 Word 文档的对象的插入与编辑等操作，掌握在 Word 文档中图片、艺术字、文本框的插入与编辑等操作。

【实施方案】

任务 1　设置电子简报的页面

1. 电子简报的创建与保存

（1）启动 Word 2010，输入电子简报中的文字内容，选择"文件按钮｜保存"（或"另存为"）命令，打开"另存为"对话框。

（2）在"另存为"对话框中的"文件名"下拉列表框中输入"电子简报"，单击"保存"按钮，将建立"电子简报.docx"的文档文件。

2. 设置电子简报的页面

（1）单击"页面布局"选项卡，选择"纸张方向"中的"横向"命令，将电子简报页面纸张设置为横向显示。

（2）单击"页面设置"右下角的按钮，弹出"页面设置"对话框，如图 3-71 和图 3-72 所示，设置电子简报的页边距为：上下边距为 1cm、左、右边距为 1.5cm，上为 0cm 处装订，页眉距上边界 0.5cm。

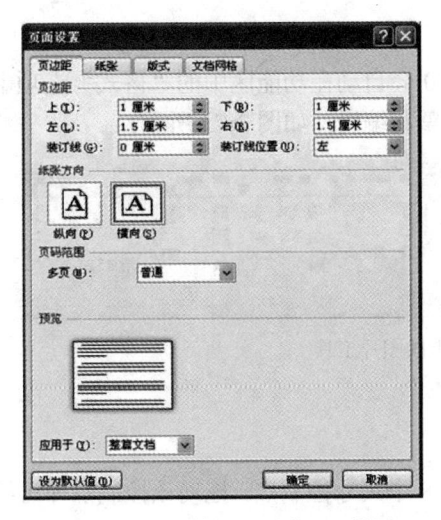

图 3-71 电子简报"页边距"设置　　　　　图 3-72 电子简报"版式"设置

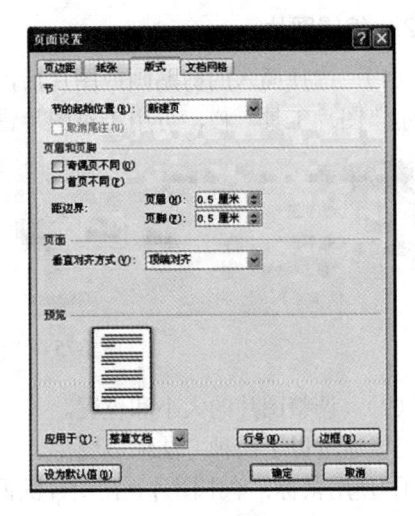

任务 2 图片的插入与编辑

1. 在电子简报中插入图片

（1） 单击要插入图片的位置。

（2） 单击"插入｜插图｜剪贴画"按钮，打开"剪贴画"搜索框，在"搜索文字"文本框中输入所需剪贴画的主题，并指定搜索范围和媒体类型后，单击"搜索"按钮，即可搜索所需的剪贴画，并将搜索结果显示在列表框中，如图 3-73 所示。

如果文档中需要插入剪辑库以外的图片，则单击"插入｜插图｜图片"按钮，打开如图 3-74 所示的"插入图片"对话框。选择所需的图片后单击"插入"按钮，即可在文档中插入一幅外部图片。

图 3-73 "剪贴画"对话框　　　　　　　　图 3-74 "插入图片"对话框

2. 编辑图片

（1） 选择插入的剪贴画或图片后，Word 2010 会自动在功能区中的"格式"选项卡上方显示"图片工具"栏，可用于对图片进行各种调整和编辑，如图 3-75 所示。

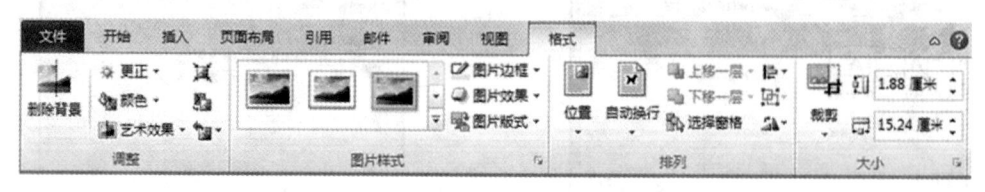

图 3-75　"格式"选项卡的图片工具

（2） 调整图片的大小和位置。

可以通过以下两种方法缩放图形。

① 使用鼠标：单击图片，在图片的四周将出现 8 个尺寸控制点，拖动该控制点即可缩放图片。

② 使用"图片工具"栏：单击"格式"选项卡上方显示"图片工具"，调出"图片工具"栏，在"大小"组中输入适合的高度、宽度。

（3） 图片与文字环绕方式。

是指文本内容和图形之间的环绕方式，常用的有嵌入型（默认）、四周型（在其四周方形区域外可放其他内容）、紧密型（在其形状区域外即可放其他内容）、浮于文字上方（盖住其下面文字）、衬于文字下方（文字将出现在其上）等。文字环绕效果如图 3-76 所示。

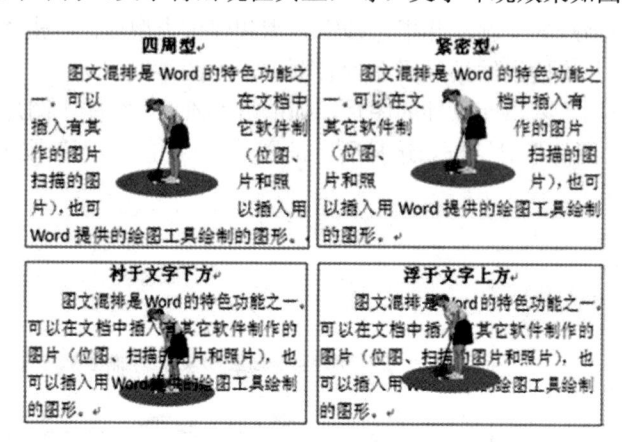

图 3-76　文字环绕效果

（4） 图片的裁剪。

① 使用"图片工具"栏：单击"格式"选项卡上方显示"图片工具"，调出"图片工具"栏，单击"大小"组中的"剪裁"按钮，鼠标指针变成形状，表示裁剪工具已被激活。

② 将鼠标指针移到图片的小方块处，根据指针方向拖动鼠标，可裁去图片中不需要的部分。如果拖动鼠标的同时按住 Ctrl 键，那么可以对称裁去图片。

（5） 调整图片的色调。

根据需要,可以为图片的颜色设置灰度和黑白等特殊效果。选定要改变颜色类型的图片，单击"格式"选项卡上方显示"图片工具"，调出"图片工具"栏，在"调整"组中设置。

（6） 图片的边框设置。

通过"边框和底纹"对话框可以为所选择的图片添加对应格式的边框线，选择应用于"图片"，单击"确定"按钮即可，如图 3-77 所示。

图 3-77　文字环绕效果

任务 3　图形的插入与编辑

1. 在电子简报中绘制图形

（1） 单击要绘制图形的位置。

（2） 单击"插入｜插图｜形状"按钮，在弹出的菜单中单击与所需形状相对应的图标按钮，然后在页面中单击或者拖动鼠标，即可绘出所需的图形，如图 3-78 所示。

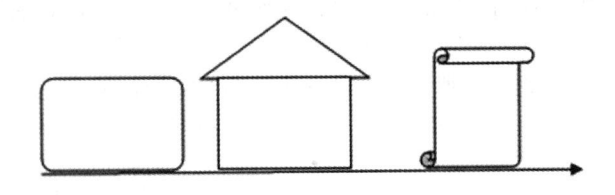

图 3-78　在绘图画布中绘制图形

2. 编辑图形

（1） 调整图形大小。

选中一个图形后，在图形四周会出现 8 个尺寸控制点，将指针移动到图形对象的某个控制点上，然后拖动它即可改变图形大小。

此外，在"设置自选图形格式"对话框中可精确地设置图形的尺寸。

（2） 移动图形。

使用鼠标可以自由地移动图形的位置。将指针指向要移动的图形对象或组合对象，当指针变为 状时按下鼠标左键，此时鼠标变为 状，按住鼠标拖动对象到达目标位置后，松开鼠标键即可。如果需要图形对象沿直线横向或竖向移动，可在移动过程中按住 Shift 键。

此外，还可以按住 Ctrl 键+键盘上的方向键，即可对选定对象进行微移。

（3）旋转和翻转图形。

可以将在文档中绘制的图形向左或向右旋转任何角度，旋转对象可以是一个图形、一组图形或组合对象。一般情况下，在选中图形后，图形上会出现一个绿色的圆点，鼠标拖动绿色的圆点可以将图形进行图形旋转。

（4）添加文字。

在需要添加文字的图形上右击，在快捷菜单中选择"添加文字"命令。这时光标出现在选定的图形上，输入需要的文字内容，这些输入文字变成图形的一部分，会跟随图形一起移动，如图 3-79 所示。

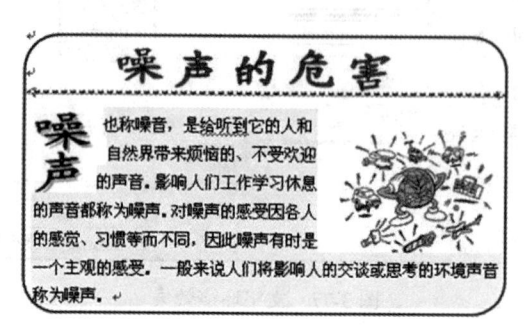

图 3-79　图形添加文字效果

（5）叠放次序。

当文档中绘制多个重叠的图形时，每个图形有叠放次序，这个次序与绘制的次序相同，最先绘制的在下面。可以利用右键快捷菜单中的"叠放次序"命令改变图形的叠放次序。

（6）设置图形格式。

如果要改变图形的填充效果，可在选定图形后切换到"格式 | 文本框样式 | 形状填充"按钮，从弹出的菜单中选择所需的颜色，或者选择所需的命令指定其他填充效果，如图 3-80 所示。

若要改变图形的轮廓效果，则可单击"形状轮廓"按钮，从弹出的菜单中选择所需的颜色，或者选择所需的命令指定其他线条效果，如图 3-81 所示。

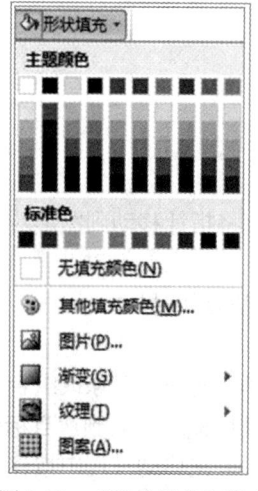

图 3-80　"形状填充"弹出菜单　　　　图 3-81　"形状轮廓"弹出菜单

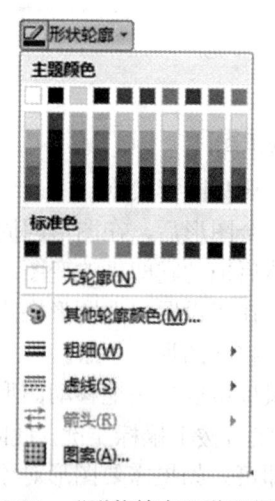

（7）图形组合。

选中多个图形后，选择"绘图工具｜排列｜组合｜组合"命令，即可将它们组合为一个整体。若要取消对图形的组合，选择"绘图工具｜排列｜组合｜取消组合"命令即可。

任务4　艺术字的插入与编辑

1. 在电子简报中插入艺术字

（1）单击要插入艺术字的位置。

（2）单击"插入｜文本｜艺术字"按钮，弹出如图3-82所示的"艺术字"样式库。

（3）单击要应用的艺术字样式，弹出如图3-83所示的"编辑艺术字文字"提示框，单击在提示框中输入要应用艺术字的字符，在本例中输入"黄淮电子"。

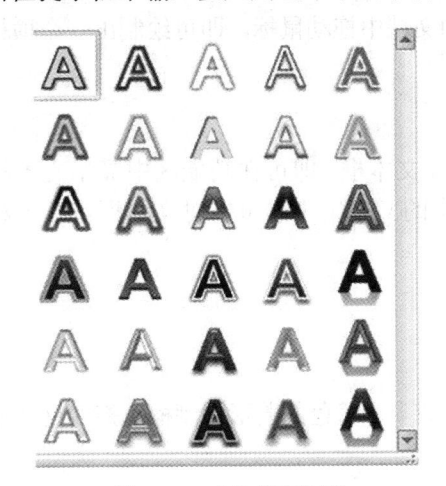

图3-82　"艺术字"库　　　　　　　　图3-83　"编辑艺术字文字"提示框

（4）在"字体"下拉列表框中选择"黑体"，在"字号"下拉列表框中选择为"36"号，单击"确定"按钮。

2. 编辑艺术字

（1）新插入的艺术字默认处于选定状态，可在功能区中显示"艺术字工具"的"格式"选项卡，使用其中的工具可以对艺术字进行各种设置，如图3-84所示。

图3-84　"格式"选项卡的"艺术字工具"

（2）改变艺术字形状：单击"艺术字样式"组中的"更改形状"按钮，弹出"艺术字形状"选项板，在该选项板中可以选择一种应用到艺术字上的形状。

（3）设置艺术字的位置：单击"排列｜位置｜"按钮，在弹出的下拉菜单中可以选择所需要的文字位置布局方式。

（4）设置艺术字的环绕方式：单击"排列｜自动换行｜"按钮，在弹出的下拉菜单中可以选择所需要的文字环绕方式。

（5）设置艺术字的颜色：单击"艺术字样式"组中的"文本填充"按钮和"文本轮廓"按钮，在对应的选项板中可以选择一种颜色格式应用到艺术字上。

任务 5　文本框的插入与编辑

1. 在电子简报中插入文本框

在电子简报的图片中输入文字内容可选择插入文本框，而文本框是一独立的对象，框中的文字和图片可随文本框移动，可以把文本框看作一个特殊的图形对象。

单击"插入"选项卡"文本"组中的"文本框"按钮，从弹出的菜单中选择"绘制文本框"或"绘制竖排文本框"命令，然后在页面中的文档中拖动鼠标，即可绘制出一个横排或竖排的文本框。

2. 文本框的编辑

对文本框的格式编辑设置与图形对象相同。选择文本框，即可在功能区中显示文本框工具的"格式"选项卡，如图 3-75 所示，使用其中的文本组工具可以对文本框进行各种设置。

【知识链接】

1. 图形变形

对于某些图形，选中时在图形的周围会出现一个或多个黄色的菱形控制柄，拖动这些菱形控制柄可调节图形的形状使其变形，如图 3-85 所示。

2. 文本框链接

当一个文本框中的文本超出了该文本框的大小而不能在该文本框中显示时，则将自动转入与之相链接的下一个文本框中显示。若要建立文本框之间的链接，则首先选中要与其他文本框建立链接的文本框，然后单击"文本｜创建链接"按钮，如图 3-86 所示。鼠标形状会发生变化，此时单击要与之建立链接的下一个空文本框，这样，两个文本框之间就建立了链接。

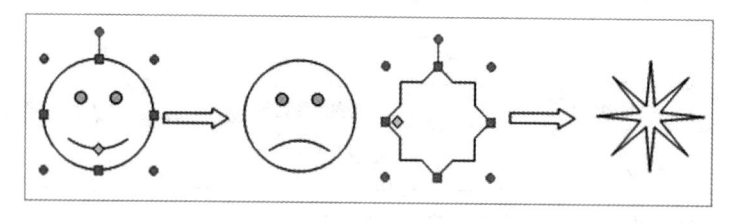

图 3-85　图形变形前后对比　　　　图 3-86　"文本"组

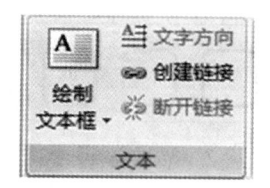

每个文本框只能有一个前向链接和一个后向链接，如果将一个文本框的链接断开，则文本便不再排至下一个文本框。若要断开文本框的链接，可以选定要断开链接的文本框，单击"断开链接"按钮即可。

实训项目 1　制作产品宣传单

1. 实训目标

（1）掌握图片的插入、编辑和格式化。
（2）掌握用"绘图"工具绘制各种简单的图形。
（3）掌握艺术字、文本框的插入及格式设置的使用。
（4）掌握图文混排、绘制画布的使用。
（5）掌握 Word 中多种对象的插入、编辑与排版。

2. 实训任务

在元旦节即将来临之际，单位需要对自己的产品做出新的宣传，请你为自己单位设计一份产品宣传单页，具体要求如下：

（1）新建 Word 文档，以"产品宣传"为主题，选择并制作出某产品的宣传单，并以"学号-姓名（产品宣传单）"命名保存在 E：\个人文件夹中。
（2）作品中需输入相关产品的文字介绍。
（3）插入产品对应的宣传图片。
（4）插入艺术字标题、插入文本框及图形的绘制和编辑等操作。
（5）添加页面背景及文字水印等页面设置。
（6）本页涉及颜色的处理，相近即可；其他按版面要求设计，并排版出模板所示效果。

3. 参考模板

如图 3-87 所示。

图 3-87　幼教"宣传单"参考模板样图

实训项目 2　制作美丽的春天作品

1. 实训目标

（1）　掌握图文混排、绘制画布。
（2）　掌握 Word 中多种对象的插入、编辑与排版。

2. 实训任务

我校将以"我最喜爱的散文"为主题出版一期大学生散文集，需要学生将自己喜欢的散文在 Word 中按要求排版成电子版后上交，具体要求如下：

（1）　新建 Word 文档，以"美丽的春天"为主题，选择并制作出散文编辑排版效果，并以"学号-姓名（散文集）"命名保存在 E:\个人文件夹中。
（2）　作品中需输入不少于 500 字的文字。
（3）　插入与散文相关的图片。
（4）　插入艺术字标题、插入文本框及图形的绘制和编辑等操作。
（5）　添加页面背景及页面边框等页面设置。
（6）　本页涉及颜色的处理，相近即可；其他按版面要求设计，并排版出模板所示效果。

3. 参考模板

如图 3-88 所示。

图 3-88　"美丽的春天"作品参考模板样图

案例四　制作毕业论文

【任务描述】

信息工程学院计算机科学与技术专业的吕永康在做毕业设计,他希望找一个同学帮助他一起完成毕业论文格式的编辑排版工作,毕业论文部分案例排版效果参考模板如图 3-89 所示。

图 3-89　"毕业论文"排版效果

【任务分析】

制作"毕业论文"首先要熟悉在 Word 文档中目录的插入与更新、页眉\页脚的不同设置、公式的插入与编辑等操作,掌握在 Word 文档中如何插入目录、更新目录、设置分隔符、修改编辑论文格式等操作。

【实施方案】

任务 1　编辑毕业论文

1. 制作毕业论文封面

(1) 单击"插入|插图|图片"按钮,打开"插入图片"对话框,选择"学校标志"

图片，单击"插入"按钮。

（2）单击"插入|文本|艺术字"按钮，打开"编辑艺术字文字"对话框，在"文本"框中输入"黄淮学院"，单击"确定"按钮。

（3）输入毕业设计题目及个人相关信息。

2. 设置毕业论文标题级别

切换到大纲视图，对每章的标题通过"大纲工具"组中的按钮设置对应的级别，如图3-90所示。将"标题1"设置大纲级别为1级，"标题2"设置大纲级别为2级，正文设置大纲级别为正文文本。

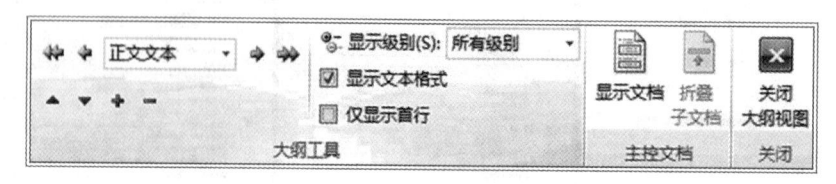

图3-90 "大纲工具"组

3. 创建毕业论文标题样式和正文格式

单击"开始|样式"组中的按钮将文中"目录、第1章绪论"设置为"标题"的样式，文中"1.1～1.5"设置为"标题2"的样式，正文设置为"正文"样式，如图3-91所示。

4. 在毕业论文中插入不同形式的页码

在整个毕业论文中，封面不加页码、目录的页码用"Ⅰ、Ⅱ"格式，而正文中的页码用"1、2、3"格式。则需要将文中每个"标题1"所包括的部分都要另起一页，加页码。单击"页面布局|页面设置|分页符"命令，弹出如图3-92所示下拉框，选择"分节符"组，可添加设置分节符，用于插入不同形式的页码。

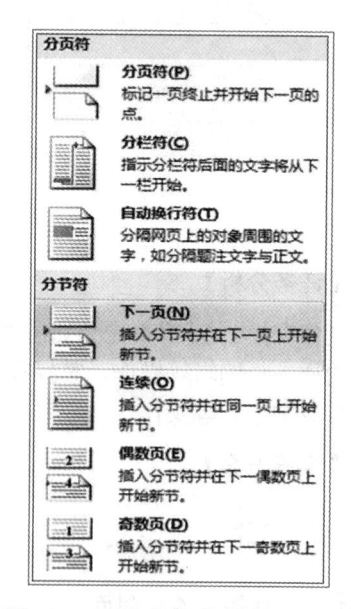

图3-91 "样式"列表　　　　图3-92 "分页符/分节符"下拉框

5. 在毕业论文中设置各章节页眉

先根据各章节的文本分多个节，设置每节的页眉不同，要求"目录"页上不设置页眉和页脚，其他页眉为各章节标题。可在设置页眉时，"页眉和页脚"工具栏中的"链接到前一个"按钮不能被选上，否则本节的页眉将与前一节的页眉相同，如图3-93所示。

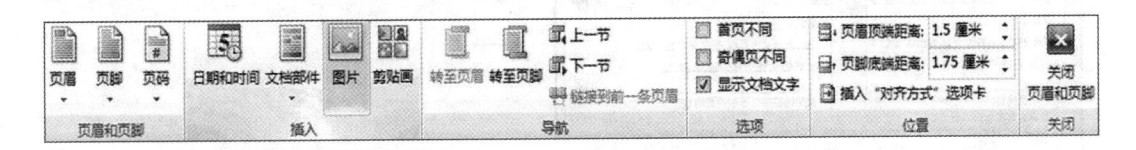

图3-93 "页眉和页脚"工具栏

任务2 插入公式与函数

文档中有时会需要编辑一些复杂古怪的公式符号，用一般的方法编辑是有一定难度的。如果采用设置下划线、行间距、字符上升和下降、字符上标和下标等方法编辑排版，操作过程不仅十分烦琐，而且排出的公式也不标准。如果采用 Word 字处理软件中公式编辑器就可以方便地编辑排版出标准、美观的公式和数学、化学等学科的特殊符号，如图3-94所示的"公式"工具栏。现结合实际介绍 Word 中编辑排版公式中的使用。

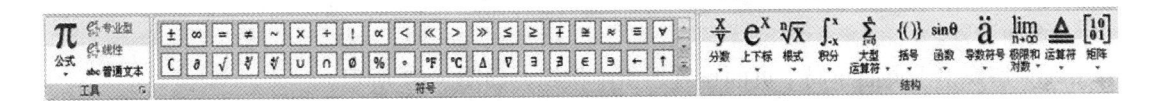

图3-94 "公式"工具栏

例如：输入下列公式：

$$y=\sum_{n}^{\infty}\frac{(-1)x^2}{\sqrt{n}}(x-1)^n \qquad Zn+H_2SO_4=ZnSO_4+H_2\uparrow$$

Word 中的"公式编辑器"功能非常强大，不仅能编辑数学和化学公式，还能编辑物理等学科的公式和特殊符号，可以说大部分的公式都能用它的模板编辑出来，只有不断地操作使用才能熟练地掌握它，才能轻而易举地编辑各种公式。

任务3 生成与更新目录

1. 创建毕业论文目录

（1）把插入点调至需要添加目录的页面位置。
（2）单击"引用｜目录｜插入目录"命令，弹出"目录"对话框，如图3-95所示。
（3）选择是否显示页码、页码对齐方式、制表符的前导符和显示级别等选项。
（4）单击"确定"按钮。

2. 更新毕业论文目录

如果文字内容在编制目录后发生了变化，可在目录上右击，从弹出的快捷菜单中选择"更新域"命令，打开"更新目录"对话框，如图 3-96 所示。根据情况选择"只更新页码"或"更新整个目录"选项，单击"确定"按钮完成对目录的更新工作。

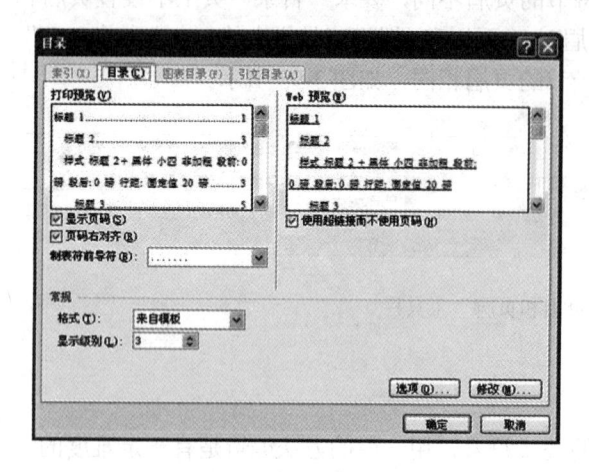

图 3-95 "目录"对话框

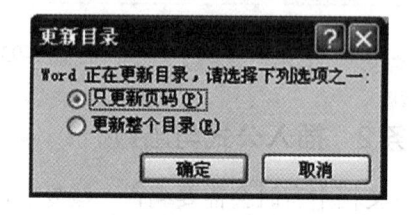

图 3-96 "更新目录"对话框

任务 4 打印预览

1. 毕业论文页面设置及预览

页面设置。

① 切换出"页面布局 | 页面设置"组中按钮，如图 3-97 所示。

② 单击"页面布局 | 页面设置 | "按钮，弹出"页面设置"对话框，如图 3-98 所示，选择"纸张"标签，可根据打印需要分别进行选择设置。

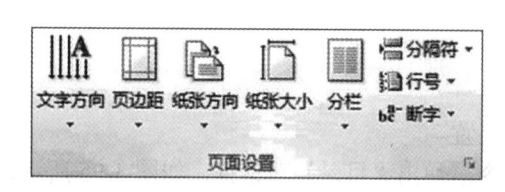

图 3-97 "页面设置"组

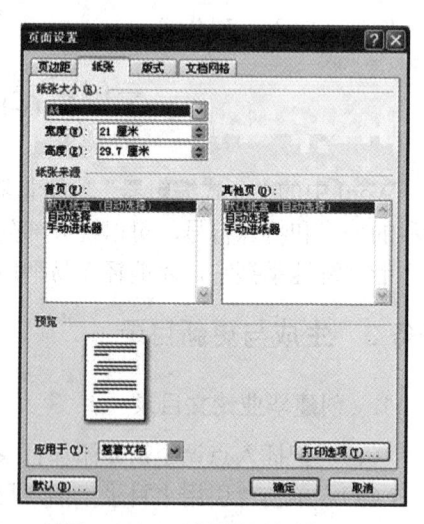

图 3-98 "页面设置"对话框

2. 设置打印机属性

单击"文件" | "打印" | "打印机属性"按钮，弹出如图 3-99 所示的"打印属性"对

话框，用户可以在其中设置打印文档的需要选项。

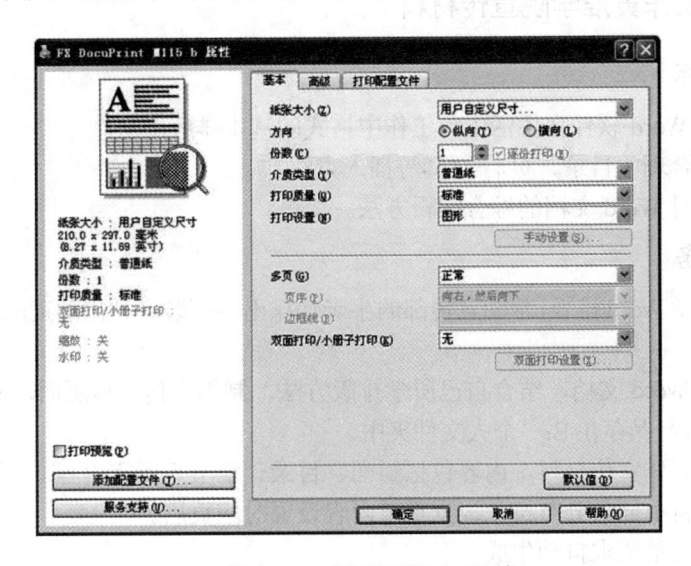

图 3-99 "打印属性"对话框

3. 打印设置

单击"文件"｜"打印"｜"设置"命令，可切换到文件打印设置状态，如图 3-100 所示。要改变文档预览的显示比例，拖动"显示比例"滑块，可以选择文档的缩放比例，显示单页或多页预览效果。

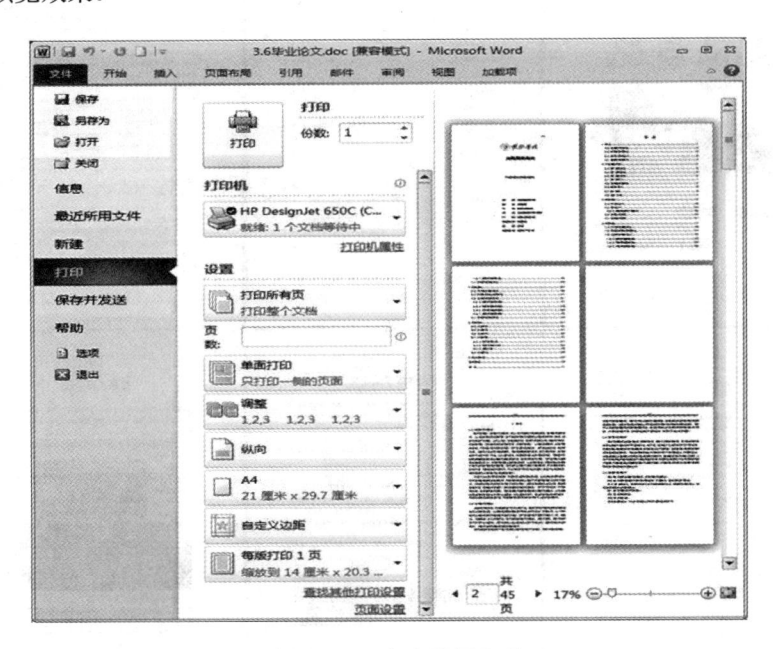

图 3-100 "打印设置"项

对文档的打印预览效果满意后，在"设置"项中设置后就可以打印文档。打印文档有许多方法，有打印整篇文档、打印几页文档和打印选定的文本等多种方法。

实训项目 1　制作黄淮学院宣传材料

1. 实训目标

（1）　了解 Word 软件在生活中、工作中格式的基本排版用法。
（2）　掌握合理的目录、页眉\页脚等插入方法。
（3）　学会对 Word 文档的综合编辑方法。

2. 实训任务

结合自己所学 Word 排版，帮助宣传部的牛老师排出将要装订刊出的黄淮学院宣传材料，具体要求如下：

（1）　新建 Word 文档，结合自己所学排版方法，制作宣传材料版面，并以"学号-姓名（宣传材料）"命名保存在 E：\个人文件夹中。
（2）　设计制作宣传材料，内容包括封面、目录、章节等所需内容。
（3）　在材料中插入分节符，根据章节内容设置对应页眉。
（4）　论文目录要求自动生成。
（5）　设置宣传材料的打印预览模式。

3. 参考模板

如图 3-101 所示。

图 3-101　"黄淮学院宣传材料"部分参考模板

实训项目 2　制作产品使用说明书

1. 实训目标

（1）　掌握合理的目录、页眉\页脚等对象的插入方法。
（2）　学会 Word 文档的综合编辑方法在实际工作中的应用。
（3）　掌握文档格式的综合编辑排版。

2. 实训任务

HC Line 智能公司宣传部的张晏皓要为公司新出的智能手机产品制作一份产品使用说明书，具体要求如下：

（1）　新建 Word 文档，制作产品使用说明书，并以"产品使用说明书"命名保存在 E:\个人文件夹中。
（2）　设计制作产品使用说明书封面，包含图片，艺术字等。
（3）　产品使用说明书内容，包括目录、章节等所需内容。
（4）　在产品使用说明书中设置奇数页页眉、多级标题。
（5）　产品使用说明书目录要求自动生成。
（6）　设置产品使用说明书的页面格式。

3. 参考模板

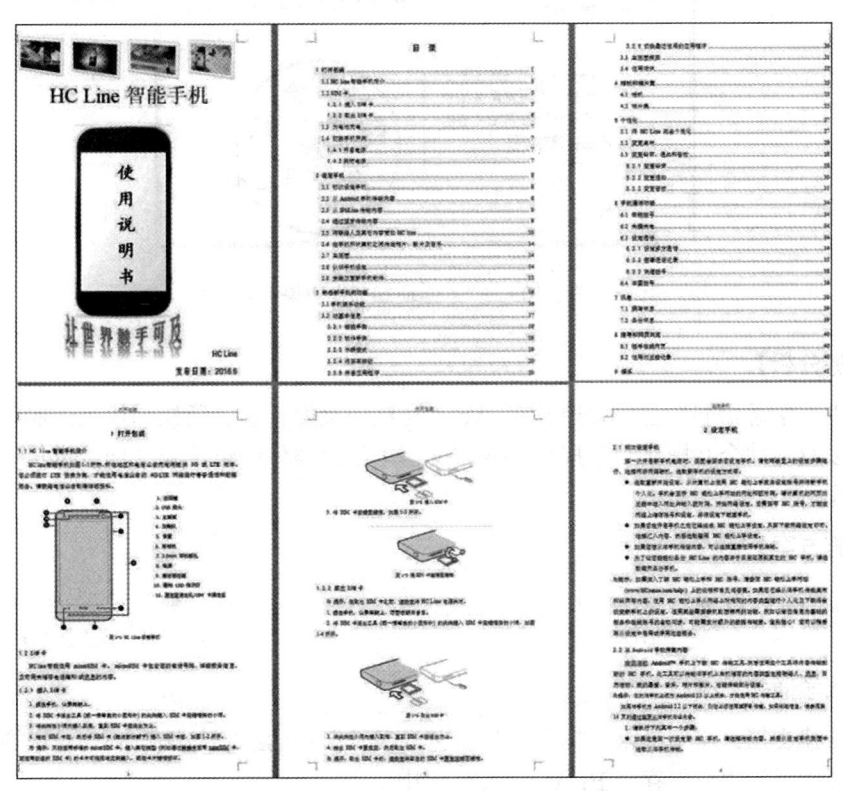

如图 3-102 所示。

图 3-102　"产品使用说明书"参考模板样图

案例五　入学通知书的批量制作

【任务描述】

请你协助学院招办的张老师为学院批量制作一份新生"入学通知书",并通过邮件合并发送给 2016 级的所有新生。具体案例效果参考模板如图 3-103 所示。

图 3-103　"入学通知书"效果图

【任务分析】

制作"入学通知书"首先要熟悉在 Word 文档中页面设置、通知书模板的制作、联系人表格制作以及邮件合并操作。掌握在 Word 文档中如何整体编辑排版文档,批量制作入学通知书等操作。

【实施方案】

任务 1　制作入学通知书

制作入学通知书模板

利用新建文档、文字录入、插入图片、艺术字及图形的绘制与编辑制作录取通知书,并以"入学通知书"为名保存至 E:\个人文件夹中。

任务 2　创建录取名单

制作录取名单表格

这里的通讯录,是指存放发送入学通知书对方的一些信息,如姓名、性别、学院名称、专业、籍贯等,便于在邮件合并时使用。创建录取名单方法及步骤如下。

（1）光标定位表格要插入的位置,单击"插入 | 表格 | 表格"按钮,选择"插入表格…"命令,在弹出的"插入表格"对话框中设置表格所需的行和列。

（2）在第一行输入字段名:姓名、性别、学院名称、专业、籍贯。

（3）根据字段名称输入对应的学生信息,如表 3-4 所示。完成后以"录取名单"为文件名保存在指定位置。

表 3-4　录取名单

姓　名	性　别	学院名称	专　业	籍　贯
李明	男	信息工程学院	软件工程	河北
张蕾	女	文化传媒学院	汉语言文学	河南
刘茹	女	社会科学系	法律文秘	湖南
王珊珊	女	化学化工系	化工	安徽
张斐	男	建筑工程系	工程管理	海南
杨洋	男	外国语言文学系	商务英语	北京

任务 3　合并邮件

邮件合并应用于要处理一批通知或信函时,而其内容中有相同的公共部分,但是又有变化的部分,具体操作步骤如下。

（1）选择文档类型。在打开上述步骤创建的入学通知书文件中,单击"邮件 | 开始邮件合并 | 开始邮件合并"按钮。

（2）选择"邮件合并分布向导"命令,在文档右边窗口会出现"邮件合并"任务窗格,如图 3-104 所示,选择"信函"文档类型,并单击"下一步:正在启动文档"文字链接。

（3）选择开始文档。在邮件合并的第二步,即如图 3-105 所示的任务窗格中,选择"使用当前文档"来放置信函。也可根据需要,进行其他选择。

（4）选择收件人。可以使用"现有的联系人表",单击"浏览…",如图 3-106 所示。

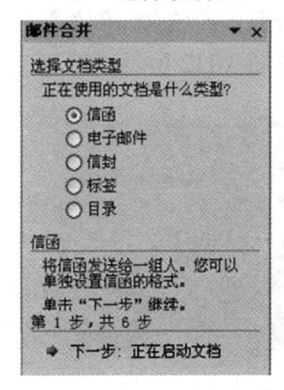

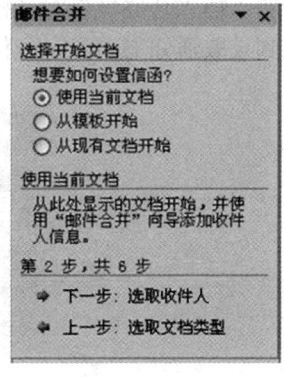

图 3-104　选择文档类型　　　图 3-105　选择开始文档　　　图 3-106　选择收件人

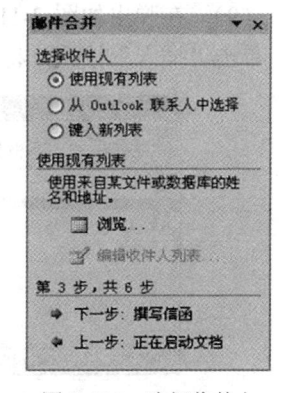

(5) 选取数据源。在弹出的"选取数据源"对话框中，用户可以使用已建好的 Word 表格"录取名单"，如图 3-107 所示。

(6) 选取收件人。在出现的"邮件合并收件人"对话框中，如图 3-108 所示，根据需要选取收件人。单击"全选"按钮，再单击"确定"按钮即可。

图 3-107　"选取数据源"对话框 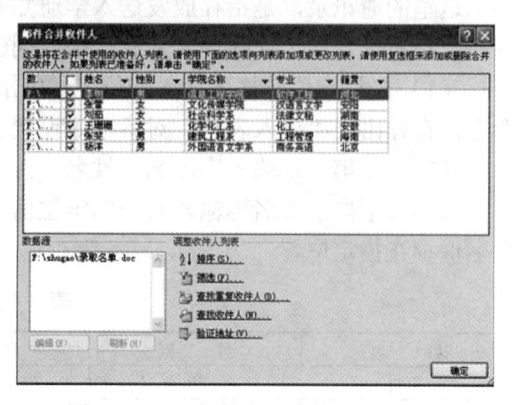　　　　图 3-108　"邮件合并收件人"对话框

(7) 使用现有列表。返回"邮件合并"第三步任务窗格，单击"下一步：撰写信函"文字链接，如图 3-109 所示。

(8) 撰写信函。在如图 3-110 所示的"撰写信函"窗格选择"其他项目…"。

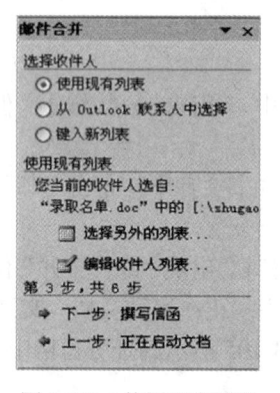

图 3-109　使用现有列表 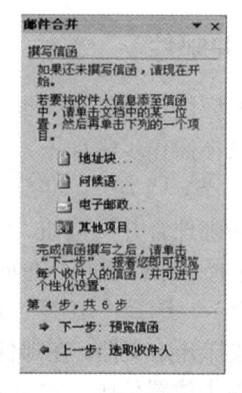　　　　图 3-110　"撰写信函"窗格

(9) 在弹出如图 3-111 所示的"插入合并域"对话框。选择所需的域名，例如学院名称，单击"插入"按钮，将其插入到录取通知书中的对应位置，如图 3-112 所示。

图 3-111　"插入合并域"对话框 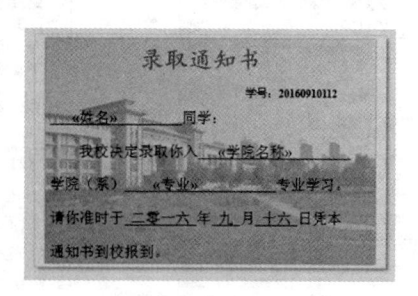　　　　图 3-112　插入合并域后的效果

（10）预览信函。单击邮件合并向导"下一步：预览信函"，如图 3-113 所示。再单击"下一步：完成合并"文字链接。

（11）完成合并。在向导第 6 步设置中，单击"编辑单个信函"，如图 3-114 所示。

（12）在弹出的如图 3-115 所示的"合并到新文档"对话框中选择"全部"，单击"确定"按钮。即可完成所有入学通知书的制作并保存文件到相应位置。

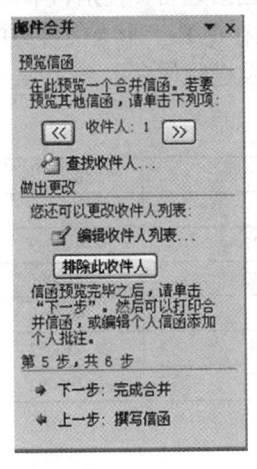

图 3-113　预览信函 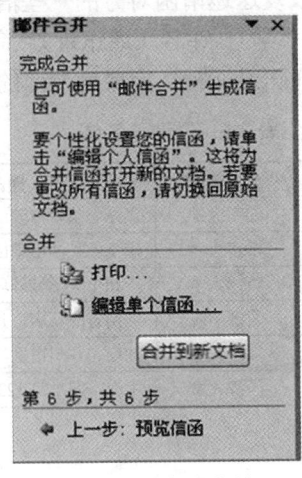　　　　图 3-114　完成合并 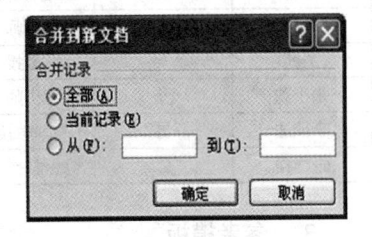　　　　图 3-115　"合并到新文档"对话框

（13）通过以上操作步骤，即可得出如图 3-116 所示的入学通知书的批量文本效果。

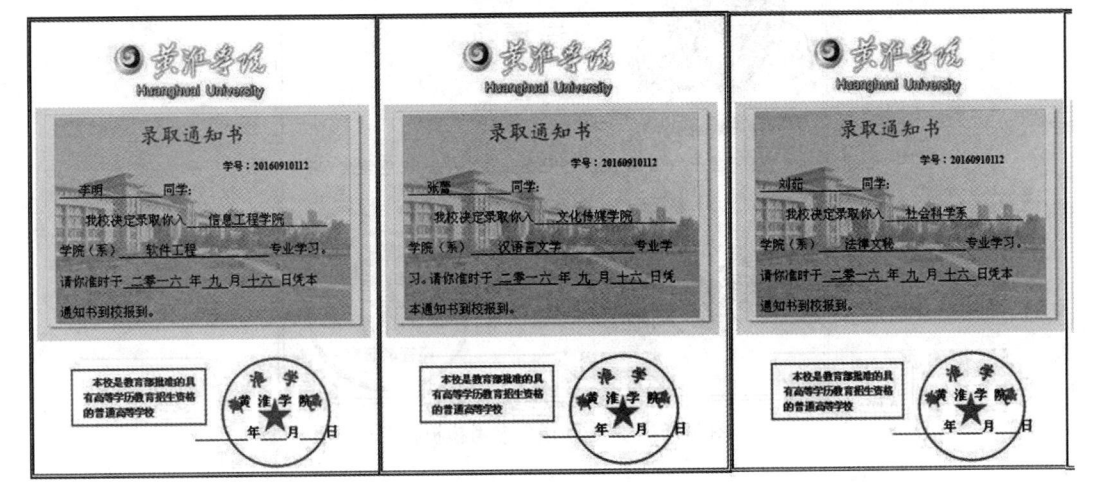

图 3-116　录取通知书

实训项目　制作会议邀请函

1. 实训目标

（1）了解邀请函的基本编排格式。

（2）掌握邀请函的制作方法。

（3）掌握邀请函的批量发送。

2. 实训任务

黄淮学院要在 11 月份举办《大学计算机基础》交流会,请你协助学院宣传部的张老师为学院批量制作一份邀请函,并通过邮件合并按照邀请函名单发送出去,具体要求如下。

(1) 制作邀请函,并以"学号-姓名(邀请函)"命名保存在 E:\个人文件夹中。

(2) 制作通讯录,主要指存放发送邀请函对方的一些信息(包括姓名、性别、单位、联系方式等),如表 3-5 所示。并以"学号-姓名(通讯录)"命名保存在 E:\个人文件夹中。

(3) 邮件合并,根据现有的通讯录文档,完成邀请函的批量发送制作。

表 3-5 邀请函名单

姓 名	性 别	职 称	单位名称	通讯地址	邮 编
张蕾	女	副教授	湖南大学	湖南省长沙市麓山南路 2 号	410083
刘康	男	讲师	中南大学	湖南省长沙市麓山南路 932 号	410083
王茹	女	教授	广州大学	广州市大学城外环西路 230 号	510006
张小莉	女	讲师	黄淮学院	河南省驻马店市开源路	463000
李柳迪	男	副教授	郑州大学	河南省郑州市大学路 40 号	450052
张铮铮	男	教授	同济大学	上海市四平路 1239 号	200092

3. 参考模板

如图 3-117 所示。

图 3-117 "邀请函"参考模板样图

综合实训 1 创作"建设节约型社会"作品

1. 实训目标

(1) 掌握 Word 2010 文档的管理与操作、文本的基本编辑及段落排版技术。

(2) 掌握图形、图片及艺术字的插入与格式设置。

(3) 掌握表格的制作编辑及数据的公式计算等操作方法。

(4) 掌握 Word 中图文混排的综合运用。

2. 实训任务

在中国经济社会发展进入新的历史阶段，中共中央明确提出了建设节约型社会，切实保护和合理利用各种资源，提高资源利用效率，以尽可能少的资源消耗获得最大的经济效益和社会效益。请以此为主题，创作"建设节约型社会"宣传海报，具体要求如下：

（1）页面纸张用 A4，上下边距为 1cm，左、右边距为 2cm，上为 0cm 处装订。页眉距上边界 0.5cm，页眉字体采用小五号仿宋，页脚内容为："制作人：姓名"。

（2）文字标题采用艺术字、隶书、48 磅。表格标题采用艺术字、行楷，32 磅，题目其他部分若无特殊说明，汉字字体均采用宋体，字号为 5 号，行距为 16 磅。

（3）在标题区域插入绘制的图形。

（4）第一段设置分栏、底纹等格式。

（5）按模板效果绘制图形，并添加对应的文字。

（6）绘制表格，并添加标题。

（7）输入表格内容，并要求使用公式计算填充表格的空白单元格。

（8）本页涉及颜色的处理，相近即可；其他按版面要求设计，并排出模板所示效果。

3. 参考模板

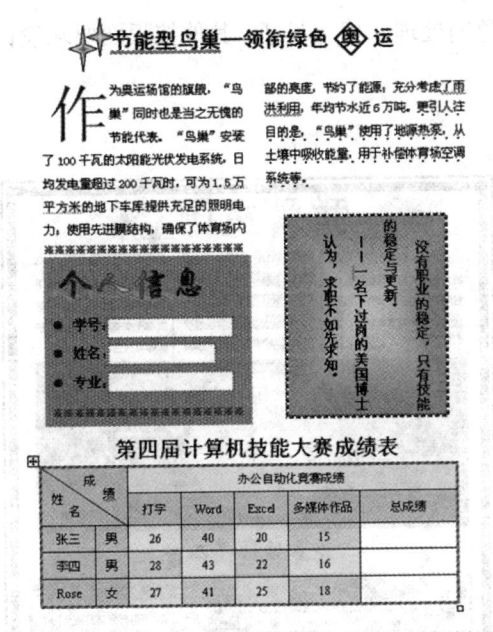

如图 3-118 所示。

图 3-118 "建设节约型社会"作品参考模板样图

综合实训 2 创作"祝福祖国"作品

1. 实训目标

（1）掌握 Word 2010 文档的管理与操作、文本的基本编辑及段落排版技术。

（2）掌握图形、图片及艺术字的插入与格式设置。
（3）掌握表格的制作编辑及数据的公式计算等操作方法。
（4）掌握 Word 中图文混排的综合运用。

2. 实训任务

在国庆节来临之际，单位要举行"祝福祖国"作品电子创意大赛，题目和内容可自定义发挥设计，例如："祝福祖国——我爱祖国"等，具体要求如下：

（1）页面纸张用 A4，上下边距为 1cm，左、右边距为 2cm，上为 0cm 处装订。页眉距上边界 0.5cm，页眉字体采用小五号仿宋，页脚内容为："制作人：姓名"。

（2）文字标题采用艺术字、隶书、48 磅。表格标题采用艺术字、行楷，32 磅，题目其他部分若无特殊说明，汉字字体均采用宋体，字号为 5 号，行距为 16 磅。

（3）在标题区域插入绘制的图形。

（4）第一段设置分栏、底纹等格式。

（5）第二段按模板效果绘制图形，并添加对应的文字。

（6）绘制表格，并添加艺术字标题。

（7）输入表格内容，并要求使用公式计算填充表格的空白单元格。

（8）参考模板制作个人信息区格式，并输入相关信息。

（9）添加页面边框及水印文字。

（10）本页涉及颜色的处理，相近即可；其他按版面要求设计，并排出模板所示效果。

3. 参考模板

如图 3-119 所示。

图 3-119 "祝福祖国"作品参考模板样图

综合实训 3　创作 Word 大赛参赛作品

1. 实训目标
（1）熟练掌握 Word 文档的综合管理与操作。
（2）熟练掌握 Word 在实际生活中编辑排版的设计与应用。

2. 实训任务
我校 12 月份将进行办公自动化计算机大赛，要求每一位同学制作一幅 Word 排版的参赛作品，题目和内容可自定义发挥设计，例如："驾驶员交通安全常识"等，具体要求如下：
（1）页面纸张用 A4、纵向纸，上边距 1.5cm、下边距 0.5cm、左、右是 3cm，上 0cm 处装订，页眉距上边界 0.5cm，并在页眉中插入自己的考号和姓名。
（2）所有标题均采用艺术字、格式参照模板设置。第一段行间距 21 磅、第二段行间距 15 磅、第三段行间距 23 磅；题目其他部分若无特殊说明，汉字字体均采用宋体 5 号字、颜色参照模板设置。
（3）按版面要求进行设计，并绘制出图中的所有图形。
（4）第一段文字下方的冲蚀图片要求自己绘制并按照模板格式设置版式。
（5）页面文字水印为"黄淮学院-办公自动化组"，蓝色、半透明。
（6）绘制表格，格式参照模板设置；并要求使用公式计算填充表格的空白单元格。
（7）本页涉及颜色的处理，相近即可；其他按版面要求设计，并排出模板所示效果。

3. 参考模板
如图 3-120 所示。

图 3-120　"Word 大赛参赛作品"参考模板样图

【知识链接】

Word 2010 在 Word 2007 基础之上又有一些新功能的增加，下面针对 Word 2010 在图片操作方面，增加的新功能做一个简单的介绍，帮助用户增进对于 Word 2010 新增功能方面的认识。同时也希望能给用户的工作和学习带来一些帮助，具体内容如下。

1. 截屏工具

Office 2010 的 Word、PowerPoint 等组件里也增加了这个非常有用的功能，在插入标签里可以找到（屏幕截图），支持多种截图模式，特别是会自动缓存当前打开窗口的截图，点击一下鼠标就能插入文档中，具体操作如下。

（1）单击"插入"选项卡，切换至插入选项卡项。

（2）单击"插图"组中的"屏幕截图"按钮，打开其下拉菜单。

（3）单击"屏幕剪辑"命令，鼠标将变成"+"形；选择需要截取的区域，松开鼠标后即可将所选取的区域截图插入至当前文档中，如图 3-121 所示。

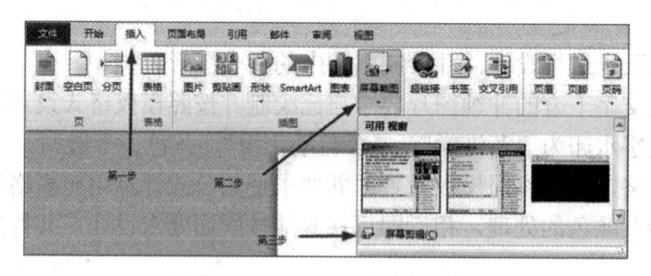

图 3-121　Office 2010 截屏工具

2. 背景移除工具

在 Word 中插入图片后，在执行简单的抠图操作时就无需动用 Photoshop 了，可以去除背景、添加或去除水印等操作，可通过 Word 的图片工具下或者图片属性菜单实现其功能，具体操作如下。

（1）在 Word 中插入需要移除背景的图片，如图 3-122 所示。

（2）选择图片，单击"图片工具"|"调整"组中的"删除背景"按钮，弹出"背景消除"工具栏，如图 3-123 所示。

图 3-122　需要移除背景的图片 　　　　图 3-123　"背景消除"工具栏界面

（3）单击图片，图片的背景移除成功，如图 3-124 所示；也可单击"保留更改"按钮，保存当前图片。

（4）选择图片，单击"图片工具"|"调整"|"艺术效果"可设置图片的特殊效果，如图 3-125 所示。

图 3-124 "背景消除"后的图片　　　　图 3-125 "艺术特效"选项

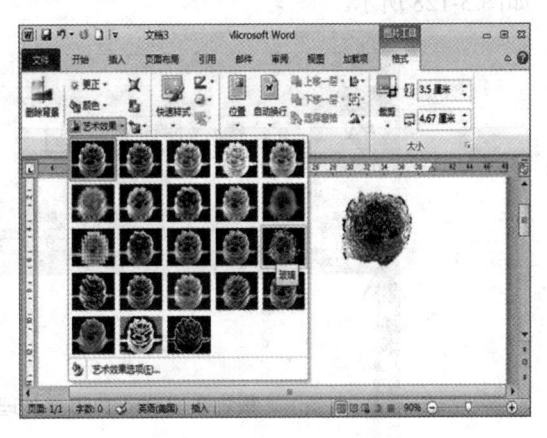

3. 保护模式（Protected Mode）

如果打开从网络上下载的文档，Word 2010 会自动处于保护模式下，默认禁止编辑，想要修改就得点一下"启用编辑"即可，如图 3-126 所示。

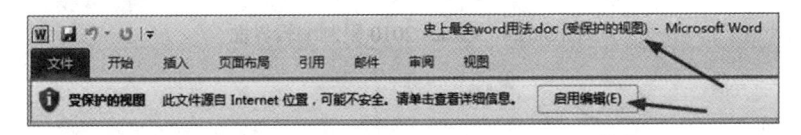

图 3-126　Word 2010 保护模式

4. 新的 SmartArt 模板

SmartArt 是 Office 2007 引入的一个很酷的功能，可以轻松制作出精美的业务流程图，而 Office 2010 在现有类别下增加了大量新模板，还新添了数个新的类别，可单击"插入"|"插图"组中的"SmartArt"按钮，弹出如图 3-127 所示的 SmartArt 模板。

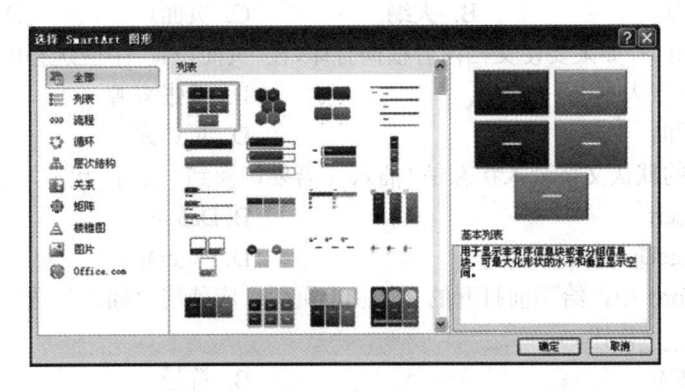

图 3-127　Word 2010 增加大量 SmartArt 新模板

5. 作者许可

在线协作是 Office 2010 的重点努力方向，也符合当今办公趋势。Office 2010 里审阅标签下的保护文档现在变成了限制编辑（Restrict Editing），旁边还增加了阻止作者（Block Authors），如图 3-128 所示。

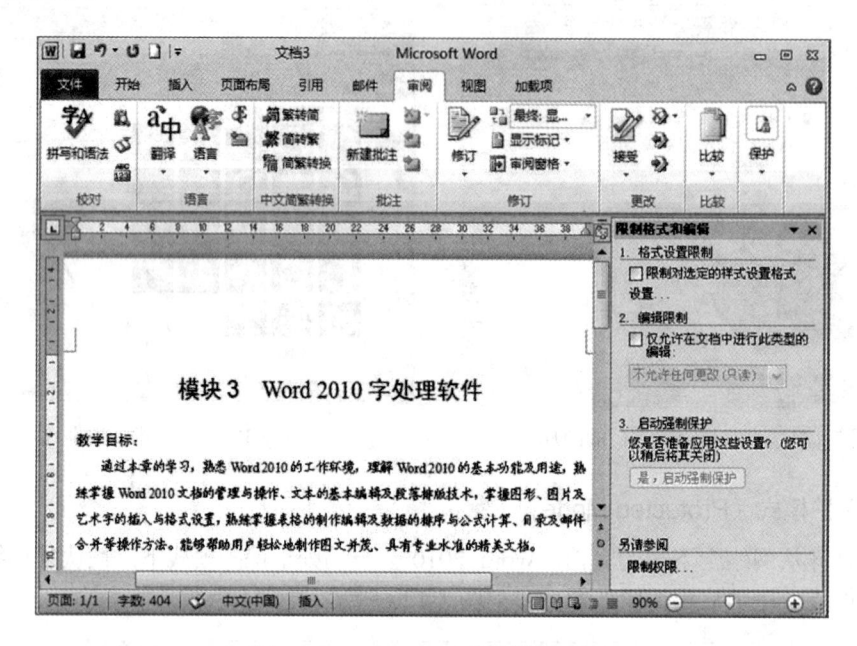

图 3-128　Office 2010 限制编辑界面

练习题

1. 选择题

（1）Word 2010 文档的文件扩展名是_____。
　　　A. XLS　　　　　B. DOC　　　　　C. DOCX　　　　　D. PPT
（2）在 Word 中，只有在_____视图下可以显示水平标尺和垂直标尺。
　　　A. 普通　　　　　B. 大纲　　　　　C. 页面　　　　　D. 阅读版式
（3）在 Word 中，如果要使文档内容横向打印,在"页面设置"中应选择的标签是_____。
　　　A. 纸张大小　　　　　　　　　　　B. 纸张来源
　　　C. 版面　　　　　　　　　　　　　D. 页边距
（4）Word 的默认文字录入状态是"插入"，若要切换到"改写"状态，可按_____键。
　　　A. Insert　　　　　　　　　　　　B. Delete
　　　C. PageUp　　　　　　　　　　　　D. PageDn
（5）在 Word 中，给当前打开的文档加上页码，应使用"插入"选项卡_____组中的"页码"_____按钮。
　　　A. 文本　　　　　　　　　　　　　B. 符号
　　　C. 页眉页脚　　　　　　　　　　　D. 页面设置

(6) 在 Word 编辑状态下，如要调整段落的左右边界，用_____的方法最为直观、快捷。
　　A. 格式栏　　　　　　　　　　B. 页面布局
　　C. 常用工具栏　　　　　　　　D. 拖动标尺上的缩进标记

(7) 在 Word 编辑状态下查看排版效果，可以_____。
　　A. 选择"文件"选项卡中的"打印|打印预览"命令
　　B. 选择"视图"选项卡中的"全屏显示"命令
　　C. 选择"视图"选项卡中的"模拟显示"命令
　　D. 直接按 F8 键

(8) 使用字处理软件 Word 编辑文档时，将文档中所有地方的"E-mail"替换成"电子邮件"，应使用"开始"选项卡上_____组中的"替换"按钮。
　　A. 编辑　　　　　　　　　　　B. 视图
　　C. 插入　　　　　　　　　　　D. 格式

(9) 在 Word 文档中可以有图文框，图文框的边框上有 8 个控点，若用鼠标按下其右上角的控点，向左下角拖动，则图文框的_____。
　　A. 长与宽同时按比例变大　　　B. 宽度按比例变大
　　C. 宽度按比例变小　　　　　　D. 长与宽同时按比例变小

(10) 在 Word 中，若要计算表格中某行数值的总和，可使用的统计函数是_____。
　　A. count( )　　　　　　　　　B. total( )
　　C. average( )　　　　　　　　D. sum( )

(11) 在 Word 中，如果当前光标在表格中某行的最后一个单元格的外框线上，按 Enter 键后_____。
　　A. 光标所在行加宽　　　　　　B. 在光标所在行下增加一行
　　C. 光标所在列加宽　　　　　　D. 对表格不起作用

(12) 在 Word 中，给当前打开文档的某一词加上尾注，应使用_____选项卡中的"插入尾注"按钮。
　　A. 插入　　　　　　　　　　　B. 引用
　　C. 审阅　　　　　　　　　　　D. 视图

(13) 在 Word 编辑状态下绘制图形时，文档应处于_____。
　　A. 普通视图　　　　　　　　　B. 大纲视图
　　C. 页面视图　　　　　　　　　D. 全屏视图

(14) 在 Word 编辑时，文字下面有红色波浪下划线表示_____。
　　A. 已修改过的文档　　　　　　B. 对输入的确认
　　C. 可能是拼写错误　　　　　　D. 可能的语法错误

(15) 在 Word 编辑状态，可以使插入点快速移动到文档首部的组合键是_____。
　　A. Ctrl+Home　　　　　　　　 B. Alt+Home
　　C. Home　　　　　　　　　　　D. PageUp

(16) 在 Word 编辑状态，要退出使用后的格式刷状态，可以按_____键。
　　A. Ctrl　　　　　　　　　　　B. Alt+Shift
　　C. Esc　　　　　　　　　　　 D. PageUp

（17） 在Word编辑状态，可以使"插入"状态修改为"改写"状态的键是_____。
　　　A. Ctrl+Home　　　B. Alt+Home　　　C. Home　　　D. Insert

（18） 在Word编辑状态，可以使插入脚注和尾注的选项卡是_____。
　　　A. 开始　　　B. 插入　　　C. 页面布局　　　D. 引用

（19） 在Word编辑状态，如何统计文档字符的多少_____。
　　　A. 单击"审阅｜修订｜字数统计"按钮
　　　B. 单击"审阅｜更改｜字数统计"按钮
　　　C. 单击"审阅｜校对｜字数统计"按钮
　　　D. 单击"审阅｜批注｜字数统计"按钮

（20） 在Word编辑状态，如果要设置不同页中的页眉和页码，可插入_____。
　　　A. 分页符　　　B. 分栏符　　　C. 分隔符　　　D. 页眉页脚

（21） 如对文字添加着重号，应打开对话框中设置_____。
　　　A. 段落　　　B. 字体　　　C. 样式　　　D. 着重号

（22） 在Word编辑状态，如果要设置不同页中的边框样式，可选择"边框和底纹对话框"中的_____。
　　　A. 方框　　　B. 阴影　　　C. 三维　　　D. 自定义

（23） 在Word编辑状态，如对文字设置间距，应打开字体对话框中选项标签_____。
　　　A. 字体　　　B. 高级　　　C. 样式　　　D. 段落

（24） 在Word编辑状态，如果要设置不同页中的边框样式，可选择"边框和底纹对话框"中的_____。
　　　A. 方框　　　B. 阴影　　　C. 三维　　　D. 自定义

（25） 在Word表格编辑状态，可以在表格中填入的信息是_____。
　　　A. 只限于文字形式　　　B. 只限于数字形式
　　　C. 只限于文字、数字和图形对象等形式　　　D. 只限于文字和数字形式

（26） 在Word中，在"表格属性"对话框中可以设置表格的对齐方式、行高和列宽等，选择表格会自动出现"表格工具"，"表格属性"在"布局"选项卡的_____组中。
　　　A. "表"　　　B. "行和列"
　　　C. "合并"　　　D. "对齐方式"

（27） 在Word的编辑状态下，下列叙述错误的是_____。
　　　A. 在"页面布局"选项卡中可以设置页面颜色
　　　B. 在"页面布局"选项卡中可以设置页面边框
　　　C. 在"页面布局"选项卡中不可以设置水印文字
　　　D. 在"页面布局"选项卡中可以设置文字方向

（28） 在Word文本编辑中，_____实际上应该在文档的编辑、排版和打印等操作之前进行，因为它对许多操作都将产生影响。
　　　A. 页码设定　　　B. 打印预览
　　　C. 字体设置　　　D. 页面设置

（29） 在Word中，打印页码5-7,9,10表示打印的页码是_____。
　　　A. 第5、7、9、10页　　　B. 第5、6、7、9、10页
　　　C. 第5、6、7、8、9、10页　　　D. 以上说法都不对

（30）在 Word 的表格中，有计算公式=Sum(A1:A3,B4:B6)，则代表了几个单元格中的_____个数字。

        A. 3   B. 4   C. 5   D. 6

2. 填空题

（1）若要使用 Word 的替换功能将查找到的内容从文档中删除，应在"替换为"文本框内_____。

（2）在 Word 中，可以使用快捷键_____快速调出打印对话框。

（3）当文字的大小以"号"为单位时，数值越小，字体越_____；以"磅"为单位时，数值越小，字体越_____。

（4）在输入文本时按_____键可以删除插入点之前的字符，按_____键可以删除插入点之后的字符。

（5）默认情况下，在新建的文档中输入中文时以_____的格式输入。

（6）若要使在 Word 2010 中创建的文档能够在低版本的 Word 程序中打开使用，应将其保存为_____文档。

（7）在 Word 表格中，第 2 行第 3 列的那个单元格用_____表示。

（8）在 Word 文档中，若在正文中选择一个矩形区域，所需快捷键是_____。

（9）Word 允许用户选择不同的文档显示方式，如"普通"、"页面"、"大纲"、"Web 板式"等视图，处理图像对象应在_____视图中进行。

（10）Word 提供了_____、_____、_____、_____和_____ 5 种对齐方式。

（11）退出 Word 程序的快捷键是_____。

（12）在 Word 中，用鼠标在文档选定区中连续快速击打三次，其作用是_____与快捷键_____的作用等价。

（13）在 Word 的编辑状态下，若要退出"全屏显示"视图方式，应当按的功能键是_____。

（14）在 Word 中，若对已经输入的文档进行分栏操作，需要使用_____选项卡。

（15）在 Word 中，新建一个 Word 文档，默认的文件名是"文档1"，文档内容的第一行标题是"说明书"，对该文件保存时没有重新命名，则该 Word 文档的文件名是_____。

3. 简答题

（1）Word 2010 属于哪一类应用软件？它的运行环境要求是什么？

（2）能否利用"格式刷"按钮来取消对文本格式的设置？若能，则如何操作？若不能，为什么？

（3）在 Word 中，如何把稿件中所有的"编排"替换成"排版"？

（4）要一次全部关闭所打开的文档应如何操作？

（5）如何将普通文本转换为表格？

（6）如何设置不同章节中不同的页眉内容？

模块 4　Excel 2010 电子表格处理软件

教学目标：

通过本模块学习，熟悉 Excel 2010 的工作环境，理解工作簿、工作表与单元格等基本概念，掌握工作表的建立、编辑与格式化，正确使用公式与函数进行数据处理，掌握 Excel 图表创建与编辑、数据的管理与分析方法。能够使用 Excel 2010 顺利地制作电子表格并对电子表格中的数据进行编辑、管理与分析。

教学内容：

本模块主要介绍了 Excel 2010 的一些基础知识和常见的操作方法，如 Excel 2010 窗口的构成、工作表的建立、工作表的编辑、公式与函数的运用、Excel 图表的运用、数据的管理和分析、工作表的打印等。主要包括：

1. 工作表的建立。
2. 工作表的编辑。
3. 工作表的格式化。
4. 公式与函数的使用。
5. Excel 图表的运用。
6. 数据的管理和分析。
7. 工作表的打印。

教学重点与难点：

1. 工作表的编辑。
2. 工作表的格式化。
3. 公式与函数的使用。
4. Excel 图表的运用。
5. 数据的管理和分析。

案例一　制作学生成绩表

【任务描述】

电子科学与工程系新能源专业学期考试结束后，班长王雷要对本专业的成绩进行统计和分析，需要制作一个"学生成绩表"，输入相关数据，用计算机实现成绩的管理和分析工作，工作表的名称为"学生成绩表"。案例效果如图 4-1 所示。具体要求如下：

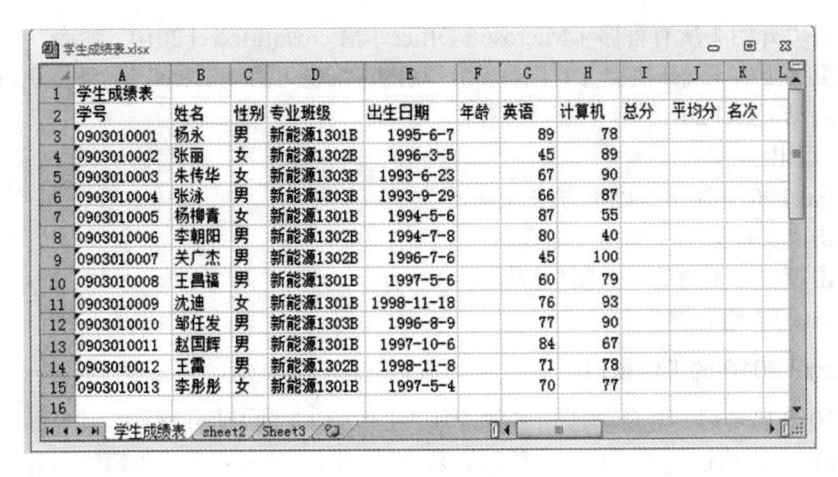

图 4-1　学生成绩表

- 学号为 10 位字符，不能有缺失。
- 所有学科成绩为 0~100 之间的数字。
- 输入错误时显示出错信息。
- 工作表更名为"学生成绩表"。

【任务分析】

本案例可以让学生掌握合理的数据输入方法，学会用自动填充的方法实现大量数据的快速输入，培养学生思考问题解决问题的能力，理论联系实际的能力，为数据处理奠定基础。

【实施方案】

任务 1　认识 Excel 2010

Excel 2010 是 Office 2010 的重要组件之一，是一款功能强大的电子表格处理软件，具有强大的数据计算与分析功能，能够将数据转换为直观的图表等，被广泛应用于财务、金融、经济、审计和统计等众多领域。

1. Excel 2010 的功能

其主要功能如下：
（1）制作表格，计算并表示表格中的数据，且自动维护数据之间的联系。
（2）对表格中的全部或部分数据进行求和、求平均值、计数、汇总等统计处理。
（3）按表格中某些区域的数据自动生成多种统计图表。
（4）对表格中的数据进行查找、排序、筛选等简单的数据库操作。

它具有界面友好、易于掌握、使用灵活、功能强大等优点。和其他 Office 组件一样，Excel 2010 在风格上也有很大的改变，并且增加和完善了许多实用的功能，在很大程度上满足了不同层次用户的需要。

2. Excel 2010 启动与退出

（1）启动。
启动 Excel 2010 通常有以下几种方法。

① 单击"开始｜所有程序｜Microsoft Office｜Microsoft Excel 2010"命令。

② 若桌面上有 Excel 快捷方式图标，双击它，也可启动 Excel。另外，还可通过双击 Excel 文档启动 Excel 2010。

（2）退出。

退出 Excel 2010 通常有以下方法。

① 单击"文件菜单｜退出"命令。

② 单击窗口右上角的"关闭"按钮。

③ 按 Alt+F4 组合键。

3. Excel 2010 的工作窗口

Excel 2010 启动后，会自动打开一个名为"工作簿1"的 Excel 文件，其界面主要由文件菜单、标题栏、快速访问工具栏、功能区、数据编辑区、状态栏和工作簿窗口等组成，如图 4-2 所示。

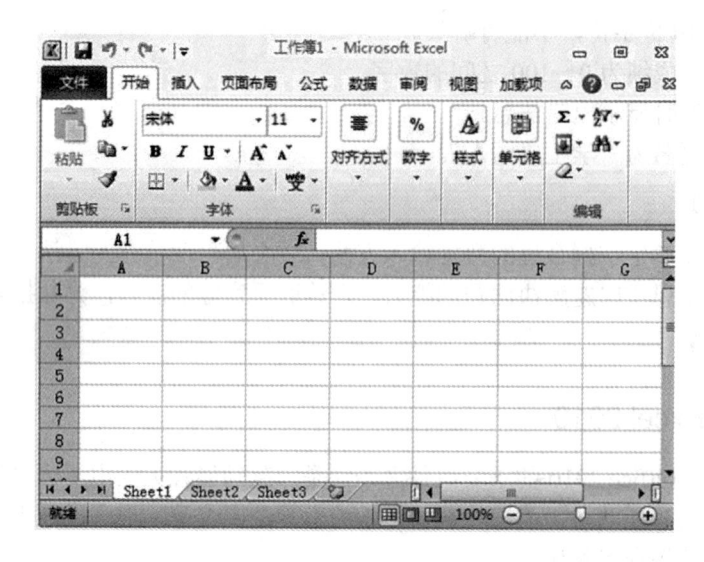

图 4-2 Excel 2010 工作窗口

（1）标题栏。

标题栏位于窗口的顶部。主要用来表明所编辑的文件的文件名、最小化按钮、还原按钮以及关闭按钮等。

（2）文件菜单。

文件菜单位于工作窗口的左上角，当单击该按钮时可以弹出一个下拉菜单，该菜单的功能主要有：新建文件、打开文件、保存文件、打印文件、退出等常用功能。

（3）快速访问工具栏。

快速访问工具栏位于文件菜单的右面，用户利用快速访问工具按钮可以更快速、更方便地工作。默认情况下有3个工具可用，分别是"撤消"、"恢复"和"保存"工具。用户可以单击工具栏右边的 来增加其他工具。

（4）数据编辑区。

数据编辑区位于功能区的下方，它是 Excel 窗口特有的，用来显示和编辑数据、公式。

有 5 个部分组成：从左向右依次是：名称框、"插入函数"按钮 f_x，单击它可打开"插入函数"对话框，同时它的左边会出现"取消"按钮 ✖ 和"输入"按钮 ✔、编辑区、展开/折叠和翻页按钮。其结构如图 4-3 所示。

图 4-3　编辑栏

编辑栏中各元素的功能如下。

① "名称框"：用于定义单元格或单元格区域的名字，或者根据名字查找单元格或单元格区域。

② "取消" ✖：单击该按钮可取消输入的内容。

③ "输入" ✔：单击该按钮可对输入的内容进行确认。

④ "插入函数" f_x：单击该按钮可执行插入函数的操作。

⑤ 编辑区：当在单元格中键入内容时，除了在单元格中显示内容外，还会在编辑栏右侧的编辑区中显示。

⑥ "翻页按钮"：通常情况下编辑区中只显示一行内容，当单元格内容超出一行时，编辑区的右侧即会显示翻页按钮。

⑦ "展开/折叠按钮"：用于展开编辑区，并将整个表格下移。此按钮与翻页按钮都是 Excel 2010 新增的功能。

（5）工作窗口。

工作簿是 Excel 2010 用来处理和存储工作数据的文件，其扩展名为 .xlsx。一个工作簿由多张工作表组成，默认情况下是 3 张。名称分别为 Sheet1、Sheet2 和 Sheet3，可改名。用户可以根据需要添加或删除工作表，最多 255 个工作表。工作簿窗口主要由以下几个部分组成。

① 工作表标签。

在工作簿窗口的底部是工作表标签，用来显示工作表的名称（默认情况下，工作表名称为 Sheet1、Sheet2 和 Sheet3）。其中，当前正在使用的工作表标签以白底显示。如果单击工作表标签，即可迅速切换到所单击的工作表。如果想使用键盘切换工作表标签，按 Ctrl+PageDown 组合键。

如果要添加一张新工作表，则单击工作表标签右边的"插入工作表"按钮即可。

② 工作表。

工作表也称为电子表格，用于存储和处理数据，由若干个交叉而成的单元格构成的，行号用数字表示，自上而下为 1，2，3，……，列号用字母及字母的组合表示，从左到右为 A，B，C，……等。工作表是通过工作表标签来标识的。

③ 单元格。

行和列交叉部分称为"单元格"，是存放数据的最小单元。每个单元格都有其固定的地址，用列号和行号表示，例如，单元格 B7 表示其行号为 7，列标为 B。

④ 单元格区域。

当若干个单元格区域参与运算时，例如要计算 B1、B2、……B10 这 10 个单元格的数据之和，如果将他们的地址全部写出来显然会降低办公效率，Excel 使用单元格区域对此进行了简化。单元区域表示法是只写出单元格区域的开始和结束两个单元格的地址,二者之间用冒号分开,以表示包括这两个单元格在内的、它们之间所有的单元格。

任务 2　创建学生成绩表

认识了 Excel 2010 后,为了尽快完成任务,班长王雷就利用 Excel 来创建工作簿。

1. 建立、打开和保存工作簿文件

(1) 工作簿的建立。

启动 Excel 2010 系统时将自动打开一个新的空白的工作簿,也可以通过下面 3 种方法之一来创建新的工作簿。

① 快速访问工具栏上单击"新建"按钮,创建一个空白工作簿。

② 单击文件菜单,从弹出的菜单中选择"新建"命令,打开"新建工作簿"对话框。

③ 按 Ctrl+N 组合键。

(2) 打开已有工作簿。

如果当前没有启动 Excel 2010,可通过双击所要打开的文件名来启动 Excel 并打开该工作簿。如果已启动了程序,则可用下面 3 种方法之一来打开工作簿。

① 单击文件菜单,从弹出的菜单中选择"打开"命令,从"打开"对话框中选择要打开的工作簿,单击"打开"按钮。

② 按 Ctrl+O 组合键,打开"打开"对话框,从中选择要打开的工作簿,单击"打开"按钮。

③ 单击文件菜单,从弹出的菜单中选择最近使用过的所有文件。

(3) 保存工作簿。

在编辑过程中为防意外事故,也须经常保存工作簿。方法有以下几种。

① 单击快速访问工具栏中的"保存"按钮。

② 按 Ctrl+S 组合键。

③ 单击文件菜单,从弹出的菜单中选择"保存"命令。

如果想将当前文件保存到另一个文件中,则选择"文件"菜单的"另存为"命令。

班长王雷在认识并熟悉了工作表的各个工作环境之后,现在就通过 Excel 2010 编辑并创建学生成绩表。

2. 建立学生成绩表

(1) 建立"学生成绩表"工作簿文件。

启动 Excel 2010 将同时打开一个名为工作簿 1 的空白工作簿文件,选择"文件菜单"中的"保存"(或"另存为")命令,打开"另存为"对话框,如图 4-4 所示(若是对文件第一次存盘,还可以通过"快速启动工具栏"中的"保存"按钮打开"另存为"对话框)。在对话框中的"保存位置"下拉列表框中选择 D:\,在"文件名"列表框中输入"学生成绩表",单击"保存"按钮,将建立"学生成绩表.xlsx"的工作簿文件。

(2) 工作表的重命名。

右击工作表标签 Sheet1,打开快捷菜单,选择"重命名"命令,Sheet1 呈文本编辑状态,将其修改为"学生成绩表",然后单击工作表任意单元格,完成工作表的重命名。

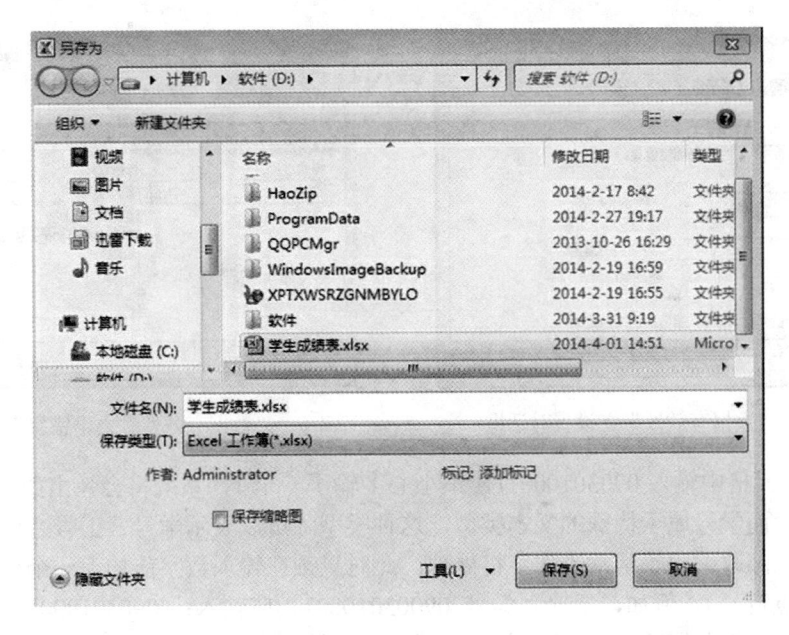

图 4-4 "另存为"对话框

任务 3　编辑学生成绩表

1. 输入学生成绩工作表中的数据

在工作表中输入数据是一种基本操作，Excel 2010 的数据输入方法最常用的有两种：直接输入和自动填充输入，不同类型的数据输入不太一样。

（1）第一行数据的输入（普通的文本类型）。

这是直接输入，首先选择 A1 单元格，当插入点出现在编辑栏中时直接输入"学号"两个汉字，数据会自动显示在 A1 单元格中，输入完毕按 Enter 键或单击编辑栏上的 ✔ 可结束输入。按 Esc 键或单击编辑栏上的 ✘ 可取消输入；B1-K1 单元格的输入方法同 A1 一样，文本输入时默认的左对齐。

（2）其他各行的输入（以列为单位进行输入）。

① A 列（也称为学号列，是纯数字的文本类型）。

这一列数据的学号只能是 10 位，如果多于 10 位或少于 10，系统将给出出错的提示信息，这一限制依靠数据的有效性规则来实现，要想使数据的有效性规则作用于单元格，应当先建立规则，后输入数据，否则有效性规则无效。

具体操作步骤为：先选中 A1 单元格，然后单击"数据 | 数据工具 | 数据有效性"旁的下三角符号，从中选择"数据有效性（V）…"，将弹出一个如图 4-5 所示的数据有效性的对话框，在"设置"选项卡中的"允许（A）："下面的下拉列表框中选择"文本长度"，"数据（D）："下面的列表框中选择"等于"，在"长度（L）"下面的框中输入 10，若所输入的数据多或少于 10 位，还可以在第三个选项卡中确定出错信息及内容，如图 4-6 所示，标题中输入"输入学号"，在错误信息中输入"学号必须是 10 位，请输入正确的位数"。

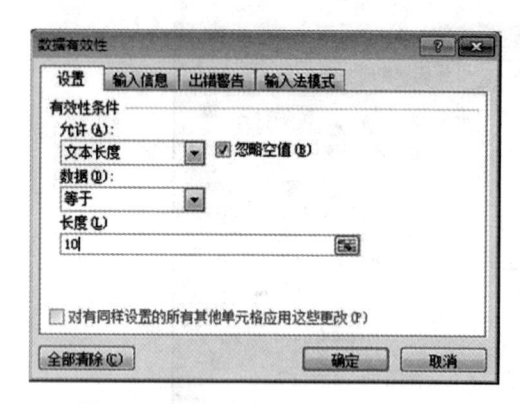

图 4-5 "数据有效性"之设置对话框 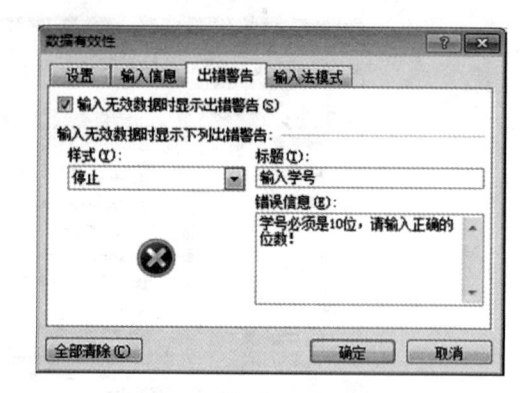　　　　图 4-6 "数据有效性"之出错警告设置对话框

在 A2 单元格中输入 09030100011，不小心多输了一个 1，系统将会弹出如图 4-7 所示的出错对话框，而学号属于特殊的文本类型，这种类型除可以表示学号、工号之外，还有数字如电话号码、邮政编码等常常当作字符处理。此时只须在输入数字前加上一个单引号（英文状态下的标点符号），例如，要输入学号 09003010001，应输入：'09003010001，然后将光标定位到 A2 单元格的右下角（填充句柄，此时鼠标指针为实心的十字形状），按住鼠标左键向下拉至 A14 单元位置处，释放左键，则 A2-A14 单元格将按顺序自动正确地填充。

图 4-7 "错误警告"对话框

如输入的文字长度超出单元格宽度，若右边单元格无内容，则扩展到右边列，否则，截断显示。

② B 列（姓名列）、C 列（性别列）、D 列（班级列）的输入方法属于普通文本的输入，方法与本案例中的第一行的相同。

③ E 列（日期时间类型）。

这是直接输入，先定位光标到 E2 单元格内，输入时月日年之间用"/"或"-"分开，Excel 内置了一些日期时间的格式，当输入数据与这些格式相匹配时，Excel 将识别它们。

Excel 常见日期时间格式为"mm/dd/yy"、"dd-mm-yy"、"hh：mm（am/pm）"，其中 am/pm 与分钟之间应有空格，如 7：20 PM，缺少空格将当作字符数据处理。当天日期的输入按组合键"Ctrl+："，当天时间的输入则按"Ctl+Shift+："。

日期类型也可以设置有效性规则，具体方法参照上一步骤。

④ G 列、H 列（数值类型）。

定位光标，直接输入，数值除了数字（0～9）组成的字符串外，还包括+、-、E、e、$、% 以及小数点（.）和千分位符号（,）等特殊字符（如$20000）。数值型数据在单元格中默认靠右对齐。

Excel 数值输入与数值显示未必相同，如单元格数字格式设置为带两位小数，此时输入三位小数，则末位将进行四舍五入。注意，Excel 计算时将以输入数值而不是显示数值为准。

成绩的输入也可以用数据的有效性规则进行约束，如果输入的数据不在 0~100 之间，可弹出出错的提示信息框，具体的设置等同于学号的设置方法。但如果我们已经输入了成绩，想查看里面有没有非法数据时，可以通过"数据的有效性"和"圈释无效的数据"结合起来进行设置，先设置"数据的有效性"，再执行"圈释无效的数据"按钮。如图 4-8 所示，第二个学生的英语为 101 被圈起来。

图 4-8　圈释无效数据结果图

2. 编辑学生成绩表

工作表的编辑指对单元格区域的插入、复制、移动和删除操作，它包括工作表内单元格、行、列的编辑，单元格数据的编辑，以及工作表自身的编辑等。工作表的编辑遵守"先选定、后编辑"的原则。

本案例中若在第一行的前面增加一行用于表示表的标题，标题名为"学生成绩表"，增加后的效果如图 4-9 所示。具体的操作方法是：将光标定位到第一行的任意一个单元内单击右键，从弹出的快捷菜单中选择"插入……"，之后将弹出一个快捷菜单，如图 4-10 所示，从弹出的快捷菜单中选择"整行"，将在第一行前面增加一个空行。在该空行内输入"学生成绩表"。

图 4-9　插入标题行后的效果图　　　　图 4-10　"插入行"对话框

3. 合并单元格

将 A1-K1 合并单元格成一个单元格，方法是：先选中要合并的单元格（A1-K1），单击

"开始选项卡｜对齐方式工具组｜合并后居中"按钮，则 A1-K1 单元将被合并生成一个单元格。

【知识链接】

工作表的编辑

1. 工作表的编辑

默认情况下，新工作簿由 Sheet1、Sheet2、Sheet3 这 3 个工作表组成的，用户可以更改工作表中默认的工作表的个数。

（1）更改工作表中默认的工作表的个数。

执行"文件菜单｜Excel 选项｜常用"类别，如图 4-11 所示。

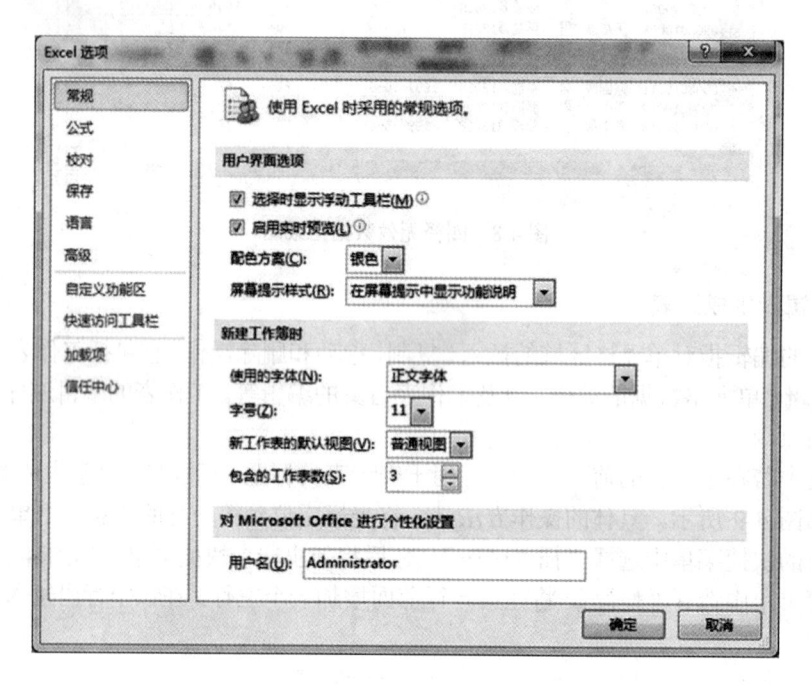

图 4-11 "Excel 选项"对话框的"常规"类别

（2）选定工作表。

工作簿通常由多个工作表组成。想对单个或多个工作表操作则必须先选取工作表。工作表的选取通过鼠标单击工作表标签栏进行。

若选取多个连续工作表，可先单击第一个工作表，然后按 Shift 键同时单击最后一个工作表。

若选取多个非连续工作表则通过按 Ctrl 键，再单击要选取的工作表。多个选中的工作表可以组成一个工作表组，在标题栏中出现"[工作组]"字样。选定工作组的好处是：在其中一个工作表的任意单元格中输入数据或设置格式，在工作组其他工作表的相同单元格中将出现相同数据或相同格式。显然如果想在工作簿多个工作表中输入相同数据或设置相同格式，设置工作组将可以节省很多时间。

选定全部工作表，可将鼠标指针指向其中一个工作表的标签，单击右键，从弹出的快捷菜单中选择"选定全部工作表"。

(3) 删除工作表。

如果想删除工作表，只要选中要删除工作表的标签，单击右键，从快捷菜单中选择"删除"命令，选中的工作表将被删除且相应标签也从标签栏中消失。

注意：删除工作表一定要慎重，工作表一旦删除将无法恢复。

(4) 插入工作表。

如果用户想在某张工作表前插入一个空白工作表，只须右击该工作表（如Sheet1），从弹出的快捷菜单中选择"插入 | 工作表"命令，可在"Sheet1"之前插入一个空白的新工作表。

(5) 重命名工作表。

重命名方法是：先用鼠标双击要命名的工作表标签，工作表名将突出显示；再输入新的工作表名，按回车键确定；或右击要命名的工作表，从弹出的快捷菜单中选择"重命名"。

(6) 移动、复制工作表。

具体方法是：右击要移动（复制）的工作表标签，在弹出的快捷菜单中单击"移动或复制工作表"命令，打开"移动或复制工作表"对话框。在"下列选定工作表之前"列表框中选择要移动到的位置，然后单击"确定"按钮即可。

(7) 隐藏或显示工作表。

隐藏工作表可以通过右击工作表标签，从快捷菜单中选择"隐藏"命令。如果要取消对工作表的隐藏，右击工作表标签，从快捷菜单中选择"取消隐藏"命令，打开"取消隐藏"对话框，在列表中选择需要再次显示的工作表，然后单击"确定"按钮即可。

(8) 冻结工作表。

方法为：单击标题行下一行中的任意的单元格，然后切换到"视图"选项卡，在"窗口"工具组中单击"冻结窗口"按钮，从下拉菜单中选择"冻结拆分窗格"命令。

(9) 设置工作表标签的颜色。

Excel 2010允许为工作表标签添加颜色，以便轻松访问各工作表，例如，将已经制作完成的工作表标签设置为绿色，将还需要处理的工作表标签设置为红色，在为工作表标签添加颜色时，首先右击工作表标签，从快捷菜单中选择"工作表标签颜色"命令，然后在子菜单中选择所需的颜色。

2. 选择单元格及单元格区域

(1) 选取单个单元格。

通常把被选择的单元格称为当前单元格。在某单元格中单击即可选中此单元格，被选中的单元格边框以黑色粗线条突出显示，且行、列号以高亮显示。

(2) 选取多个连续单元格。

鼠标拖动可使多个连续单元格被选取。或者用鼠标单击将要选择区域的左上角单元，按住Shift键再用鼠标单击右下角单元；选取整行或整列时，用鼠标单击工作表相应的行（列）号；选取整个工作表时，用鼠标单击工作表左上角行、列交叉的按钮。

(3) 选取多个不连续单元格。

用户可选择一个区域，再按住Ctrl键不放，然后选择其他区域。在工作表中任意单击一个单元格即可清除单元区域的选取。

3. 单元格、行、列的编辑

（1）插入单元格、行、列或工作表。

选定待插入的单元格或单元格区域，选择"开始｜单元格"命令，执行"插入"按钮，如图 4-12 所示。选择相应的插入方式即可。

（2）删除单元格、行、列和工作表。

选定要删除的行、列或单元格，选择"开始｜单元格"命令，执行"删除"按钮，如图 4-13 所示。选择相应的删除方式即可。

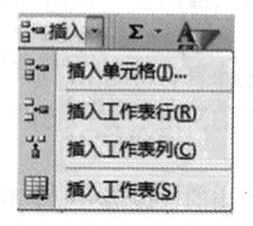

图 4-12 "插入"对话框　　　　　图 4-13 "删除"对话框

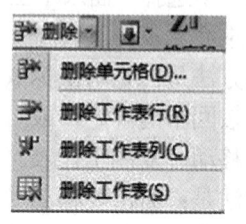

4. 单元格数据的编辑

单元格数据的编辑包括单元格数据的清除、删除、移动和复制。

（1）数据清除和删除。

Excel 中有数据清除和数据删除两个概念，它们是有区别的：

数据清除针对的对象是数据，单元格本身并不受影响。在选取单元格或一个区域后，选择"开始｜编辑｜清除"按钮，如图 4-14 所示。

① "清除"对话框中的菜单有：全部清除、清除格式、清除内容和清除批注，选择"清除格式"、"清除内容"或"清除批注"命令将分别只取消单元格的格式、内容或批注；选择"全部清除"命令将单元格的格式、内容、批注全部取消，数据清除后单元格本身仍留在原位置不变。

② 数据删除针对的对象是单元格，删除后选取的单元格连同里面的数据都从工作表中消失。选取单元格或一个区域后，选择"开始｜单元格｜删除｜删除单元格"，出现如图 4-15 所示"删除"对话框。

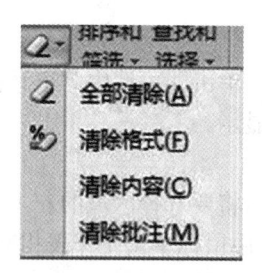

图 4-14 "清除"对话框　　　　　图 4-15 "删除"对话框

（2）数据复制和移动。

① 用剪贴板或快捷键。

使用"开始｜剪贴板"组中的"复制"、"剪切"和"粘贴"按钮，可以方便地复制或移动单元格中的数据。也可以使用与之相对应的快捷键 Ctrl+C（复制）、Ctrl+X（剪切）和 Ctrl+V（粘贴）来达到目的。

② 使用鼠标拖放。

选择要移动、复制的单元格或单元格区域，并将鼠标移动到所选单元格或单元格区域的边缘，当鼠标变成十字箭头状时，按住鼠标左键（移动）或按住鼠标左键的同时按住 Ctrl（复制）拖动鼠标，此时一个与原单元格或单元格区域一样大小的虚框会随着鼠标移动。到达目标位置后释放鼠标，此单元格或区域内的数据即被移动或复制到新位置。

③ 选择性粘贴。

先选择并复制所需数据，然后选择目标区域中的第一个单元格，在"开始"选项卡中单击"剪贴板"组中的"粘贴"按钮下方的下拉按钮，从弹出的菜单中选择"选择性粘贴"命令，打开"选择性粘贴"对话框，出现如图4-16所示的对话框。选择相应选项后，单击"确定"按钮完成选择性粘贴，选择性粘贴对话框中各选项含义如表4-1所示。

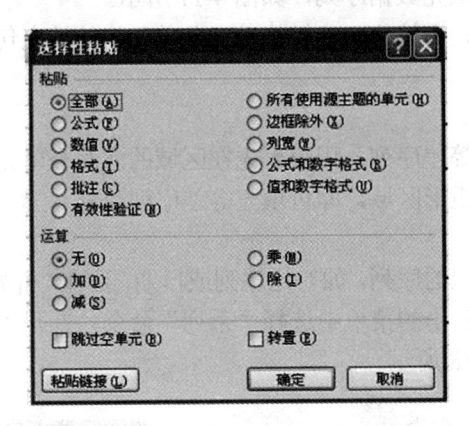

图 4-16 "选择性粘贴"对话框

表 4-1 "选择性粘贴"选项说明表

目 的	选 项	含 义
粘贴	全部	默认设置，将源单元格所有属性都粘贴到目标区域中
	公式	只粘贴单元格公式而不粘贴格式、批注等
	数值	只粘贴单元格中显示的内容，而不粘贴其他属性
	格式	只粘贴单元格的格式，而不粘贴单元格内的实际内容
	批注	只粘贴单元格的批注而不粘贴单元格内的实际内容
	有效数据	只粘贴源区域中的有效数据规则
	边框除外	只粘贴单元格的值和格式等，但不粘贴边框
运算	无	默认设置，不进行运算，用源单元格数据完全取代目标区域中数据
	加	源单元格中数据加上目标单元格数据再存入目标单元格
	减	源单元格中数据减去目标单元格数据再存入目标单元格
	乘	源单元格中数据乘以目标单元格数据再存入目标单元格
	除	源单元格中数据除以目标单元格数据再存入目标单元格
复选框	跳过空单元	避免源区域的空白单元格取代目标区域的数值，即源区域中空白单元格不被粘贴
	转置	将源区域的数据行列交换后粘贴到目标区域

"选择性粘贴"对话框中各选项的功能如下。

- "粘贴"：用于指定要粘贴的复制数据的属性。
- "运算"：用于指定要应用到被复制数据的数学运算。
- "跳过空单元"：当复制区域中有空单元格时，用于避免替换粘贴区域中的值。
- "转置"：用于将被复制数据的列变成行，将行变成列。

5. 数据序列的填充与输入

在 Excel 2010 中提供了一些可扩展序列（包括数字、日期和时间），相邻单元格的数据将按序列递增或递减的方式进行填充。

如果要填充扩展序列，应先选择填充序列的起始值所在的单元格，输入起始值，然后将指针移至单元格右下角的填充句柄，当指针变为"+"形状时按住鼠标左键不放，在填充方向上拖动填充句柄至终止单元格，此时选中的单元格区域中会默认填充相同的数据，并在单元格区域右下角显示一个"自动填充"图标按钮，单击此按钮，从弹出的菜单中选择"填充序列"单选按钮，即可填充数据序列，如图 4-17 所示。

对于日期和时间数据，需按住 Ctrl 键拖动当前单元格的填充句柄，才能实现相同日期和时间数据的快速输入。

（1）输入等差序列。

如果要填充的是一个等差序列，用户可先在区域的前两个单元格中输入等差数据，然后选择两个单元格，再拖出矩形区域，即可填充等差序列数据。

（2）输入其他序列。

如果需要填充其他类型的序列，如等比序列或日期，可在"开始"选项卡上单击"编辑"组中的"填充"按钮，从弹出的菜单中选择"系列"命令，打开"序列"对话框，指定所需的序列填充方式，如图 4-18 所示。

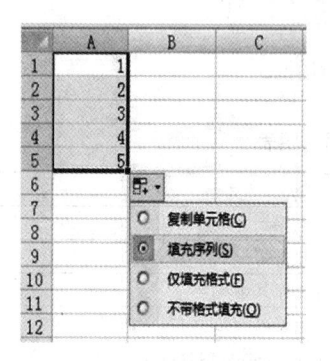

图 4-17 填充序列数据　　　　图 4-18 "序列"对话框

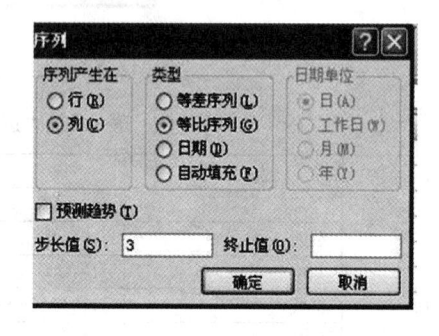

实训项目 1　制作体音美英计算机大赛成绩表

1. 实训目标

（1）熟悉 Excel 2010 的工作环境；
（2）掌握新建及保存工作簿和工作表的方法；
（3）掌握数据表中不同类型的数据输入方法；
（4）掌握数据的有效性规则。

2. 实训任务

陶凤霞需要利用 Excel 2010 来制作完成本学年体音美英计算机技能大赛的成绩处理，首先对数据进行输入，制作完成后进行简单的处理并保存为体音美英计算机技能大赛成绩表，在输入每个人的成绩时要求：

（1） word，excel，ppt 的成绩必须在 0～100 之间；

（2） 若成绩小于 0 或大于 100 均不能输入，且有对应的出错信息提示。

3. 参考模板

如图 4-19 所示。

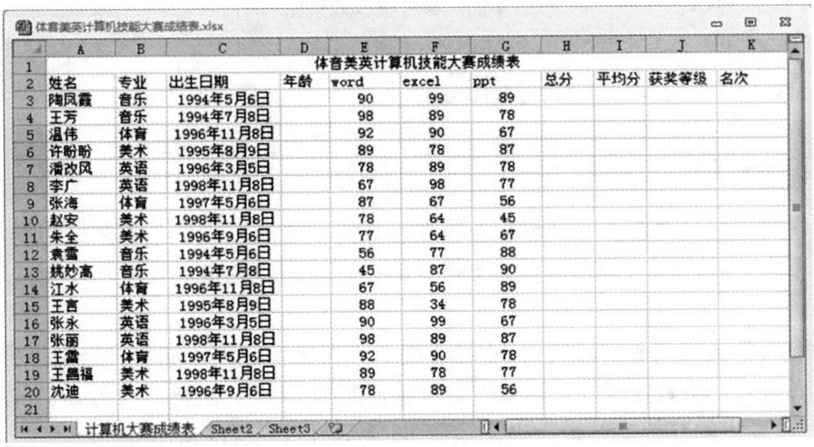

体音美英计算机技能大赛成绩表										
姓名	专业	出生日期	年龄	word	excel	ppt	总分	平均分	获奖等级	名次
陶凤霞	音乐	1994年5月6日		90	99	89				
王芳	音乐	1994年7月8日		98	89	78				
温伟	体育	1996年11月8日		92	90	67				
许盼盼	美术	1995年8月9日		89	78	87				
潘改风	英语	1996年3月5日		78	89	78				
李广	英语	1998年11月8日		67	98	77				
张海	体育	1997年5月6日		87	67	56				
赵安	美术	1998年11月8日		78	64	45				
朱全	美术	1996年9月6日		77	64	67				
袁雪	音乐	1994年5月6日		56	77	88				
姚妙高	音乐	1994年7月8日		45	87	90				
江水	体育	1996年11月8日		67	56	89				
王言	美术	1995年8月9日		88	34	78				
张永	英语	1996年3月5日		90	99	67				
张丽	英语	1998年11月8日		98	89	87				
王雷	体育	1997年5月6日		92	90	78				
王昌福	美术	1998年11月8日		89	78	77				
沈迪	美术	1996年9月6日		78	89	56				

图 4-19　参考模板效果图

实训项目 2　制作员工工资表

1. 实训目标

（1） 熟悉 Excel 2010 的工作环境；

（2） 掌握新建及保存工作簿和工作表的方法；

（3） 掌握数据表中不同类型的数据输入方法；

（4） 掌握数据的有效性规则。

2. 实训任务

王红需要利用 Excel 2010 来制作完成本单位的当月工资处理，首先对数据进行输入，制作完成后进行简单的处理并保存为员工工资表，在输入每个人的工资时要求：

（1） 员工编号为 6 位字符，若多或少要有对应的错误信息提示；

（2） 所有固定工资为 3000～5000 之间的数字；

（3） 效益工资、养老保险和公积金不超过 600 元；

（4） 医疗保险不超过 100 元；

（5） 输入错误时显示对应的出错信息。

3. 参考模板

如图 4-20 所示。

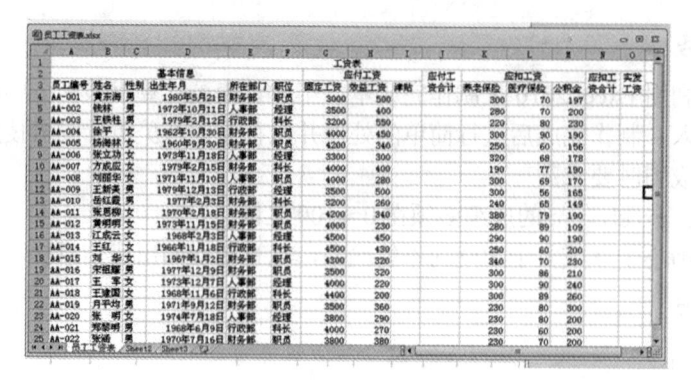

图 4-20　参考模板效果图

案例二　设置学生成绩表的格式

【任务描述】

电子科学与工程系新能源专业班长王雷在完成"学生成绩表"基本数据的输入后，感觉所做的表格不太美观，想对该表进行如下格式的设置及相应的页面设置，以便打印出来交给辅导员审阅：

- 标题"学生成绩表"设置为 24 号，使用"楷体"字体、加粗、采用"合并后居中"对齐方式，橘黄色底纹；列标题字体设置为"仿宋"、倾斜、12 号，字体颜色为"黑色"；表中的其他字体设为"宋体"、11 号，上下左右均居中。
- 表格中的列宽设置为"最适合的列宽"，第一行的行高为 32.25，其他行高自动调整。
- 表中的数值类型的数据除年龄和名次所有数字的格式设置为"保留一位小数"。
- 除第一行外，表的外边框设定为蓝色粗线，内部为红色虚线细线。
- 表格的底纹除第一行外其他各行设置为绿色。
- 利用条件格式将英语和计算机不及格的学生的成绩设置为红色加粗倾斜。
- 纸张方向为横向，A4 纸，将第 2 行和第 3 行设置为顶端标题行，使得打印的每一页内容都有标题行。
- 添加页眉和页脚，页眉处显示新能源专业，页脚处显示页码和总页数。设置后的效果如图 4-21 所示。

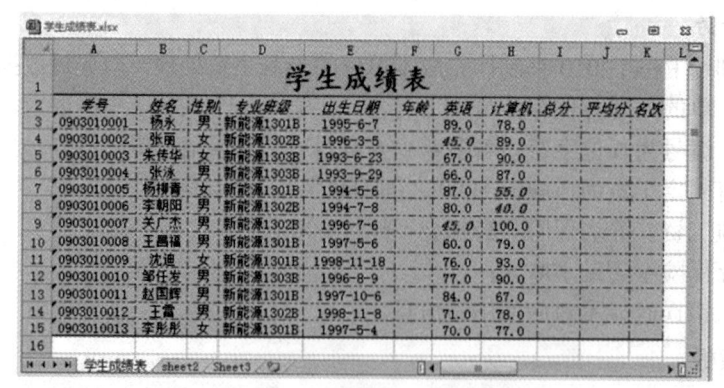

图 4-21　工作表格式化样张

【任务分析】

本案例可以让学生充分了解工作表格式化操作，掌握工作表单元格中字体的设置，学会为工作表加不同类型的边框和底纹，学会使用条件格式进行设置，培养学生独立思考问题和解决问题的能力，提高学生的审美，为数据处理奠定基础。

【实施方案】

任务1　美化学生成绩表

电子科学与工程系新能源专业班长王雷通过案例一已经完成了基本数据的输入和编辑操作，下面是对表格进行格式化的操作过程。

1. 学生成绩表标题的单元格的合并

选中 A1 到 K1 区域中的单元格，单击"开始"选项卡｜"对齐方式"工具组中的 按钮的下三角符号，从中选择"合并后居中（C）"，如图 4-22 所示，则 A1 到 K1 区域中的单元格将被合并。

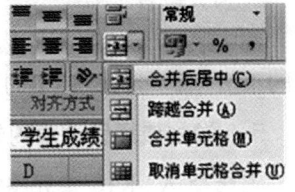

图 4-22　合并单元格按钮

2. 学生成绩表中字体的设置

本案例中涉及到的字体设置较多，此步骤就以标题"学生成绩表"字体的设置为例进行设置，其他字体的设置同此方法。

选中"学生成绩表"，利用"开始"选项卡｜"字体"工具组将字体设置为 24 号，"楷体"、加粗；或用单击"字体"工具组右下角的 按钮，将弹出字体设置对话框，通过此对话框将字体进行相应的设置。

3. 学生成绩表中对齐方式的设置

选中 A1-K15 单元格，单击"开始"选项卡｜"对齐"工具组中右下角的 按钮，打开如图 4-23 所示的"对齐"对话框。在水平对齐和垂直对齐中的下拉列表框中均选择"居中"，文字方向选择"根据内容"，然后单击"确定"按钮。

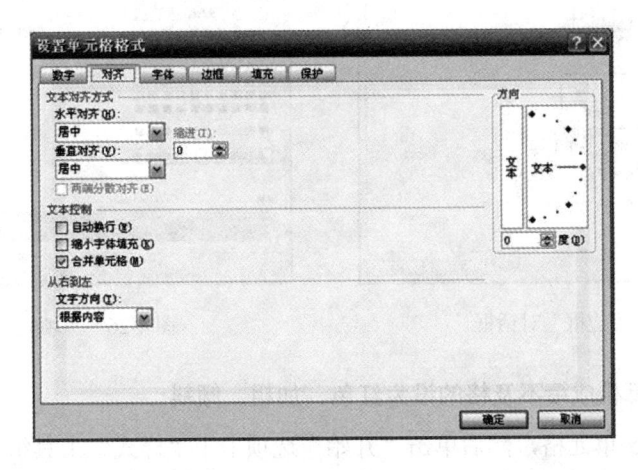

图 4-23　"对齐"设置对话框

4. 学生成绩表中行高和列宽的设置

（1）设置行高。

选择第一行，然后单击"开始"｜"单元格"格式工具组｜格式 按钮右边的下三角符号，从弹出的选项中选择"行高"，如图 4-24 所示，在"行高（R）"后的文本框中输入 32.25，单击"确定"按钮完成第一行行高的设置。

图 4-24　设置行高

选中表中除第一行之外的其他各行，然后单击"开始"选项卡｜"单元格"格式工具组中的 格式 按钮右边的下三角符号，从弹出的选项中选择"自动调整行高"。

（2）设置列宽。

选中表中 A~K 列，然后单击"开始"选项卡｜"单元格"格式工具组｜格式 按钮右边的下三角符号，从弹出的选项中选择"自动调整列宽"。

5. 学生成绩管理表内外边框的设置

先选择 A2-K15 单元格，然后单击"开始"选项卡｜"单元格"格式工具组｜"设置单元格格式（E）…"，将弹出如图 4-25 所示的设置边框对话框。从线条样式中选择粗线，颜色列表框中选择淡蓝，然后依次单击边框组中的上下左右四条边，完成表格四周边框的设置；再从样式中选择细虚线，从颜色列表框中选择红色，然后单击边框组中的中心点，完成内部边框的设置。

6. 学生成绩表中填充背景的设置

先选择 A2-K15 单元格，然后单击"开始"选项卡｜"单元格"格式工具组｜"设置单元格格式（E）…"，将弹出如图 4-26 所示的设置背景（填充）对话框。从背景色中选择绿色，然后单击"确定"按钮完成部分背景色的设置。

同样的方法可以设置完成图表标题背景的设置。

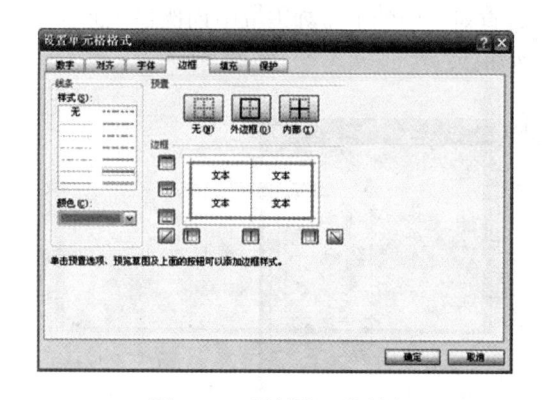

图 4-25　"边框"对话框

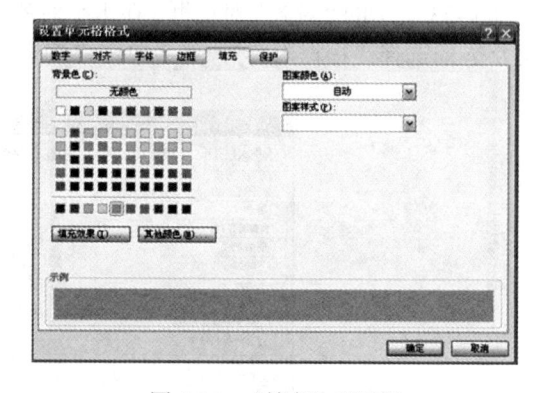

图 4-26　"填充"对话框

7. 英语和计算机成绩不及格的设为红色、加粗、倾斜

先选择 G3-H15 单元格，然后单击"开始"选项卡｜"样式"工具组｜"条件格式"按钮旁的下三角符号按钮，如图 4-27 所示，单击"小于（L）…"，弹出"格式设置"之"小于"对话框，如图 4-28 所示。在第一个列表框中输入 60，第二个列表框中选择自定义格式，根

据题目要求利用自定义格式将不及格的设置为红色、加粗、倾斜。

图 4-27 "条件格式"对话框　　　　图 4-28 "格式设置"之"小于"对话框

任务 2　设置成绩表的页面与打印格式

要想打印出一份漂亮的工作表，除了要设置好工作表格式外，还需要设置页面格式，例如纸张的大小和方向、页边距、页眉和页脚、设计要打印的数据区域等。页面设置可通过"页面布局"选项卡｜"页面设置"工具组中对应的命令或单击"页面设置"工具组右下角的按钮 弹出的对话框如图 4-29 所示来完成。

1. 设置页面

在"页面"设置对话框中，选择"页面"选项卡，如图 4-29 所示，其中：

（1）方向单选框中设置打印方向是纵向还是横向，若工作表的行较多而列较少，使用纵向打印；若工作表的列较多而行较少，使用横向打印。本案例采用纵向打印，这也是系统默认的一种方式。

（2）缩放框中，允许设置成不按正常尺寸打印。其中的"缩放比例"，可直接设置打印时的放大或缩小比例，缩放比例的调整值允许在 10～400 之间；"调整为"中可设置打印时缩小工作表或选定区域的尺寸以适应所指定的页数。若打印时仅需设置表格为一页宽而页高不限制，则可以在"页宽"框中键入"1"，"页高"框中保留空白。

（3）纸张大小中，选择打印所用的纸张，本案例选用 A4 纸。

（4）打印质量中，选择打印的质量，即每英寸打印的点数，不同的打印机数字会不一样，数字越大，打印质量越好。

（5）起始页码中，输入打印工作表的首页页码，后续页的页码会自动递增。

2. 设置页边距

（1）单击"页面设置"对话框｜"页边距"选项卡，可进行页边距的设置，其中：上、下、左、右数值框中，设置打印的工作表与页边之间的距离，如图 4-30 所示。

（2）页眉、页脚数值框中，设置页眉页脚距页边的距离。

（3）居中方式中选择工作表在水平方向和垂直方向是否在页的正中。

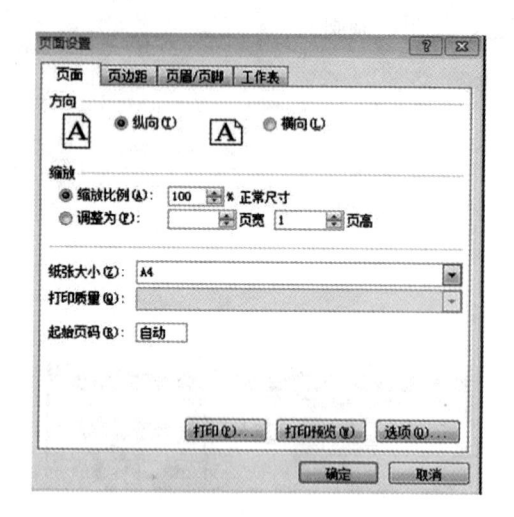

图 4-29 "页面"设置对话框

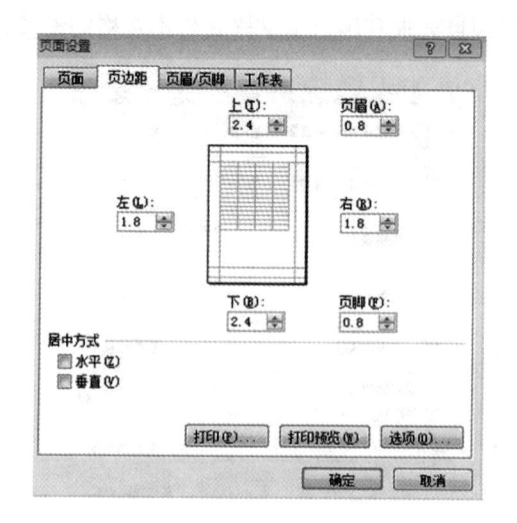

图 4-30 "页边距"设置对话框

3. 设置页眉页脚

页眉位于页面最顶端，通常用于工作表的标题，页脚位于页面最底端，通常用于存放页码，用户可根据需要指定页眉页脚上的内容，操作过程如下：

（1）单击"插入"选项卡｜"文本"工具组｜"页眉页脚"命令，切换到了页面布局视图，并显示"设计"选项卡。

（2）在顶部页眉区的3个框中输入页眉内容"新能源专业"，也可以通过"设计"选项卡｜"页眉页脚"工具组｜"页眉"命令插入系统提供的信息，或者通过"设计"选项卡｜"页眉页脚元素"工具组的页码、页数、当前日期等命令插入所需要的内容。

（3）在"导航"工具组中单击"转至页脚"，定位光标在页脚处，插入页码和总的页数，中间用"/"分开。

（4）若要使工作表奇偶页不同，首先选中"选项"工具组中的"奇偶页不同"筛选框，然后在页眉和页脚位置分别输入相应的内容。

4. 设置工作表

在"页面设置"对话框中单击"工作表"选项卡，如图所示。在此对话框中可对打印区域及标题等进行设置，如图 4-31 所示，其中各选项含义如下。

（1）打印区域：选择打印的工作表范围，如不选择，默认为整个工作表。

（2）打印标题：当工作表过大而分成多页打印时，往往后面的页会看不到标题列或标题行，为了避免这种情况，可在"顶端标题行"和"左端标题列"中指定行标题和列标题的位置，这样打印时，标题行列会自动出现在后续页中。

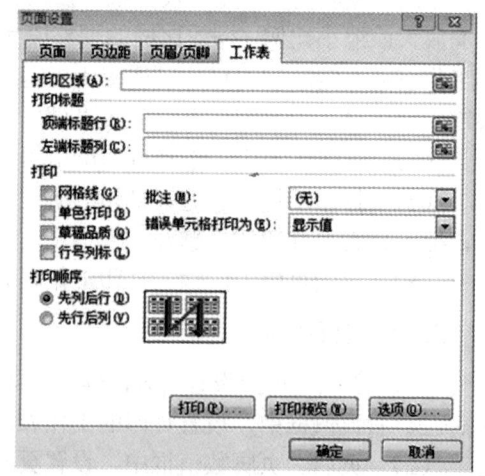

图 4-31 "工作表"设置对话框

（3） 网格线：该复选框选中时，即使工作表中没有设置边框，打印时也会打印出表格线，如不选中，打印时只打印数据不打印表格线。

（4） 行号列标：该复选框被选中时，打印工作表时将同时打印行号和列号。

（5） 单色打印：如果数据有彩色格式，而打印机为黑白打印机，可选择"单色打印"复选框。如果是彩色打印机，选择该选项可减少打印所需时间，只打印单色。

（6） 按草稿方式：可加快打印速度，但会降低打印质量。

（7） 先行后列和先列后行：是控制超过一页的工作表的打印顺序。

5. 插入分页符

具体方法为：

（1） 定位光标到另起一页的行（或列）。

（2） 单击"页面布局"选项卡｜"页面设置"工具组｜"分隔符"命令旁的下三角符号，从中选择"插入分页符"，则在该行（或列）的上方出现的水平（或垂直）虚线即为分页符，也可以通过此对话框对分页符进行删除和重设操作。

6 打印预览

切换到"文件"选项卡，选择"打印"命令，可以在"打印"选项卡面板的右侧预览打印效果。

若看不清楚预览的效果，可通过预览页面右下角的"缩放到页面"按钮，此时，预览比例放大，用户可以拖动水平和垂直滚动条查看工作表的内容。当工作表有多页时，可通过单击"下一页"按钮，预览其他页面。

7. 打印工作表

预览效果满意后，就可以正式打印了，在"文件"选项卡中，选择"打印"命令后，可设置打印的具体内容：

在"份数"微调框中输入要打印的份数。

如果打印当前工作表的所有页，单击"设置"下方的"打印范围"按钮，从下拉菜单中选择"打印活动工作表"命令；如果仅打印部分页，在"页数"和"至"微调框中设置起始页码和终止页码即可。

实训项目 1　设置计算机大赛成绩表的格式

1. 实训目标

（1） 合并单元格。

（2） 设置字体格式。

（3） 设置对齐方式。

（4） 设置行高和列宽。

（5） 设置边框。

（6） 设置填充背景。

（7） 设置条件格式。

（8） 设置页面格式

2. 实训任务

陶凤霞利用 Excel 2010 来制作完成本学年体音美英计算机技能大赛数据的输入后，感觉所做的表格不太美观，想对该表进行如下格式的设置及相应的页面设置：

（1） 标题“体音美英计算机技能大赛成绩表”设置为 18 号，使用“华文楷体”字体、加粗、采用“合并后居中”对齐方式，浅绿色底纹；第 2 行（标题行）字体设置为“宋体”、倾斜、14 号，字体颜色为“黑色”；表中的其他字体设为“宋体”、12 号，所有的字体上下左右均居中。

（2） 表格中的列宽根据每一列的实际需求进行设置，第一行的行高为 25.5，其他行高根据内容的需要自动调整。

（3） 表中的数值类型均取整。

（4） 除第一行外，表的外边框设定为红色粗线，内部为红色实线细线。

（5） 表格的底纹除第一行外其他各行设置为橙色。

（6） 利用条件格式将所有姓王的人的姓名设置为加粗倾斜，成绩不及格的红色、倾斜单下划线显示。

（7） 纸张方向为横向，A4 纸，将第 2 行和第 3 行设置为顶端标题行，使得打印的每一页内容都有这两行的标题。

（8） 添加页眉和页脚，页眉处显示自己的学号和姓名，页脚处显示页码和总页数。

3. 参考模板

如图 4-32 所示。

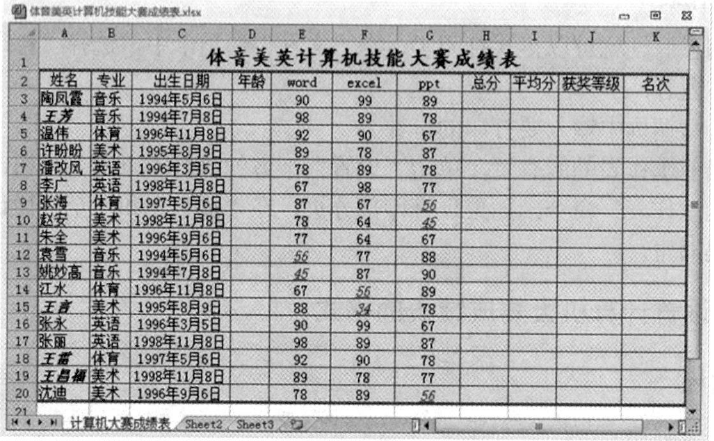

体音美英计算机技能大赛成绩表

姓名	专业	出生日期	年龄	word	excel	ppt	总分	平均分	获奖等级	名次
陶凤霞	音乐	1994年5月6日		90	99	89				
王芳	音乐	1994年7月8日		98	89	78				
温伟	体育	1996年11月8日		92	90	67				
许盼盼	美术	1995年8月9日		89	78	87				
潘改凤	英语	1996年3月5日		78	89	78				
李广	英语	1998年11月8日		67	98	77				
张海	体育	1997年5月6日		87	67	*56*				
赵安	美术	1998年11月8日		78	64	*45*				
朱全	美术	1996年9月6日		77	64	67				
袁雪	音乐	1994年5月6日		*56*	77	88				
姚妙高	音乐	1994年7月8日		*45*	87	90				
江水	体育	1996年11月8日		67	*56*	89				
王育	美术	1995年8月9日		88	*34*	78				
张永	英语	1996年3月5日		90	99	67				
张丽	英语	1998年11月8日		98	89	87				
王蕾	体育	1997年5月6日		92	90	78				
王昌楠	美术	1998年11月8日		89	78	77				
沈迪	美术	1996年9月6日		78	89	*56*				

图 4-32 参考模板样图

实训项目 2 设置员工工资表格式

1. 实训目标

（1） 合并单元格。

（2） 设置字体及对齐方式。

（3） 设置行高和列宽。

（4） 设置边框底纹。

（5） 设置条件格式和页面格式。

2. **实训任务**

王红利用 Excel 2010 来制作完成本单位的当月工资基本数据的输入后，感觉所做的表格不太美观，想对该表进行如下格式的设置及相应的页面设置：

（1） 标题"工资表"设置为 26 号，使用"仿宋"字体、加粗、采用"合并后居中"对齐方式，浅绿色底纹；第 2～3 行（标题行）字体设置为"楷体"、倾斜、18 号，字体颜色为"黑色"；表中的其他字体设为"宋体"、12 号，上下左右均居中。

（2） 表格中的列宽根据每一列的实际需求进行设置，第一行的行高为 33.75，其他行高根据内容的需要自动调整。

（3） 表中的数值类型均取整。

（4） 除第一行外，表的外边框设定为绿色粗线，内部为红色虚线细线。

（5） 表格的底纹除第一行外其他各行设置为浅红色。

（6） 利用条件格式将所有姓王的人的姓名设置为红色加粗，固定工资>=4000 元的红色加粗倾斜显示。

（7） 纸张方向为横向，A4 纸，将第 2 行和第 3 行设置为顶端标题行，使得打印的每一页内容都有这两行的标题。

（8） 添加页眉和页脚，页眉处显示自己的学号和姓名，页脚处显示页码和总页数。

3. **参考模板**

如图 4-33 所示。

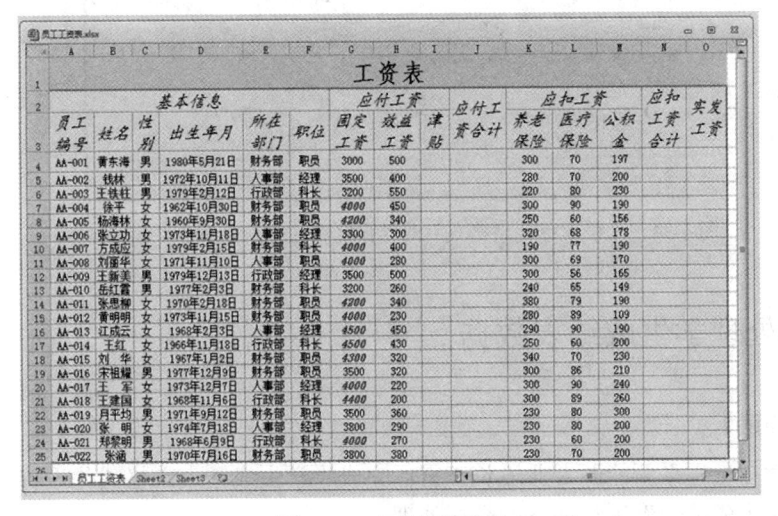

图 4-33 参考模板样图

【知识链接】

1. **调整列宽和行高**

行高和列宽的调整除了用上述例子中涉及到的方法调整外，还可以利用鼠标向上或向下拖动行号之间的交界处可调整，向左或向右拖动列号之间的交界处可调整列宽。若双击列号的右边框，则该列会自动调整宽度，以容纳该列最宽的值。

2. 隐藏列和行

有时集中显示需要修改的行或列，而隐藏不需要修改的行或列，以节省屏幕空间，方便修改操作。

以隐藏行为例，操作步骤如下：

（1）选定要隐藏的行。

（2）单击"开始"｜"单元格"中的 格式 中"隐藏和取消隐藏"，选择"隐藏行"。

如果需要显示被隐藏的行，则选定跨越隐藏行的单元格，然后单击"开始"选项卡｜"单元格"中的 格式 中"隐藏和取消隐藏"，选择"取消隐藏"命令即可。

3. 绘制斜线表头

要在某个单元格中绘制斜线表头，选中此单元格后，在"开始"选项卡｜"单元格"组｜"格式"按钮，在弹出的菜单中选择"设置单元格格式"命令，打开"设置单元格格式"对话框。切换到"边框"选项卡，在"边框"选项组中单击所需的斜线按钮，如图4-34所示。

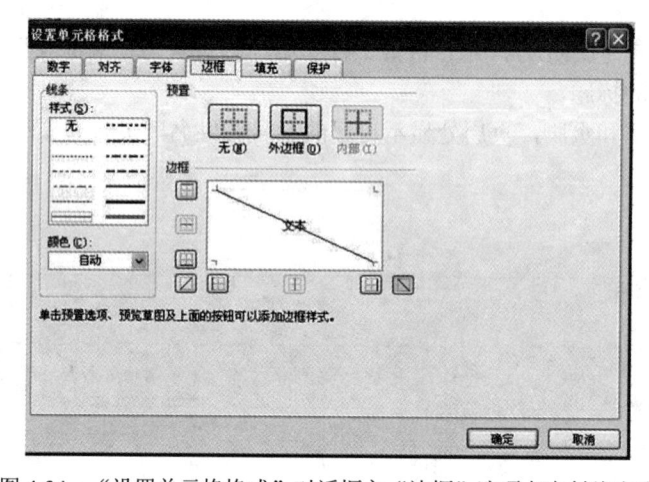

图4-34 "设置单元格格式"对话框之"边框"选项卡中斜线表头

案例三 处理学生成绩表数据

【任务描述】

电子科学与工程系新能源专业班长王雷在完成"学生成绩表"格式化设置后想利用公式和函数对"学生成绩表"进行如下的数据处理：

- 在名次后增加生日榜和班级列，并判定每个人是否过生日及从专业班级中将每个人所在的班级提取出来。
- "学生成绩表"中每个人的总分、平均分、年龄、名次。
- 用函数判定每位同学今天是否过生日，若是在备注列中显示"生日快乐"，计算后的效果如图4-35所示。

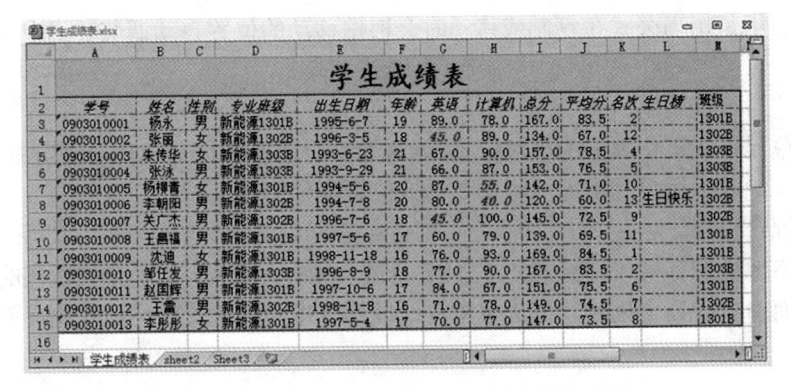

图 4-35 利用"公式和函数"计算后的效果图

- 在"学生成绩表"的 N1-S22 单元格中建立一个"成绩分析总表"。分析总表的效果如图 4-36 所示。(利用公式计算所有空白单元格)

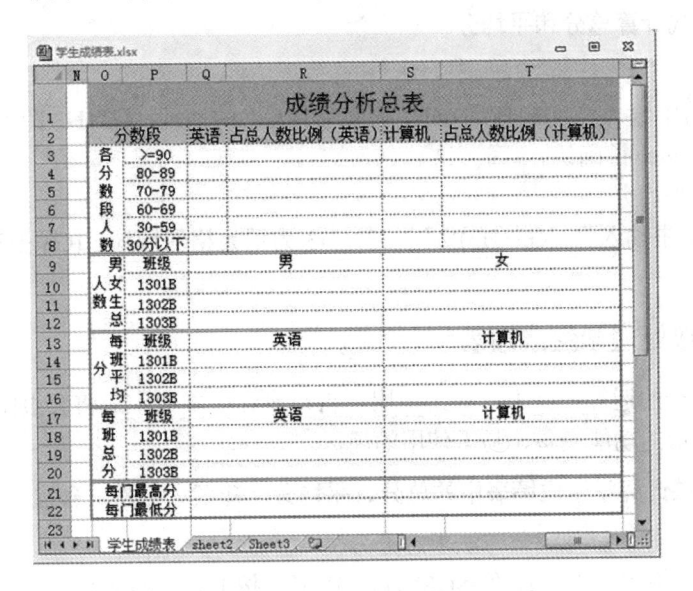

图 4-36 成绩分析总表

【任务分析】

本案例可以让学生充分了解公式和函数的特征,掌握公式和函数的正确使用,学会利用公式和函数求解生活中的实际问题,培养学生独立思考问题和解决实际问题的能力,提高学生的动手能力,为后续内容奠定基础。

【实施方案】

任务 1　用公式处理学生成绩表

1. 单元格引用和公式复制

(1) 相对地址引用。

指某一单元格与当前单元格的相对位置。它是 Excel 中默认的单元格引用方式,如 A1、

A2等。相对引用是指当公式在复制或移动时会根据移动的位置自动调节公式中引用单元格的地址。

（2）绝对地址引用。

指某一单元格在工作表中的绝对位置。绝对地址引用要在行号和列号前均加上"$"符号。公式复制时，绝对引用单元格地址将不随公式位置变化而改变。

（3）混合引用。

指单元格地址的行号或列号前加上"$"符号，如$A1或A$1。当公式所在的单元格因为复制或插入而引起行列变化时，公式中相对地址部分也会随位置变化而变化，而绝对地址不变化。

2. 公式

公式在单元格或编辑栏中输入。输入时，必须以等号（=）作为开始。在一个公式中可以包含有各种运算符、常量、变量、函数以及单元格引用等。

3. 利用公式计算总分和平均分

（1）计算总分。

在I3单元格中输入"=G3+H3"（G3，H3为单元格的地址，G3+H3即为公式，公式前必须有"="），按Enter键确认。

（2）计算平均分。

在J3单元格中输入"=(G3+H3)/2"（G3，H3为单元格的地址，(G3+H3)/2即为公式），按Enter键确认。

任务2　用函数处理学生成绩表

对于一些复杂的运算如开方，如果由用户自己设计公式来完成将会很困难，Excel 2010为用户提供了大量的功能完备、易于使用的函数。

1. 利用函数计算学生成绩表中的总分、平均分、年龄、名次、备注

（1）计算总分（三种函数方法求总分）。

① 在I3单元格中输入公式"=SUM(G3：H3)"，按Enter键确认。

② 选中I3单元格，单击编辑栏中的 fx 按钮，或在"公式"选项卡的"函数库"组中，单击"插入函数"按钮，弹出"插入函数"对话框，如图4-37所示。在"选择类别"列表框中选择函数类别"常用函数"，在"选择函数"列表框中选择SUM函数，单击"确定"，弹出如图4-38所示的"函数参数"对话框，在参数框中直接输入单元格"G3：H3"，或用鼠标在工作表中选择G3：H3区域，单击"确定"即可计算出第一个人的总分，然后使用单元格填充句柄拖动鼠标指针到I15，则其他学生的总分分别填入。

也可以以使用"开始"选项卡 | "编辑"组的"自动求和"按钮 Σ▼。选中I3单元格，单击"开始"选项卡 | "编辑"组的"自动求和"按钮 Σ▼，会出现求和函数SUM以及求和数据区域，观察数据区域是否正确，如不正确重新输入区域或修改公式，然后单击编辑栏上的 ✓ 或按Enter键即可。

（2）计算平均分。

选中J3单元格，单击编辑栏中的 fx 按钮，在"插入函数"对话框中选择函数"AVERAGE"，

然后在函数参数框中输入"G3：H3"，单击"确定"即可计算出第一个学生的平均分，然后使用单元格填充句柄拖动鼠标到J15，则其他学生的平均分分别填入。

计算平均分还有其他方法，具体方法参照求总分的过程。

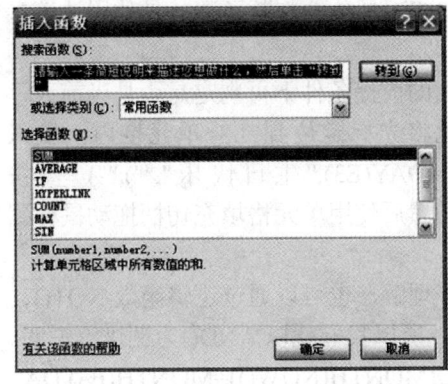

图 4-37　"插入函数"对话框　　　　　图 4-38　"函数参数"对话框

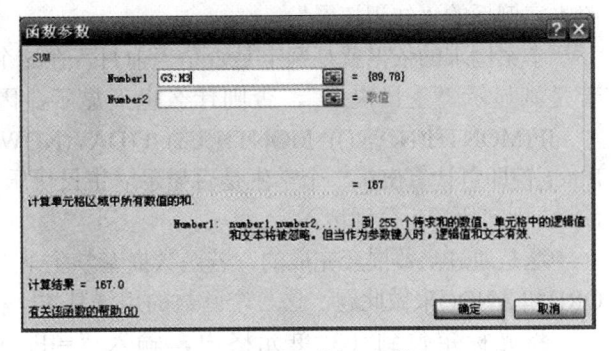

（3）求年龄。

生活中求一个人年龄的方法是用当前年份减去出生日期对应的年份，而 Excel 中求年龄的方法就是从生活中得到的。所以求年龄的具体步骤是：

① 当前日期（也就是系统日期）："=NOW()"函数，该函数没有参数，是一个较为特殊的函数。

② 利用当前日期求出当前年份："=YEAR(NOW())"。

③ 求出第一个人的出生日期对应的年份："=YEAR(E3)"，其中 E3 为第一个学生的出生日期对应的单元格的地址。

④ 第二步的结果减去第三步结果："=YEAR(NOW())-YEAR(E3)"，即得出第一个同学的年龄，若年龄结果以日期形式显示，则需要进行单元格格式的设置，将日期型改为数值型且小数位数为 0。

⑤ 使用单元格填充句柄拖动鼠标到J15，则其他学生的年龄分别填入。

此外也可以用 today()函数（返回系统的当前日期），所以求年龄也可以用公式"=(TODAY()-E3)/365"注意括号个数要成对出现。在这个例子中也可以将 TODAY()改为 NOW()，结果是一样的。

注意：TODAY()和 NOW()都是 Excel 中与日期时间相关的函数，二者的不同之处是：TODAY 函数仅插入当前的日期，如："=TODAY()"，会在所输入的单元格中显示当前日期，如"2016/4/1"。而 NOW 函数同时插入日期和时间，如："=NOW()"单元格中显示为："2016/4/18:55"。

（4）求名次。

求名次用到的函数为 RANK()，将光标定位到 K3 单元格内。输入公式"=RANK(J3,$J$3：$J$15,0)"，其中 J3 为第一个学生平均分所在的单元格的地址，$J$3：$J$15 为所有学生平均分所在单元区域，是绝对地址的引用方法（地址的引用请参照本案例后的"知识链接"），0 表示降序排名，若第三个参数为 1，表示升序排名次。

使用单元格填充句柄拖动鼠标到K15，则其他学生的名次分别填入。

（5）生日榜。

在名次后添加生日榜，用于判定今天是否过生日，本步所用的函数有：IF()、MONTH()、DAY()。

MONTH()求当前月份，DAY()求本月中的第几天，IF()是条件判断函数（具体用法请参照本案例后的"知识拓展"）。

本案例求的依据就是判定是否是当前月，在这个大的前提条件下再判定是否是当前天，若是则显示"生日快乐"，否则什么也不显示。因此将光标定位到 L3 单元格内，输入" =IF(MONTH(NOW())=MONTH(E3),IF(DAY(NOW())=DAY(E3),"生日快乐",""),"") "，按 Enter 键即可计算出第一个学生是否显示"生日快乐"，然后使用单元格填充句柄拖动鼠标到 L15，则其他学生分别填入。

这是通过函数嵌套完成的，若函数嵌套学生不太好理解，也可以通过逻辑函数 NOT()、OR()和 AND()来做此题，这三个函数的用法基本一样，所以我们就以 AND()为例进行说明。

将光标定位到 L3 单元格内，输入 "=IF(AND(MONTH(NOW())=MONTH(E3),DAY(NOW())=DAY(E3)),"生日快乐","")"，按 Enter 键同样可以计算出结果，注意括号的成对出现。

（6）根据专业班级求班级。

在生日榜后添加班级列，存放每个学生的班级。本步所用的函数为 RIGHT()、MID()。

RIGHT()为右取若干位的函数，LEFT()为左取若干位的函数，MID()为从中间某个地方连续取若干位的函数。

本案例是根据专业班级将每个人所在的班级提取出来，由于班级在专业中的右边，所以可以用右取函数，也可以用 MID()函数。将光标定位到 M3 单元格内，输入"=RIGHT(D3,5)"，按 Enter 键即可计算出来，也可以将公式改为 "=MID(D3,4,5)"同样得出结果。

注意修改单元格底纹及边框。计算后的结果如图 4-39 所示。

2. 设计成绩分析总表的框架

设计过程和方法请参见案例一和案例二：学生成绩表的制作和设置。

3. 计算成绩分析总表中各空白单元格的值（本过程用到的函数的具体用法见知识链接）

（1）每门课最高分。

用到函数 MAX()，先定位光标，将光标定位到 Q21 单元格内，输入公式 "=MAX(G3:G15)" 即可求出英语成绩的最高分，同样的方法可以求出计算机成绩的最高分。

（2）每门课最低分。

用到函数 MIN()，先定位光标，将光标定位到 Q22 单元格内，输入公式"=MIN(G3:G15)"即可求出英语成绩的最低分，同样的方法可以求出计算机成绩的最低分。

（3）各个分数段的人数。

① 英语成绩在 90 分以上（包括 90）的人的个数。

用到函数 COUNTIF()，光标定位到 Q3 单元格，接着输入"=COUNTIF(G3:G15,">=90")" 即可求出结果。

计算机成绩在 90 分（包括 90 分）以上的人的个数求法同英语的一样。

② 英语成绩在 80～89 分之间的人的个数。

可以用 COUNTIF()，也可以用 COUNTIFS()。

用 COUNTIF 函数：光标定位到 Q4 单元格，接着输入：

“=COUNTIF(G3：G15，">=80")-COUNTIF(G3：G15，">=90")”即可求出结果。

用 COUNTIFS()函数：光标定位到 Q4 单元格，接着输入：

“=COUNTIFS(G3：G15，">=80"，G3：G15，"<90")”即可求出结果。

计算机成绩在 80～89 之间的人的个数求法同英语的一样。

同理可以得到 70～79，60～69，30～59 之间的英语和计算机成绩的人的个数。

③ 英语成绩在 30 分以下的人的个数。

用到函数 COUNTIF()，光标定位到 Q8 单元格，接着输入：

“=COUNTIF(G3：G15，"<30")”即可求出结果。

计算机成绩在 30 分以下的人的个数求法同英语的一样。

④ 英语成绩在 90 分以上的人所占的比例在求的过程中除用到 COUNTIF()函数外，还要用到计数函数 COUNT()，具体做法是将光标定位到 R4 单元格，接着输入“=COUNTIF(G3：G15，">=90")/COUNT(G3：G15)*100”即可求出结果。其他分数段的人所占比例求法与此相同。注意：求 80～89 之间的人所占的比例，分子要用小括号()括起来。

（4） 各班男女生的人数。

以新能源 1301B 班男生人数为例求解，用到的函数为 COUNTIFS()。

光标定位到 Q10 单元格，接着输入“=COUNTIFS(D3：D15，"新通源 1301B"，C3：C15，"男")”即可求出结果。

（5） 每班每门课的平均分。

以新能源 1301B 班英语成绩为例求解，用到的函数为 AVERAGEIFS()。

光标定位到 Q14 单元格，接着输入“=AVERAGEIFS(G3:G15,D3:D15,"新能源 1301B")”即可求出结果。

（6） 每班每门课总成绩。

以新能源 1301B 班英语成绩为例求解，用到的函数为 SUMIFS()。

光标定位到 Q18 单元格，接着输入“=SUMIFS(G3：G15，D3：D15，"新能源 1301B")”即可求出结果。设置后的效果如图 4-39 所示。

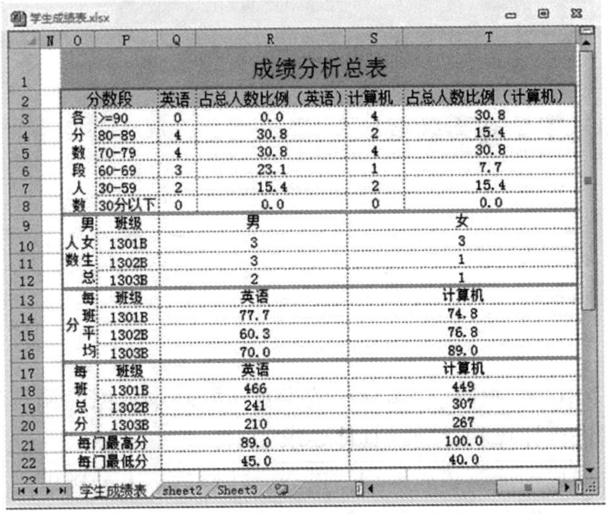

成绩分析总表

	分数段	英语	占总人数比例（英语）	计算机	占总人数比例（计算机）
各分数段人数	>=90	0	0.0	4	30.8
	80-89	4	30.8	2	15.4
	70-79	4	30.8	4	30.8
	60-69	3	23.1	1	7.7
	30-59	2	15.4	2	15.4
	30分以下	0	0.0	0	0.0
男女生总人数	班级		男		女
	1301B		3		3
	1302B		3		1
	1303B		2		1
每班平均分	班级		英语		计算机
	1301B		77.7		74.8
	1302B		60.3		76.8
	1303B		70.0		89.0
每班总分	班级		英语		计算机
	1301B		466		449
	1302B		241		307
	1303B		210		267
每门最高分			89.0		100.0
每门最低分			45.0		40.0

图 4-39 有结果的成绩分析总表效果图

实训项目 1　处理计算机大赛成绩表数据

1. 实训目标

（1） 公式的正确使用。

（2） 各类函数的正确使用。

2. 实训任务

陶凤霞利用 Excel 2010 来制作完成本学年的当月工资基本数据的输入及格式化处理后，现在需要对表中的数据进行计算和处理，具体要求如下：

（1） 用公式计算每个人的年龄。

（2） 用公式计算每个人的总分、平均分和名次（按平均分排名）。

（3） 用公式计算获奖等级，获奖等级的计算方法为：若平均分>=95，为“特等奖”，若平均分在[85,95]之间，为“一等奖”，其他情况为“未获奖”。

（4） 参考模板设计计算区域，并利用公式和函数计算所有空白单元格的值。

（5） 修改表格的边框和底纹。

3. 参考模板

如图 4-40 所示。

	L	M	N	O	P
1		平均分处于不同分数段的人数及所占比例			
2		分数段		平均分	占总人数比例
3		分数段人数	>=90		
4			[80-90)		
5			[60-80)		
6			<60		
7		各专业每部分的平均分			
8		专业	word	excel	ppt
9		音乐			
10		体育			
11		美术			
12		英语			

图 4-40　参考模板样图

实训项目 2　处理员工工资表数据

1. 实训目标

（1） 公式的正确使用。

（2） 函数的正确使用。

2. 实训任务

王红利用 Excel 2010 来制作完成本单位的当月工资基本数据的输入及格式化处理后，现在需要对表中的数据进行计算和处理，具体要求如下：

（1） 在出生日期后增加“周岁”列，用公式计算每个人的周岁。

（2） 津贴的发放依据所在的职位，划分标准如表 4-2 所示。

用公式计算出每个人的津贴。

表4-2 津贴发放标准

职 位	职 员	经 理	科 长
津贴	300	550	400

（3）用公式计算应付工资合计、应扣工资合计及每个人的实发工资。

（4）在实发工资后增加排名和备注列，并按实发工资计算排名。

（5）判定每个人的编号的后两位是偶数还是奇数，若是偶数，在备注列对应位置显示"上午班"，若是奇数，显示"下午班"。

（6）参考模板设计计算区域及以下内容，并利用公式和函数计算所有空白单元格的值。

（7）修改表格的边框和底纹。

3. 参考模板

如图4-41所示。

工 资 表

员工编号	姓名	性别	出生年月	周岁	所在部门	职位	固定工资	效益工资	津贴	应付工资合计	养老保险	医疗保险	公积金	应扣工资合计	实发工资	排名	备注
AA-001	黄东海	男	1980年5月21日		财务部	职员	3000	500			300	70	197				
AA-002	钱林	男	1972年10月11日		人事部	经理	3500	400			280	70	200				
AA-003	王铁柱	男	1979年2月12日		行政部	科长	3200	550			220	80	230				
AA-004	徐平	女	1962年10月30日		财务部	职员	4000	450			300	90	190				
AA-005	杨海林	女	1960年9月30日		财务部	职员	4200	340			250	60	156				
AA-006	张立功	女	1973年11月18日		人事部	经理	3300	300			320	68	178				
AA-007	方成应	女	1979年2月15日		财务部	科长	4000	400			190	77	190				
AA-008	刘丽华	女	1971年11月10日		人事部	职员	4000	280			300	69	170				
AA-009	王新美	女	1979年12月13日		行政部	经理	3500	300			300	56	165				
AA-010	岳红霞	男	1977年2月5日		财务部	科长	3200	260			240	65	149				
AA-011	张思柳	女	1970年2月18日		财务部	职员	4200	340			380	79	190				
AA-012	黄明明	女	1973年11月15日		财务部	职员	4000	230			280	89	109				
AA-013	江成云	女	1968年2月3日		人事部	经理	4500	450			290	90	190				
AA-014	王红	女	1966年11月18日		行政部	科长	4500	430			250	90	200				
AA-015	刘华	女	1967年1月2日		人事部	经理	4300	320			340	70	230				
AA-016	宋祖耀	男	1977年12月9日		财务部	职员	3500	320			300	86	210				
AA-017	王军	女	1973年12月7日		人事部	经理	4000	220			300	90	240				
AA-018	王建国	女	1968年11月6日		行政部	科长	4400	200			300	89	260				
AA-019	月平均	男	1971年9月12日		财务部	职员	3500	360			230	80	300				
AA-020	张明	女	1974年7月18日		人事部	经理	3800	290			230	80	200				
AA-021	郑黎明	男	1968年6月9日		行政部	科长	4000	270			230	60	200				
AA-022	张涵	男	1970年7月16日		财务部	职员	3800	380			230	70	200				

计算区域	求每一类平均工资	平均工资															
		财务部的平均工资															
		财务部男性的平均工资															
		财务部男性职员的平均工资															
	求每一类工资总和	工资总和															
		人事部工资总和															
		人事部女性的工资总和															
		人事部女性职员的工资总和															
	求每一类工资	最低工资															
		最高工资															
本单位的总人数		本单位中青年(年龄<=35)职工的人数				本单位中青年(年龄<=35)女性职工的人数											
计算科长人数		计算经理人数				计算职员人数											
科长占总人数比例		经理占总人数比例				职员占总人数比例											

图4-41 参考模板样图

【知识链接】

1. 运算符

运算符用于对公式中的元素进行特定类型的运算,分为算术运算符、比较运算符几种。算术运算符和比较运算符。

算术运算符是最基本的运算,如加、减、乘、除等。比较运算符可以比较两个数值并产生逻辑值,逻辑值只有两个 FALSE 和 TRUE,即错误和正确。Excel 中常用的算术与比较运算符如表 4-3 所示。

表 4-3 算术运算符和比较运算符

类 型	表示形式	优 先 级
算术运算符	+(加)、-(减)、*(乘)、/(除)、%(百分比)^(乘方)	从高到低分为 3 个级别:百分比和乘方、乘和除、加和减
关系运算符	=(等于)、>(大于)、<(小于)、>=(大于等于)、<=(小于等于)、<>(不等于)	优先级相同

2. 函数

(1) 函数的形式。

函数的形式:函数名([参数1][,参数2,…])

函数名后紧跟括号,可以有一个或多个参数,参数间用逗号分隔。函数也可以没有参数,但函数名后的圆括号是必需的。

在函数的形式中,各项的意义如下。

① 函数名称:指出函数的含义,如求和函数 SUM,求平均值函数 AVERAGE。

② 括号:用于括住参数,即括号中包含所有的参数。

③ 参数:指所执行的目标单元格或数值,可以是数字、文本、逻辑值(例如 TRUE 或 FALSE)、数组、错误值(例如#N/A)或单元格引用。其各参数之间必须用逗号隔开。

例如:SUM(A1:A3,C3:D4)有 2 个参数,表示求 2 个区域中(共 7 个数据)的和。

(2) 函数的使用。

在工作表中,简单的公式计算可以通过使用"开始"选项卡"编辑"组中的"求和"按钮 Σ 及其菜单来进行计算。若要直接在工作表单元格中输入函数的名称及语法结构,先选择要输入函数公式的单元格,输入"="号,然后按照函数的语法直接输入函数名称及各参数,完成输入后按 Enter 键或单击"编辑栏"中的"输入"按钮即可得出要求的结果。

由于 Excel 中的函数数量巨大,不便记忆,而且很多函数的名称仅仅只相差一两个字符,因此,为了防止出错,可利用 Excel 2010 提供的函数跟随功能来进行输入。当在单元格或编辑栏中输入公式前的"="以及函数名称前面的部分字符时,Excel 2010 会自动弹出包含这些字符的函数列表及提示信息,如图 4-42 所示。

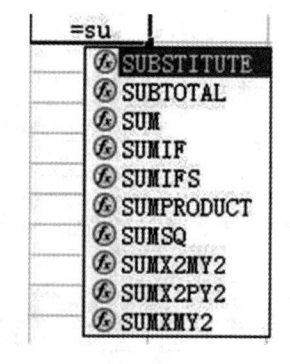

图 4-42 自动跟随的函数列表

（3）常用函数。

① SUM(A1，A2，…)。

功能：求各参数的和。A1，A2 等参数可以是数值或含有数值的单元格的引用。至多 30 个参数。

② AVERAGE(A1，A2，…)。

功能：求各参数的平均值。A1，A2 等参数可以是数值或含有数值的单元格的引用。

③ MAX(A1，A2，…)。

功能：求各参数中的最大值。

④ MIN(A1，A2，…)。

功能：求各参数中的最小值。

⑤ COUNT(A1，A2，…)。

功能：求各参数中数值型参数和包含数值的单元格个数。参数的类型不限。

如 "=COUNT(12，D1：D5，"CHINA")" 若 D1：D5 中存放的是数值，则函数的结果是 6。若 D1：D5 中只有一个单元格存放的是数值，则结果为 2。

⑥ IF(P，T，F)。

其中 P 是能产生逻辑值（TRUE 或 FALSE）的表达式，T 和 F 是表达式。

功能：若 P 为真（TRUE），则取 T 表达式的值，否则，取 F 表达式的值。

如：IF(3>2，10，−10)→10。

IF 函数可以嵌套使用，最多可嵌套 7 层。例如：E2 存放某学生的考试平均成绩，则其成绩的等级可表示为：

IF(E2>89, "A", IF(E2>79, "B", IF(E2>69, "C", IF(E2>59, "D", "F"))))

⑦ COUNTIF(range，criteria)。

功能：计算某个区域中满足给定条件的单元格数目。

⑧ SUMIF(range，criteria，sum_range)。

功能：对满足条件的单元格求和。

⑨ YEAR(serial_number)。

功能：返回日期的年份值，一个 1900～9999 之间的数字。

⑩ VLOOKUP(lookup_value，table_array，col_index_num，range_lookup)。

功能：纵向查找（按列查找）函数，返回该列所需查询列序所对应的值。

其中：

Lookup_value：需要在数据表第一列中进行查找的数值。Lookup_value 可以为数值、引用或文本字符串。

Table_array：需要在其中查找数据的数据表。使用对区域或区域名称的引用。

col_index_num：table_array 中查找数据的数据列序号。col_index_num 为 1 时，返回 table_array 第一列的数值，col_index_num 为 2 时，返回 table_array 第二列的数值，以此类推。如果 col_index_num 小于 1，函数 VLOOKUP 返回错误值#VALUE!；如果 col_index_num 大于 table_array 的列数，函数 VLOOKUP 返回错误值#REF!。

Range_lookup：逻辑值，指明函数 VLOOKUP 查找时是精确匹配，还是近似匹配。如果为 FALSE 或 0，则返回精确匹配，如果找不到，则返回错误值 #N/A。如果 range_lookup 为 TRUE 或 1，函数 VLOOKUP 将查找近似匹配值，也就是说，如果找不到精确匹配值，则返回小于 lookup_value 的最大数值。如果 range_lookup 省略，则默认为近似匹配。

例：如图 4-43 所示，要求表一中的信息，在表二中查找闻泽和马懿所对应的名次。

公式：B15==VLOOKUP(A15,$B$3:$H$11,7,FALSE)

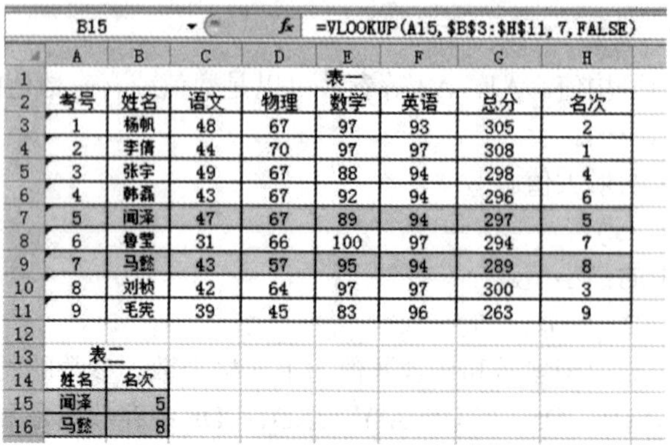
B15 =VLOOKUP(A15,$B$3:$H$11,7,FALSE)

表一

考号	姓名	语文	物理	数学	英语	总分	名次
1	杨帆	48	67	97	93	305	2
2	李倩	44	70	97	97	308	1
3	张宇	49	67	88	94	298	4
4	韩磊	43	67	92	94	296	6
5	闻泽	47	67	89	94	297	5
6	鲁莹	31	66	100	97	294	7
7	马懿	43	57	95	94	289	8
8	刘桢	42	64	97	97	300	3
9	毛宪	39	45	83	96	263	9

表二

姓名	名次
闻泽	5
马懿	8

图 4-43　VLOOKUP 函数举例

大家一定要注意，给定的第二个参数查找范围要符合以下条件才不会出错：

- 查找目标一定要在该区域的第一列。本例中查找表二的姓名，那么姓名所对应的表一的姓名列，那么表一的姓名列（列）一定要是查找区域的第一列。如本例中，给定的区域要从第二列开始，即$B$3:$H$11，而不能是$A$3:$H$11。因为查找的“姓名”不在$A$3:$H$11 区域的第一列。
- 该区域中一定要包含要返回值所在的列，本例中要返回的值是名次。名次列（表一的 H 列）一定要包括在这个范围内，即：$B$3:$H$11，如果写成$B$3:$G$11 就是错的。
- VLOOKUP 第 3 个参数是返回值的列数，它是“返回值”在第二个参数给定的区域中的列数，本例中我们要返回的是“名次”，它是第二个参数查找范围$B$3:$H$11 的第 7 列。这里一定要注意，列数不是在工作表中的列数（不是第 8 列），而是在查找范围区域的第几列。
- 最后一个参数是决定函数精确和模糊查找的关键。精确即完全一样，模糊即包含的意思。第 4 个参数如果指定值是 0 或 FALSE 就表示精确查找，而值为 1 或 TRUE 时则表示模糊。

3. 关于错误信息

在单元格中输入或编辑公式后，有时会出现诸如“#####!”或“#VALUE!”的错误信息，令初学者莫名其妙，茫然不知所措。其实，出错是难免的，关键是要弄清出错的原因和如何纠正这些错误。表 4-4 列出几种常见的错误信息。

下面分别对各错误信息可能产生的原因与纠正方法作一具体说明。

（1）　#####!。

若单元格中出现“#####!”，可能的原因及解决方法：

① 单元格中公式所产生的结果太长，该单元格容纳不下。

② 日期或时间格式的单元格中出现负值。

表 4-4 错误信息及出错原因

错误信息	原　　因
####	公式所产生的结果太长，该单元格容纳不下
#DIV/0!	公式中出现被零除的现象
#N/A	当在函数或公式中没有可用数值时，将产生错误值#N/A
#NAME?	在公式中使用 Excel 不能识别的文本时将产生错误值#NAME?
#NULL!	当试图为两个并不相交的区域指定交叉点时将产生错误值#NULL!
#NUM!	当公式或函数中某个数字有问题时将产生错误值#NUM!
#REF!	当单元格引用无效时将产生错误值#REF!
#VALUE!	当使用错误的参数或运算对象类型时，或当自动更正公式功能不能更正公式时，将产生错误值#VALUE!

（2）#DIV/0!。

输入的公式中包含除数 0，也可能在公式中的除数引用了零值单元格或空白单元格，而空白单元格的值将解释为零值。

（3）#N/A。

在函数或公式中没有可用数值时，会产生这种错误信息。

（4）#NAME?。

在公式中使用了 Excel 所不能识别的文本时将产生错误信息"#NAME?"。

（5）#NUM!。

这是在公式或函数中某个数值有问题时产生的错误信息。例如，公式产生的结果太大或太小，即超出范围：-10307～10307。如某单元格中的公式为"=1.2E+100*1.2E+290"，其结果大于 10307，就出现错误信息"#NUM!"。

（6）#NULL!。

在单元格中出现此错误信息的原因可能是试图为两个并不相交的区域指定交叉点。例如，使用了不正确的区域运算符或不正确的单元格引用等。

（7）#REF!。

该单元格引用无效的结果。设单元格 A9 中有数值 5，单元格 A10 中有公式"=A9+1"，单元格 A10 显示结果为 6。若删除单元格 A9，则单元格 A10 中的公式"=A9+1"对单元格 A9 的引用无效，就会出现该错误信息。

（8）#VALUE!。

当公式中使用不正确的参数或运算符时，将产生错误信息"#VALUE!"。

案例四 图表显示学生成绩表

【任务描述】

电子科学与工程系新能源专业班长王雷在完成"学生成绩表"输入、格式化和管理之后，想将每个人的英语成绩制作成直观性比工作表更强的柱状图，后来他又添加了计算机成绩，将图表修改为折线图，对图表做如下的格式化处理：

- 图表区域格式：图表区域的边框设置为"渐变线"，颜色"孔雀开屏"、宽度 2.5 磅，复合类型由细到粗、圆角；图表区域内部填充为"蓝色面巾纸"。
- 绘图区格式：边框采用默认方式；区域填充"麦浪滚滚"。

- 图表标题：学生成绩图。
- 坐标轴格式：最小值 0，最大值 100，主要刻度值 10。

具体效果如图 4-44 所示。

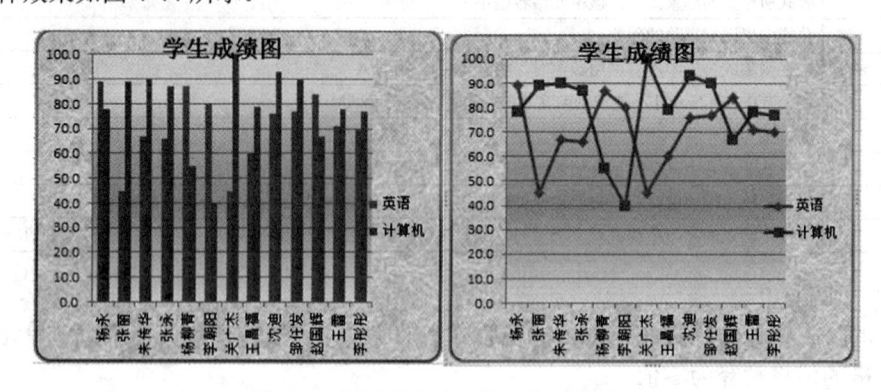

图 4-44　图表的创建及格式化后的效果

【任务分析】

本案例可以让学生充分了解图表的功能和作用，掌握图表的创建过程，学会设置图表的布局和样式，学会设置图表元素的布局与样式，培养学生审美观点和审美能力，提高学生的动手能力。

【实施方案】

任务 1　创建学生成绩图表

班长王雷通过前三个教学案例已经完成了基本数据的输入、格式化及数据处理操作，下面是对表格中的数据图形显示的操作过程。

以姓名为 X 分类轴，英语成绩为数据系列生成簇状柱形图

（1）选择数据源：选择 B2：B15 单元格，按住 Ctrl 不动，再选择 G2：G15。

（2）"插入"选项卡上单击"图表"组中的"柱形图"按钮，从弹出的菜单中选择"簇状柱形图"。

任务 2　编辑学生成绩图表

1. 向柱形图中添加计算机成绩数据

王雷正准备对图表进行格式化操作时，辅导员突然打电话想将计算机成绩也添加到图表中，以期反映出每一个学生每门课的成绩效果。操作过程为：

（1）右击图表的图表区，从快捷菜单中选择"添加数据"命令，打开"选择数据源"对话框。

（2）单击"添加"按钮，打开"编辑数据系列"对话框，然后单击"系列名称"折叠按钮，选择单元格 H2，单击"系列值"折叠按钮，选择单元格区域 H23：H15，如图 4-45 所示，最后单击"确定"按钮，返回"选择数据源"对话框，再单击"确定"按钮。

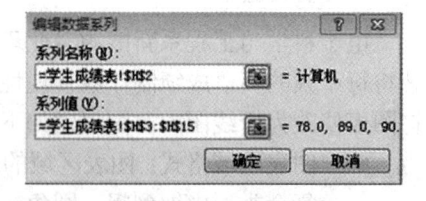

图 4-45　"数据系列编辑"对话框

数据的添加还可以通过"设计选项卡｜数据工具组｜选择数据"按钮来完成，若要添加的数据同原来的数据源是连续的，也可以在选中图表的基础上，通过拖动数据源蓝色的矩形框的方法来完成。

2. **将图表移动到学生成绩表的下方，并加上图表标题：学生成绩图**

（1）选择图表，用鼠标指针指向图表按住左键拖动到合适的位置，释放左键；

（2）选择图表，执行"布局"选项卡｜"标签"工具组中｜"图表标题"按钮下的下三角符号，选择"图表上方"，则在图的上方将填加一个文本框，将文本框内默认的"图表标题"改为"学生成绩图"。

3. **将图表更改为折线图**

选择图表，单击"设计"选项卡｜"类型"工具组｜"更改图表类型"按钮，从弹出的列表中选择"带数据标志的折线图"，然后单击"确定"按钮即可。

任务3　优化学生成绩图表

1. **设置学生成绩图中坐标轴的格式**

选择坐标轴，单击右键，弹出一个对话框，如图4-46所示：在坐标轴选项中，最小值设置为0，最大值100，主要刻度值10，然后单击"关闭"按钮即可。

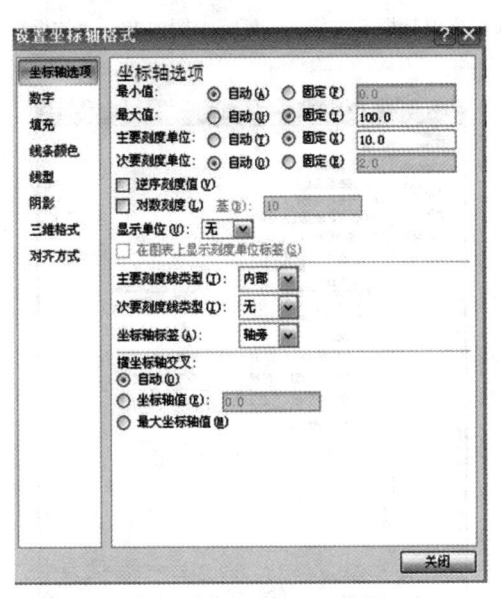

图4-46　"设置坐标轴格式"对话框

2. **学生成绩图区域格式的设置**

图表区域的边框设置为"渐变线"，颜色"孔雀开屏"、宽度2.5磅，复合类型由细到粗、圆角；图表区域内部填充为"蓝色面巾纸"。

图表区域的边框设置。

选择图表区域，单击右键弹出一个快捷菜单如图4-47所示，边框颜色选择"渐变色"，预设颜色选择"孔雀开屏"；然后单击左边的边框样式，弹出"边框样式"对话框，如图4-48

所示，将边框宽度设置为 2.5 磅，复合类型：由细到粗，圆角复选框前打勾；再次单击左边的填充按钮，将弹出如图 4-49 所示的"填充"对话框，在该对话框内，填充一栏选择"图片或纹理填充"，"纹理（U）:"选择"蓝色面巾纸"，将"图片平铺为纹理"前的复选框前打勾；然后单击"关闭"按钮即可。

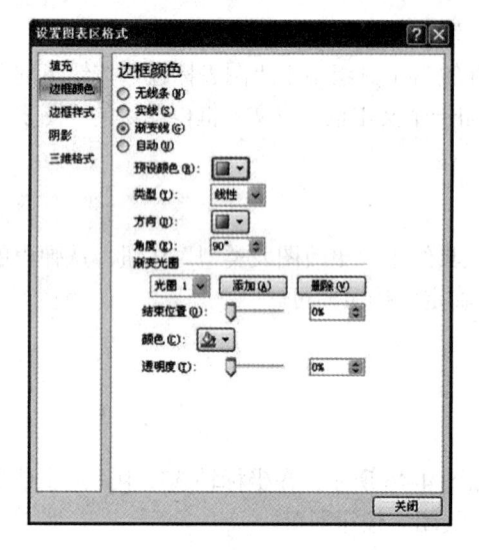

图 4-47　"边框颜色"对话框　　　　图 4-48　"边框样式"对话框

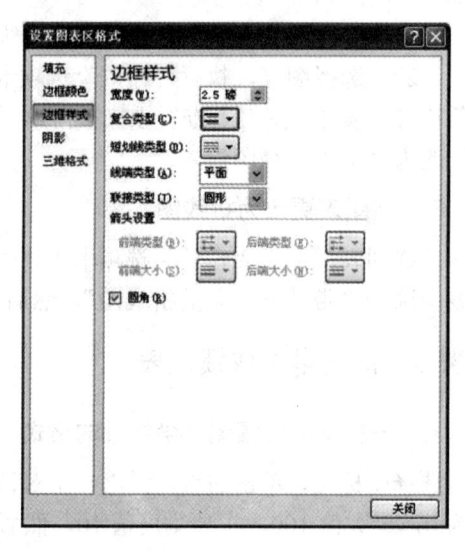

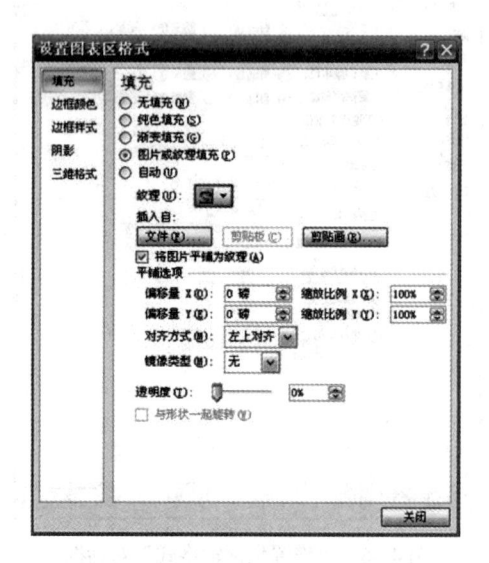

图 4-49　"填充"对话框

3. 学生成绩图绘图区格式的设置

边框采用默认方式；区域填充"麦浪滚滚"。

选择绘图区，再单击右键将弹出绘图区的格式对话框，或单击"布局"选项卡｜"背景"工具组｜"绘图区"按钮中的下三角符号，从中选择"其他绘图区域选项……"也可以弹出绘图区的对话框，该对话框的设置方法同图表区域一样。

如果想更改图表类型，或对图表进行其他格式化操作，请参照本案例后的知识链接。

实训项目 1　图表显示计算机大赛成绩表

1. 实训目标

（1）掌握图表的创建方法。
（2）掌握图表的编辑及格式化操作。

2. 实训任务

陶凤霞利用 Excel 2010 来制作完成本学年计算机大赛成绩的格式化处理后，根据领导要求，还必须对本学年的成绩做一个图表，以便更直观地查看本学年的成绩情况，具体要求如下：

（1）以姓名为 x 分类轴，word 成绩为数据系列生成一个三维的圆柱图。
（2）将 ppt 成绩添加到数据系列中。
（3）给当前图表添加标题和分类轴，标题内容为"学生大赛成绩图"（18 号宋体加粗），位于图表上方，x 分类轴为"学生姓名"，y 分类轴为"成绩"（x，y 分类轴的标题的字体为 10 号宋体字加粗）。
（4）最小刻度值为 0，最大刻度值为 100，以 20 为主要刻度单位。
（5）为当前图表添加边框和底纹，具体样式可自由发挥。
（6）将当前图表作为一个新的工作表独立存在，新工作表的名字为"计算机大赛成绩图"。

3. 参考模板

参考模板样图如图 4-50 所示。

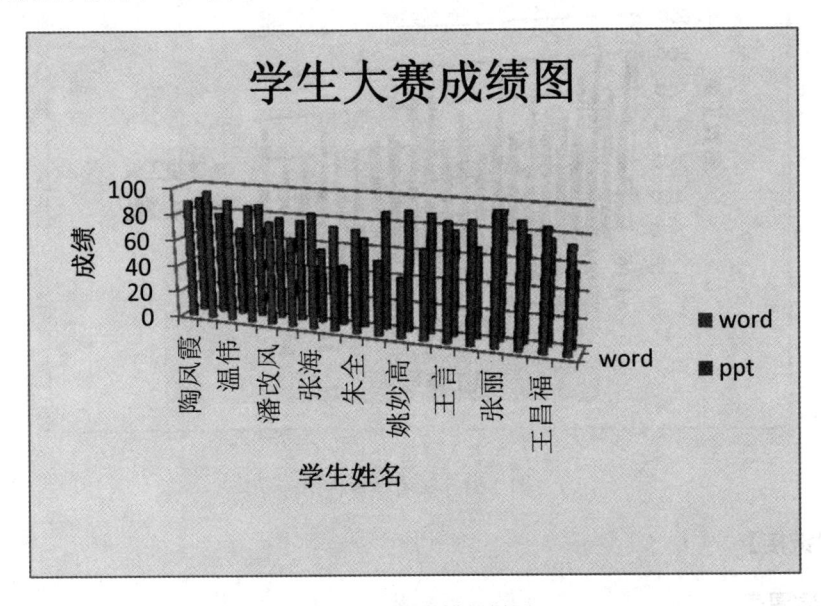

图 4-50　参考模板样图

实训项目 2　图表显示员工工资表

1. 实训目标

（1）　掌握图表的创建方法。
（2）　掌握图表的编辑及格式化操作。

2. 实训任务

王红利用 Excel 2010 来制作完成本月工资的格式化处理后，根据领导要求，王红必须对本月工资做一个图表，以便更直观地查看本月份的工资情况，具体要求如下：

（1）　以员工编号为 x 分类轴，效益工资为数据系列生成一个三维的圆柱图。
（2）　将养老保险添加到数据系列中。
（3）　给当前图表添加标题和分类轴，标题内容为"员工工资图表"（18 号宋体加粗），位于图表上方，x 分类轴为"员工编号"，y 分类轴为"各类工资"（x，y 分类轴的标题的字体为 10 号宋体字加粗）。
（4）　最小刻度值为 0，最大刻度值为 600，以 100 为主要刻度单位。
（5）　为当前图表添加边框和底纹，具体样式可自由发挥。
（6）　将当前图表作为一个新的工作表独立存在，新工作表的名字为"员工工资图"。

3. 参考模板

参考模板样图如图 4-51 所示。

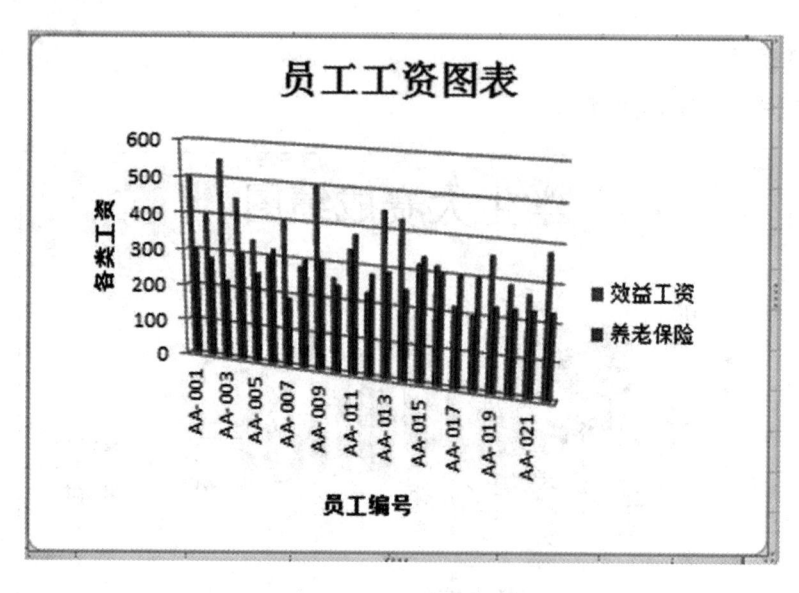

图 4-51　参考模板样图

【知识链接】

1. 创建图表

创建图表有两种方式：一是对选定的数据源直接按 F11 键快速创建图表，用此方法创建的图表是作为一个新的工作表插入；二是使用"插入"选项卡"图表"组中的工具来创建各种类型的个性化图表。

先选择要在图表中使用的数据的单元格，后在"插入"选项卡上单击"图表"组中的所需类型相对应的图表按钮，然后在下拉菜单中选择所需的子类型命令，即可快速创建图表，并且自动在功能区中显示图表工具。

2. 编辑图表

编辑图表是指更改图表类型及对图表中的各个对象进行编辑。

（1）选择图表对象。

选择图表可分为选择整个图表和选择图表中的对象，选择整个图表只须在图表中的空白处单击即可；若要选择图表中的对象，则要单击目标对象。若要取消对图表或图表中对象的选择，只需在图表或图表对象外任意位置单击即可。

（2）更改图表类型。

方法一："插入"选项卡上的"图表"组中选择其他图表类型。

方法二："设计"选项卡，单击"类型"组中的"更改图表类型"按钮，打开"更改图表类型"对话框，从中选择所需的图表类型。

（3）更改数据系列产生的方式。

图表中的数据系列既可以以行产生，也可以以列产生，有时还可根据需要对图表系列的产生方式进行更改。

具体方法是：先选择图表，在"设计"选项卡，单击"数据"组中的"切换行/列"按钮。

3. 添加或删除数据系列

图表建立后,可以根据需要向图表中添加新的数据系列,也可以删除不需要的数据系列。

（1）添加数据系列。

若是独立的图表，通过选择"设计"选项卡上的"数据组"中的"选择数据"来完成；对于嵌入图表先单击图表使其处于选择状态，并将鼠标指针移到表格选择区域右下角的方形控制柄上，当指针变为双向箭头状时，按下鼠标左键拖动指针，直至包含要添加的数据系列后释放鼠标键。

（2）若要删除图表中的数据系列，可按以下两种情况进行不同操作。

① 只删除图表中的数据系列不删除工作表中的数据，单击图表使其处于选择状态，将鼠标指针移到表格选择区域右下角的方形控制柄上，当指针变为双向箭头状时，按下鼠标左键拖动指针，取消包含在图表中删除的数据系列所对应的数据区域。

② 图表中某个数据系列并同时删除工作表中的相应数据,可直接选择工作表中要删除的数据区域将其删除，其对应的图表数据系列也将同时被删除。

4. 向图表中添加文本

对于创建好的图表，用户还可以向图表中添加一些说明性的文字，以使图表含有更多的信息。添加文字的主要方法是使用文本框。

选择图表，然后切换到"插入"选项卡，单击"文本"组中的"文本框"按钮，从弹出的菜单中根据需要选择"横排文本框"或"竖排文本框"命令，然后在图表中要添加文字的位置拖动鼠标指针绘出文本框并输入文字。

5. **移动图表**

先选择图表，单击"设计"选项卡上的"位置"组中"移动图表"后，将弹出一个对话框，如图 4-52 所示。

6. **格式化图表**

最常用的方法是，先选择图表中要格式化的对象，单击右键将弹出一个快捷菜单，如图 4-53 所示，通过该菜单项进行设置。常用的格式设置有字体、坐标轴格式、主要网格线、次要网格线等操作。

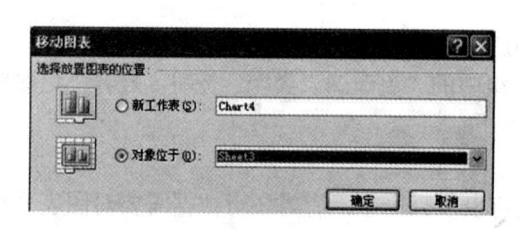

图 4-52 "移动图表"对话框

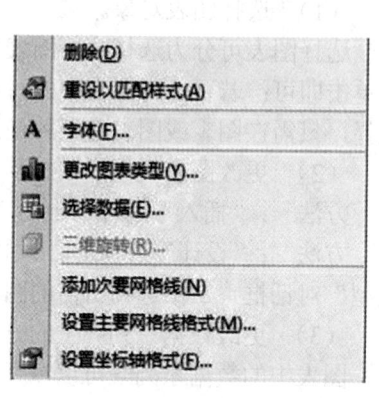

图 4-53 "格式化图表"对话框

案例五 统计与分析学生成绩表

【任务描述】

最近几天，班长王雷在完成"学生成绩表"输入和处理之后，按照辅导员的要求计划完成以下工作：

- 将学生成绩表中的数据按专业班级升序排序，如果是同一个班的学生则按平均分的降序排列；
- 筛选出英语和计算机成绩都在 70 分以上的学生信息；
- 筛选出英语和计算机成绩只要有一门课不及格的学生信息；
- 按专业班级统计出英语和计算机成绩的平均值；
- 在统计出每班英语和计算机成绩的平均值的基础上，再统计出男女生的英语和计算机成绩的平均值；
- 以专业班级为单位分别统计出男女生的个数。

【任务分析】

本案例可以让学生充分了解数据的管理与分析，掌握几种不同的排序方法，学会对数据进行筛选和分类汇总，培养学生从不同的角度观察和分析数据，管理好自己的工作簿，提高学生的动手能力。

【实施方案】

任务1　学生成绩表的排序

班长王雷通过前四个教学案例已经完成了基本数据的输入、格式化及数据处理操作，下面是对表格中的数据进行排序的操作。

将学生成绩表中的数据按班级升序排序，同一个班的学生按平均分降序排列

此案例中有两个排序关键字字段，若只有一个排序关键字字段，则只需要将光标定位到排序关键字所在的那一列，然后通过"数据"选项卡｜"排序和筛选"工具组｜ 2↓ 或 Z↓ 完成，前提是参与排序的单元格必须是行和列规范的，不能出现有合并单元格的情况。

对于本题的操作，其过程为：选中学生成绩表中"专业班级"列的任意一个单元格，然后单击"数据"选项卡｜"排序和筛选"工具组｜"排序"按钮，弹出"排序"对话框，如图4-54所示。在"主要关键字"下拉列表框中选择"专业班级"选项，在"排序依据"栏的下拉列表框中选择"数值"选项，在"次序"栏的下拉列表框中选择"升序"选项；单击对话框左上方的"添加条件"按钮，再在"次要关键字"下拉列表框中选择"平均分"选项，在"排序依据"栏的下拉列表框中选择"数值"，在"次序"栏的下拉列表框中选择"降序"选项，单击"确定"按钮即可，结果如图4-55所示。

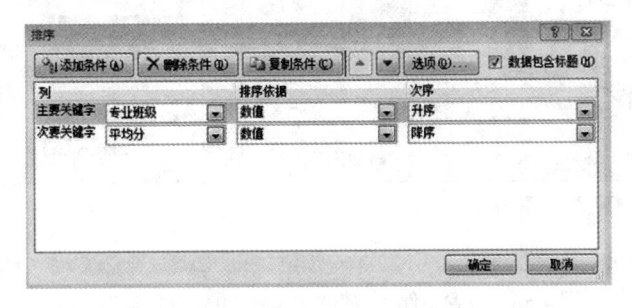

图4-54　"排序"对话框

图4-55　"排序"样张

任务2　学生成绩表的筛选

班长王雷需要筛选出各专业班级不同学生的相关信息，需要使用Excel 2010的自动筛选（简单条件的筛选）和高级筛选（复杂条件的筛选）功能。

1. 筛选出英语和计算机成绩都在 80 分以上的学生信息（条件是与的关系）

（1）选中工作表中的任一单元格，在"数据"选项卡｜"排序和筛选"工具组中单击"筛选"按钮，每一个列标题右侧均出现一个下拉箭头。单击"英语"列标题右侧的下拉箭头，选择"数字筛选"｜"大于或等于 80"，再单击"计算机"列标题右侧的下拉箭头，选择"数字筛选"｜"大于或等于 80"，单击"确定"按钮完成英语和计算机都在 80 分以上的记录的筛选。

（2）还可以使用高级筛选方式：首先在 A17：B18 单元格内输入筛选条件，如图 4-56 所示（注意条件要写在同一行上），然后选中"筛选"工作表中任一单元格，单击"数据"选项卡｜"排序和筛选"工具组中的"高级"按钮，弹出"高级筛选"对话框，如图 4-56 所示。选择"将筛选结果复制到其他位置"，在"列表区域"用鼠标选择 A2：M15 单元格区域（在选择筛选条件时，一定要将列标题一起选取），"条件区域"用鼠标选择 A17：B18 单元格区域，"复制到"用鼠标选择 A20 单元格，单击"确定"按钮，返回工作簿窗口，即可以筛选出英语和计算机均在 70 分以上的学生的记录，结果如图 4-57 所示。

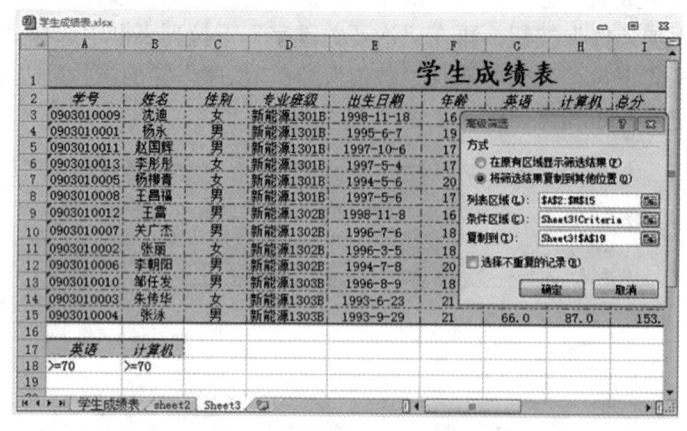

图 4-56 设置条件"与"高级筛选的列表和条件区域

图 4-57 "高级筛选"结果样张

2. 筛选出英语和计算机成绩只要有一门课不及格的学生信息（条件为或的关系）

首先在 A27：B29 单元格内输入筛选条件（注意条件要写在两行上），如图 4-58 所示，然后选中"筛选"工作表中任一单元格，单击"数据"选项卡｜"排序和筛选"工具组中的"高级"按钮，弹出"高级筛选"对话框，如图 4-58 所示。选择"将筛选结果复制到其他位置"，在"列表区域"用鼠标选择 A2：M15 单元格区域（在选择筛选条件时，一定要将列标题一起选取），"条件区域"用鼠标选择 A27：B29 单元格区域，"复制到"用鼠标选择 A30 单元格，单击"确定"按钮，返回工作簿窗口，即可以筛选出英语和计算机有一门课不及格的学生的记录，结果如图 4-59 所示。

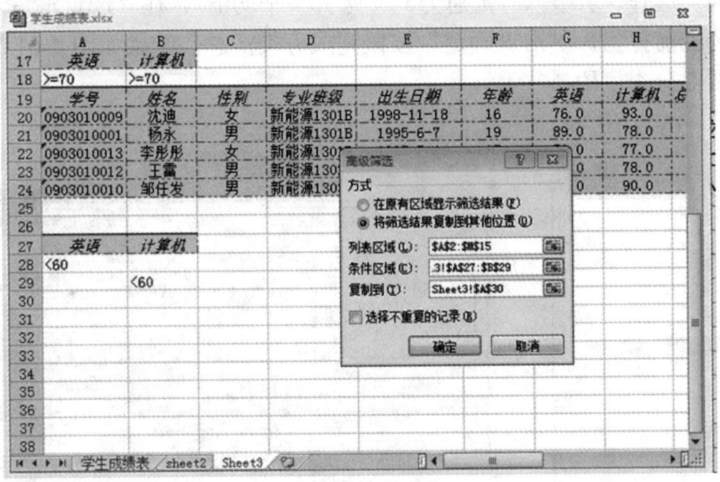

图 4-58　设置条件"或"高级筛选的列表和条件区域

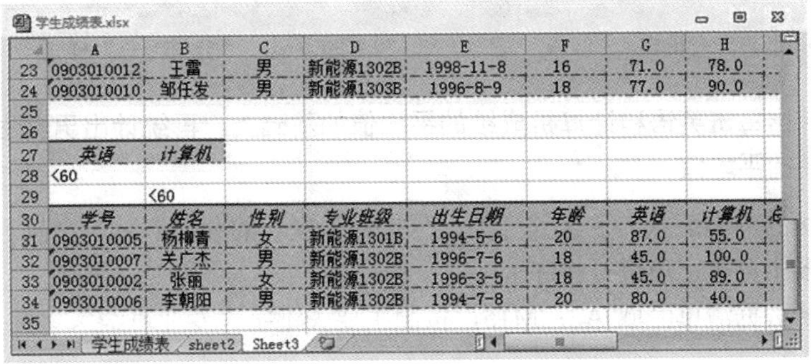

图 4-59　"高级筛选"结果样张

任务 3　学生成绩表的分类汇总

对数据的处理除排序和筛选之外，还可以分类汇总和数据透视，分类汇总和数据透视的区别是：

分类汇总：按一个字段分类，对本身或其他的一个或多个字段汇总，其过程包括两个操作：先"排序"，再"分类汇总"。

数据透视表：又称为多个字段的分类汇总，可按多个字段分类，对一个或多个字段汇总，其操作特点是：不需要预先分类，而是同时进行分类及汇总。分类汇总是在原数据上统计，数据透视表可以给你选择的空间。

班长王雷要按专业班级对两门课的成绩求平均值，在操作分类汇总前要进行排序操作，这样才能使得分类汇总前数据能先分类，再进行项目的汇总。

1. 按专业班级统计出英语和计算机成绩的平均值

将"学生成绩表"复制到"Sheet2"表中，对数据清单按专业班级进行排序，然后选中"分类汇总"工作表中的任一单元格，在"数据"选项卡｜"分级显示"工具组中，单击"分类汇总"对话框，如图4-60所示。

"分类字段"选择"班级"、"汇总方式"选择"平均值"，在"选定汇总项"的"英语"、"计算机"复选框前打勾，单击"确定"按钮完成分类汇总。结果如图4-61所示（提示：分类汇总前一定要对分类字段排序）。

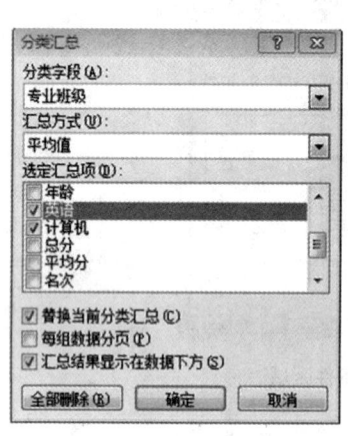

图4-60 "分类汇总"对话框　　　　图4-61 "分类汇总"样张

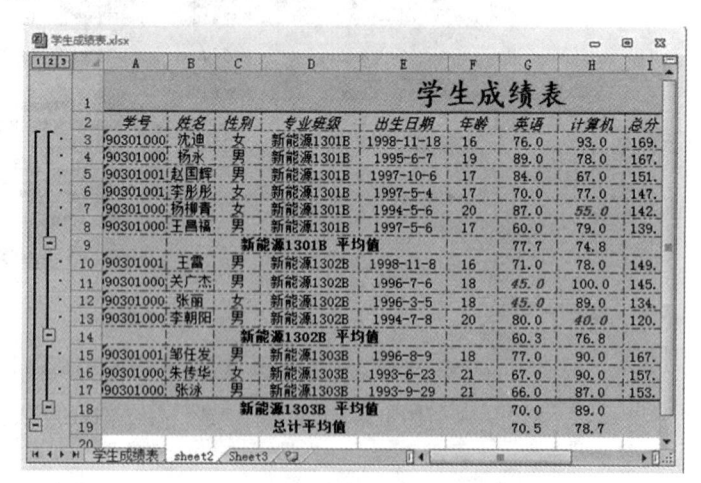

2. 在统计出每班英语和计算机成绩的平均值的基础上，再统计出男女生的英语和计算机成绩的平均值

这属于多级的分类汇总，多级的分类汇总也称为嵌套的分类汇总，在执行嵌套的分类汇总前，需要对多个分类字段进行排序。

（1）选择数据清单区域A2：M15，按照主要关键字"专业班级"、"性别"进行排序，如图4-62所示。

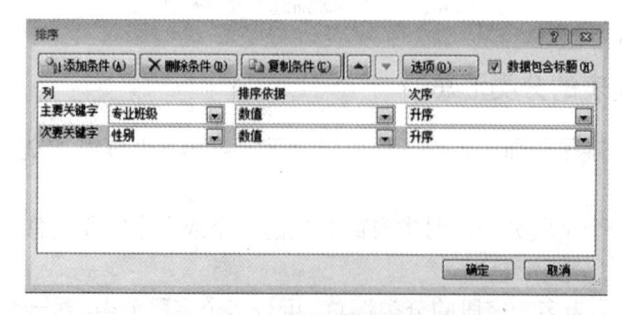

图4-62 多字段的排序对话框

（2）"分类字段"选择"班级"、"汇总方式"选择"平均值"，在"选定汇总项"的"英语"、"计算机"复选框前打勾，单击"确定"按钮完成第一步的分类汇总。

（3）再次打开"分类汇总"对话框，在"分类字段"框中，单击要分类汇总的列"性别"；在"汇总方式"框中，单击要用来计算分类汇总的汇总方式"求平均值"；在"选定汇总项"框中，对于包含要计算分类汇总的值的列"英语"、"计算机"，选中其复选框；并取消"替换当前分类汇总"。

（4）单击"确定"按钮，结果如图 4-63 所示。

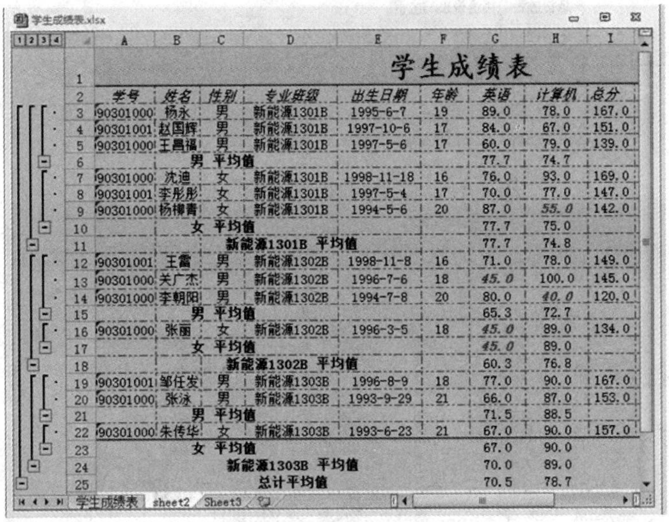

图 4-63 分类汇总结果图

若要取消分类汇总，在"分类汇总"对话框中单击"全部删除"按钮即可。

若要将分类汇总的结果复制出来，以备其他表中使用，这时，不能有通常的复制、粘贴操作，否则会将数据与分类汇总结果一起进行复制，仅复制分类汇总结果的操作步骤如下：

（1）选定所需区域。

（2）单击"开始"选项卡｜"编辑"工具组｜"查找和选择"按钮旁的下三角符号，从中选择"定位条件（S）…"，从弹出的窗口中选择"可见单位格"，然后再执行复制和粘贴操作。

班长王雷现在需要对新能源专业每个班的大量数据实行快速汇总，这要依靠数据透视表来完成，班长还可以通过数据透视表的结果转换行以查看数据源的不同汇总结果，还可以显示不同页面以筛选数据，以及根据需要显示区域中的明细数据。

3. 以班为单位分别统计出男女生的个数

这是多字段的分类汇总，也称为数据透视表。

（1）创建数据透视表。

在 Excel 表中打开"插入"选项卡｜"表"工具组中单击"数据透视表"按钮，弹出如图 4-64 所示对话框。在对话框中选择数据来源"学生成绩表!$A$2：$M$15"和指定透视表的显示位置"学生成绩表!$A$17"后，单击"确定"按钮，就创建了一个空白的数据透视表，并显示"数据透视字段列表"。根据要求，将"性别"字段用鼠标拖到"行标签"位置处，"班级"字段拖到"列标签"位置处,将"性别"字段用鼠标拖到"Σ数值"位置处即可,如图 4-65 所示。

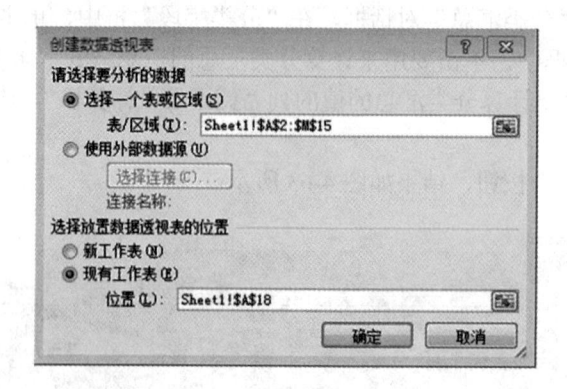

图 4-64 "创建数据透视表"对话框

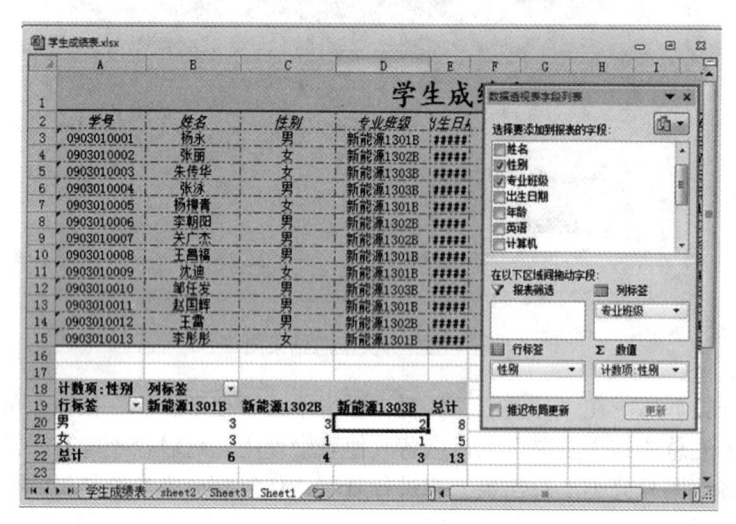

图 4-65 创建完成的"数据透视表"

(2) 格式化数据透视表。

数据透视表创建完成之后,还可以对该表进行格式化,先选择数据透视表,然后单击"开始"选项卡 | "字体"工具组中"边框"按钮,从中选择"所有边框",即可以为数据透视表加内外边框,此外也可以用"数据透视表样式"为当前表格设置一种样式。

(3) 更新数据透视表中的数据。

对于建立好了的数据透视表,修改其数据源中的数据值并不影响数据透视表。因此,当数据源发生变化后,右击数据透视表的任意单元格,从快捷菜单中选择"刷新"命令,可以及时更新数据透视表中的数据。

(4) 查看数据透视表中的明细数据。

对于班长王雷做好的数据透视表,辅导员在查看数据时想查看表中的明细数据,比如想查看新能源 1301B 的学生都有哪些,这要通过数据透视表中的明细数据来完成,具体操作步骤为:

右击要查看明细的字段(新能源 1301B),从快捷菜单中选择"展开/折叠" | "展开"

命令，打开"显示明细数据"对话框，在对话框中选择要查看的字段名称（姓名），然后单击"确定"按钮，明细数据显示在数据透视表中，单击列前标签前面的"+"或"-"按钮可展开或折叠数据透视表中的数据。

（5）使用切片器。

切片器是 Excel 2010 中新增加的功能，它提供了一种可视性很强的筛选方法来筛选数据透视表中的数据。一旦插入切片器，即可使用按钮对数据进行快速分段和筛选，从而仅显示所需的数据。具体操作步骤是：

打开已创建好的数据透视表，切换到"选项"选项卡，单击"排序和筛选"工具组中的"插入切片器"按钮，打开"插入切片器"对话框，选中要进行筛选的字段，例如性别，单击"确定"按钮，切片器将出现在工作表中，如图 4-66 所示。

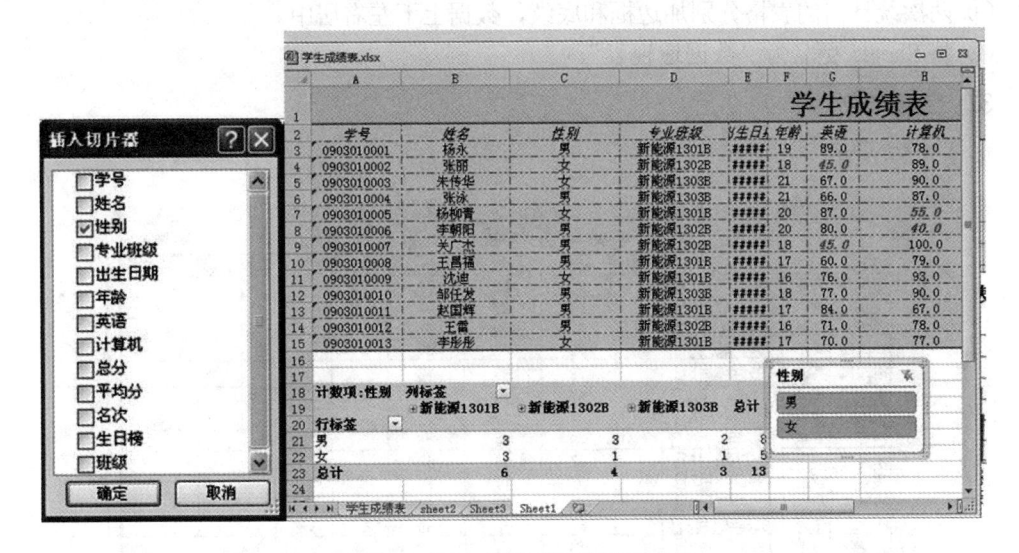

图 4-66 插入切片器及结果对话框

实训项目 1 统计和分析计算机大赛成绩表

1. **实训目标**

（1）掌握数据的排序和筛选。

（2）掌握数据的分类汇总和数据透视表。

2. **实训任务**

陶凤霞利用 Excel 2010 来制作完成本学年计算机大赛成绩数据的图表处理后，还需要根据对本学年的大赛成绩进行统计和分析，具体要求如下：

（1）将计算机技能大赛成绩表复制到 Sheet2 中，并做以下各题：

① 按专业的升序排序，若专业相同，则按平均分的升序排序。

② 将 Sheet2 更名为"数据排序"。

（2）将计算机技能大赛成绩表复制到 Sheet3 中，利用高级筛选做以下各题：

① 筛选出音乐系的学生的信息，结果放在表的下方。

② 筛选出音乐和美术系的学生的信息，结果放在第①题结果的下面。

③ 筛选出音乐和美术系的平均分都在 80 分以上的学生的信息，结果放在第②题的下面。

④ 将 Sheet3 更名为“数据筛选”。

（3） 将“数据筛选”工作表中的数据源复制到 Sheet4 中，并做以下各题：

① 统计出每个系的人数。

② 在上题统计结果的基础上，按系别统计出 word，excel，ppt 三种成绩的平均分。

③ 将 Sheet4 更名为“分类汇总”。

（4） 将“数据筛选”工作表中的数据源复制到 Sheet5 中，并做以下各题：

① 分别统计出每个专业中各获奖等级的学生人数，结果放在表的下方。

② 按专业统计出每个获奖等级的 word，excel，ppt 三部分成绩的平均值，结果放在上题结果的下面。

③ 两次统计出的表格分别加边框和底纹，数据上下左右居中。

④ 将 Sheet5 更名为“数据透视表”。

3. 参考模板

如图 4-67 所示。

体音美英计算机技能大赛成绩表

姓名	专业	出生日期	年龄	word	excel	ppt	总分	平均分	获奖等级	名次
陶凤霞	音乐	1994年5月6日		90	99	89				
王芳	音乐	1994年7月8日		98	89	78				
温伟	体育	1996年11月8日		92	90	67				
许盼盼	美术	1995年8月9日		89	78	87				
潘改风	英语	1996年3月5日		78	89	78				
李广	英语	1998年11月8日		67	98	77				
张海	体育	1997年5月6日		87	67	56				
赵安	美术	1998年11月8日		78	64	45				
朱全	美术	1996年9月6日		77	64	67				
袁雪	音乐	1994年5月6日		56	77	88				
姚妙高	音乐	1994年7月8日		45	87	90				
江水	体育	1996年11月8日		67	56	89				
王言	美术	1995年8月9日		88	34	78				
张永	英语	1996年3月5日		90	99	67				
张丽	英语	1998年11月8日		98	98	95				
王蕾	体育	1997年5月6日		92	90	78				
王昌福	美术	1998年11月8日		89	78	77				
沈迪	美术	1996年9月6日		78	89	56				

图 4-67　参考模板样图

实训项目 2　统计和分析员工工资表

1. 实训目标

（1） 掌握数据的排序和筛选。

（2） 掌握数据的分类汇总和数据透视表。

2. 实训任务

王红利用 Excel 2010 来制作完成本月工资数据的图表处理后，还需要根据对本月的工资进行统计和分析，具体要求如下：

（1） 将员工工资表的基本表部分（前 25 行）复制到 Sheet2 中，并做以下各题：

① 按所在部门的升序排序，若是同一部门的员工，则按实发工资的降序排序。

② 将 Sheet2 更名为"数据排序"。

(2) 将员工工资表的基本表部分（前 25 行）复制到 Sheet3 中，并将表的结构修改为如参考模板图所示的结构，在此基础上利用高级筛选做以下各题：

① 筛选出女性职员的信息，结果放在表的下方。

② 筛选出实发工资在 3500 元以上的（包括 3500）人的信息，结果放在第①题结果的下面。

③ 选出行政部和人事部的男性职工的信息，结果放在第②题的下面。

④ 将 Sheet3 更名为"数据筛选"。

(3) 将"数据筛选"工作表中的数据复制到 Sheet4 中，并做以下各题：

① 按部门统计出实发工资的平均值。

② 在上题统计结果的基础上，统计出男女职工的人数。

③ 将 Sheet4 更名为"分类汇总"。

(4) 将"数据筛选"工作表中的数据复制到 Sheet5 中，并做以下各题：

① 分别统计出每个部门男女职工的人数，结果放在表的下方。

② 按职位统计出每个部门的实发工资的平均值，结果放在上题结果的下面，并加入切片器，以便更直观按性别查看每一类的实发工资的平均值。

③ 两次统计出的表格分别加边框和底纹，数据上下左右居中。

④ 将 Sheet5 更名为"数据透视表"。

3. 参考模板

如图 4-68 所示。

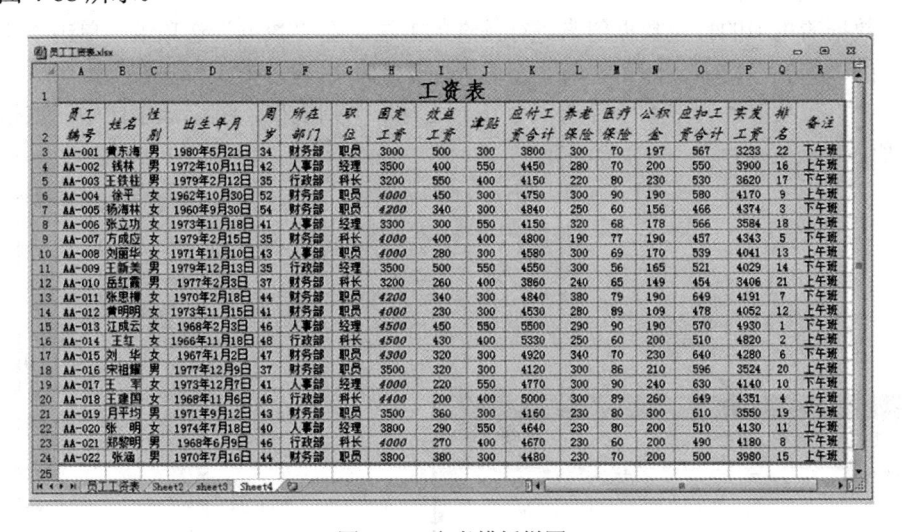

图 4-68　参考模板样图

【知识链接】

1. 数据排序

排序实质是指按照一定的顺序重新排列数据清单中的数据，通过排序，可以根据某特定列的内容来重新排列数据清单中的行，不改变行的内容。

在排序时数值型数据按大小排序，英文字母按字母顺序排序，汉字按拼音首字母或笔画排序。用来排序的字段称为关键字。数据排序方法有2种：简单排序和复杂排序。

（1）简单排序。

简单排序是按一个关键字（也就是单一字段）进行排序。简单排序的方法有两种：

① 在"开始"选项卡上单击"编辑"组中的"排序和筛选"按钮，从弹出的菜单中选择与排序相关的命令来进行排序。

② 在"数据"选项卡"排序和筛选"组中的"升序" ![] 或"降序" ![] 按钮来为单列数据进行排序。

（2）复杂排序。

复杂排序是对2个或2个以上关键字进行排序。当排序关键字的字段出现相同值时，可以按另一个关键字继续排序。

在"数据"选项卡，单击"排序和筛选"组中的"排序"按钮，打开如图4-69所示的"排序"对话框。

2. 数据筛选

数据筛选是指只显示数据清单中用户需要的、满足一定条件的数据，其他数据暂时隐藏起来，但没有被删除。当筛选条件被删除后，隐藏的数据又会恢复显示。

数据筛选有2种：自动筛选和高级筛选。

（1）自动筛选。

自动筛选可以实现单个字段的筛选，以及多个字段的"逻辑与"的关系的筛选，自动筛选可以从不同的方面对数据进行筛选，如按列表值、按颜色、指定条件等。

① 按列表值筛选。

指按数据清单中的特定数据值来进行筛选的方法。在"数据"选项卡，单击"排序和筛选"组中的"筛选"按钮，即可在每个字段的右边都将出现一个下拉按钮 ![]。单击该按钮，将弹出一个下拉菜单，其中除了筛选命令外，还有一个列表框，列出该字段中的数据项，如图4-70所示。

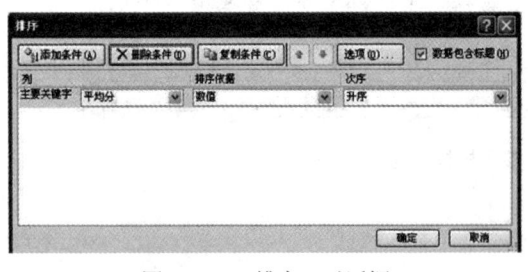

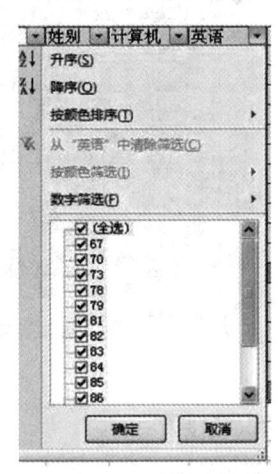

图4-69　"排序"对话框　　　　图4-70　自动筛选菜单

数据项列表框中最多可以列出10000条数据，单击并拖动右下角的尺寸控制句柄可以放大自动筛选菜单。在列表框中选择符合条件的项，即可在数据清单中只显示符合条件的记录。

② 按指定条件筛选。

不同类型的数据可设置的条件是不一样的：

文本数据，指定的条件是"等于"、"不等于"、"开头是"、"结尾是"、"包含"、"不包含"等条件。

数字数据，指定的条件是"等于"、"不等于"、"大于"、"大于或等于"、"小于"、"小于或等于"、"介于"、"10个最大的值"、"高于平均值"、"低于平均值"等条件；

时间和日期数据，指定的条件是"等于"、"之前"、"之后"、"介于"、"明天"、"今天"、"昨天"、"下周"、"本周"、"上周"、"下月"、"本月"、"上月"、"下季度"、"本季度"、"上季度"、"明年"、"今年"、"去年"、"本年度截止到现在"以及某一段时间期间所有日期等条件。

(2) 高级筛选。

当筛选的条件比较复杂、或出现多字段的"逻辑或"关系时，用高级筛选更为方便。

在进行高级筛选时，必须先建立一个条件区域，并在此区域中输入筛选数据要满足的条件。建立条件区域时要注意以下几点：

① 在条件区域中不一定要包含工作表中的所有字段，但条件所用的字段必须是工作表中的字段。

② 输入在同一行上的条件关系为逻辑与，输入在不同行上的条件关系为逻辑或。

3. 分类汇总

分类汇总是分析数据表的常用方法，例如，在学生成绩表中要按性别分类统计男女生学生的平均成绩，使用系统提供的分类汇总功能，很容易得到这样的统计表，为分析数据表提供了极大的方便。

分类汇总有2种：简单汇总和嵌套汇总。

(1) 简单汇总。

简单汇总是指对数据清单的一个或多个字段仅做一种方式的汇总。

分类汇总后，默认情况下，数据会分3个级别显示，可以单击分级显示区上方的"1"、"2"和"3"这3个按钮控制，单击"1"，只显示清单中的列标题和总计结果；单击"2"按钮显示各个分类汇总结果和总计结果；单击"3"按钮显示全部详细数据。

(2) 嵌套汇总。

嵌套汇总是指对同一字段进行多种不同方式的汇总。注意：不能选中"替换当前分类汇总"前的复选框。

综合实训1　制作工资统计表

1. 实训目标

(1) 掌握新建及保存工作簿和工作表的方法；

(2) 掌握数据表中文本类型的快速输入方法；

(3) 掌握工作表中数据格式和单元格格式设置方法；

(4) 掌握工作表中公式和函数的用法；

(5) 掌握图表的制作及格式化；

(6) 掌握数据的分析与处理。

2. 实训要求

吴琼要对黄淮学院2010年11月份工资发放情况进行统计和分析，具体要求如下：

（1） 新建一个“工资情况表”工作簿，在该工作簿的第一张工作表Sheet1中输入如参考模板图4-71所示的数据，将Sheet1更名为“工资表”。

（2） 将单元格A1:M1、A2:M2合并且水平居中，将标题字号设置20号，楷体。将单元格A3:M3的字体设为仿宋、14号、茶色底纹且水平居中；将A3:M17加褐色外双及蓝色内细的边框线。

（3） 用公式计算：奖金（教授为150元、副教授为100元、讲师为50元、助教为30元）实发工资（基本工资+奖金-工会会费）、工龄、工会会费（按照表格右侧的标准计算），统计职称是讲师的奖金总和，工龄在5～10年以上的人数。（所有数据保留整数）

（4） 用函数计算实发工资、名次；在等级列中，用函数计算每人的工资等级（等级A：实发工资>=2000且工龄>=20；等级B：实发工资>=1500且工龄>=15；等级C：实发工资>=1200且工龄>=7；等级D：实发工资>=900且工龄>=5；等级E：实发工资<900）。

（5） 筛选出职称为教授或副教授，性别为男的记录，并将筛选结果放到A22起的单元格中。

（6） 把sheet1中的数据复制到sheet2中，分类汇总：统计每类职称的人数，将工作表sheet2改名为“分类汇总”。

（7） 把sheet1中的数据复制到sheet3中，数据透视表：按系别统计每类职称的基本工资的平均值；将工作表sheet3改名为“数据透视表”。

3. 参考模板

如图4-71所示。

2010年11月份工资情况表

2010-11-24

编号	姓名	性别	参加工作时间	系别	职称	基本工资	奖金	工会会费	实发工资	工龄	等级	名次
HW01	吴琼	男	1985年3月21日	计科系	教授	2600.3						
HW02	黄莹	女	1989年12月11日	英语系	教授	2300.2						
HW03	黄明星	男	2001年2月12日	化学系	讲师	1200.7						
HW04	孙彩彤	女	1991年5月21日	物理系	教授	2000.6						
HW05	汪海蓉	女	1996年9月30日	中文系	副教授	1800.2						
HW06	蒋永魁	男	1992年11月18日	计科系	副教授	1700.5						
HW07	王冠一	男	2005年2月15日	英语系	助教	900.6						
HW08	李珊	女	1990年9月10日	物理系	教授	2050.3						
HW09	陈晨	女	2003年12月13日	中文系	讲师	1000.3						
HW10	李明凡	男	1999年2月3日	计科系	讲师	1300.8						
HW11	张柳晶	女	1998年2月18日	数学系	副教授	1500.4						
HW12	王丹丹	女	2006年8月5日	化学系	助教	800.5						
HW13	李超峰	男	2009年8月6日	数学系	助教	700.6						
统计职称是讲师的奖金总和						统计工龄在5-10年的人数						

工会会费上交统计表

系别	人数	合计金额
计科系		
英语系		
化学系		
物理系		
中文系		
数学系		

会费标准

职称	金额
教授	80.3
副教授	70.6
讲师	49.5
助教	30.7

图4-71 工资统计表样图

综合实训2 制作汽车销售统计表

1. 实训目标

（1） 掌握新建及保存工作簿和工作表的方法；

（2） 掌握数据表中纯数字文本类型的快速输入方法；

（3） 掌握工作表中数据格式和单元格格式设置的方法；

（4） 掌握工作表中公式和函数的用法；

（5） 掌握图表的制作及格式化；

（6） 掌握数据的分析与处理。

2. 实训要求

润景公司是一个汽车销售公司，专门销售上海大众系列轿车，目前销售经理要求新聘用的赵亮对2013年度汽车销售的数据进行整理和分析，具体要求如下：

（1） 新建一个“润景公司汽车销售”工作簿，在该工作簿的第一张工作表Sheet1中输入如参考模板图4-72所示的数据，将Sheet1更名为“汽车销售表”。

汽车销售表.xlsx

序号	销售日期	车辆型号	销售员	市场价/万	销售量	销售金额/万	名次
1	2013-7-3	帕萨特	李敏	¥ 20.0	1		
2	2013-7-24	波罗	杨玉	¥ 15.0	2		
3	2013-8-4	桑塔纳	黄莺	¥ 9.0	3		
4	2013-8-15	途安	陈倩	¥ 25.0	1		
5	2013-8-3	朗逸	李敏	¥ 18.0	5		
6	2013-9-13	帕萨特	杨玉	¥ 20.0	2		
7	2013-9-25	波罗	黄莺	¥ 15.0	5		
8	2013-10-15	桑塔纳	陈倩	¥ 10.0	4		
9	2013-10-13	途安	李敏	¥ 23.0	6		
10	2013-11-1	朗逸	杨玉	¥ 19.0	4		
11	2013-11-13	波罗	黄莺	¥ 18.0	3		
12	2013-11-16	桑塔纳	黄莺	¥ 15.0	2		
13	2013-12-3	桑塔纳	陈倩	¥ 9.0	5		
14	2013-6-14	途安	李敏	¥ 25.0	3		
15	2013-12-16	朗逸	杨玉	¥ 18.0	4		
16	2013-6-20	帕萨特	黄莺	¥ 26.0	6		
17	2013-12-25	波罗	陈倩	¥ 20.0	4		
18	2013-5-3	桑塔纳	李敏	¥ 15.0	3		
19	2013-5-24	途安	杨玉	¥ 29.0	6		
20	2013-4-4	朗逸	黄莺	¥ 25.0	4		
21	2013-1-15	波罗	陈倩	¥ 18.0	3		
22	2013-3-3	桑塔纳	李敏	¥ 8.0	2		
23	2013-3-13	途安	杨玉	¥ 15.0	5		
24	2013-2-25	朗逸	黄莺	¥ 20.0	3		
25	2013-1-15	帕萨特	陈倩	¥ 30.0	4		

销售员	每个人总销售量	占总销售量的比例	每个人总销售金额	效益提成
李敏				
杨玉				
黄莺				
陈倩				
销售总量				
最高销售量		最高销售金额		
最低销售量		最低销售金额		
平均销售量		平均销售金额		

汽车销售表 Sheet2 Sheet3

图4-72 职工销售统计表样图

（2） 在“销售日期”后增加“销售月份”列，用公式计算出销售月份。

（3） 用公式计算出销售金额，并按销售金额排名次。

（4） 计算出职工销售统计及提成表中所有空白的单元格，其中效益提成是根据每个人的销售总额确定的，若在380万元以上，效益提成是销售总额的20%；若在380万元以下，效益提成是销售总额的10%。

（5） 第一行表的标题内容为““润景公司汽车销售表”，并按所需要的列宽合并单元格居中，“字体”为“华文楷体”，“字号”为16，“字体颜色”为“红色”，表格外边框为双线，内部为实线，其他字体为14号，宋体。

（6） 根据“姓名”、“销售量”列生成三维柱形图，图表标题为“职工销售量图”，X轴标题为“职工姓名”，Y轴标题为“销售量”，嵌入到当前工作表中。

（7） 将该图表的类型改为其他的任意类型（一定要与当前的类型不同）。

（8） 将该图表移运到一个新的工作表中，新工作表的名字为“销售量统计图”。

（9） 格式化图表，常用的格式设置有字体、对齐、刻度、数据系列格式等，将这些设置成你喜欢的类型和格式。

（10） 筛选出帕萨特且市场价在20万元以上的的信息。结果放在当前表的下方。

（11） 筛选出第一季度销售的汽车的相关信息；结果放在上题结果的下方。

（12）将 2013 润景汽车销售情况表复制一份到 Sheet2 工作表中，按日期升序进行排序，将 Sheet2 更名为排序。

（13）将 2013 润景汽车销售情况表复制一份到 Sheet3 工作表中，统计每一种车辆的销售总量，在此基础上统计出每个人的销售总量，将 Sheet3 更名为分类汇总。

（14）将 2013 润景汽车销售情况表复制一份到 Sheet4 工作表中，统计出每个销售员所销售的每一种车辆总数，并对统计的结果格式化，将 Sheet4 更名为数据透视表。

3. 参考模板

如图 4-72 所示。

综合实训 3　制作电子产品销售统计表

1. 实训目标

（1）掌握新建及保存工作簿和工作表的方法；

（2）掌握数据表中纯数字文本类型的快速输入方法；

（3）掌握工作表中数据格式和单元格格式设置的方法；

（4）掌握工作表中公式和函数的用法；

（5）掌握图表的制作及格式化；

（6）掌握数据的分析与处理。

2. 实训要求

杨平是上海科技有限公司的销售部助理，负责对全公司的销售情况进行统计分析，并将结果交给销售部经理，她根据每个销售人员提交的销售报表进行统计分析。具体要求如下：

（1）新建一个"电子产品销售统计表"工作簿，在该工作簿的第一张工作表 Sheet1 中输入如参考模板图 4-73 所示的数据，将 Sheet1 更名为"电子销售表"。并将单元格 A1:G1 合并且水平居中，其字号为 16 号，红色楷体、加粗，并加 12.5%灰色底纹。

（2）将 B2:G2 中的字体设为绿色宋体，16 号，加粗，底纹为黄绿色，水平居中，其他字体为宋体 12 号，居中。

（3）根据"销售日期"用公式计算"定单年份"。

（4）按销售额排名次。

（5）用公式与函数计算王先在美国的销售提成（王先在美国的销售提成计算公式：若王先在美国总的销售总额在 1000（包括 1000）以内，按美国总销售额的 20%提成，若销售总额大于 1000，多出的部分按 40%提成，1000 以内（包括 1000）的仍按 20%计算）。

（6）用公式与函数计算刘远在美国的定单量。

（7）用公式统计出总的定单量、总的销售额、最高销售额，并统计出销售额在[1000,1500]之间的定单所占的百分比。

（8）利用公式计算出每个人的平均销售额。

（9）找出指定定单所销售的日期，要求在公式中通过 VLOOKUP 函数自动在工作表中查找与其相关的销售日期。

（10）将整个表格加红色双线外框，蓝色单线内框。

（11） 将销售额（>=1000）显示为红色加粗倾斜且加有双下划线。

（12） 以销售人员为×分类轴，销售额为数据系列，绘制分离型三级饼图，图表标题为“销售人员饼图”，并将图表区域底纹设为再生纸，边框为红色虚线宽度为 3 磅且四个角为圆角。

（13） 筛选出王先在中国销售的信息，结果放在表的下方。

（14） 按国家（地区）分别统计每个人的销售总额。且将该统计表内外加边框（统计结果放在筛选的下面）。

（15）将电子产品销售统计表中的 1～19 行复制到 sheet2 中，统计出销售人员的个数，并将 sheet2 更名为分类汇总。

（16） 为本表格设置标题，使得打印的每一页都有前 3 行的信息。

3. 参考模板

如图 4-73 所示。

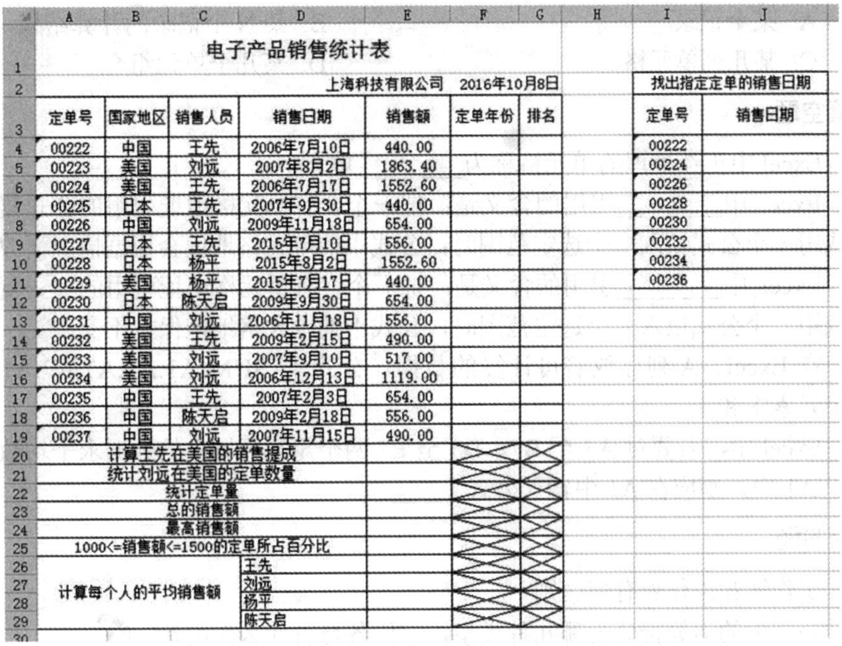

电子产品销售统计表

上海科技有限公司　2016年10月8日

定单号	国家地区	销售人员	销售日期	销售额	定单年份	排名
00222	中国	王先	2006年7月10日	440.00		
00223	美国	刘远	2007年8月2日	1863.40		
00224	美国	王先	2006年7月17日	1552.60		
00225	日本	王先	2007年9月30日	440.00		
00226	中国	刘远	2009年11月18日	654.00		
00227	日本	王先	2015年7月10日	556.00		
00228	日本	杨平	2015年8月2日	1552.60		
00229	美国	杨平	2015年7月17日	440.00		
00230	日本	陈天启	2009年9月30日	654.00		
00231	中国	刘远	2006年11月18日	556.00		
00232	美国	王先	2009年2月15日	490.00		
00233	美国	刘远	2007年9月10日	517.00		
00234	美国	刘远	2006年12月13日	1119.00		
00235	中国	王先	2007年2月3日	654.00		
00236	中国	陈天启	2009年2月18日	556.00		
00237	中国	刘远	2007年11月15日	490.00		
计算王先在美国的销售提成						
统计刘远在美国的定单数量						
统计定单量						
总的销售额						
最高销售额						
1000<=销售额<=1500的定单所占百分比						
计算每个人的平均销售额			王先			
			刘远			
			杨平			
			陈天启			

找出指定定单的销售日期

定单号	销售日期
00222	
00224	
00226	
00228	
00230	
00232	
00234	
00236	

图 4-73　职工销售统计表样图

练习题

1. 选择题

（1） Excel 2010 文档的文件扩展名是________。

A. XLS　　B. DOC

C. XLSX　　D. PPT

（2） 若要删除表格中的 B1 单元格，而使原 C1 单元格变为 B1 单元格，应在“删除”对话框中选择________选项。

A. 活动单元格右移　　　　　　　B. 活动单元格下移
C. 右侧单元格左移　　　　　　　D. 下方单元格上移

（3）在 Excel 工作表中，同时选择多个不相邻的工作表，可以在按住_____的同时依次单击各个工作表的标签。

A. Ctrl 键　　　　　　　　　　B. Alt 键
C. Tab 键　　　　　　　　　　D. Shift 键

（4）Excel 中用电子表格存储数据的最小单位是_____。

A. 单元格　　　　　　　　　　B. 工作表
C. 工作区域　　　　　　　　　D. 工作簿

（5）要在数据清单中筛选介于某个特定值段的数据，可使用_____筛选方式。

A. 按列表值　　　　　　　　　B. 按颜色
C. 按指定条件　　　　　　　　D. 高级

（6）Excel 图表中的数据点来自某个工作表的_____。

A. 某个记录　　　　　　　　　B. 某 N 个记录的计算结果
C. 某几列单元格　　　　　　　D. 某几个单元组合

2. 填空题

（1）Excel 中正在处理的单元格称为_____单元格。

（2）Excel 中_____引用的含义是：把一个含有单元格地址引用的公式复制到一个新的位置或用一个公式填入一个选定范围时，公式中的单元格地址会根据情况而改变。

（3）Excel 中_____引用的含义是：把一个含有单元格地址引用的公式复制到一个新的位置或用一个公式填入一个选定范围时，公式中的单元格地址保持不变。

（4）在 Excel，A 列存放着可计算的数据，公式"=SUM(A1:A5,A7,A9:A12)"将对_____个元素求和。

（5）Excel 中，若要对 A3 至 B7、D3 至 E7 两个矩形区域中的数据求平均数，并把所得结果置于 A1 中，则应在 A1 中输入公式_____。

3. 简答题

（1）工作簿和工作表有何区别？

（2）公式中的运算符分为哪几种类型，它们各自有什么作用？

模块 5　PowerPoint 2010 电子演示文稿处理软件

教学目标：

通过本模块的学习，了解演示文稿中一些基本的概念和术语，掌握制作演示文稿的一般方法，学会演示文稿的操作过程和操作步骤，这些操作包括演示文稿的建立、演示文稿设置、动画和声音等多媒体效果的添加和应用等。

教学内容：

本模块主要以 Microsoft Office 2010 中的 PowerPoint 2010 为例，介绍演示文稿制作的基本功能和使用方法，主要包括：

1. PowerPoint 2010 工作窗口；
2. 建立演示文稿；
3. 幻灯片的视图操作；
4. 美化演示文稿；
5. 放映演示文稿。

教学重点与难点：

1. 建立演示文稿；
2. 幻灯片的视图操作；
3. 美化演示文稿；
4. 放映演示文稿。

案例一　制作"电子贺卡"

【任务描述】

新年快要到了，动画学院动画二班的王丽想给高中同学送上新春祝福，需要制作一个有关新年的"电子贺卡"，用以将自己的心愿通过电子邮件送给高中同学，她所制作的电子贺卡如图 5-1 所示。

【任务分析】

本案例可以让学生掌握演示文稿中图形和文本框的使用，掌握背景（包括图片和声音）的设置、自定义动画等的设置，培养学生的审美情趣和审美通力，提高学生的动手能力，为后续课程的学习奠定基础。

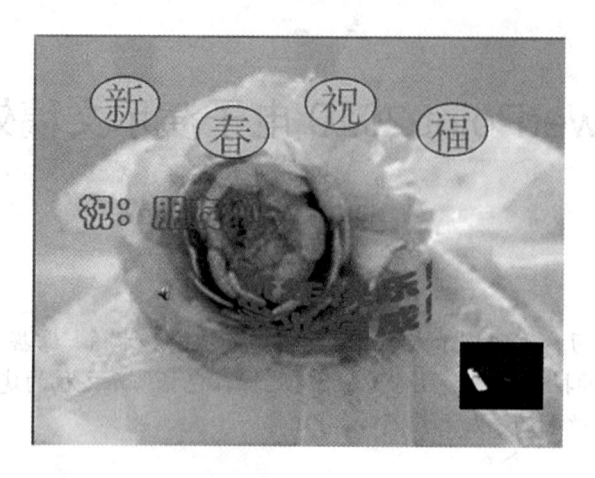

图 5-1 电子贺卡效果图

【实施方案】

任务 1　认识 PowerPoint 2010

PowerPoint 2010 是 Office 2010 重要组件之一，是专门为制作演示文稿（电子幻灯片）设计的软件。利用 PowerPoint 2010 可以把各种信息如文字、图片、动画、声音、影片、图表等合理地组织起来，制作出集多种元素于一体的演示文稿。

1. PowerPoint 2010 的功能

其主要功能如下：
（1）建立演示文稿。
（2）编辑演示文稿。
（3）美化演示文稿。
（4）放映演示文稿。

它能合理有效地将图形、图像、文字、声音及视频剪辑等多媒体元素集于一体，并且可以生成网页，在 Internet 上展示。

2. PowerPoint 2010 启动和退出

（1）启动。

启动 PowerPoint 2010 通常有以下几种方法。

① 单击"开始｜所有程序｜Microsoft Office｜Microsoft Office PowerPoint 2010"命令。

② 若桌面上有 PowerPoint 2010 快捷方式图标，双击它，也可以启动 PowerPoint 2010。另外，还可通过双击 PowerPoint 2010 的文档来启动 PowerPoint 2010。

（2）退出。

退出 PowerPoint 2010 通常有以下方法。

① 单击"文件菜单｜退出"命令。
② 单击窗口右上角的"关闭"按钮。
③ 按 Alt+F4 组合键。

3. PowerPoint 2010 的工作窗口

PowerPoint 2010 的工作窗口中除包括文件菜单、标题栏、快速访问工具栏、功能区和状态栏外，还包括幻灯片窗格、备注窗格和大纲/幻灯片窗格，如图 5-2 所示。其中文件菜单、标题栏、快速访问工具栏、功能区和状态栏与其他 Office 2010 软件操作基本相同，这里主要介绍幻灯片的各个窗格及其功能。

图 5-2 PowerPoint 2010 的工作窗口

（1）幻灯片窗格。

幻灯片窗格位于 PowerPoint 2010 工作窗口的中心位置，它是编辑、修改幻灯片内容的地方。在该窗格中可以为幻灯片添加文本、插入图片、表格、图表、电影、声音、超链接和动画等内容。

（2）备注窗格。

备注窗格位于工作区域的下方，通过备注窗格可以添加与观众共享的演说者备注或信息。如果将演示文稿保存为 Web 页，那么可以显示出现在每张幻灯片屏幕上的备注。备注可以在现场演示文稿时向观众提供背景和详细信息。它是演讲者对每一张幻灯片的注释，用于添加与每个幻灯片的内容相关的内容，所以只能添加文字，不能添加其他对象。该内容仅供演讲者使用，不能在幻灯片上显示。

（3）大纲/幻灯片窗格。

大纲/幻灯片窗格位于幻灯片窗口的最左侧，单击"大纲"或"幻灯片"标签可在两个选项卡之间相互切换。

① 大纲窗格。

在大纲窗格内，可以键入演示文稿的所有文本，大纲窗格也可以显示演示文稿的文本内容（大纲），包括幻灯片的标题和主要的文本信息，适合组织和创建演示文稿的内容。按序号从小到大的顺序和幻灯片内容层次关系，显示文稿中全部幻灯片的编号、标题和主体中的文本。

② "幻灯片"窗格。

幻灯片窗格可以从整体上查看和浏览幻灯片的外观；为单张幻灯片添加图形和声音、建立超链接和添加动画；按幻灯片的编号顺序显示全部幻灯片的图像等。

当大纲/幻灯片窗格变窄时,"大纲"和"幻灯片"标签变为显示图标。

4. PowerPoint 2010 的视图方式

（1）普通视图。

这是 PowerPoint 2010 默认的视图方式,也是使用最多的一种视图,用来添加单个的演示文稿和对单个的演示文稿进行编辑操作。这种方式能够全面掌握演示文稿中各幻灯片的名称、标题和排列顺序。要修改某个幻灯片时,从大纲/幻灯片窗格中选定该幻灯片就可实现迅速切换。普通视图中的"大纲/幻灯片"窗格中默认的显示是"幻灯片"选项卡,目的是使用户能够快速浏览幻灯片的外观。拖动两个窗格之间的边框可以调整各区域的大小。普通视图模式如图 5-3 所示。

（2）幻灯片浏览视图。

在幻灯片浏览视图下,按幻灯片序号顺序显示演示文稿中全部幻灯片的缩略图,从而可以看到全部幻灯片连续变化的过程。在此视图下,可以复制、删除幻灯片,调整幻灯片的顺序,但不能对个别幻灯片的内容进行编辑修改。双击某一选定的幻灯片缩略图可以切换到显示此幻灯片的幻灯片视图模式。幻灯片浏览视图模式如图 5-4 所示。

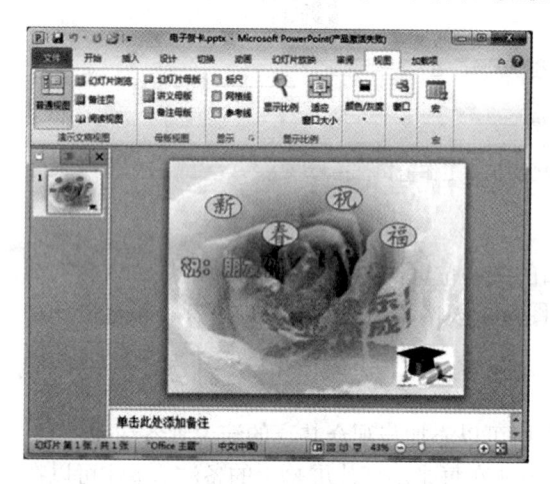

图 5-3　普通视图　　　　　　　　图 5-4　幻灯片浏览视图

（3）幻灯片放映视图。

幻灯片放映视图用来像幻灯机那样动态地播放演示文稿的全部幻灯片。在此视图下,可以审视每一幻灯片的播放效果。同时,它也是实际播放演示文稿的视图。

任务 2　创建电子贺卡

王丽在制作电子贺卡时,遇到的首要问题是创建演示文稿,在 PowerPoint 2010 中,演示文稿和幻灯片这两个概念是有些差别的,利用 PowerPoint 创建的扩展名为.pptx 文件叫演示文稿。而演示文稿中的每一张内容都称为幻灯片,所以演示文稿是幻灯片的组合,每张幻灯片都是演示文稿中的一部分,两者是相互依存的关系。

1. 演示文稿的基本操作

（1）建立演示文稿。

建立演示文稿的方法有多种。常用的有 3 种:

① 按 Ctrl+N 组合键。

② 如果在快速访问工具栏上添加了"新建"按钮,单击"新建"按钮;或通过"文件"菜单中的"新建"命令来完成。

(2) 打开演示文稿。

要打开一个已有的演示文稿,操作方法可以是下列方法中的任一种:

① 在"文件"菜单|"打开"中选择"打开"命令。

② 按 Ctrl+O 组合键,打开"打开"对话框,在"查找范围"下拉列表框中找出要打开的指定文件所在的位置,然后在列表框中选择要打开的演示文稿,对话框右侧即会显示演示文稿中的首张幻灯片。单击"打开"按钮即可打开所选演示文稿。

(3) 保存演示文稿。

保存演示文稿的方法与 Word 文档的保存方法一样,单击快速工具栏上的"保存"按钮,或者在"文件"菜单|"保存"命令。PowerPoint 2010 演示文稿的默认保存格式为.pptx。

2. 创建新年贺卡的演示文稿

(1) 启动 PowerPoint 2010 后,会自动新建一张"标题"幻灯片。

(2) 选择"开始|幻灯片|版式"按钮,此时将打开所有的"幻灯片版式",本案例选择"空白"样式。

【知识链接】

幻灯片的基本操作

(1) 选择多张幻灯片。

① 单击要选择的第一张幻灯片,按住 Shift 键不放,再单击要选择的最后一张幻灯片,可以选择多张连续的幻灯片。

② 按住 Ctrl 键不放,可以选择不相邻的多张幻灯片。

(2) 插入新的幻灯片。

单击"开始|幻灯片|新建幻灯片"按钮,即可插入一张"标题和内容"版式的新幻灯片。

(3) 删除幻灯片。

首先选中当前幻灯片,然后在"开始|幻灯片|删除"按钮,或直接按键盘上的"Del"键可删除当前选中的幻灯片。

(4) 幻灯片的移动和复制。

操作步骤如下:

① 在"幻灯片浏览视图"和"普通视图"的大纲区中,选择一个或多个要移动或复制的幻灯片。

② 在"开始|剪贴板"工具组中单击"移动"或"复制"按钮。

③ 光标移动到目标位置。

④ 击"开始|剪贴板|粘贴"按钮。

任务 3 编辑电子贺卡

1. "新"、"春"、"祝"、"福"四个个性化自选图形的创建

(1) 单击"插入|插图|形状"按钮下的下三角符号,从弹出的列表中选择喜欢的自

选图形，本案例选择了"椭圆"，并画在幻灯片左上角。

（2）选中刚才画出的"椭圆"，单击"格式｜形状样式｜形状填充"旁的下三角符号，从中选择"图片（P）……"，将弹出一个对话框，如图5-5所示的对话框。从中选择自己喜欢的图片，本案例选择的是"St.jpg"。

图 5-5 "插入图片"对话框

（3）右击"椭圆"自选图形，在其快捷菜单中选择"添加文本"命令，添加文字"新"，字体格式为"楷体 GB2312、60 号、蓝色"。

（4）另外的"春"、"祝"、"福"三个个性化的图形可以通过复制"新"图形来完成，只需将文字修改后将它们定位在贺卡合适的位置上。

2. 文本框实现"祝：朋友们"的设置

（1）选择"插入｜文本｜文本框"按钮，插入一个横排的文本框，并输入文字"祝：朋友们"。

（2）设置字体为"华文彩云、48 号、加粗"，其中"祝"为绿色，"朋友们"为蓝色。

3. 艺术字实现"新年快乐！学业有成！"

在幻灯片中央位置插入艺术字"新年快乐！学业有成！"。

（1）单击选择"插入｜文本｜艺术字"按钮。

（2）在"艺术字"样式列表中选择所需的艺术字的样式类型，本案例选择了第一行第一列的样式。

（3）输入文字"新年快乐！学业有成！"。

（4）选中艺术字，选项卡中将会出现一个"格式"选项卡，选择"格式｜艺术字样式｜文字效果"按钮，出现一个"样式"选择区域，如图5-6所示，从中选择"两端远"。

（5）将字体改为"华文琥珀"、颜色"蓝色"、加粗、48 号。

4. 插入图片"学士帽"

单击"插入｜插图｜图片"按钮，将弹出如图5-5所示的"插入图片"对话框，从中选择"学士帽.jpg",然后将图片拖动到一个合适的位置。

5. 设置贺卡的背景

(1) 单击"设计 | 背景 | 背景样式"按钮,将弹出一个设置背景样式的对话框,如图 5-7 所示。

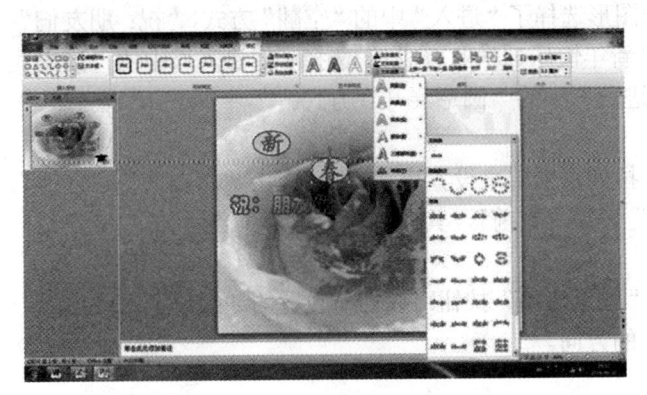

图 5-6 "艺术字样式"选择区域　　　　图 5-7 "设置背景格式"对话框

(2) 选择"填充"选项卡,再在右边的填充列表中选择"图片或纹理填充"单选按钮,在"插入自……"下面选择"文件(F)…",将弹出"插入图片"对话框,在该对话框中选择一种图片即可,本案例选择的是"小花.jpg"。

6. 为贺卡加声音

单击"插入 | 媒体 | 音频"按钮旁的下三角符号,将弹出一个下拉列表,从中选择"文件中的声音…"之后,将弹出如图 5-8 所示的"插入声音"对话框。在该对话框中选择一首歌曲,本案例选择的是"同桌的你.mp3",然后弹出"播放声音"设置对话框,如图 5-9 所示,选择"在单击时",则在播放幻灯片时只有单击 才开始播放音乐。

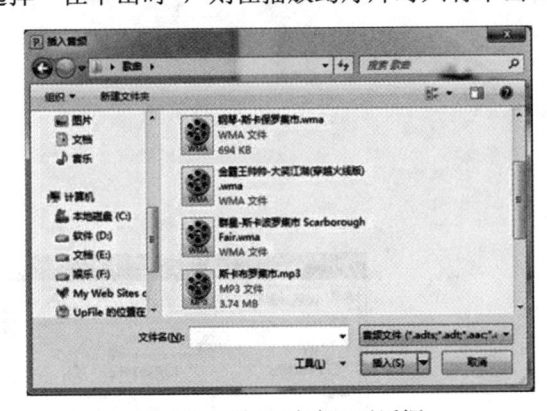

图 5-8 "插入声音"对话框　　　　图 5-9 "播放声音"对话框

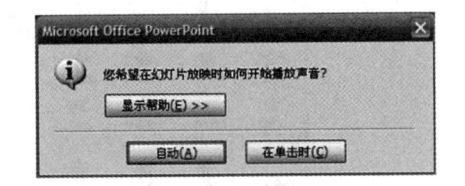

任务 4　添加电子贺卡的动画

为电子贺卡中幻灯片的对象设置动画效果可以采用"动画"和"高级动画"两种方式,本案例只介绍"高级动画"方式,另一种方式可参阅知识链接内容。

（1） 同时选择"新"、"春"、"祝"、"福"四个自选图形。

（2） 选择"动画 | 高级动画 | 添加动画"旁的下三角符号，打开"自定义动画"窗格，如图 5-10 所示。

（3） 在随后出现的下拉列表中提供了四种动画效果，即进入、强调、退出和动作路径，用户可以根据需要选择。如果对列表中的动画不满意，可以选择"更多进入效果"选项。这里"新"、"春"、"祝"、"福"四个自选图形选择了"进入"中的"空翻"方式，"祝：朋友们"选择了"进入"中的"飞入"方式，"新年快乐！学业有成！"选择了"进入"中的"淡出式缩放"方式，"学士帽.jpg"选择了"进入"中的"圆形展开"方式。

（4） 设置动画的启动方式。

"动画" | "计时" | "开始"下拉列表框用来设置启动方式，包括"单击时"、"之前"、"之后"三个选项，本案例中的"新"设为"之前"，其他对象都设为"之后"。

（5） 设置动画的方向属性。

选择"动画" | "动画"组中的"效果选项"按钮可以为所设置的动画设定入或出的方向，"祝：朋友们"选择了"自右侧"的方向。

（6） 改变动画的顺序。

选择"动画" | "计时"组中 | "对动画重新排序"可以设置对象的重新播放顺序，可以将对象向前或向后移动。使用"动画窗格"下的"重新排序"按钮，也可改变列表中的动画顺序。

（7） 声音的设置。

大多数动画效果包括可供选择的相关项，如演示动画时播放声音，在文本动画中可按字母、字或段落设置应用效果，操作时，单击动画列表中的某一动画，再单击其右边出现的下拉箭头，选择"效果选项"命令，在打开的相应对话框中进行设置，如图 5-11 所示。

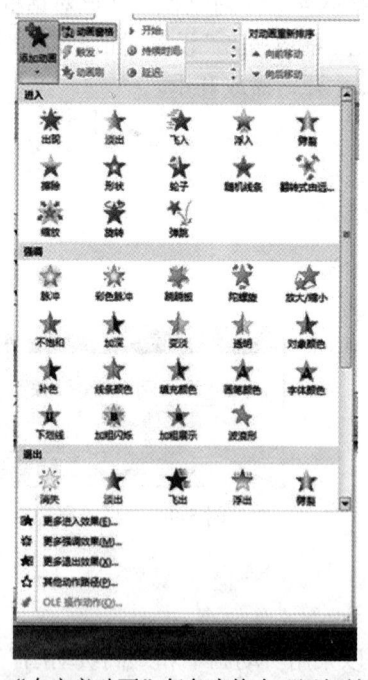

图 5-10 "自定义动画"任务窗格中"添加效果"选项

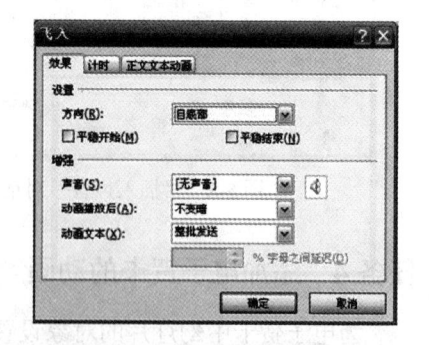

图 5-11 "效果选项"对话框

案例中，"新"、"春"、"祝"、"福"四个图形和"祝：朋友们"都设置了"风铃"，动画文本无延迟，"新年快乐！学业有成！"设置的声音为"鼓掌"。

实训项目1 制作"个人简历"演示文稿

1. 实训目标

（1）建立演示文稿。
（2）演示文稿中各类对象的使用方法。
（3）演示文稿中自定义动画的设置。

2. 实训任务

张恒是一名即将毕业需要找工作的大四学生，他最近通过了中国平安保险集团驻马店分公司的笔试考试，一周后将进行面视考试，为了增加面视的直观和生动，他决定做一个介绍自己的ppt，假若你是张恒，请你按下面的要求做一份个人简历：

（1）新建一个PowerPoint文件，命名为"个人简历"，该文稿中包括5张幻灯片。
（2）将第一张幻灯片设为标题幻灯片，设置正标题的字体和大小为"黑体"，60磅，副标题为日期。
（3）为第一张幻灯片添加两个竖排文本框，将文本框文字设为"华文行楷，32磅，紫灰色，加粗，阴影"，设置两个文本框的动画效果为"缓慢进入"，开始时间为"之前"，方向为"自顶部"，速度为"中速"。
（4）设置第二张幻灯片的标题文字格式为"宋体，54磅，绿色，加粗，左对齐"。幻灯片文本格式为"宋体，32磅，蓝色，加粗，左对齐"。
（5）设置第三张幻灯片版式为"标题和表格"，幻灯片的标题文字格式为"宋体，54磅，蓝色，加粗，左对齐"。
（6）为第三张幻灯片插入表格，设置表格字体格式为"宋体，24磅，蓝色，居中"，表格的外观为"中度样式2-强调样式1"。
（7）设置第四张幻灯片的版式为"标题和图示或组织结构图"，幻灯片的标题文字格式为"宋体，54磅，蓝色，加粗，左对齐"。
（8）为第四张幻灯片添加一个组织结构图，设置组织结构图样式为"三维颜色"，通过添加下属将组织结构图设为两层图框。
（9）设置第一层图框字体格式为"宋体，32磅，红色，加粗，阴影，居中对齐"。
（10）在组织结构图中第二层的每一个图框插入一张对应的图片，共插入7张图片，分别设置7张图片的动画效果（动画效果自定）。
（11）设置第五张幻灯片的标题文字格式为"宋体，54磅，蓝色，加粗，左对齐"，幻灯片文本格式为"宋体，30磅，蓝色，左对齐"。
（12）设置演示文稿的动画方案为"向内溶解"。

3. 参考模板

如图5-12～5-16所示。

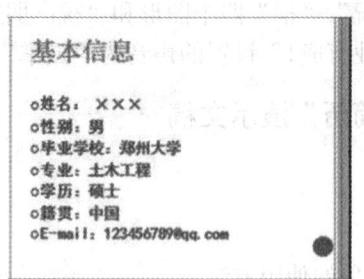

图 5-12　第 1 张幻灯片　　　　图 5-13　第 2 张幻灯片　　　　图 5-14　第 3 张幻灯片

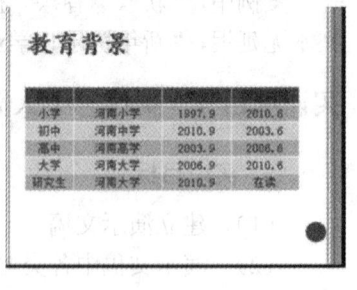

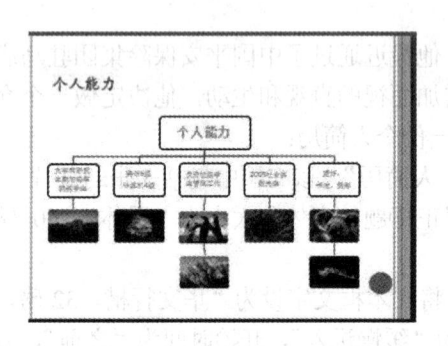

图 5-15　第 4 张幻灯片　　　　　　　图 5-16　第 5 张幻灯片

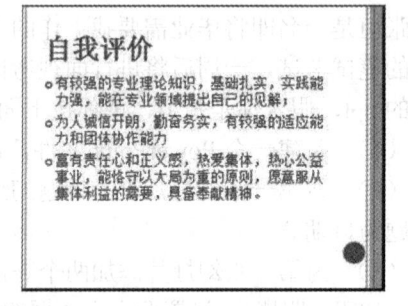

实训项目 2　制作"最美班级"演示文稿

1. 实训目标

（1） 建立演示文稿。
（2） 演示文稿中各类对象的使用方法。
（3） 演示文稿中自定义动画的设置。

2. 实训任务

许露是某中学 1 班的班主任，10 月份是该校的班级宣传月，为了更好地宣传 1 班，特邀请你为她们班创建一个能够宣传班级的演示文稿，具体要求如下：

（1） 新建一个 PowerPoint 文件，命名为"16 级 1 班班级宣传"，该文稿中包括 8 张幻灯片。

（2） 将第一张幻灯片设为标题幻灯片，设置正标题的内容为"阳光新天地，爱心大乐园"，字体和大小为"宋体"，40 磅，副标题为"最美 2016 级 1 班"，36 磅宋体字。

（3） 第二张幻灯片的版式为标题和内容，向第二张幻灯片中添加两个艺术字对象，内容"以质量求生存，以特色求发展"和"以教学为中心，以德育为主导"，并将字体设置为"华文行楷，32 磅，蓝色，阴影"，设置两个艺术字对象的动画效果为"缓慢进入"，开始时间为"之前"，方向为"自顶部"，速度为"中速"。

（4） 设置第二张幻灯片的标题文字格式为"隶书，44 磅，加粗"。标题的下面添加 6 个文本框，字体为"隶书，32 磅，加粗"。

(5) 设置第三张幻灯片版式为"标题和内容",幻灯片的标题文字格式为"黑体,40磅,加粗,居中对齐"。

(6) 为第三张幻灯片插入文本框,文本框的边框为红色虚线,设置表格字体格式为"宋体,20磅"。

(7) 设置第四张幻灯片的版式为"标题和内容",幻灯片的标题文字格式为"黑体,40磅,加粗"。

(8) 向第四张幻灯片添加4个文本框,其中"班规"、"班训"两个文本框底纹为绿色,另两个文本框边框红色虚线,字体为24磅宋体。

(9) 复制第四张幻灯片,粘到本演示文稿中作为第五张幻灯片,内容改为班级理念和班级口号,具体见样图。

(10) 设置第六张幻灯片的标题文字格式为"黑体,40磅,加粗",幻灯片文本格式为"宋体,20磅"。。

(11) 第七张幻灯片的版式为标题和内容,标题字体为"宋体,40磅,加粗",插入SmartArt列表组中的"垂直曲形列表",输入指定的内容并设置字体为"宋体,20磅"。

(12) 第八张幻灯片的版式为标题和内容,标题字体"宋体,40磅,加粗",两边分别插入"插入选项卡中""插图"工具组中"形状"按钮中的"竖卷形",输入指定的内容并设置字体为"宋体,20磅"。从互联网上搜索相应的教室文化图片,放在两个竖卷对象之间。

(13) 设置演示文稿的动画方案为"向内溶解"。依据个人情况设置每张幻灯片内的对象的动画效果。

3. 参考模板

如图 5-17～5-24 所示。

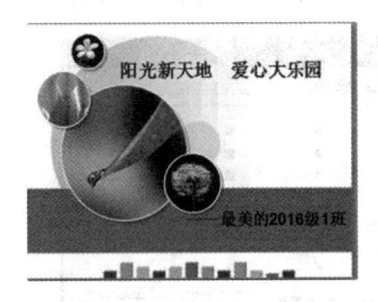

图 5-17 第 1 张幻灯片

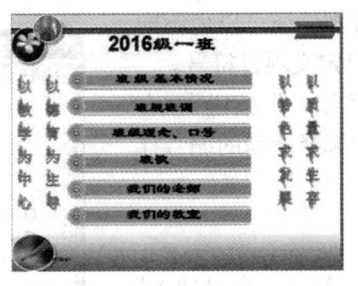

图 5-18 第 2 张幻灯片

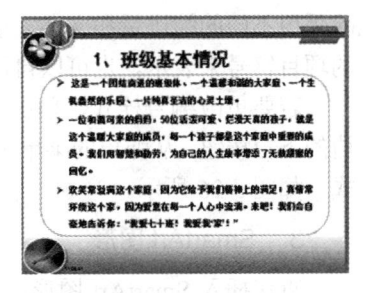

图 5-19 第 3 张幻灯片

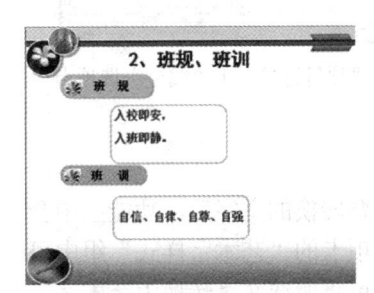

图 5-20 第 4 张幻灯片

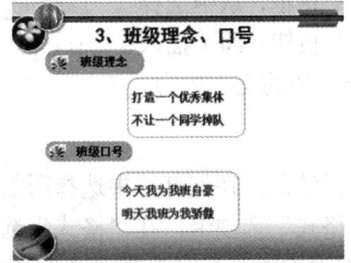

图 5-21 第 5 张幻灯片

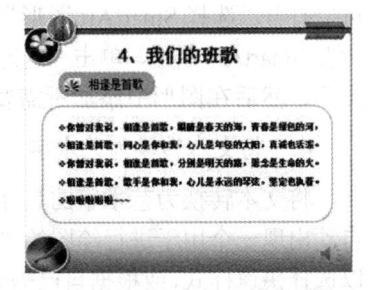

图 5-22 第 6 张幻灯片

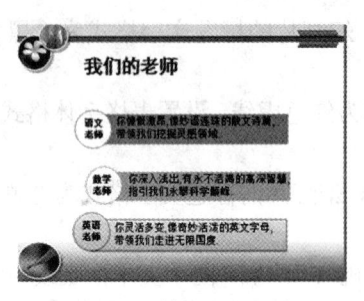

图 5-23　第 7 张幻灯片　　　　　　　　图 5-24　第 8 张幻灯片

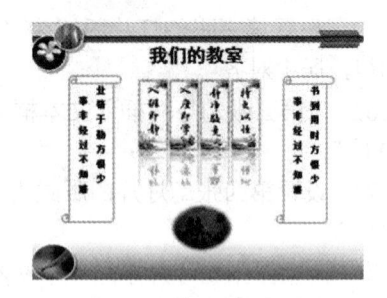

【知识链接】

1. 添加文本

向幻灯片中添加文本可以通过两种方法实现：一是在建立幻灯片时，通过选择"幻灯片版式"为添加的文本对象提供文本占位符；二是在幻灯片中插入文本框，然后在文本框中输入文字。

2. 设置文本格式

（1）设置字体格式。

先选中文本框中要设置的字体，然后利用"开始"选项卡上"字体"组中的工具进行设置。如果要设置复杂的字体格式，则可以单击"字体"工具组右下角的对话框启动器，打开"字体"对话框进行相应的设置。

（2）设置段落格式。

用"开始｜段落"组中的工具即可对段落格式进行设置。

默认情况下，在内容占位符中输入的正文文本前会自动显示项目符号，不同级别的文本除采用不同的缩进量和文字大小外，还可以用不同的项目符号来表示。也可以自己定义项目符号。

若要更改编号样式，单击"编号"按钮右边的下拉按钮，从弹出的菜单中选择所需的编号样式。如图 5-25 所示。

3. SmartArt 图形

直接插入 SmartArt 图形，方法是：在"插入"选项卡中，单击"插图"组中的"SmartArt"按钮，可以打开"选择 SmartArt 图形"对话框，从中选所要 SmartArt 图形，单击"确定"按钮，即可插入图形，然后在图形中添加所需要添加的文本内容。

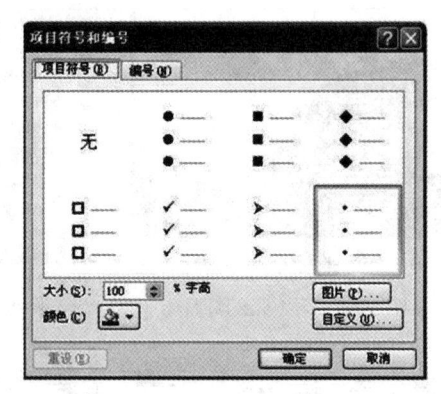

图 5-25　"项目符号"｜"编号"选项卡

4. 将文本转换为艺术字

将文本转换为艺术字的具体做法是：在幻灯片中选择所需要转换的文字后，功能区中会自动出现一个用于进行绘图的"格式"选项卡，在"格式"选项卡的"艺术字样式"组中可以选择快速样式，或根据自己需要设置所选文字的艺术效果，即可将所选文字转换为艺术字。

5. 绘制及插入表格

在 PowerPoint 2010 中，我们可以直接将 Word 或 Excel 创建的一些数据文件插入到演示文稿当中，也可以利用 PowerPoint 提供给我们的工具来创建新的表格。

利用 PowerPoint 2010 向幻灯片中制作新表格的步骤如下：

在"插入"选项卡中的"表格"组中单击"表格"命令按钮上的下三角符号，将弹出如图 5-26 所示的对话框。通过该对话框的上半部分，可以在幻灯片中直接插入一个指定行和列的规则表格，如图 5-26 中插入 5 行 6 列的一个空表格；也可以利用图中的插入表格命令将 Word 中已做好的表格插入到当前幻灯片中；利用绘制表格命令将手动出一个规则或不规则的表格，这种方法不太常用；利用 Excel 电子表格命令可将 Excel 中已做好的表格插入到当前幻灯片中。

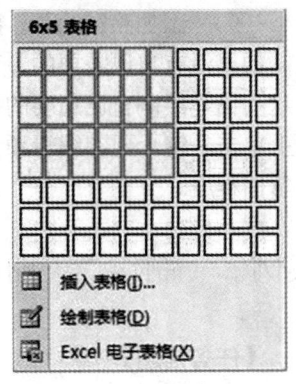

图 5-26 "表格"对话框

6. PowerPoint 2010 动画设置

（1）选择动画种类选中图片或文字，再选择动画菜单，可以对这个对象进行四种动画设置，分别是：进入、强调、退出和动作路径。"进入"是指对象"从无到有"，"强调"是指对象直接显示后再出现的动画效果。"退出"是指对象"从有到无"，"动作路径"是指对象沿着已有的或者自己绘制的路径运动。菜单栏下的一排绿色的图标都是指出现方式，用鼠标左键单击，点击左边的预览按钮可以查看效果，如果不满意，可以再单击别的方式更改。

（2）方向序列设置。

点击效果按钮，可以对动画出现的方向、序列等进行调整。

（3）开始时间设置。

开始时间选择：默认为单击时，如果单击"开始"后的下拉选框，则会出现与上一动画同时和上一动画之后。顾名思义，如果选择与上一动画同时，那么此动画就会和同一张 PPT 中的前一个动画同时出现（包含过渡效果在内），选择后者就表示上一动画结束后再立即出现。如果有多个动画，建议选择后两种开始方式，这样对于幻灯片的总体时间比较好把握。

（4）动画速度设置。

调整持续时间，可以改变动画出现的快慢。

（5）延迟时间设置。

调整延迟时间，可以让动画在延迟时间设置的时间到达后才开始出现，对于动画之间的衔接特别重要，便于观众看清楚前一个动画的内容。

（6）调整动画顺序如果需要调整一张 PPT 里多个动画的播放顺序，则单击一个对象，在对动画进行重新排序下面选择向前移动或向后移动。更为直接的办法是单击"动画窗格"，在右边框旁边出现"动画窗格"对话框。拖动每个动画的改变其上下可以调整出现顺序，也可以单击右键将动画删除。

（7）设置相同动画如果希望在多个对象上使用同一个动画，则先在已有动画的对象上单击左键，再选择"动画刷"，此时鼠标指针旁边会多一个小刷子图标。用这种格式的鼠标单击另一个对象（文字图片均可），多个对象的动画完全相同，这样可以节约很多时间。但动画重复太多会显得单调，需要有一定的变化。

（8）添加多个动画。同一个对象，可以添加多个动画，如：进入动画、强调动画、退出动画和路径动画。比如，设置好一个对象的进入动画后，单击添加动画按钮，可以再选择强调动画、退出动画或路径动画。

（9）添加路径动画。路径动画可以让对象沿着一定的路径运动，PPT提供了几十种路径。如果没有自己需要的，可以选择自定义路径，此时，鼠标指针变成一支铅笔，我们可以用这支铅笔绘制自己想要的动画路径。如果想要让绘制的路径更加完善，可以在路径的任一点上单击右键，现在编辑顶点，可以通过拖动线条上的每个顶点或线段上的任一点调节曲线的弯曲程度。

案例二　制作"美丽的校园"演示文稿

【任务描述】

张华是艺术设计学院美术专业的一名新生，他想让自己高中同学了解并喜欢自己的大学，于是自己制作一个介绍自己美丽校园的PPT，通过电子邮件送给他的同学，他所制作的PPT效果如图5-27～图5-32所示。

图 5-27　第 1 张幻灯片

图 5-28　第 2 张幻灯片

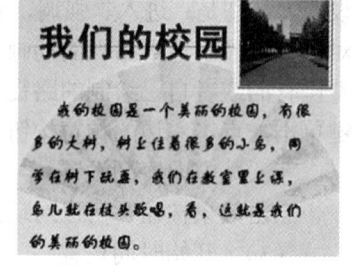

图 5-29　第 3 张幻灯片

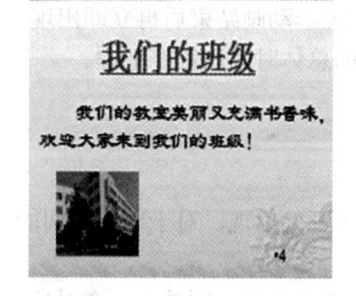

图 5-30　第 4 张幻灯片

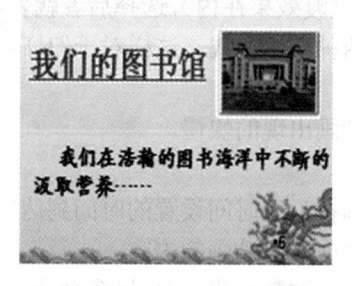

图 5-31　第 5 张幻灯片

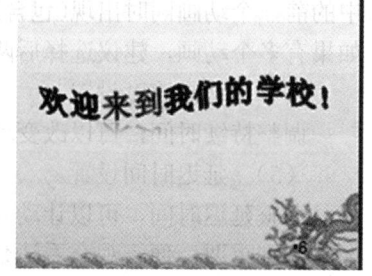

图 5-32　第 6 张幻灯片

【任务分析】

本案例可以让学生掌握幻灯片间的切换方式及效果，掌握母版在演示文稿中的作用和使用方法，掌握动作按钮和超链接的使用，学会设置幻灯片的放映方式，培养学生整体的审美能力，提高学生的动手能力和团结协作能力。

【实施方案】

任务1　使用母版

幻灯片母版也是一张特殊的幻灯片,可以将它看作是一个用于构建幻灯片的框架。在演示文稿中,所有幻灯片都是基于该幻灯片的母版创建的。如果更改了幻灯片母版,会影响所有基于母版创建的演示文稿幻灯片。

1. 为美丽的校园创建新文件

（1）启动 PowerPoint 2010 后,会自动新建一张"标题"幻灯片。

（2）在标题占位符中输入"美丽的校园",并将"美丽的校园"改为艺术字,艺术字的外观如图片中所示,副标题占位符中输入"艺术设计学院张华制作",字体为华文楷体,44号,加粗。

（3）选择"开始｜幻灯片｜新建幻灯片"按钮,选择其中的空白幻灯片。

（4）重复第三次的过程,连续四次添加新幻灯片。

2. 每一张幻灯片上输入相应的文字

将第一张幻灯片中的标题复制一份贴到第二张幻灯片中作为第二张幻灯片的标题,然后再根据每张幻灯片需要,通过单击"插入｜文本｜文本框"按钮,向第三张到第六张幻灯片中添加文本框及输入对应的文字内容。

3. 为第二张幻灯片设置动作按钮

选择第二张幻灯片（第二张幻灯片作为当前幻灯片）,选择"插入｜插图｜形状"按钮,从列表框中选择"动作按钮"组中的第四个按钮"结束",则在当前幻灯片中添加一个"结束"单选按钮,同时弹出一个如图 5-33 所示的对话框,在"单击鼠标时的动作"中选择"超链接到"单选按钮,单击"确定"按钮即可。

4. 利用母版为美丽的校园添加幻灯片编号

（1）选择"视图｜母版视图｜幻灯片母版"按钮,将打开"幻灯片母版"编辑窗口,如图 5-34 所示。

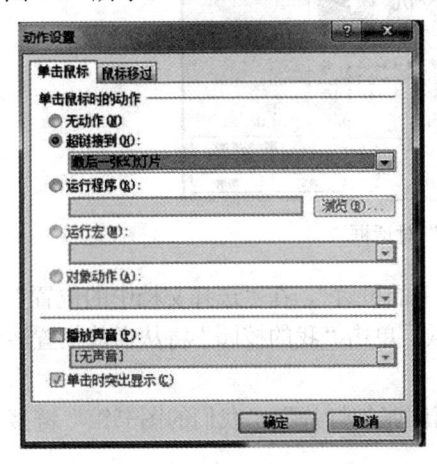

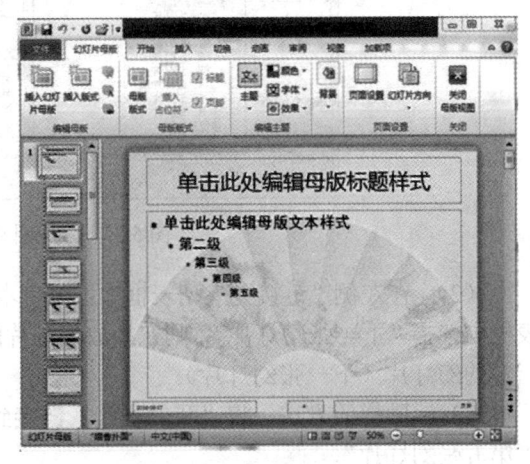

图 5-33　"动作设置"对话框　　　　图 5-34　"幻灯片母版"编辑窗口

— 253 —

（2）从左侧的列表中选择第一张母版，然后通过"插入|文本|文本框"按钮，在母版的编辑窗口右下角添加一个横排的文本框。

（3）在文本框内插入幻灯片编号，通过"插入|文本|幻灯片编号"按钮来完成。

任务2 设置背景

在 PowerPoint 2010 中，对幻灯片设置背景是添加一种背景样式。在更改文档主题后，背景样式会随之更新以反映新的主题颜色和背景。如果用户只希望更改演示文稿的背景，可以选择其他背景样式。

基于本案例的背景设置是：

（1）选择第一张幻灯片（第一张幻灯片作为当前幻灯片），单击"插入|像图|图片"按钮，从中选择出一张准备好的图片作为当前背景，然后将图片拉到与幻灯片的大小相同并衬于文字下方、加水印。

（2）通过"设计|主题"工具组中选择"暗香扑面"主题，将其应用于第二至第五张幻灯片，作为第二至第五张幻灯片的背景。

（3）为第三至五张幻灯片添加图片：选择"插入|插图|图片"按钮，从中选择出一张准备好的图片，然后将图片拖动到合适的位置即可。

（4）要添加图片背景时，若所有的幻灯片具有同一个图片背景或主题，可以通过"设计"选项卡|"主题"工具组中对应的按钮完成，也可以通过母版统一设置。

任务3 设置动作按钮和超链接

通过在幻灯片中插入动作按钮和超链接，可以直接跳转到其他幻灯片、文档中。

基于本案例的设置是：

（1）选择第二张幻灯片（第二张幻灯片作为当前幻灯片），选中其中的文字"我的校园"，然后选择"插入|链接|超链接"按钮，打开"编辑超链接"窗口，如图5-35所示。

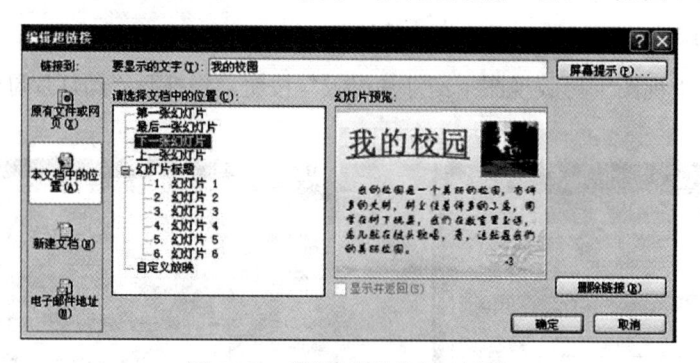

图 5-35 "编辑超链接"对话框

（2）在左侧"链接到"列表框中选择"本文档中的位置"，在"选择文档中的位置"列表框中选择"下一张幻灯片"，则在播放幻灯片的时候，单击"我的校园"将从当前位置转到指定的幻灯片（下一张幻灯片）。

（3）同样的方法，将"我的班级"链接到"第四张幻灯片"，"我们的图书馆"链接到"第五张幻灯片"。

（4）选择第三张幻灯片（第三张幻灯片作为当前幻灯片），将"我的校园"链接到"第二张幻灯片",同样将"第四张幻灯片"中"我的班级"链接到"第二张幻灯片","第五张幻灯片"中"我们的图书馆"链接到"第二张幻灯片"。

任务4　设置页面的切换效果

对幻灯片设置动画,可以使原来静止的演示文稿更加生动。用户可以利用动画方案、自定义动画和添加切换效果等功能,制作出形象的演示文稿。

1. 设置每一张幻灯片的切换方式

（1）返回到第一张幻灯片,选择"切换｜切换到此幻灯片｜擦除"切换效果,在"效果选项"按钮中选择"自右侧",在"计时"｜"声音"中选择"风铃"。

（2）对第二张幻灯片选择"切换｜切换到此幻灯片｜擦除"切换效果,在"效果选项"按钮中选择"自左侧",在"计时"｜"声音".中选择"微风"。

（3）对第三张幻灯片选择"条纹右上展开"切换效果,在"声音"中选择"打字机"。

（4）对第四张幻灯片选择"条纹左上展开"切换效果,在"声音"中选择"风声"。

（5）对第五张幻灯片选择"条纹右上展开"切换效果,在"声音"中选择"照相机"。

（6）对第六张幻灯片选择"条纹左上展开"切换效果,在"声音"中选择"鼓掌"。

所有的换片方式均为"单击鼠标时"。

2. 设置每一张幻灯片内部各对象的动画效果

这一步骤可参照贺卡制作时的动画设置方法,可根据自己的喜好自由设置。

实训项目1　优化"个人简历"演示文稿

1. 实训目标

（1）掌握母版的使用方法;

（2）幻灯片中背景的设置;

（3）动作按钮的设置及使用;

（4）页面的切换效果的设置。

2. 实训任务

（1）利用母版为幻灯片添加顺序号和日期,顺序号放在幻灯片的右下角,日期放在幻灯片的左下角。

（2）在第一张幻灯片后面增加一张新的幻灯片,新幻灯片的内容及效果如参考模板。

（3）为第二张幻灯片添加对应的超链接,将每一行的标题文字链接到对应的幻灯片上,并且在对应的每一张幻灯片上添加相应的超链接,使该张幻灯片能够返回到第二张幻灯片内。

（4）设置每一张幻灯片的切换效果,使得每一张幻灯片进入的效果不同。

（5）自由设置文本信息的动画效果。

3. 参考模板

如图5-36所示。

图 5-36 参考模板样图

实训项目 2 优化"班级宣传"演示文稿

1. 实训目标

（1） 掌握母版的使用方法；
（2） 幻灯片中背景的设置；
（3） 动作按钮的设置及使用；
（4） 页面的切换效果的设置。

2. 实训任务

（1） 利用母版为每张幻灯片在页眉处添加：2016 级 1 班，文字大小和字体自定，在页脚处为每一张幻灯片添加编号（第一张幻灯片为加编号，且编号从 1 开始）。

（2） 为第二张幻灯片添加对应的超链接，将每一行的标题文字链接到对应的幻灯片上，并且在对应的每一张幻灯片上添加相应的超链接，使该张幻灯片能够返回到第二张幻灯片内。

（3） 根据个人情况为每一张幻灯片设置不同的切换效果，使得每一张幻灯片进入的效果不同。

（4） 为本演示文稿设置一个统一的主题。

（5） 自由设置文本信息的动画效果。

【知识链接】

1. 设置放映方式

在幻灯片使用前可以根据使用者的不同需要设置不同的放映方式，通过"幻灯片放映"选项卡，单击"设置"工具组中的"设置幻灯片放映"按钮来实现，如图 5-37 所示。

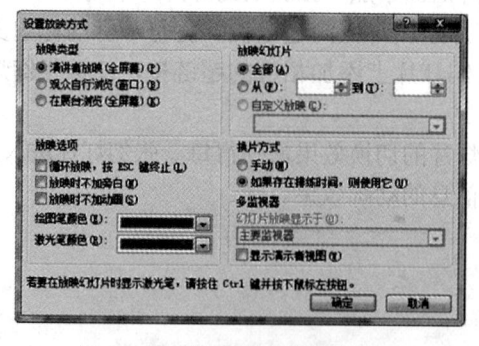

图 5-37 设置演示文稿放映方式

在对话框中可设置放映类型、放映范围和换片方式等选项。

"设置放映方式"对话框中各选项的功能如下。

（1）"放映类型"：指定幻灯片的播放类型。

① 演讲者放映（全屏幕）：以全屏幕形式显示，演讲者可以控制放映的进程中，可用绘图笔勾画，适用于大屏幕投影的会议、讲课等。

② 观众自行浏览（窗口）：以窗口形式显示，可以编辑浏览幻灯片，适用于人数少的地方。

③ 在展台放映（全屏）：以全屏形式在展台上做演示，按事先预定的或通过选择"排练计时"命令设置的时间和次序放映，不允许现场控制放映的进程。

（2）"放映幻灯片"：选择需要放映的幻灯片的范围。

（3）"放映选项"：用于设置放映选项。

① "循环放映，按 Esc 键终止"：使幻灯片不停地循环播放，直到按 Esc 键时才停止。

② "放映时不加旁白"：放映时不播放旁白。

③ "放映时不加动画"：放映时不使用动画方案。

（4）"绘图笔颜色"：用于选择绘图笔的颜色。

（5）"换片方式"：用于指定幻灯片的切换方式。"如果存在排练时间，则使用它"单选按钮可使幻灯片按照事先设置好的切换顺序自动切换；"手动"单选按钮，则需要单击鼠标或按键盘上的按钮才能切换到下一个幻灯片。

2. 自定义播放顺序

在默认情况下幻灯片是按演示文稿中的先后顺序播放的，如果需要给特定的观众放映特定的部分，可以自己定义幻灯片的播放顺序和播放范围，具体操作方法是：

在"幻灯片放映"选项卡中单击"开始放映幻灯片"组中的"自定义幻灯片放映"按钮。从弹出的菜单中选择"自定义放映"命令，如图 5-38 所示，单击"新建"按钮，弹出"定义自定义放映"对话框，如图 5-39 所示，选择自定义放映时幻灯片的播放顺序，然后单击"确定"按钮，返回到"自定义放映"对话框，单击"关闭"按钮即可。自定义了播放顺序后，该自定义放映的名称将显示在"自定义幻灯片放映"弹出菜单中。

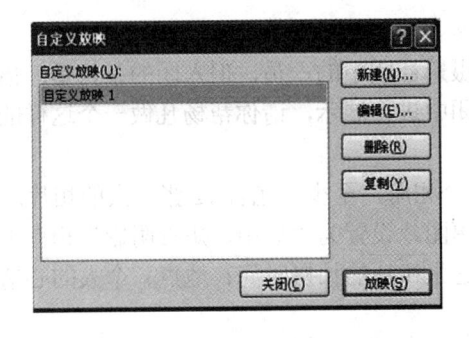

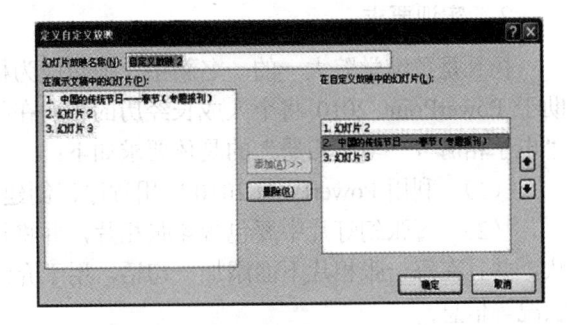

图 5-38 "自定义放映"对话框　　　　图 5-39 "定义自定义放映"对话框

3. PPT 触发器

触发器是 PowerPoint 中的一项功能，它可以是一个图片、文字、段落、文本框等，相当于是一个按钮，在 PPT 中设置好触发器功能后，点击触发器会触发一个操作，该操作可以是多媒体音乐、影片、动画等。简单的概括 PPT 触发器：通过按钮点击控制 PPT 页面中已设定动画的执行。

例如在 PPT 的一张幻灯片中插入一幅图片和一个文本框，文本框的边框及文字内容如图 5-40 所示。

为当前对象插入触发器的方法步骤为：

（1）选中文本框，单击"动画"｜"高级动画"｜"缩放"效果，为当前文本框添加动画。

（2）单击"动画"｜"高级动画"｜"触发"旁的下三角符号，如图 5-41 所示，从中选择"单击"｜"图片 3"（即刚才添加的玫瑰图片）。

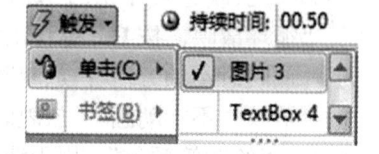

图 5-40 插入一副图片和一段文字的幻灯片样张　　　图 5-41 设置"触发器"对象

在幻灯片播放过程中，单击玫瑰图片，将弹出玫瑰花简介的文本框，也就是以图片触发文本框的动态出来的效果。

综合实训 1　制作"电子相册"演示文稿

1. 实训目标

（1）建立演示文稿；

（2）编辑演示文稿；

（3）美化演示文稿；

（4）放映演示文稿。

2. 实训要求

杨凡是黄淮学院大一的一名新生，他想成为校摄影社团中的一员，但入团的条件是：借助于 PowerPoint 2010 将个人成长经历的相册在社团中进行展示，请你帮杨凡做一个这样的"电子相册"，"电子相册"的具体要求如下：

（1）利用 PowerPoint 2010 应用程序，创建一个相册，至少要包含 12 张个人的相片；

（2）每张幻灯片中要包含 4 张相片，并将每幅图片设置为"居中、矩形阴影"相框形状，并且在每一张相片下面添加一句话，用于介绍这张相片的拍摄时间、地点、个人的心情状况等信息；

（3）可以通过"设计选项卡中的主题工具组"为相册设置相应的主题，所选主题要同你的相片相互映衬；

（4）为相册中每一张幻灯片设置不同的切换效果；

（5）将每张幻灯片中的最后一张相片设置为跳转链接，使得单击这张相片时可跳到最后一张幻灯片；

（6）为该演示文稿添加背景音乐，并在幻灯片放映时开始播放。

综合实训 2　制作"我的家乡"演示文稿

1. **实训目标**

   （1）　建立演示文稿；
   （2）　编辑演示文稿；
   （3）　美化演示文稿；
   （4）　放映演示文稿。

2. **实训要求**

   文慧是一名大一的新生，在新生开学的第一个班会上，要制作一份宣传自己家乡的演示文稿，但她还没有学习 PowerPoint 2010，所以请你代为制作这份演示文稿，具体要求如下：

   （1）　新建一个以"我的家乡"为主题的演示文稿；
   （2）　幻灯片的个数不少于 8 张；
   （3）　从家乡的地理位置、交通旅游、历史文化、家乡特产等几个方面进行介绍；
   （4）　每张幻灯片上的图片和文字要相互配合；
   （5）　在幻灯片右上角插入家乡的名字，使得每一张幻灯片上都有你的家乡的名字；
   （6）　版式设置、版面布局、动画设置、幻灯片的切换等自由创意；
   （7）　为该演示文稿添加背景音乐，并在幻灯片放映时开始播放直到放映结束。

综合实训 3　制作"大学计算机基础"课件

1. **实训目标**

   （1）　建立演示文稿；
   （2）　编辑演示文稿；
   （3）　美化演示文稿；
   （4）　放映演示文稿。

2. **实训要求**

   黄淮学院大一公共计算机基础的老师要求学生制作一份计算机基础课件，课件的具体要求如下：

   （1）　以计算机硬件为主题创建演示文稿；
   （2）　计算机硬件系统一般包括：主板、CPU、内存、显卡、硬盘、光驱、显示器、键盘、鼠标、电源和机箱，课件要以 CPU（运算器和控制器）、存储器（内存和外存）、外部设备（输入设备和输出设备）为主要内容进行介绍，从每个设备的主要功能、作用、特点及目前市场上的主流品牌等几个方面展开介绍；
   （3）　除标题幻灯片外，为每一张幻灯片添加编号；通过母版在每一张幻灯片的右上角添加文字：大学计算机应用基础案例教程；
   （4）　为每一张幻灯片设置适当的切换方式，以丰富放映的效果；
   （5）　为幻灯片中每一个对象设置相应的动画效果，以增强放映时的视觉效果；

（6）为该演示文稿设置统一的主题。

练习题

1. 选择题

（1）在演示 PowerPoint 2010 幻灯片的过程中欲终止其演示，可以随时按下的终止键是_____。

　　A. Ctrl + E　　　　　　　　　　B. Delete
　　C. Esc　　　　　　　　　　　　D. Shift + C

（2）在 PowerPonit10 演示文稿中，将一张"标题和文本"幻灯片改为"标题和竖排文本"幻灯片，应更改的是_____。

　　A. 对象　　　　　　　　　　　　B. 应用设计模板
　　C. 幻灯片版式　　　　　　　　　D. 背景

（3）PowerPoint 2010 是电子讲稿制作软件，它_____。

　　A. 在 Windows 环境下运行
　　B. 在 DOS 环境下运行
　　C. 在 DOS 和 Windows 环境下都可以运行
　　D. 可以不要任何环境，独立地运行

（4）PowerPoint 2010 默认的视图模式是下列选项中_____。

　　A. 大纲视图　　　　　　　　　　B. 幻灯片视图
　　C. 幻灯片浏览视图　　　　　　　D. 普通视图

（5）PowerPoint 2010 中，哪种视图模式主要显示主要的文本信息。_____

　　A. 大纲视图　　　　　　　　　　B. 幻灯片视图
　　C. 幻灯片浏览视图　　　　　　　D. 幻灯片放映视图

（6）PowerPoint 2010 中，采用_____视图模式下，用户可以看到整个演示文稿的内容，整体效果可以浏览某个幻灯片及其相应位置。

　　A. 大纲视图　　　　　　　　　　B. 幻灯片视图
　　C. 幻灯片浏览视图　　　　　　　D. 幻灯片放映视图

（7）PowerPoint 2010 中，_____视图模式可以实现在其他视图中可实现的一切编辑功能。

　　A. 普通视图　　　　　　　　　　B. 大纲视图
　　C. 幻灯片浏览视图　　　　　　　D. 幻灯片放映视图

（8）要在演示文稿的每张幻灯片中都使用某个图案，可通过_____来实现。

　　A. 应用主题　　　　　　　　　　B. 修改母版
　　C. 设置背景　　　　　　　　　　D. 修改每张幻灯片

2. 填空题

（1）在 PowerPoint 2010 中，可以对幻灯片进行移动、删除、复制、设置动画效果，但不能对单独的幻灯片的内容进行编辑的视图是_____。

（2）在 PowerPoint 2010 中，为对幻灯片设置动画效果，可以单击选项卡中_____

组中的或命令。

（3）如果要在幻灯片浏览视图中选定若干张幻灯片，那么应先按住_____键，再分别单击各幻灯片。

（4）在幻灯片上如果需要一个按钮，当放映幻灯片时单击此按钮能跳转到另一张幻灯片，则必须为此按钮设置_____。

（5）PowerPoint 2010 的状态栏除显示当前演示文稿的总页数及当前幻灯片的编号外，还显示_____。

模块 6 Access 2010 数据库管理软件

教学目标：

通过本模块学习，理解 Access 数据库的基本概念，熟练掌握 Access 2010 数据库的创建与使用，掌握表的创建与编辑，熟练掌握各种查询的创建与使用，掌握窗体与报表对象的创建与使用。

教学内容：

本章主要介绍 Access 2010 的基本功能和使用方法，主要包括：
1. Access 数据库的创建与使用。
2. Access 表的创建与编辑。
3. Access 数据查询的创建与使用。
4. Access 数据库中窗体的创建与使用。
5. Access 数据库中报表的创建与使用。

教学重点与难点：

1. Access 2010 基本操作。
2. 数据库的创建操作。
3. 表的创建与编辑操作。
4. 数据表的查询操作。

案例一 创建"人事档案管理"数据库

【任务描述】

文化传媒学院要对教师的基本情况进行数字化管理，需要秘书张鑫按照学校要求建立"人事档案管理"库，其中包括职工号、姓名、性别、工作日期、职称、党员否、年龄、教研室编号、照片等信息的职工基本信息表，如表 6-1 所示。

表 6-1 职工信息表

职工号	姓 名	性 别	工作日期	职 称	党员否	年 龄	教研室编号	照 片
10001	王立鑫	男	1995-11-7	教授	是		01	
11002	张晓丽	女	1997-5-15	副教授	是		01	
10003	李哲	男	1999-6-13	讲师	否		01	
12004	刘晓莉	女	1988-1-20	教授	是		02	

(续表)

职工号	姓名	性别	工作日期	职称	党员否	年龄	教研室编号	照片
13005	张明	男	1985-12-1	教授	是		03	
12006	张运生	男	1990-5-10	副教授	否		03	
11007	刘龙强	男	2005-9-27	副教授	否		04	
13008	王志强	男	2008-3-23	讲师	否		02	
12009	王胜利	男	2000-3-20	讲师	是		04	
11010	赵明钰	女	1998-1-23	讲师	否		03	

【任务分析】

"人事档案管理"数据库的建立首先需要熟悉 Access 2010 软件的基本界面元素构成及使用，表的创建与保存、主键的定义、字段类型的设置以及各表之间关系的建立。

【实施方案】

任务 1　认识 Access 2010

1. Access 2010 的功能

Access 2010 是 Microsoft Office 2010 办公套件中的重要组件之一，它是一种功能强大且使用方便的关系型数据库管理系统，其主要功能是进行中小型数据库的开发和操作，它功能强大，操作简单，且可以与其他的 Office 组件实现数据共享和协同工作，现已成为最流行的桌面数据库管理系统之一。其主要功能：

（1）能够实现 Excel 难以实现或无法实现的数据统计和报表功能。

（2）Access 可非常方便地开发简单的数据库应用软件，比如进销存管理系统、计件工资管理系统、人员管理系统、超市管理系统等。

2. Access 2010 启动与退出

（1）启动。

启动 Access 2010 通常有以下方法：

① 单击"开始｜程序｜Microsoft Office｜Microsoft Office Access 2010"命令。

② 若桌面上有 Access 2010 快捷方式图标，双击它，也可启动 Access。另外，还可通过双击 Access 数据库启动 Access 2010。

（2）退出。

退出 Access 2010 通常有以下方法：

① 单击"Office 按钮｜退出 Access"命令。

② 单击窗口右上角的"关闭"按钮。

③ 按 Alt+F4 组合键。

3. Access 2010 的工作窗口

Access 2010 工作窗口中除包括 Office 按钮、标题栏、快速访问工具栏、功能区和状态栏外，还包括导航窗格和工作区等对象，如图 6-1 所示。其中标题栏、快速访问工具栏、功能区和状态栏与其他 Office 2010 套装软件操作基本相同，这里主要介绍导航窗格和工作区。

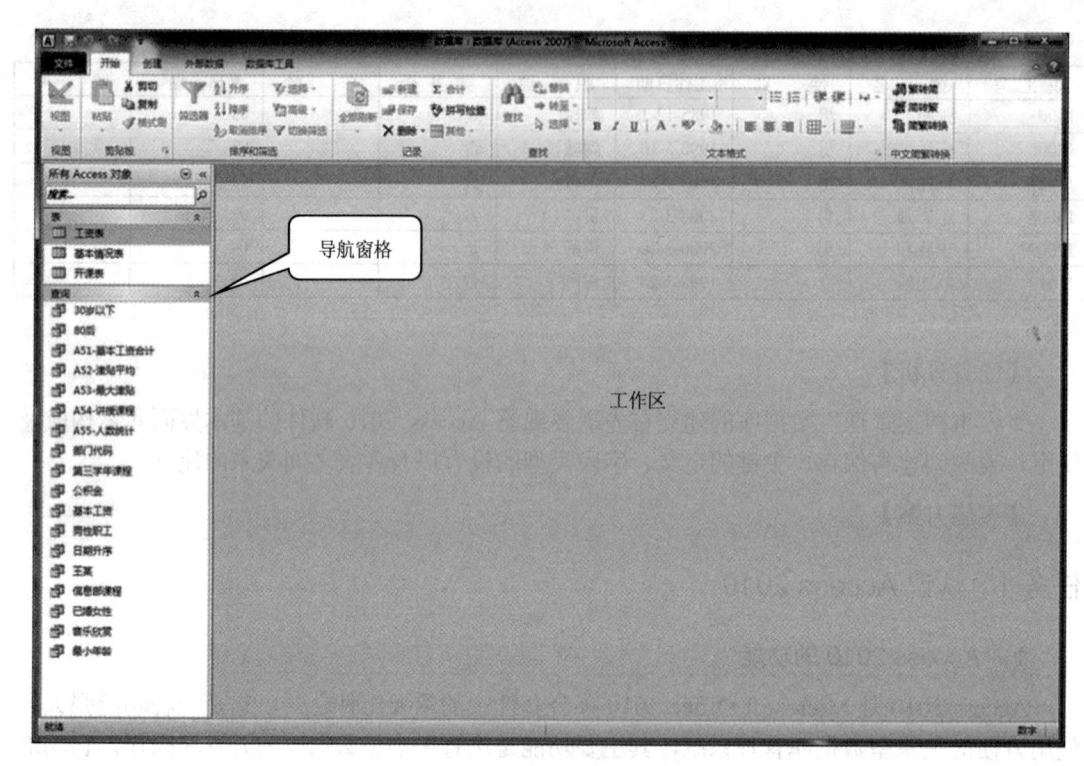

图 6-1　Access 2010 的窗口

（1）导航窗格。

导航窗格位于窗口左侧的区域，用来显示数据库对象的名称，这些对象主要包括表、查询、窗体、报表、页、宏和模块，共 7 个对象，数据库对象是 Access 2010 最基本的容器对象，它是一些关于某个特定主题或目的的信息集合，以一个单一的数据库文件（.accdb）形式存储在磁盘中，具有管理本数据库中所有信息的功能，通过这些对象可以快速组织和管理数据库中的数据。

① "表"对象。

是数据库的基本对象，是创建其他几种对象的基础，也是 Access 2010 数据库中保存数据的地方，一个数据库中可以包含一个或多个表，表与表之间可以根据需要创建关系。

② "查询"对象。

我们把使用一些限制条件来选取表中的数据（记录）称之为"查询"，例如，查询 2000 年以后参加工作的所有人员的信息等。用户可以将查询保存，成为数据库中的"查询"对象，在实际操作过程中，就可以随时打开既有的查询查看，提高工作效率。

③ "窗体"对象。

窗体是用户与 Access 2010 数据库应用程序进行数据传递的桥梁，其功能在于建立一个可以查询、输入、修改、删除数据的操作界面，以便让用户能够在最舒适的环境中输入或查阅数据。

④ "报表"对象。

报表用于将选定的数据以特定的版式显示或打印，是表现用户数据的一种有效方式，其内容可以来自某一个表也可以来自某一个查询。

⑤ "宏"对象。

宏是一个或多个命令的集合，其中每个命令都可以实现特定的功能，通过将这些命令组合起来，可以完成某些经常重复或复杂的操作，相当于 DOS 中的批处理。

⑥ "页"对象。

Access 2010 中的页对象也称为数据访问页，连接到数据库，是特殊的 Web 页，只能用浏览器打开。

⑦ "模块"对象。

模块就是所谓的"程序"，Access 2010 虽然在不需要撰写任何程序的情况下就可以满足大部分用户的需求，但对于较复杂的应用系统而言，只靠 Access 2010 的向导及宏仍然稍显不足，所以 Access 2010 提供 VBA 程序命令，可以自如地控制细微或较复杂的操作。

（2）工作区。

工作区是 Access 2010 工作界面中最大的部分，它用来显示数据库中的各种对象，是使用 Access 进行数据库操作的主要工作区域。

4. 创建数据库

在 Access 中可以创建空白的数据库，还可以根据模板来创建数据库，用户只须更改其中的内容即可得到一份内容丰富、外观精美的数据库文件。

（1）创建空白数据库。

要创建一个空白数据库，在 Access 2010 程序窗口中单击"新建空白数据库"栏中的"空数据库"图标，然后在窗口右侧窗格中选择数据库存放的位置及输入文件名，如图 6-2 所示。单击"创建"按钮，即可创建一个空的数据库，如图 6-3 所示。

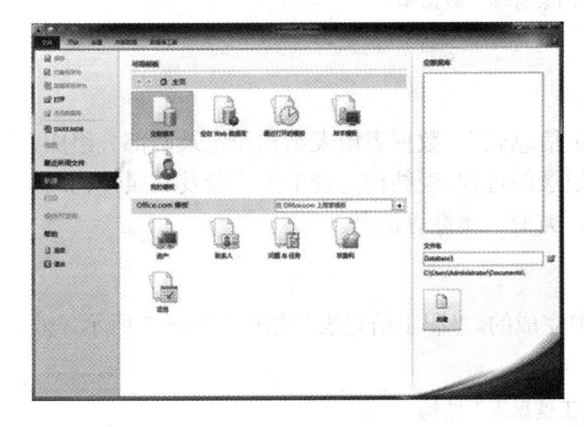

图 6-2　创建空白数据库　　　　　　　　图 6-3　空白数据库

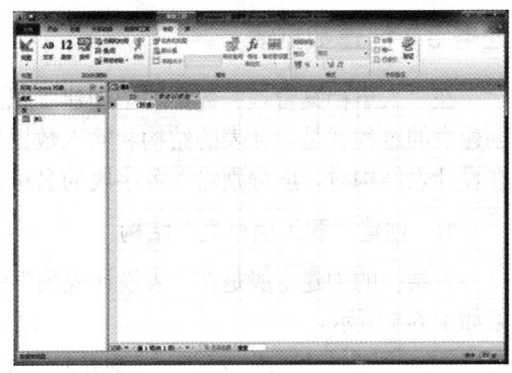

（2）保存数据库。

保存数据库可用以下方法。

① 单击"快速访问工具栏 | 保存"按钮 。

② 单击"文件 | 保存"命令，即可保存当前文档。

③ 直接按快捷键 Ctrl+S。

（3）打开数据库。

打开数据库可用以下方法。

① 单击"文件"选项卡，从弹出的菜单中选择"打开"命令，从打开的"打开"对话框中选择要打开的数据库，然后单击"打开"按钮。

② 按 Ctrl+O 组合键，打开"打开"对话框，从中选择要打开的数据库，单击"打开"按钮。

③ 双击数据库文件名，也可以同步打开数据库。

任务 2　创建数据库

建立"人事档案管理"数据库可单击"开始 | 所有程序 | Microsoft Office | Microsoft Office Access 2010"，打开数据库界面，单击"空白数据库"按钮，在右边文件名中输入"人事档案管理"，单击"创建"按钮，即可完成数据库的创建，如图 6-4 所示。

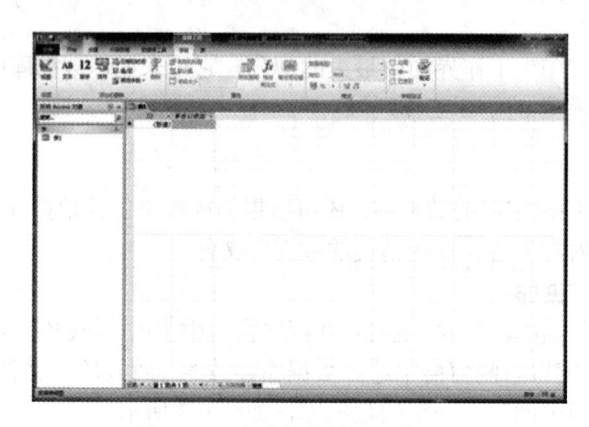

图 6-4　"人事档案管理"数据库

任务 3　创建数据表

在"人事档案管理"数据库中创建"职工信息表"。数据表由表结构和记录两部分组成，创建表的过程就是设计表的结构和输入数据记录的过程。表结构由若干个字段及其属性构成，在设计表结构时，应分别输入各字段的名称、类型、属性等信息。

1. 创建"职工信息表"结构

表结构的创建一般是在"表设计视图"中完成的。"职工信息表"结构如表 6-2 所示。效果如图 6-5 所示。

表 6-2　"职工信息表"结构

字段名	类型	大小
职工号	文本型	5
姓名	文本型	10
性别	文本型	2
工作日期	日期型	
职称	文本型	10
党员否	逻辑型	
年龄	整型	
教研室	文本型	20
照片	附件	默认

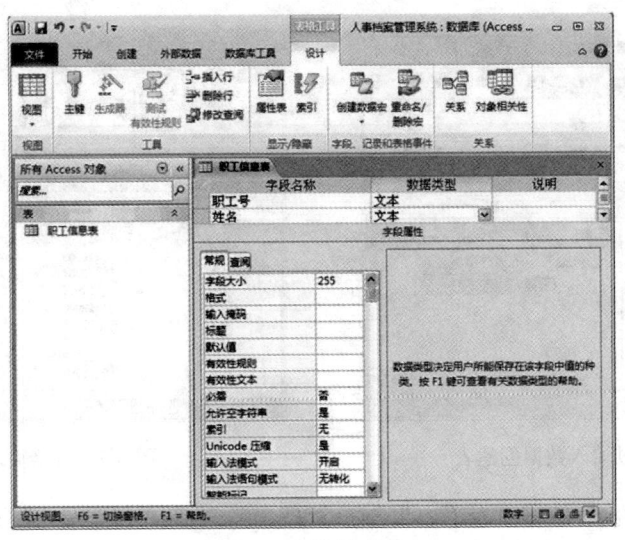

图 6-5 表的创建窗口

2. 创建"工资表"结构

在数据库中,通过在数据表视图中直接输入数据也可以创建表,以表 6-3 所示的"工资表"为例。

表 6-3 工资表

职 工 号	基本工资	补　　贴	公 积 金	应发工资
10001	5000	456	200	
11002	4000	435	100	
10003	3000	657	200	
12004	5500	378	220	
13005	5300	590	230	
12006	4200	465	300	
11007	4500	400	210	
13008	2000	450	300	
12009	2000	500	200	
11010	3300	530	200	

工资表中各字段的结构类型设置如表 6-4 所示。

表 6-4 "工资表"结构

字 段 名	类　　型	大　小
职工号	文本型	5
基本工资	整型	
补贴	整型	
公积金	整型	
应发工资	整型	

（1）打开"人事档案管理"数据库,选择"表"对象,单击"创建｜表",出现如图 6-6 所示的数据表视图。

（2）直接在表中输入数据,如图 6-7 所示。

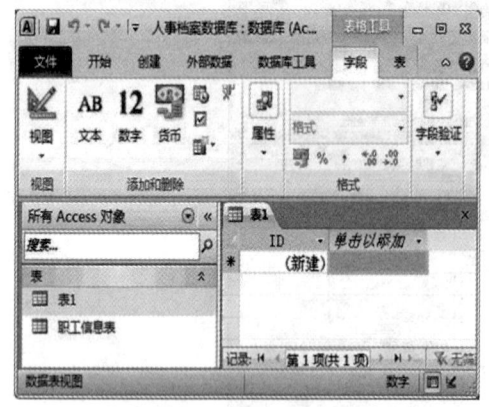

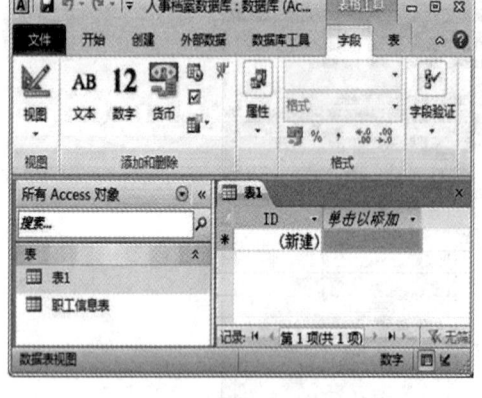

图 6-6　通过输入数据创建表　　　　　　　　图 6-7　直接输入数据

（3）修改字段名：双击"字段 1"，输入"职工号"；双击"字段 2"，输入"基本工资"；双击"字段 3"，输入"补贴"；双击"字段 4"，输入"公积金"；双击"字段 5"，输入"应发工资"。

（4）保存此表为"工资表"。

（5）切换到设计视图，选中 ID 字段，单击右键选择删除 ID 字段，选择"职工号"字段，设置字段大小为 5，"其他字段"设置为数字型，保存。

任务 4　编辑数据表

1. 修改字段属性

如果所创建的表结构不符合需求，可对表结构进行修改。例如修改"年龄"字段属性。

（1）在设计视图中打开"职工信息表"，并选择"年龄"字段。

（2）设置"年龄"字段的"索引"属性为"有（有重复）"，"必填字段"属性为"是"，默认值为"20"。

（3）设置有效性规则为"大于 18 并且小于 60"，当数据输入违反有效规则时，提示信息为"年龄必须在 18-60 之间"，如图 6-8 所示。

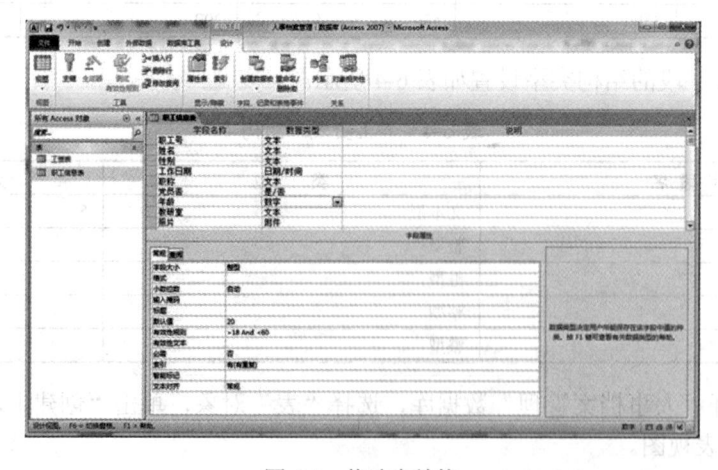

图 6-8　修改表结构

(4) 保存表结构。

修改表结构后,要重新保存表结构。如果用户未保存就关闭表或切换到数据表视图,系统会提示用户必须先保存表,如图 6-9 所示。

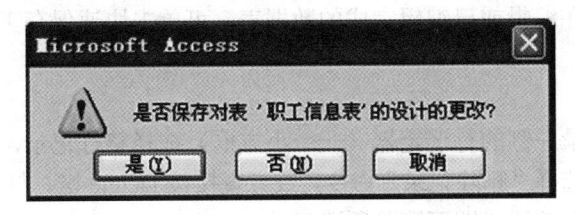

图 6-9 保存表提示

2. 输入数据记录

将"职工信息表"切换到"数据表视图",在该视图下输入职工相关的记录信息,如图 6-10 所示。

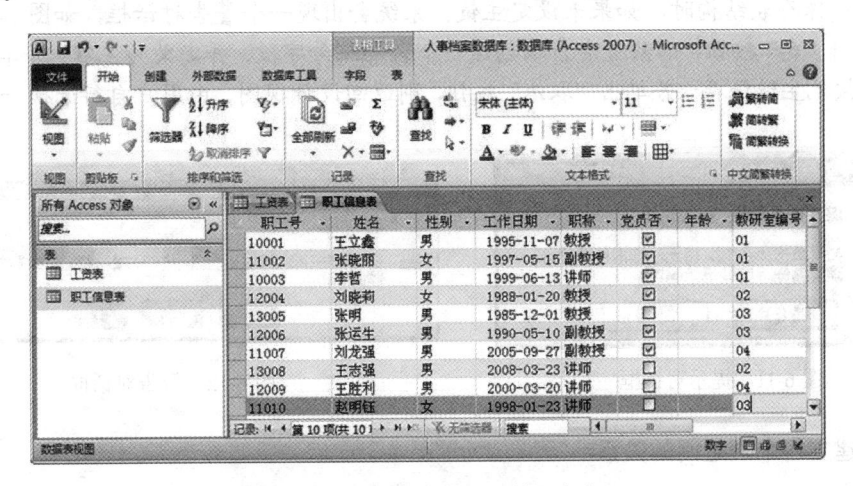

图 6-10 "人事档案管理"数据库窗口

3. 编辑记录

如果所输入的表的记录不符合需求,可按如下方法进行编辑。

① 添加与修改数据。

在数据库窗口的导航窗格中双击要添加数据的新表将其打开,插入点会自动放置在可插入记录的位置。默认情况下,表中的"ID"字段会自动填充编号作为主键,用户可通过按 Tab 键或者用鼠标单击移动到下一个单元格,输入所需数据。

输入一条记录后,Access 会自动创建一条新记录项,用户可继续输入所需记录,直至完成所有记录的输入。

若要编辑某字段中的数据,可以单击要编辑的字段,然后重新输入数据;若要纠正输入的错误,可按 BackSpace 键;若要取消对当前字段的更改,可按下 Esc 键;若要取消对整个记录的更改,可在移出该字段之前再次按下 Esc 键。

若要替换整个字段的值,指向字段的最左边,在指针变为 ✚ 形状时单击该字段,然后输入数据。

② 保存数据。

将插入点移到不同的记录，或者关闭正在处理的数据表，Access 2010 都会自动保存所添加或编辑的记录。

若要手动保存正在编辑或已编辑完成的数据表，可单击快速保存工具栏上的"保存"按钮。

③ 删除记录。

单击要删除的记录左侧的行选定器（一个小方框）选择整行记录，然后右击所选记录，从弹出的快捷菜单中选择"删除记录"命令，或者直接按 Delete 键，打开如图 6-11 所示的提示对话框，单击"是"按钮，即可删除所选记录。

4. 定义主键

选中"职工号"字段，单击工具栏上的 按钮或在右键快捷菜单中选择"主键"命令，在"职工号"字段的左边就会出现一个钥匙标志，表明这个字段已被设为"主键"。

提示：保存表结构时，如果未设定主键，系统会出现一个警告对话框，如图 6-12 所示。此时若单击"是"按钮，则系统会自动创建一个自动编号字段，并定义为主键；若单击"否"按钮，则按无主键保存；若单击"取消"按钮，则返回设计视图，由用户自行选择一个主键。

图 6-11　提示对话框　　　　　　图 6-12　警告对话框

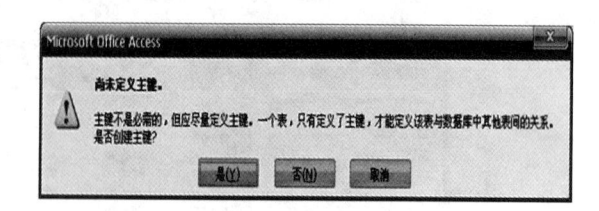

5. 建立各个表之间的关系

在关系数据库中，为减少数据冗余，把数据分别存储在相互有关系的多张表中，每一张表都是单独建立的，若想建立表之间的关联，就必须要建立表间关系，能使这些表紧密联系，相互链接。表间关系可分为一对一、一对多、多对多三种类型。在"人事档案管理"数据库中，"职工信息表"和"工资表"可通过"工号"字段建立关系。具体步骤如下：

（1）打开"人事档案管理"数据库，选择"表"对象。

（2）单击"数据库工具"选项卡，单击"关系"按钮，弹出如图 6-13 所示的"显示表"对话框，选中"职工信息表"和"工资表"并单击"添加"按钮，在"关系"窗口中出现两张表，然后关闭显示表对话框。

图 6-13　"显示表"对话框

（3）将"职工信息表"的"职工号"字段拖动到"工资表"的"职工号"字段上，弹出如图 6-14 所示的"编辑关系"对话框，选中"实施参照完整性"复选框，单击"创建"按钮，关系建立成功，此时的"关系"窗口如图 6-15 所示。

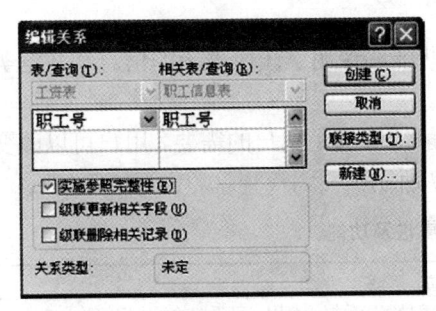

图 6-14 "编辑关系"对话框

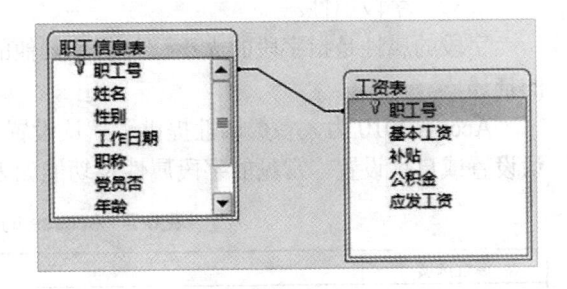

图 6-15 建好的表间关系

【知识链接】

1. Access 中表的要素

在 Access 数据库的 7 个对象中,表的作用是存储和管理数据,它是其他数据库对象的基础,没有表的数据库是没有意义的。所以,数据库的工作一般从创建表开始。下面我们先了解一下表的基本构成。

（1）表的组成。

在 Access 中,表将数据组织成列（称为字段）和行（称为记录）的形式。每一列的字段名是唯一的,有相同的属性和数据类型,每一行中的信息称为记录,如表 6-5 所示。

表 6-5 部门信息表

部门号	部门名称	部门号	部门名称
1001	财务处	1003	后勤处
1002	人事处	1004	总务处

（2）数据类型。

在创建表之前,先要对表结构进行设计,确定每个字段的名称和数据类型。字段数据类型的设置则定义了用户可以输入到字段中的值的类型。例如,如果要使字段存储数字值以便在计算中使用,那就要将其数据类型设为"数字"或"货币"。如表 6-6 列出的是 Access 的 10 种数据类型及用法。

表 6-6 Access 数据类型及用法

数据类型	用 法	字段大小
文本	存放任何可显示或打印的文字和数字字符,该类型的数据一般不用于数学计算	≤255 B
数字	用于存放可以作为数学计算的数值数据,具体又分字节、整型、长整型、单精度型、双精度型和同步 ID	1B~8B
日期/时间	存放日期和时间数据	8B
备注	存放长文本字符数据	≤64KB
自动编号	存放当作计数的主键数值,当新增一条记录时,其值自动加 1,其值不能自动更新	4B
货币	存放货币类型的数据	8B
是/否	存放只有两个值的逻辑型数据	1B
OLE 对象	存放图片、声音及文档等多种数据	≤1GB
超链接	存放用来链接到另一个数据库、Internet 地址等信息	6KB
查阅向导	创建为某个字段输入时提供的从该字段的列表选择的值	4B

（3） 字段属性。

字段的属性是指字段的大小、外观和其他的一些能够说明字段所表示的信息和数据类型的描述。

Access 2010 为大多数属性提供了默认设置，一般能够满足用户的需要。用户可以改变默认设置或自行设置。常见的字段属性及功能如表 6-7 所示。

表 6-7 Access 的字段属性及功能

属性选项	功　　能
字段大小	使用这个属性可以设置文本、数字、货币和自动编号字段数据的范围，可设置的最大字符数为 255
格式	控制怎样显示和打印数据，可选择预定义格式或输入自定义格式
小数位数	指定数字、货币字段数据的小数位数，默认值是"自动"，范围是 0～15
输入法模式	确定光标移至该字段时，准备设置哪种输入法模式，有三个选项，即随意、开启和关闭
输入掩码	使用户在输入数据时可以看到这个掩码，从而知道应该如何输入数据，对文本、数字、日期/时间和货币类型字段有效
标题	在各种视图中，可以通过对象的标题向用户提供帮助信息
默认值	指定数据的默认值，自动编号和 OLE 数据类型没有此项属性
有效性规则	是一个表达式，用户输入的数据必须满足此表达式，当光标离开此字段时，系统会自动检测数据是否满足有效性规则
有效性文本	当输入的数据不符合有效性规则时显示的提示信息
必填字段	该属性决定字段中是否允许出现 Null 值
允许空字符串	指定该字段是否允许零长度字符串
索引	决定是否建立索引的属性，有三个选项，即"没有"、"有，允许重复"、"有，不允许重复"
Unicode	指示是否允许对该字段进行 Unicode 压缩

2. 视图

视图是 Access 2010 数据库对象的外观表现形式，不同的视图具有不同的功能和作用范围。表有四种视图：设计视图、数据表视图、数据透视表视图和数据透视图视图。

视图切换可使用"视图"菜单中的相应选项，也可以使用工具栏最左边的视图切换按钮（如图 6-16 所示）快速地切换视图。四种视图中最常用的是设计视图和数据表视图，图 6-17 所示为设计视图，用于定义和修改表的结构，它只显示表中的各个字段名称、类型及相关的属性，而不显示具体的数据内容，在添加、删除、编辑、搜索表中的数据时，则要切换为如图 6-18 所示的数据表视图。在查询、窗体和报表等其他对象下，Access 也有相应的视图适合不同的用途。

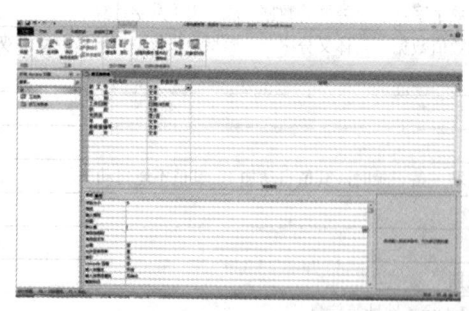

图 6-16 视图切换按钮　　　　图 6-17 设计视图　　　　图 6-18 数据表视图

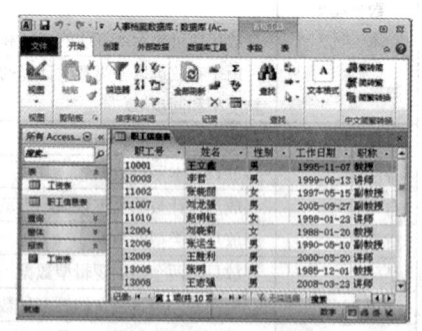

3. 查找和排序

当输入多条记录后，如果要对某条记录进行编辑可能会在查找方面有些困难，这时用户可以通过使用 Access 2010 的查找功能来快速查找特定的记录，并可以对其进行修改。此外，还可以对数据记录进行排序。

（1）查找数据。

在 Access 2010 中，查找或替换所需数据的方法有很多，不但可以查找特定的值，也可以查找一条记录，或者一组记录。

打开要进行查找数据的数据表，在"开始"选项卡上单击"查找"组中的"查找"按钮，打开"查找和替换"对话框的"查找"选项卡，在"查找内容"文本框中输入要查找的值，如图 6-19 所示。然后单击"查找下一个"按钮即可查找到指定记录。

若要将查找到的值替换为另一个值，可切换到"替换"选项卡，或者直接单击"查找"组中的"替换"按钮，打开"查找和替换"对话框的"替换"选项卡，在"查找内容"文本框中输入要查找的值，在"替换为"文本框中输入要替换为的新值，如图 6-20 所示。然后单击"替换"按钮即可替换当前查找到的值，若单击"全部替换"按钮，则可替换数据库中所有与查找条件相同的值。如果不替换当前值而要查看下一个符合查找条件的值，可单击"查找下一个"按钮，以忽略当前查找到的值，不对其进行替换。

图 6-19 "查找"选项卡   图 6-20 "替换"选项卡

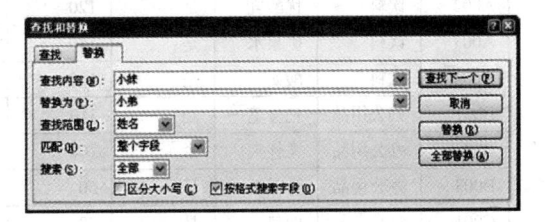

（2）排序数据。

为了方便在表中查看数据，用户可以对表中的记录进行升序或降序排列。在数据表中选择要作为排序依据的字段，然后单击"降序"按钮，即可按降序顺序排列各项记录，单击"升序"按钮则可按升序顺序排列各项记录。

实训项目 1　创建"校园超市商品管理"数据库

1. 实训目标

（1）熟悉 Access 2010 的工作界面。
（2）掌握建立 Access 数据库的基本过程与操作步骤。
（3）理解 Access 数据表的结构，掌握其创建方法。
（4）掌握数据记录的输入与编辑方法。

2. 实训任务

【任务描述】

校园超市要对所售商品的基本情况进行数字化管理，要求超市管理员李东梅建立"校园超市商品管理"数据库，其中包括商品 ID、商品分类、商品名称、是否本地、商品数量、经收入ID、商品进价、进货时间、保质期等信息的数据表，具体要求如下：

(1) 创建"校园超市商品管理"数据库。
(2) 创建"超市商品进货表"，要求有以下字段信息。

- 商品ID（类型：文本；大小：7）；
- 商品分类（类型：文本；大小：8）；
- 商品名称（类型：文本；大小：20）；
- 是否本地（类型：逻辑型；格式：是/否）；
- 商品数量（类型：数字；大小：整型）；
- 经手人工号（类型：文本；大小：20）；
- 商品进价（类型：数字；大小：双精度）；
- 进货时间（类型：日期/时间）；
- 保质期（月）（类型：数字；大小：整型）。

在"超市商品进货表"中添加记录，如表6-8所示。

表6-8 超市商品进货表

商品ID	商品分类	商品名称	是否本地	商品数量	经手人工号	商品进价	进货时间	保质期(月)
A001	饮料	可乐	否	120	10001	2.5	2015年11月2日	24
A002	饮料	优酸乳	是	120	11002	3.0	2016年1月20日	24
A003	饮料	矿泉水	是	130	10003	1.5	2016年2月2日	24
A004	饮料	酸奶	是	150	12004	2.0	2016年3月4日	6
B001	办公用品	记号笔	是	110	13005	3.0	2016年4月3日	12
B002	办公用品	文件夹	否	100	12006	5.0	2016年1月5日	24
B003	办公用品	订书机	是	50	11007	8.0	2015年12月3日	24
C001	食品	面包	是	70	13008	5.0	2016年4月2日	1
C002	食品	香肠	否	100	10001	6.0	2016年3月5日	12
C003	食品	蛋糕	是	80	11002	9.0	2016年3月5日	1

(3) 创建"超市商品销售表"，要求有以下字段信息。

- 商品ID（类型：文本；大小：7）；
- 商品名称（类型：文本；大小：20）；
- 商品单价（类型：数字；大小：双精度）；
- 商品数量（类型：数字；大小：整型）；
- 是否优惠（类型：逻辑型；格式：是/否）；
- 优惠折扣（类型：数字；大小：双精度；格式：百分比）；
- 金额总计（类型：数字；大小：整型）；
- 备注（类型：文本；大小：20）。

在"超市商品销售表"中添加记录，如表6-9所示。

表6-9 超市商品销售表

商品ID	商品名称	商品单价	商品数量	是否优惠	优惠折扣	金额总计	备注
A001	可乐	3.0	10	否	0.00%		
A002	优酸乳	4.0	12	是	5.00%		
A003	矿泉水	2.5	30	是	5.00%		

(续表)

商品ID	商品名称	商品单价	商品数量	是否优惠	优惠折扣	金额总计	备注
A8004	酸奶	2.5	50	是	5.00%		
B001	记号笔	3.5	10	是	10.00%		
B002	文件夹	7.0	10	否	0.00%		
B003	订书机	9.0	5	是	10.00%		
C001	面包	6.0	7	是	20.00%		
C002	香肠	7.0	10	否	0.00%		
C003	蛋糕	10.0	8	是	20.00%		

（4）创建"超市员工表"，要求有以下字段信息。
- 工号（类型：文本；大小：7）；
- 姓名（类型：文本；大小：8）；
- 性别（类型：文本；大小：2）；
- 出生年月（类型：日期/时间）；
- 年龄（类型：数字；大小：整型）；
- 婚否（类型：是/否；格式：真/假）；
- 部门（类型：文本；大小：6）；
- 职务（类型：文本；大小：6）；
- 是否党员（类型：是/否；格式：是/否）；
- 备注（类型：文本；大小：20）。

在"超市员工表"中添加记录，如表6-10所示。

表6-10 超市员工表

工号	姓名	性别	出生年月	年龄	婚否	部门	职务	是否党员	备注
10001	黄明明	男	1975-11-7		True	行政	店长	是	
11002	江成云	女	1981-5-15		True	行政	副店长	否	
10003	许立力	男	1983-6-13		True	销售	销售员	是	
12004	刘华	女	1991-10-20		False	销售	经理	是	
13005	宋祖耀	男	1984-12-11		False	销售	销售员	是	
12006	王军	男	1979-5-10		True	行政	经理	是	
11007	王建国	男	1982-11-27		True	销售	副店长	否	
13008	宋丽娜	女	1977-3-23		True	销售	科长	是	
12009	张明	男	1976-3-20		True	行政	科长	否	
11010	张飞	女	1989-11-23		False	销售	销售员	否	

（5）将"超市商品进货表"中的"商品ID"、"超市商品销售表"中的"商品ID"、"超市员工表"中的"工号"分别定义为主键。

（6）创建表之间的关系：建立"超市商品进货表"、"超市商品销售表"、"超市员工表"三者的关系。

3. 参考模板

如图 6-21 所示。

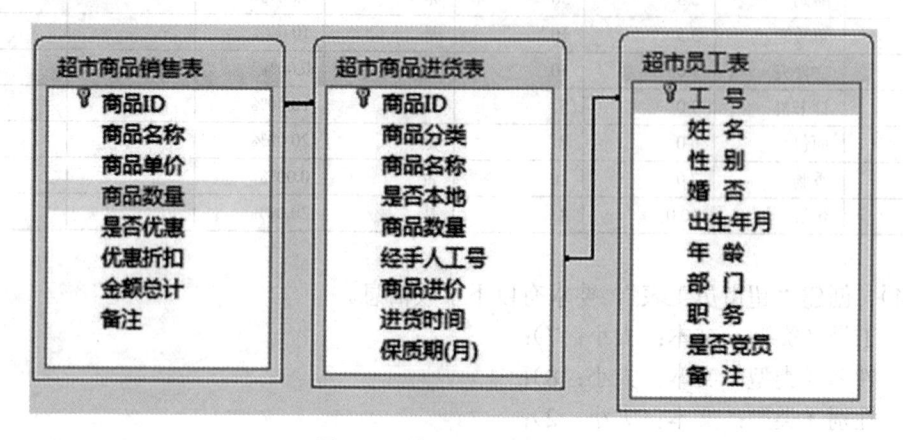

图 6-21 数据表之间的关系

实训项目 2　创建"医院挂号预约管理"数据库

1. 实训目标

（1） 熟悉 Access 2010 的工作界面。
（2） 掌握建立 Access 数据库的基本过程与操作步骤。
（3） 理解 Access 数据表的结构，掌握其创建方法。
（4） 掌握数据记录的输入与编辑方法。

2. 实训任务

【任务描述】

人民医院为更好地服务患者看病，针对"挂号难"这一现象，对医院挂号预约情况进行数字化管理，要求技术人员按照医院需求建立"医院挂号预约管理"库，其中包括医生和预约者的姓名、性别、婚否、职称、出生日期、年龄等信息的数据表，具体要求如下：

（1） 创建"医院挂号预约管理"数据库。
（2） 创建"医生基本情况表"，要求有以下字段信息。
- 医生 ID（类型：文本；大小：8）；
- 姓名（类型：文本；大小：10）；
- 性别（类型：文本；大小：2）；
- 年龄（类型：数字；大小：整型）；
- 职称（类型：文本；大小：10）；
- 专长（类型：文本；大小：20）；
- 工资（类型：数字；大小：长整型）。

在"医生基本情况表"数据表中添加记录，如表 6-11 所示。

表 6-11 医生基本情况表

医生ID	姓名	性别	年龄	职称	专长	工资
A001	王志	男	23	助理医师	肝外科	2600
A002	李娜	女	40	主任医师	妇产科	4900
A003	韩永	男	50	主任医师	心血管	5500
A004	田野	女	40	副主任医师	眼科	4600
A005	吴威	男	33	副主任医师	骨科	4500
A006	刘之乾	男	29	助理医师	脑外科	2800

(3) 创建"科室表",要求有以下字段信息。
- 科室ID(类型:文本;大小:8);
- 科室名称(类型:文本;大小:10));
- 房间号(类型:数字;大小:整型)。

在"科室表"中添加记录,如表6-12所示。

表 6-12 科室表

科室ID	科室名称	房间号
001	内科	101
002	外科	201
003	妇科	301
004	骨科	401
005	眼科	501

(4) 创建"预约者情况表",要求有以下字段信息。
- 预约者ID(类型:文本;大小:8);
- 姓名(类型:文本;大小:10);
- 年龄(类型:数字;大小:整型);
- 性别(类型:文本;大小:2);
- 地址(类型:文本;大小:15);
- 电话(类型:文本;大小:15)。

在"预约者情况表"中添加记录,如表6-13所示。

表 6-13 预约者情况表

预约者ID	姓名	年龄	性别	地址	电话
10001	王文新	30	女	北京市朝阳区	65001238
10002	李玉	27	男	北京市海淀区	68001234
10003	李向红	32	女	北京市通州区	60510123
10004	吴颂	22	男	北京市密云县	90100001
10005	凌风	31	男	北京市怀柔区	91200001
10006	鲁维	33	男	北京市大兴区	88010101
10007	邱磊	45	男	北京市朝阳区	65011201
10008	田锦	44	女	北京市丰台区	83950001
10009	洪称	56	女	北京市房山区	95510113
10010	王雪军	40	男	北京市东城区	65130113

（5）创建"预约登记表"，要求有以下字段信息。
- 预约ID（类型：自动编号；大小：长整型）；
- 预约者ID（类型：文本；大小：8）；
- 预约日期（类型：日期/时间）；
- 科室ID（类型：文本；大小：255）；
- 医生ID（类型：文本；大小：8）。

在"预约登记表"中添加记录，如表6-14所示。

表6-14 预约登记表

预约ID	预约者ID	预约日期	科室ID	医生ID
1	10001	2004年10月10日星期日	001	A001
2	10002	2004年12月1日星期三	001	A001
3	10003	2004年11月4日星期四	003	A002
4	10001	2004年11月1日星期五	005	A004
5	10009	2004年11月12日星期五	004	A005
6	10007	2004年11月20日星期六	002	A006
7	10005	2004年10月11日星期一	004	A005
8	10007	2004年10月30日星期六	005	A004

（6）将"医生基本情况表"中的"医生ID"、"科室表"中的"科室ID"、"预约者情况表"中的"预约者ID"分别定义为主键。

（7）创建表之间的关系：建立"医生基本情况表"、"科室表"、"预约登记表"三者之间的关系。参考模板如图6-22所示。

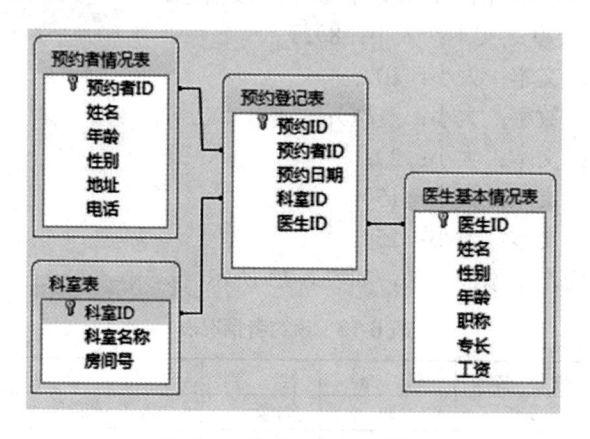

图6-22 数据表之间的关系

案例二 查询"人事档案管理"数据库

【任务描述】

在文化传媒学院的"人事档案管理"数据库创建完成后，需要秘书张鑫对这些表中的数据进行相关的管理，主要实现以下的查询操作：

（1） 列出所有男性职工的信息。
（2） 列出所有党员的且基本工资大于等于 3000 的职工的姓名、性别、党员否和基本工资。
（3） 列出所有姓王的职工信息。
（4） 列出 2000 年以后（不包括 2000 年）参加工作的职工的职工号、姓名、性别、工作日期。
（5） 列出工龄满 10 年（必须是满足 10 周年）的职工的信息。
（6） 按照"工作日期"升序形式显示"职工信息表"中所有人员的信息。
（7） 利用职工号的前两位生成一个新字段，新字段的名字叫"职工代码"，要求显示原来所有的字段和新生成的字段式。
（8） 统计工资表中所有男性职工的"基本工资"字段总和，并将结果赋值给新字段"基本工资合计"。
（9） 统计职称为教授的补贴的平均值，并将结果赋值给"教授补贴平均值"。
（10） 统计职工号前两位等于"12"的人的个数，并将结果赋值给"人数"。
（11） 统计女性职工中补贴一项的最大值，并将结果赋值给"女性职工补贴"最大值。
（12） 统计公积金的最小值和最大值，并将结果分别赋给变量 min-gjj、max-gjj。
（13） 求出每个教研室"基本工资平均值"。其中"基本工资平均值"一列数据由统计计算得到。
（14） 要求计算并替换每一条记录中的"工龄"字段。
（15） 计算每位职工的应发工资字段值。
（16） 要求按照"职称"升序生成一个名为"人事表 1"的新表，其中包含 4 个字段：姓名、性别、职称和党员否。
（17） 要求将所有女性职工的记录追加到名为"追加表"的表中，其中包含 4 个字段：姓名、性别、基本工资、补贴。
（18） 要求将职工信息表中所有职工的记录追加到名为"职工表副表"的表中。
（19） 要求物理删除"职工表副表"中职称为教授且职工号前两位为"11"的职工记录。
（20） 要求将"性别"字段作为参数，设定提示文本为"请输入要查询的职工的性别"，查询结果显示 5 个字段：职工号、姓名、性别、工作日期和应发工资。
（21） 统计输出每个教研室男女生基本工资的平均值。

【任务分析】

在"人事档案管理"数据库中，如果要实现数据的查询操作，需要熟悉数据库中选择查询、赋值查询、更新查询、生成查询、追加查询、删除查询和参数查询等各类查询的使用，掌握查询条件的书写格式及设置。

【实施方案】

任务 1　选择查询

1. 列出所有男性职工的信息

（1） 选择"创建"标签，单击"查询设计"按钮，弹出"查询设计器"窗口，在该视图下完成查询条件输入，如图 6-23 所示。

（2）单击"设计｜结果｜运行"按钮，得出如图 6-24 所示结果。

（3）单击"保存"按钮，保存查询结果。

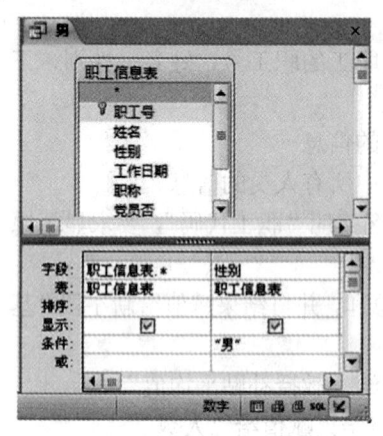

图 6-23　第 1 题查询条件窗口

图 6-24　第 1 题查询结果显示窗口

2. 列出所有党员的且基本工资大于等于 3000 的职工的姓名、性别、党员否和基本工资

（1）选择"创建"标签，单击"查询设计"按钮，弹出"查询设计"窗口，在该视图下完成查询条件输入，如图 6-25 所示。

（2）单击"设计｜结果｜运行"按钮，得出如图 6-26 所示结果。

（3）单击"保存"按钮，保存查询结果。

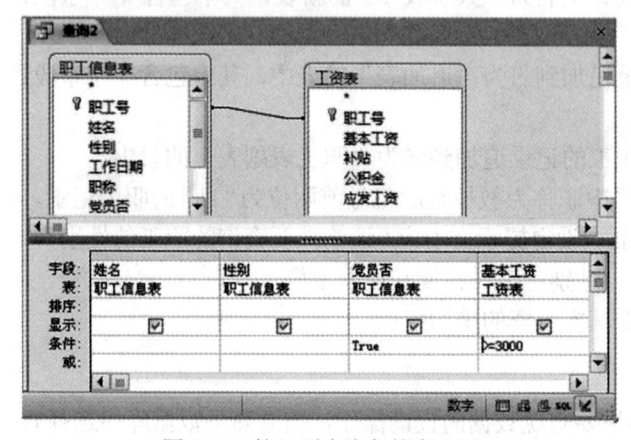

图 6-25　第 2 题查询条件窗口图

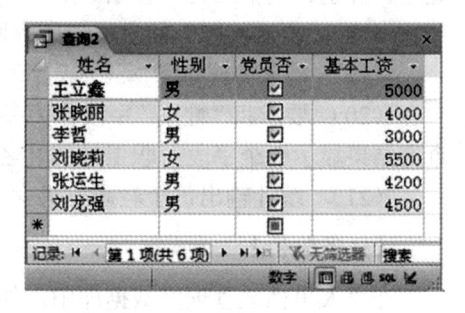

图 6-26　第 2 题查询结果显示窗口

3. 列出所有姓王的人的信息

（1）选择"创建"标签，单击"查询设计"按钮，弹出"查询设计"窗口，在该视图下完成查询条件输入，如图 6-27 所示。

（2）单击"设计｜结果｜运行"按钮，得出如图 6-28 所示结果。

（3）单击"保存"按钮，保存查询结果。

图 6-27 第 3 题查询条件窗口 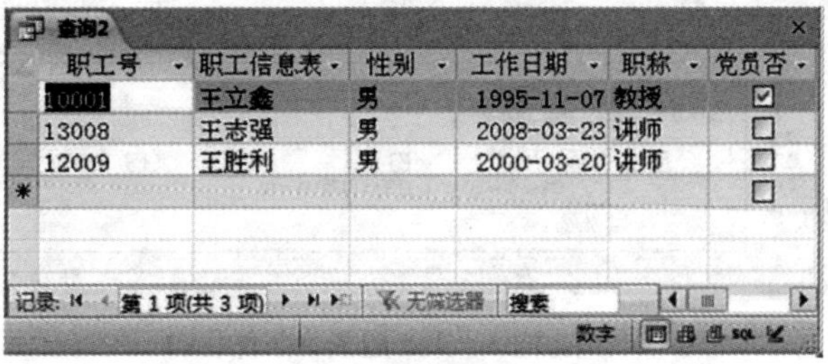　　　　图 6-28 第 3 题查询结果显示窗口

4. 列出 2000 年以后（不包括 2000 年）参加工作的职工的职工号、姓名、性别、工作日期

（1）选择"创建"标签，单击"查询设计"按钮，弹出"查询设计"窗口，在该视图下完成查询条件输入，如图 6-29 所示。

（2）单击"设计 | 结果 | 运行"按钮，得出如图 6-30 所示结果。

（3）单击"保存"按钮，保存查询结果。

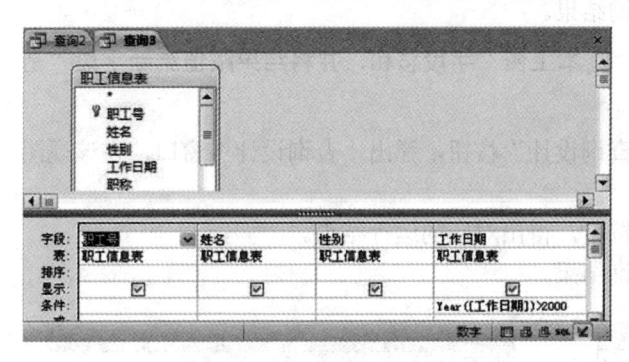

图 6-29 第 4 题查询条件窗口 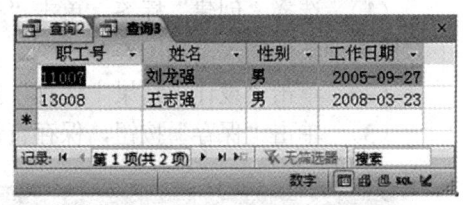　　　　图 6-30 第 4 题查询结果显示窗口

5. 列出工龄满 10 年（必须满足 10 周年）的职工的信息

（1）选择"创建"标签，单击"查询设计"按钮，弹出"查询设计"窗口，在该视图下完成查询条件输入，如图 6-31 所示。

（2）单击"设计 | 结果 | 运行"按钮，得出对应的运行结果。

（3）单击"保存"按钮，保存查询结果。

6. 按照"工作日期"升序形式显示"职工信息表"中所有人员的信息

（1）选择"创建"标签，单击"查询设计"按钮，弹出"查询设计"窗口，在该视图下完成查询条件输入，如图 6-32 所示。

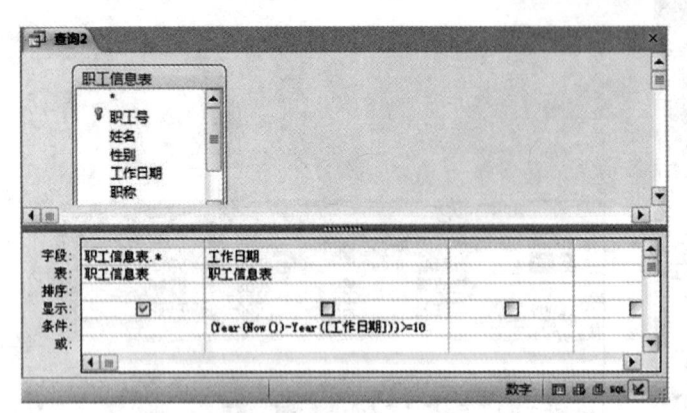

图 6-31　第 5 题查询条件窗口 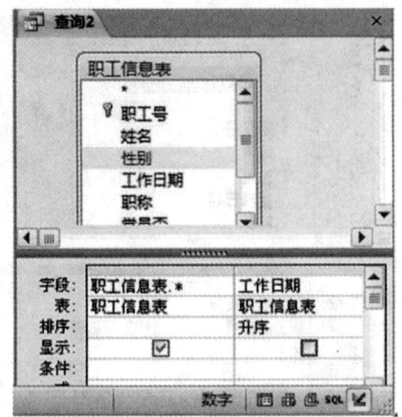　　　　　图 6-32　第 6 题查询条件窗口

（2）单击"设计｜结果｜运行"按钮，得出对应的运行结果。
（3）单击"保存"按钮，保存查询结果。

7. 利用职工号的前两位生成一个新字段，新字段的名字叫"职工代码"，要求显示原来所有的字段和新生成的字段式

（1）选择"创建"标签，单击"查询设计"按钮，弹出"查询设计"窗口，在该视图下完成查询条件输入，如图 6-33 所示。
（2）单击"设计｜结果｜运行"按钮，得出对应的运行结果。
（3）单击"保存"按钮，保存查询结果。

8. 统计工资表中所有男性职工的"基本工资"字段总和，并将结果赋值给新字段"基本工资合计"

（1）选择"创建"标签，单击"查询设计"按钮，弹出"查询设计"窗口，在该视图下完成查询条件输入，如图 6-34 所示。
（2）单击"设计｜结果｜运行"按钮，得出对应的运行结果。
（3）单击"保存"按钮，保存查询结果。

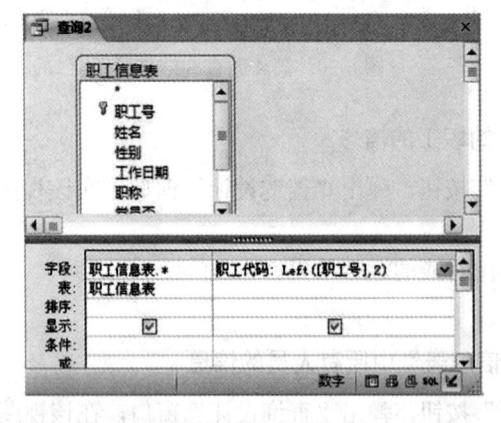

图 6-33　第 7 题查询条件窗口 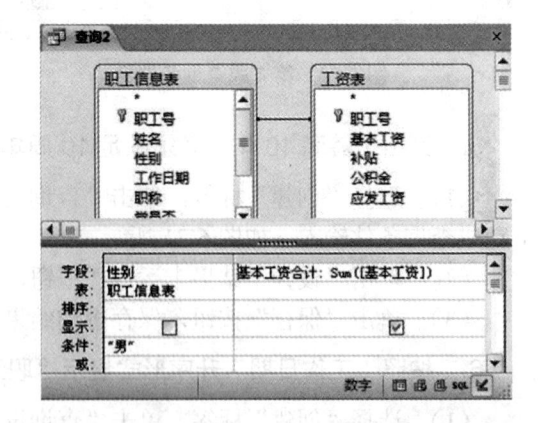　　　　　图 6-34　第 8 题查询条件窗口

9. 统计职称为教授的补贴的平均值，并将结果赋值给"教授补贴平均值"

（1） 选择"创建"标签，单击"查询设计"按钮，弹出"查询设计"窗口，在该视图下完成查询条件输入，如图 6-35 所示。

（2） 单击"设计｜结果｜运行"按钮，得出对应的运行结果。

（3） 单击"保存"按钮，保存查询结果。

10. 统计职工号前两位等于"12"的人的个数，并将结果赋值给"人数"

（1） 选择"创建"标签，单击"查询设计"按钮，弹出"查询设计"窗口，在该视图下完成查询条件输入，如图 6-36 所示。

（2） 单击"设计｜结果｜运行"按钮，得出对应的运行结果。

（3） 单击"保存"按钮，保存查询结果。

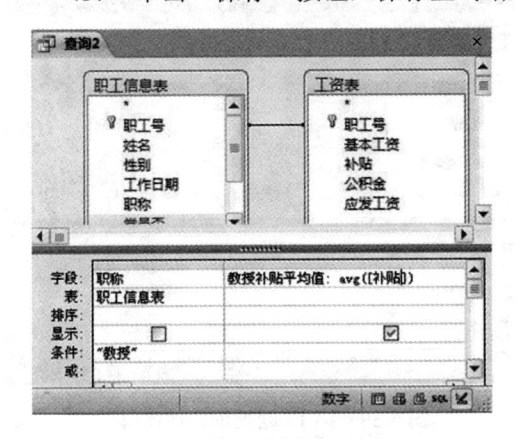

图 6-35　第 9 题查询条件窗口 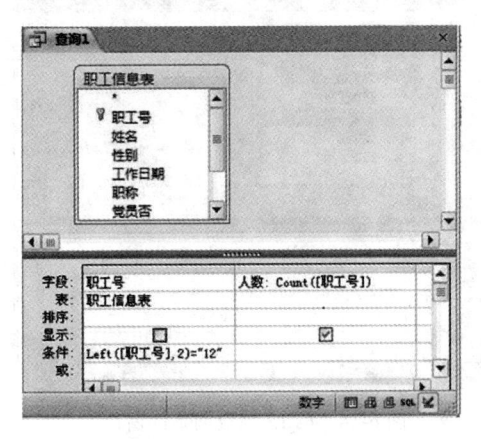　　　　图 6-36　第 10 题查询条件窗口

11. 统计女性职工中补贴一项的最大值，并将结果赋值给"女性职工补贴"最大值

（1） 选择"创建"标签，单击"查询设计"按钮，弹出"查询设计"窗口，在该视图下完成查询条件输入，如图 6-37 所示。

（2） 单击"设计｜结果｜运行"按钮，得出对应的运行结果。

（3） 单击"保存"按钮，保存查询结果。

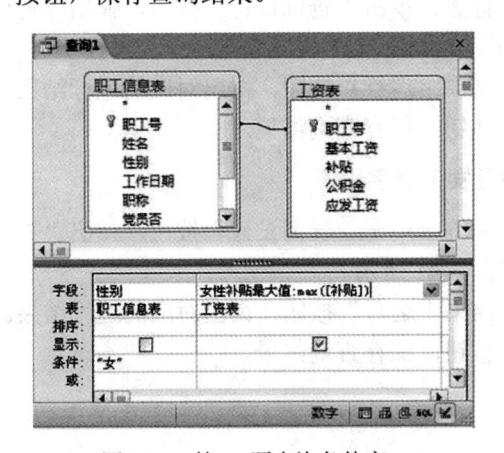

图 6-37　第 11 题查询条件窗口

12. 统计公积金的最小值和最大值,并将结果分别赋给变量 min-gjj、max-gjj

(1) 选择"创建"标签,单击"查询设计"按钮,弹出"查询设计"窗口,在该视图下完成查询条件输入,如图 6-38 所示。

(2) 单击"设计|结果|运行"按钮,得出对应的运行结果。

(3) 单击"保存"按钮,保存查询结果。

13. 求每个教研室"基本工资平均值",其中"基本工资平均值"一列数据由统计计算得到

(1) 选择"创建"标签,单击"查询设计"按钮,弹出"查询设计"窗口,在该视图下完成查询条件输入,如图 6-39 所示。

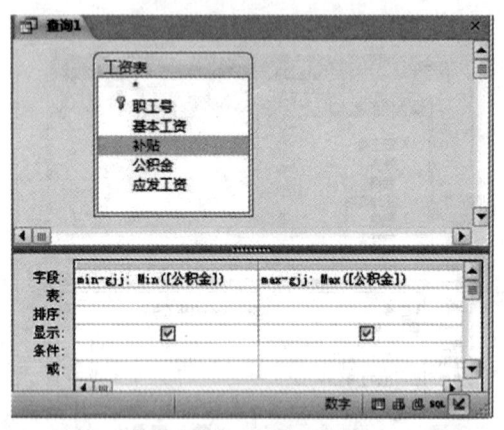

图 6-38　第 12 题查询条件窗口　　　图 6-39　第 13 题查询条件窗口

(2) 单击"设计|结果|运行"按钮,得出对应的运行结果。

(3) 单击"保存"按钮,保存查询结果。

任务 2　操作查询

1. 要求计算并替换每一条记录中的"工龄"字段

(1) 选择"创建"标签,单击"查询设计"按钮,弹出"查询设计"窗口,在该视图下完成查询条件输入,如图 6-40 所示。

(2) 单击"设计|结果|运行"按钮,得出对应的运行结果。

(3) 单击"保存"按钮,保存查询结果。

2. 计算每位职工的应发工资字段值

(1) 选择"创建"标签,单击"查询设计"按钮,弹出"查询设计"窗口,在该视图下完成查询条件输入,如图 6-41 所示。

(2) 单击"设计|结果|运行"按钮,得出对应的运行结果。

(3) 单击"保存"按钮,保存查询结果。

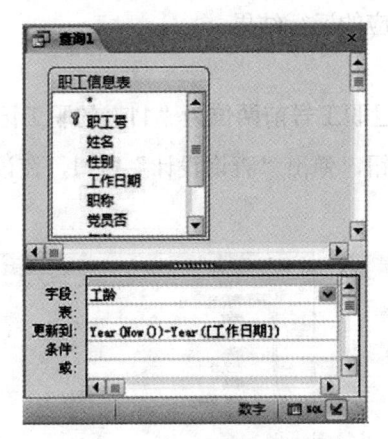

图 6-40　第 1 题查询条件窗口 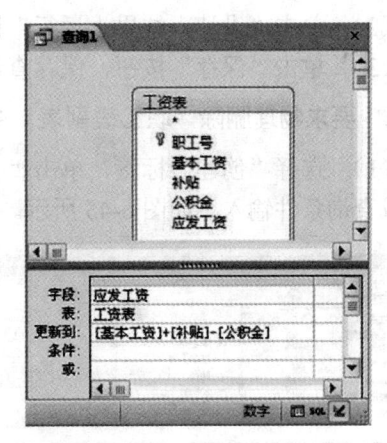　　　　　图 6-41　第 2 题查询条件窗口

3. 要求按照"职称"升序生成一个名为"人事表 1"的新表，其中包含 4 个字段：姓名、性别、职称和党员否

   （1）选择"创建"标签，单击"查询设计"按钮，弹出"查询设计"窗口，在该视图下完成查询条件输入，如图 6-42 所示。

   （2）单击"设计｜结果｜运行"按钮，得出对应的运行结果。

   （3）单击"保存"按钮，保存查询结果。

4. 要求将所有女性职工的记录追加到名为"追加表"的表中，其中包含 4 个字段：姓名、性别、基本工资、补贴

   （1）选择"创建"标签，单击"查询设计"按钮，弹出"查询设计"窗口，在该视图下完成查询条件输入，如图 6-43 所示。

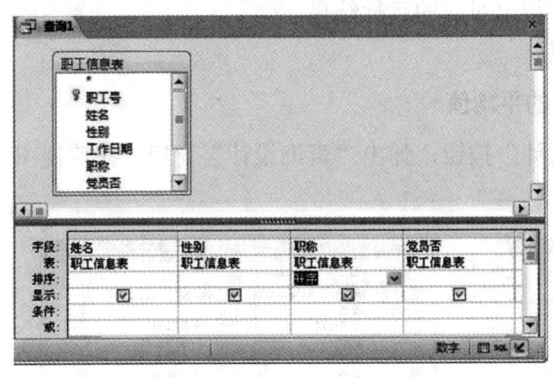

图 6-42　第 3 题查询条件窗口 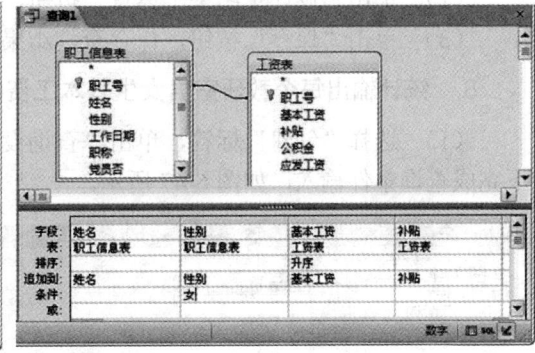　　　　　图 6-43　第 4 题查询条件窗口

   （2）单击"设计｜结果｜运行"按钮，得出对应的运行结果。

   （3）单击"保存"按钮，保存查询结果。

5. 要求将职工信息表中所有职工的记录追加到名为"职工表副表"的表中

   （1）选择"创建"标签，单击"查询设计"按钮，弹出"查询设计"窗口，在该视图下完成查询条件输入，如图 6-44 所示。

（2）单击"设计 | 结果 | 运行"按钮，得出对应的运行结果。

（3）单击"保存"按钮，保存查询结果。

6. 要求物理删除"职工表副表"中职称为教授且职工号前两位为"11"的职工记录

（1）选择"创建"标签，单击"查询设计"按钮，弹出"查询设计"窗口，在该视图下完成查询条件输入，如图 6-45 所示。

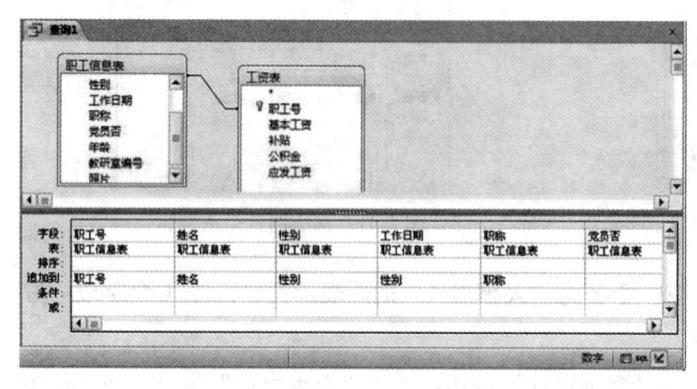

图 6-44　第 5 题查询条件窗口 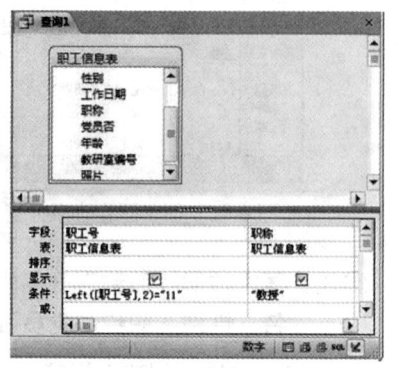　　　　图 6-45　第 6 题查询条件窗口

（2）单击"设计 | 结果 | 运行"按钮，得出对应的运行结果。

（3）单击"保存"按钮，保存查询结果。

7. 要求将"性别"字段作为参数，设定提示文本为"请输入要查询的职工的性别"，查询结果显示 5 个字段：职工号、姓名、性别、工作日期和应发工资

（1）选择"创建"标签，单击"查询设计"按钮，弹出"查询设计"窗口，在该视图下完成查询条件输入，如图 6-46 所示。

（2）单击"设计 | 结果 | 运行"按钮，得出对应的运行结果。

（3）单击"保存"按钮，保存查询结果。

8. 统计输出每个教研室男女生基本工资的平均值

（1）选择"创建"标签，单击"查询设计"按钮，弹出"查询设计"窗口，在该视图下完成查询条件输入，如图 6-47 所示。

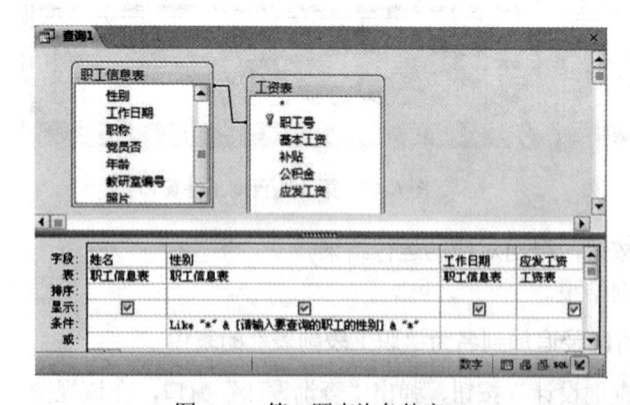

图 6-46　第 7 题查询条件窗口 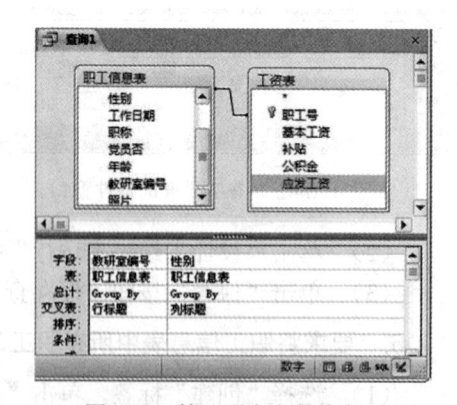　　　　图 6-47　第 8 题查询条件窗口

（2）单击"设计｜结果｜运行"按钮，得出对应的运行结果。

（3）单击"保存"按钮，保存查询结果。

【知识链接】

查询是 Access 2010 数据库处理和分析数据的工具，是在指定的（一个或多个）表中根据给定的条件从中筛选所需要的信息，供使用者查看、更改和分析使用。

查询是 Access 2010 数据库的一个重要对象，通过查询筛选出符合条件的记录，构成一个新的数据集合。从中获取数据的表或查询成为该查询的数据源。查询的结果也可以作为数据库中其他对象的数据源。

概括地说查询具有如下功能：

（1）查看、搜索和分析数据。

（2）追加、更改和删除数据。

（3）实现记录的筛选、排序汇总和计算。

（4）作为报表、窗体和数据页的数据源。

（5）将一个和多个表中获取的数据实现连结。

查询的类别

在 Access 2010 中，根据对数据源操作方式操作结果的不同，可以把查询分为 5 种，它们是选择查询、参数查询、交叉表查询、操作查询和 SQL 特定查询。

（1）选择查询。

选择查询是最常用，也是最基本的查询。它是根据指定的查询条件，从一个或多个表中获取数据并显示结果。还可以使用选择查询来对记录进行分组，并且可以对记录做总计、计数、平均值以及其他类型的总计计算。

（2）参数查询。

参数查询是一种交互式查询，它利用对话框来提示用户输入查询条件，然后根据所输入的条件检索记录。

将参数查询作为窗体、报表和数据访问页的数据源，可以方便地显示和打印所需要的信息。例如，可以用参数查询为基础来创建某个班级的成绩统计报表。打印报表时，Access 2010 弹出对话框来询问报表所需显示的班级。在输入班级后，Access 2010 便打印该班级的成绩报表。

例如，根据"工资表"，创建一个按"职工号"查询工资信息，当运行该查询时，提示框中应显示"请输入工号："。具体步骤如下：

① 打开"人事档案管理"数据库，选择"创建"标签，单击"查询设计"按钮，弹出如图 6-17 所示的"显示表"对话框，然后选中"工资表"并单击"添加"按钮，然后关闭显示表对话框。

② 将"职工号"、"基本工资"、"补贴"、"公积金"和"应发工资"字段分别添加字段行中。

③ 将光标移到"职工号"字段的"条件"栏中，输入"[请输入职工号：]"，如图 6-48 所示。

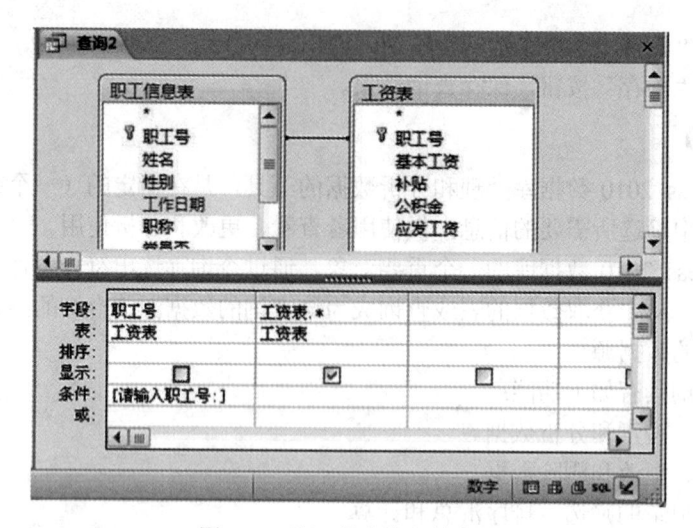

图 6-48 职工号查询条件窗口

将查询保存为"工资信息",切换到数据视图,弹出如图 6-49 所示的对话框,在对话框中,输入职工号,比如"10001",得到如图 6-50 所示的查询结果。

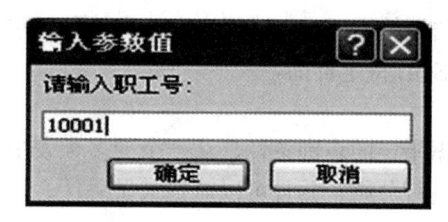

图 6-49 "输入参数"对话框

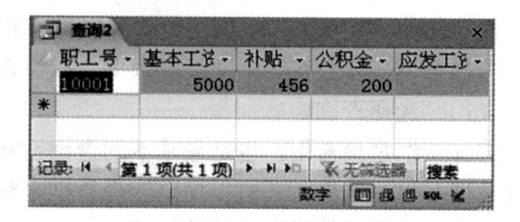

图 6-50 参数查询结果

(3) 交叉表查询。

使用交叉表查询可以计算并重新组织数据的结构,这样可以更加方便地分析数据。交叉表查询可以计算数据的统计、平均值、计数或其他类型的总和。

(4) 操作查询。

操作查询是在一个操作中更改或移动许多记录的查询。

操作查询供有 4 种类型:删除、更新、追加与生成表。

① 删除查询:删除查询可以从一个或多个表中删除一组记录。

② 更新查询:更新查询可对一个或多个表中的一组记录进行全面更改。例如,可以将所有教师的基本工资增加 10%。使用更新查询,可以更改现有表中的数据。

③ 追加查询:追加查询可将一个或多个表中的一组记录追加到一个或多个表的末尾。

④ 生成表查询:生成表查询利用一个或多个表中的全部或部分数据创建新表。例如,在教学管理中,生成表查询用来生成不及格学生表。

(5) SQL 特定查询。

SQL(结构化查询语言)查询是使用 SQL 语句创建的查询。有一些特定 SQL 查询无法使用查询设计视图进行创建,而必须使用 SQL 语句创建。单击查询设计视图,选择快捷菜单中的"SQL 视图"命令进入 SQL 视图,通过写 SQL 语句来实现查询。

使用这种方式查询数据需要对 SQL 语句有一定的了解,在此只简单介绍 SQL 中实现数据查询功能的 SELECT 语句。

SELECT 查询语句格式如下：

```
SELECT [DISTINCT] <列名> [,<列名>, …]      //查询结果的目标列名表
FROM <表名> [,<表名,…>]                    //要操作的关系表
[WHERE <条件表达式> ]                      //查询结果应满足的条件或连接条件
[GROUP BY <列名>[,<列名>, …] [HAVING <条件>] //分组查询结果及分组条件
[ORDER BY <列名> [ASC|DESC];               //排序查询结果
```

其中[ ]中的内容是可选项，而 SELECT 和 FROM 后面的内容是一个 SELECT 语句所必需的。SELECT 后面给出的是要在查询结果窗口中显示的列；FROM 后面的内容是查询涉及的数据表的名称；WHERE 是可选项，该项给出的是查询应满足的条件，如果要查询的结果是全部数据，则可以没有该项；ORDER BY 后面的列名用于排序，根据其后的列名按升序（ASC）或者降序（DESC）排列要显示的数据。下面给出"人事档案"数据库中使用 SELECT 语句的例子，注意，所有的字符为纯文本，标点字母均为西文标准。

例如：查询所有职称为教授的职工号、姓名和教研室编号，代码如下：

```
SELECT 职工信息表.职工号,职工信息表.姓名,职工信息表.教研室编号
FROM 工资表 INNER JOIN 职工信息表 ON 工资表.职工号 = 职工信息表.职工号
WHERE (((职工信息表.职称)="教授"));
```

实训项目 1　查询"校园超市商品管理"数据库

1. 实训目标

（1）掌握 Access 2010 数据库中使用向导创建查询的方法。

（2）掌握 Access 2010 数据库中使用设计视图创建查询的方法。

2. 实训任务

【任务描述】

校园超市的"校园超市商品管理"数据库创建完成后，超市管理员李东梅通过对这些表中的相关数据进行管理，主要实现以下的查询操作：

（1）创建名为"商品查询"的查询，列出"超市商品进货表"中商品分类为"食品"的所有商品信息。

（2）创建名为"商品库存"的查询，列出"超市商品进货表"中商品分类为"食品"且商品数量<100 的所有商品信息。

（3）创建名为"库存盘点"的查询，按照"商品数量"升序形式显示"超市商品进货表"中所有商品信息。

（4）创建名为"职务更新"的查询，将"超市员工表"中"职务"字段的"副店长"改为"销售总监"。

（5）创建名为"年龄更新"的查询，在"超市员工表"中，要求计算并替换每一条记录中的"年龄"字段。

(6) 创建名为"金额总计"的查询，在"超市商品销售表"中，要求计算并替换每一条记录中的"金额总计"字段（金额总计=[商品单价]*[商品数量]*(1-[优惠折扣])）。

(7) 创建名为"商品数量"的查询，在"超市商品进货表"中，统计"商品分类"中"饮料"类的"商品数量"字段总和，并将结果赋给变量A11（或者新字段A11）。

(8) 创建名为"保质期"的查询，在"超市商品进货表"中，统计"商品分类"中"食品"类的"保质期（月）"字段的平均值，并将结果赋给变量A22（或者新字段A22）。

(9) 创建名为"进货清单"的查询，在"超市商品进货表"和"超市员工表"中，统计"黄明明"的总进货数量，并将结果赋给变量A33（或者新字段A33）。

(10) 在"超市员工表"中按照"年龄"升序生成一个名为"年龄升序"的新表，其中包含5个字段：工号、姓名、性别、出生年月和年龄。

(11) 在"超市商品销售表"中按照"商品单价"降序生成一个名为"商品降序"的新表，其中包含4个字段：商品ID、商品名称、商品单价和商品数量。

(12) 在"超市商品进货表"中，要求将"商品分类"中所有"饮料"的记录追加到名为"商品-饮料"的表中，只需要其中的5个字段：商品ID、商品分类、商品名称、商品数量和进货时间。

(13) 在"超市员工表"中，要求将所有男性职工的记录追加到名为"追加表-男"的表中，只需要其中的5个字段：工号、姓名、性别、出生年月和部门。

(14) 在"超市商品进货表"中要求物理删除表中保质期在6月以下且商品分类为"食品"的商品记录，查询命名为"保质期删除"。

(15) 在"超市商品进货表"中要求物理删除表中商品数量100和150之间的商品记录，查询命名为"商品删除"。

3. 部分查询参考

如图6-51、图6-52、图6-53、图6-54所示。

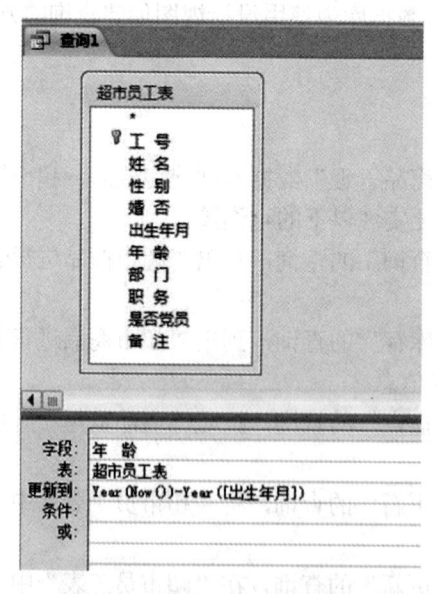

图6-51 第5题查询条件窗口

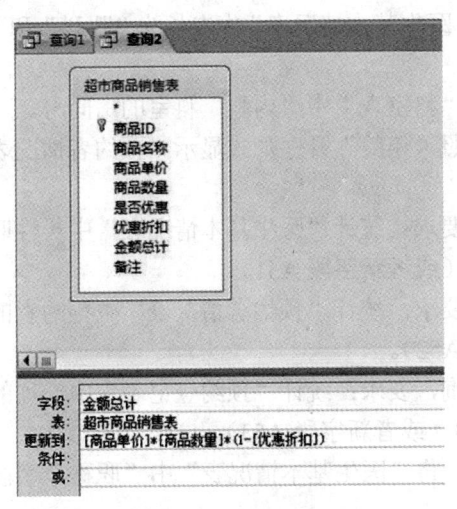

图 6-52 第 6 题查询条件窗口 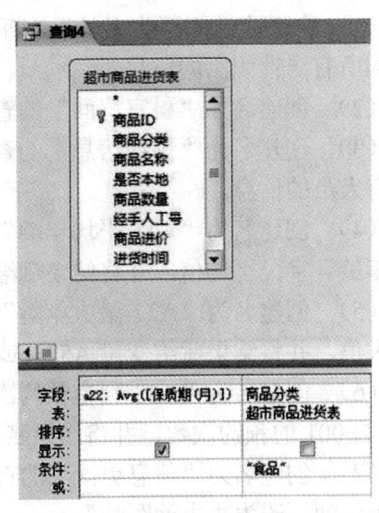　　　图 6-53 第 8 题查询条件窗口

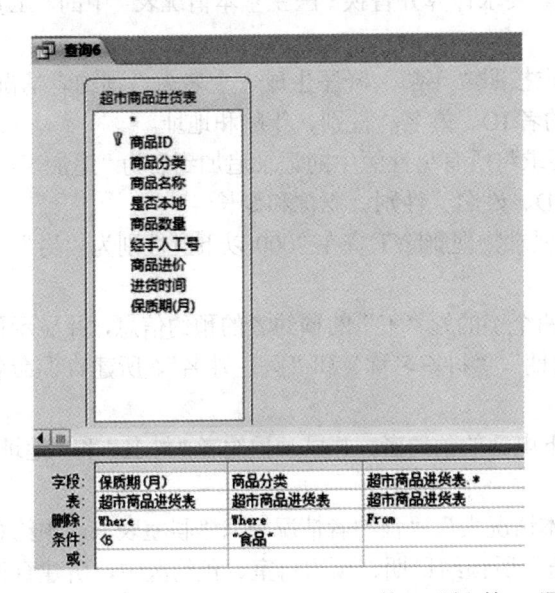

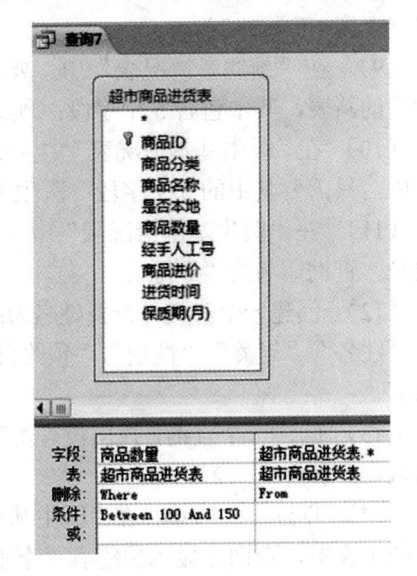

图 6-54 第 14 题和第 15 题查询条件窗口

实训项目 2　查询"医院挂号预约管理"数据库

1. 实训目标

（1）掌握 Access 2010 数据库中使用向导创建查询的方法。
（2）掌握 Access 2010 数据库中使用设计视图创建查询的方法。

2. 实训任务

【任务描述】

人民医院的"医院挂号预约管理"数据库创建完成后，需要对这些表中的数据进行相关的管理，主要实现以下的查询操作：

(1) 创建名为"医生专长"的查询，列出"医生基本情况表"中专长为"眼科"和"骨科"的所有男性职工的信息。

(2) 创建名为"科室房间"的查询，显示"科室表"中"内科"科室的房间号。

(3) 创建名为"预约信息"的查询，在按照"年龄"升序形式显示"预约者情况表"中所有人员的信息。

(4) 创建名为"A11-平均年龄"的查询，要求：统计"医生基本情况表"中男性职工的"年龄"字段平均值，并将结果赋给变量 A51（或者新字段 A51）。

(5) 创建名为"A22-最大年龄"的查询，要求：统计"预约者情况表"中预约者的年龄最大值，并将结果赋给变量 A52（或者新字段 A52）。

(6) 创建名为"A33-科室预约次数"的查询，要求：统计"预约登记表"中一项的科室 ID 为 001 的预约次数，并将结果赋给变量 A53（或者新字段 A53）。

(7) 创建名为"信息更改"的查询，要求：将"医生基本情况表"中"职称"字段的"助理医师"改为"主治医师"。

(8) 创建名为"工资更改"的查询，要求计算并替换"医生基本情况表"中的"工资"字段（工资=工资*1.2）。

(9) 在"预约者情况表"中，要求按照"年龄"降序生成一个名为"预约者情况表-年龄"的新表，其中包含 5 个字段：预约者 ID、姓名、性别、年龄和地址。

(10) 在"医生基本情况表"中，要求将所有男性医生的记录追加到名为"追加表-男"的表中，只需要其中的 5 个字段：医生 ID、姓名、性别、职称和专长。

(11) 在"医生基本情况表"中，要求物理删除工资在 3000 以下且性别为"男"的医生记录，查询命名为"删除"。

(12) 创建一个查询，查找姓名为两个字的姓"王"的预约者的预约信息，并显示预约者的"姓名"、"年龄"、"性别"、"预约日期"、"科室名称"和"医生姓名"，所建查询命名为"qT1"。

(13) 创建一个查询，找出没有留下电话的预约者，并显示预约者"姓名"和"地址"，所建查询命名为"qT2"。

(14) 创建一个查询，在"医生基本情况表"、"预约者情况表"、"科室表"、"预约登记表"四个表中，查询并显示预约者"李玉"所预约日期、预约科室、预约医生，所建查询命名为"qT3"。

(15) 创建一个查询，按输入的医生姓名，在医生基本情况表"、"预约者情况表"、"科室表"、"预约登记表"四个表中，查询并显示预约者姓名、预约日期、预约科室，当运行查询时，应显示参数提示信息："请输入医生姓名"，所建查询命名为"qT4"。

案例三 制作窗体与报表

【任务描述】

在员工试用期结束时，单位人事部主管安排职员张红来统计相关员工的数据信息，要求将数据库中的员工的工资表制作成窗体界面，便于每个员工登录查询对照；并将员工的基本信息表生成报表并进行打印操作。

【任务分析】

"窗体"的制作首先需要熟悉窗体的基本组成，窗体中各控件的插入、使用与设置等操作，浏览窗体效果并使用窗体。"报表"的制作主要通过报表向导建立生成报表，掌握在报表设计视图中修改编辑报表等操作。

【实施方案】

任务 1　认识窗体与报表

1. 窗体

窗体是 Access 2010 数据库中提供更多关于表的额外信息，方便普通用户数据输入和以更加符合用户习惯来显示数据的数据库对象，也可以用作打开数据库中其他窗体和报表的切换面板，或者用作自定义对话框来接收用户的输入，并根据输入执行相应的操作。窗体共有3 种视图："设计"视图、"窗体"视图及"布局"视图。通过这 3 种视图，窗体主要用来完成以下任务：

（1）　显示和操作记录。
（2）　显示信息。
（3）　控制应用程序流程。
（4）　打印信息。

2. 报表

报表是 Access 2010 用来组织数据以比较、总结和小计等数据的数据库对象，也可以通过控制报表中对象的大小和外观来设计并打印漂亮的标签或订单等。如定义页面页眉和页脚及报表页眉和页脚等，这些设计可以保存成固定的格式，以供随时调用并打印。报表共有 4 种视图："报表"视图、"打印预览"视图、"布局"视图和"设计"视图。

任务 2　创建窗体与控件

创建窗体

只有在保存数据库后，才能基于它的类别来创建窗体。打开要在其中创建窗体的数据库文件，切换到"创建"选项卡，单击"窗体"组中的"窗体"按钮，即可创建相应的窗体；并在功能区中显示窗体布局工具，其中包括"格式"和"排列"两个选项卡，如图 6-55 所示。

用户也可以通过单击"窗体"组

图 6-55　创建窗体窗口

中的"空白窗体"按钮来创建一个空白窗体,此时程序窗口右侧会显示一个"字段列表"任务窗格,其中列出最近使用过的表中可用的字段,如图6-56所示。单击表名称前的展开标记田展开字段列表,双击所需字段即可将其添加到窗体中。

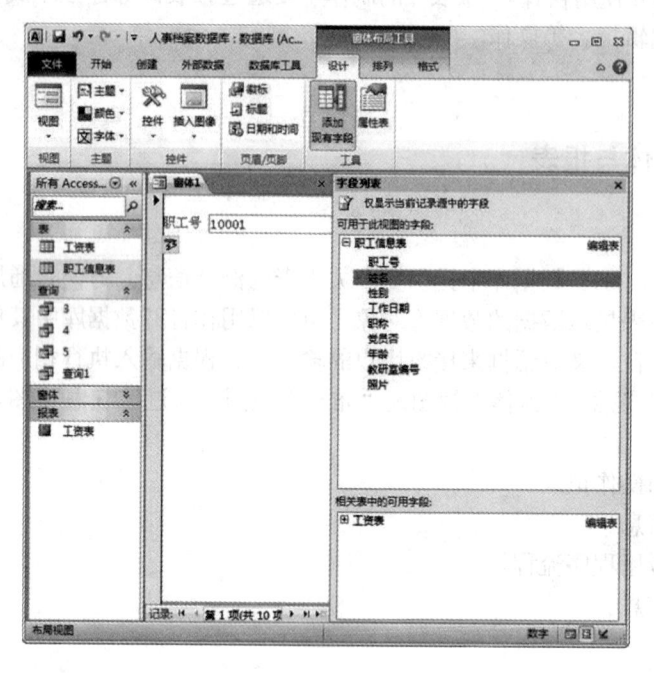

图6-56 创建空白窗体

此外,用户还可以利用"窗体向导"来创建窗体。单击"窗体"组中的"其他窗体"按钮,从弹出的菜单中选择"窗体向导"命令,打开窗体向导,如图6-57所示。

(1)单击"添加所有"按钮 >>,将所有可用的字段全都添加至"选定的字段"列表框中。

(2)单击"下一步"按钮,打开如图6-58所示的"请确定窗体使用的布局"对话框。

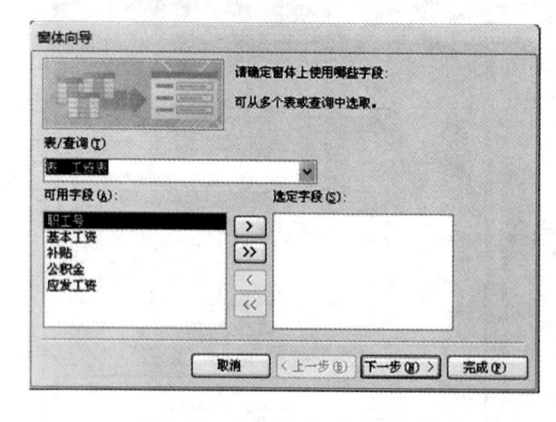

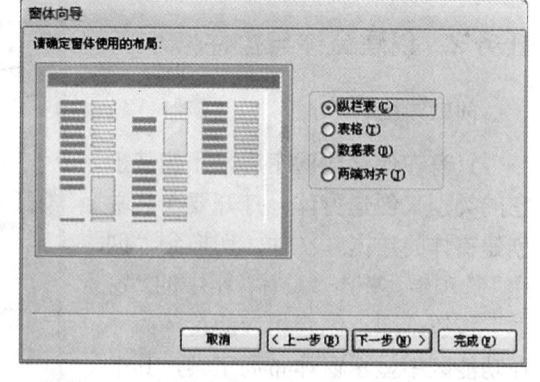

图6-57 "窗体向导"对话框　　　图6-58 "请确定窗体使用的布局"对话框

(3)为窗体选择一种布局,本例选择"纵栏表"单选按钮,单击"下一步"按钮。

（4）为窗体指定标题，本例标题为"工资表"，单击"完成"按钮。系统完成窗体的创建并打开该窗体，如图 6-59 所示。

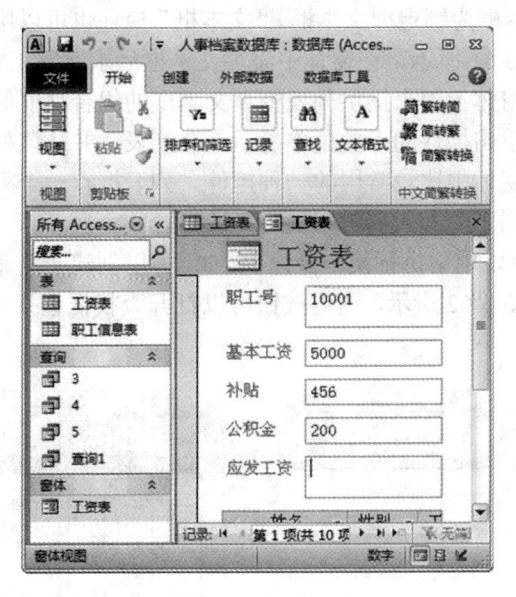

图 6-59　使用向导创建的窗体

任务 3　常用窗体控件

在窗体中添加的每一个对象都是控件，例如：标签、文本框、组合框、列表框、命令按钮、复选框、单选项按钮、切换按钮、选项组、选项卡、图像、未绑定对象框、绑定对象框以及线条都是不同的控件。创建控件的方式取决是要创建结合控件、非结合控件，还是计算控件。Access 2010 的"窗体设计工具"控件列表如图 6-60 所示。

图 6-60　Access 窗体控件列表

单击"窗体设计工具"项中的标签工具按钮，在窗体上，单击要放置标签的位置，然后在标签上键入相应的文本，即可创建控件。一个控件有诸多属性，不同的控件也有不同的属性意义。

"标签"控件是窗体上用的较多的控件之一，主要作用是用来在窗体上显示一些文本信息，如：窗体或控件标题或说明等。

"文本框"控件用于显示窗体数据源的某个字段的值，字段的类型为文本、数值、日期/时间或备注型。此时文本框为绑定型文本框。"文本框"控件也可以用来显示计算结果或接受用户输入的数据。如图6-61所示，在窗体中添加文本框后求实发工资。

"组合框"控件是窗体上用来提供列表框和文本框的组合功能的一种控件。该控件既可以键入一个值，也可以单击控件的下拉菜单显示一个列表，并从该列表中选择一项。

"列表框"控件是窗体中比较常用的一种控件。列表框有一个列表框和一个附加标签组成，能够将一些内容以列表的形式列出来供用户选择。

"命令按钮"控件可以用于执行某个操作。例如，可以创建一个命令按钮打开一个窗体，或者执行某个事件。如图6-62所示，通过按钮可以打开查找框查找某个人的记录，或单击退出按钮，退出程序。

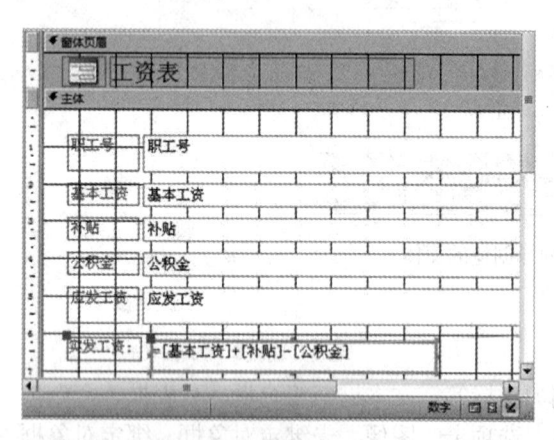

图6-61 在窗体中添加"文本框"计算控件 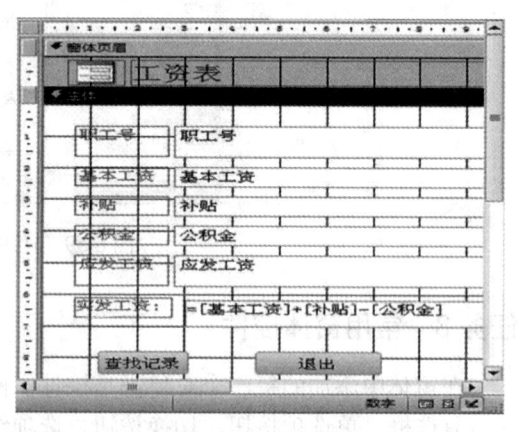　　图6-62 在窗体中添加"命令按钮"控件

"复选框"、"单选项按钮"和"切换按钮"这三种控件都可以分别用来表示两种状态之一，例如：是/否、真/假或开/关。

"选项组"控件是一个包含复选框、单选框或切换按钮等控件的控件。一个选项组由一个组框架及一组复选框、单选框按钮或切换按钮组成。

"选项卡"控件是用于创建一个多页的选项卡窗体或选项卡对话框，这样可以在有限的空间内显示更多的内容实现更多的功能。

"图像"控件用于在窗体中插入所需要的图片，如图6-63所示。

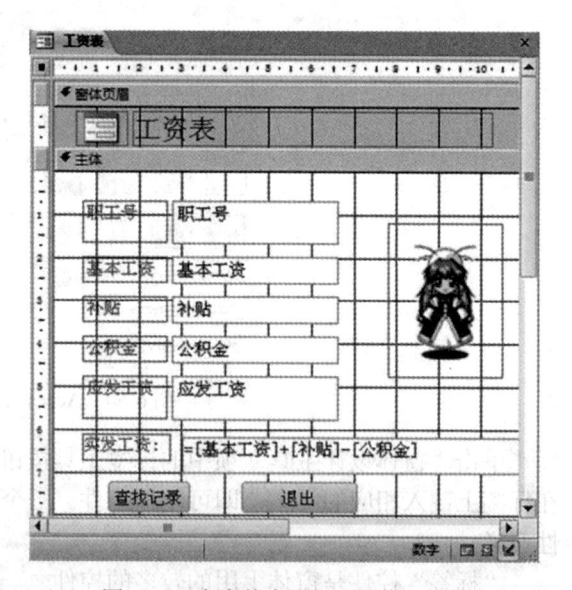

任务4　创建与设计报表

1. 创建报表

报表主要作为打印之用。打开要创建报表的数据库，切换到"创建"选项卡，

图6-63 在窗体中添加"图像"控件

单击"报表"组中的"报表"按钮,即可创建相应的报表,并在功能区中显示报表布局工具,其中包括"设计"、"排列"、"格式"、"页面设置"4个选项卡,如图 6-64 所示。

图 6-64 "报表"布局视图窗口

此外,用户还可以利用"报表向导"来创建报表,方法是单击"报表"组中的"报表向导"命令,打开报表向导,如图 6-65 所示。

(1) 单击"添加所有"按钮 ，将可用的字段全都添加至"选定的字段"列表框中。
(2) 单击"下一步"按钮,打开如图 6-66 所示的"是否添加分组级别"对话框。

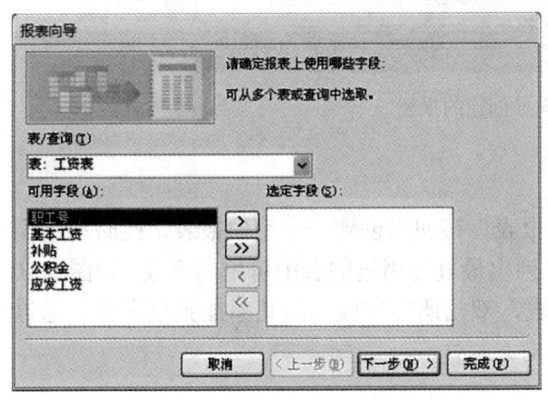

图 6-65 "报表向导"对话框   图 6-66 "是否添加分组级别"对话框

(3) 单击"下一步"按钮,打开如图 6-67 所示的"请确定记录所用的排序次序"对话框。
(4) 单击"下一步"按钮,打开如图 6-68 所示的"请确定报表的布局方式"对话框。

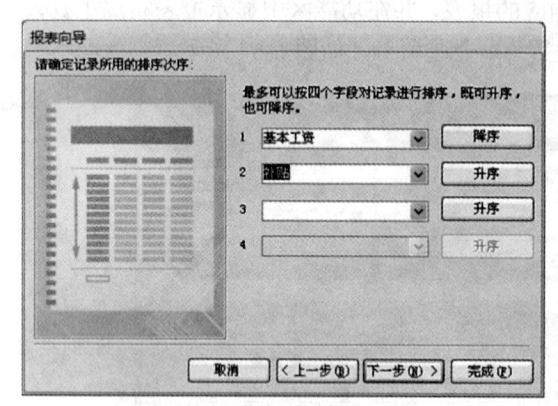

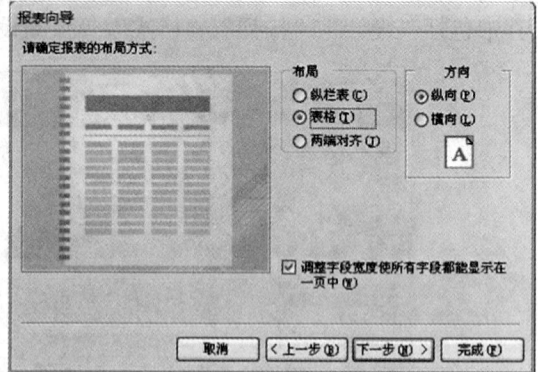

图 6-67 "请确定记录所用的排序次序"对话框　　图 6-68 "请确定报表的布局方式"对话框

（5）单击"完成"按钮，系统完成窗体的创建并打开该窗体，如图 6-69 所示。如果对报表格式不太满意，可以切换到设计视图进行修改（如字体、位置等）。

图 6-69　使用向导创建的报表

2. 设计报表

用户也可以通过单击"报表"组中的"空报表"按钮来创建一个空白报表，此时程序窗口右侧会显示一个"字段列表"任务窗格，其中列出最近使用过的表中可用的字段，如图 6-70 所示。单击表名称前的展开标记⊞展开字段列表，双击所需字段可将其添加到报表中。通过此视图，用户可自行设计报表的格式及框架结构。

任务 5　报表打印

1. 预览报表

报表是打印数据的最好方式，与从表、查询或窗体中直接打印相比，报表打印可以提供更多的控制数据格式的方法，包括记录进行排序、分组，对数据进行比较、总结和小计，以及控制报表的布局和外观，如定义页面页眉和页脚及报表页眉和页脚等。

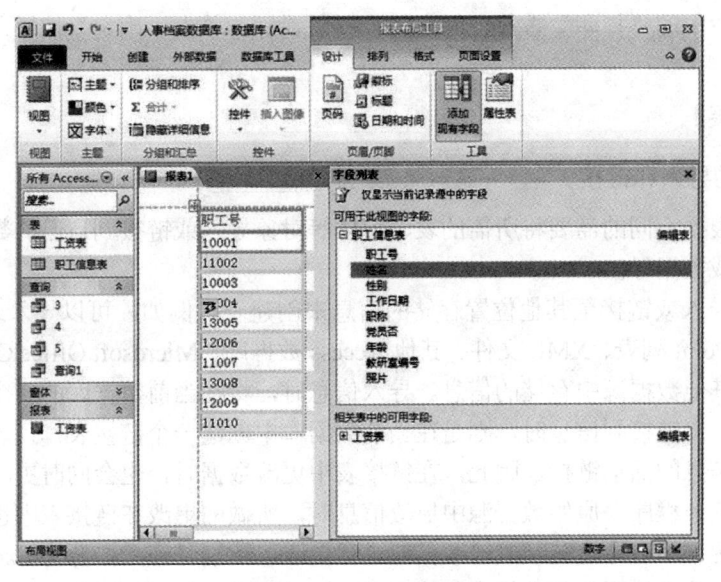

图 6-70 创建空白报表窗口

打开"人事档案管理"数据库中的"工资表"报表,切换至"打印预览"视图,用户可单击打印预览视图下的工具栏中的按钮设置所需要的效果,如图 6-71 所示。

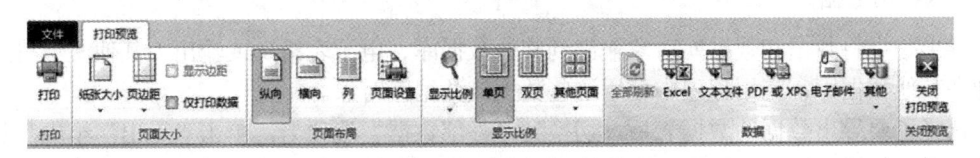

图 6-71 报表打印预览视图下的工具栏

2. 打印报表

打印报表之前,要根据它的外观,对打印机设置进行修改,单击"打印预览 | 页面布局 | 页面设置"按钮,打开如图 6-72 所示的打印报表"页面设置"对话框。在"打印选项"选项卡中设置页边距,在"页"选项卡中可以设置纸张打印方向、打印纸的大小和来源、打印机型号,在"列"的选项卡中,可以设置要打印的列数、行间距和列间距,以及列的大小和布局等。根据需要设置好之后,单击"确定"按钮关闭这个窗口。

图 6-72 打印报表"页面设置"对话框

单击工具栏中的"打印"按钮,对应的选项设置好,单击"确定"按钮之后,就可以进行打印了。

【知识链接】

1. 数据的导入和链接

用户可以根据不同的需要将所需的表、窗体等对象导入或链接到自己的数据库,或将数据库中的对象或数据导出。

可以通过导入或链接至其他位置存储的信息来创建表。例如,可以导入或链接至 Excel 工作表、SharePoint 列表、XML 文件、其他 Access 数据库、Microsoft Office Outlook 2010 文件夹以及许多其他数据源中存储的信息。导入信息时,将在当前数据库的一个新表中创建信息的副本。相反,链接到信息时,则是在当前数据库中创建一个链接表,代表指向其他位置所存储的现有信息的活动链接。因此,在链接表中更改数据时,也会同时更改原始数据源中的数据。通过其他程序在原始数据源中更改信息时,所做的更改在链接表中也是可见的。不过,在某些情况下不能通过链接表对数据源进行更改,特别是在数据源为 Excel 工作表时。

要通过导入或链接至外部数据来创建新表,可切换到"外部数据"选项卡,单击"导入"组中的与要导入或链接的数据源文件格式相对应的按钮,打开"获取外部数据"对话框,按照对话框中的说明文字进行操作即可。Access 将创建新表,并在"导航"窗格中显示该表。

2. 导出数据

导出是指将数据和数据库对象输出到其他数据库、电子表格,或输出为其他文件格式,以便在其他数据库、应用程序中使用这些数据或数据库对象。

选择了要导出数据的数据表后,切换到"外部数据"选项卡,单击"导出"组中与目标格式相对应的工具按钮,打开"导出"对话框,指定文件名、文件格式及导出选项,然后单击"确定"按钮。

实训项目 1 窗体显示"校园超市商品管理"数据库查询结果

1. 实训目标

(1) 掌握 Access 2010 数据库中使用向导创建查询窗体和报表的方法。

(2) 掌握 Access 2010 数据库中使用设计视图创建窗体和报表的方法。

2. 实训任务

【任务描述】

校园超市的"校园超市商品管理"数据库创建完成后,超市管理员李东梅利用窗体和报表来显示数据库中的相关查询结果,主要操作要求如下:

(1) 创建名为"超市商品销售表1"的窗体,并插入翻页按钮、"图片"控件、组合框、单选按钮、查询按钮、添加记录按钮、保存记录按钮、退出和返回按钮等控件。(可自定义设计添加)

(2) 创建名为"超市商品销售表1"的报表,并在报表中添加页眉/页脚。

(3) 窗体和报表格式设置可参考模板自定义设置。

3. 参考模板

如图 6-73、图 6-74 所示。

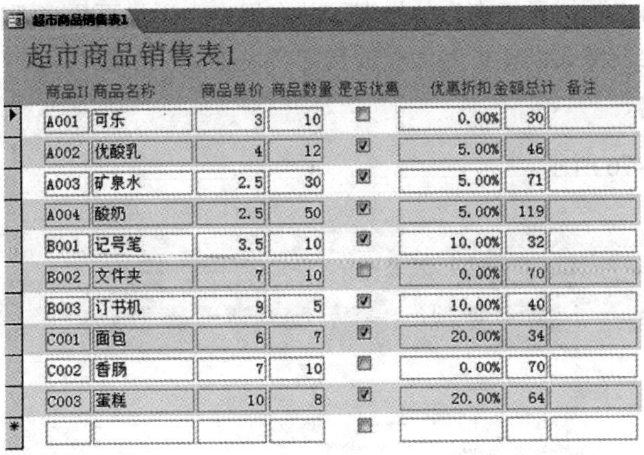
超市商品销售表1

超市商品销售表1

商品II	商品名称	商品单价	商品数量	是否优惠	优惠折扣	金额总计	备注
A001	可乐	3	10	☐	0.00%	30	
A002	优酸乳	4	12	☑	5.00%	46	
A003	矿泉水	2.5	30	☑	5.00%	71	
A004	酸奶	2.5	50	☑	5.00%	119	
B001	记号笔	3.5	10	☑	10.00%	32	
B002	文件夹	7	10	☐	0.00%	70	
B003	订书机	9	5	☑	10.00%	40	
C001	面包	6	7	☑	20.00%	34	
C002	香肠	7	10	☐	0.00%	70	
C003	蛋糕	10	8	☑	20.00%	64	

图 6-73　“超市商品销售表”窗体参考模板

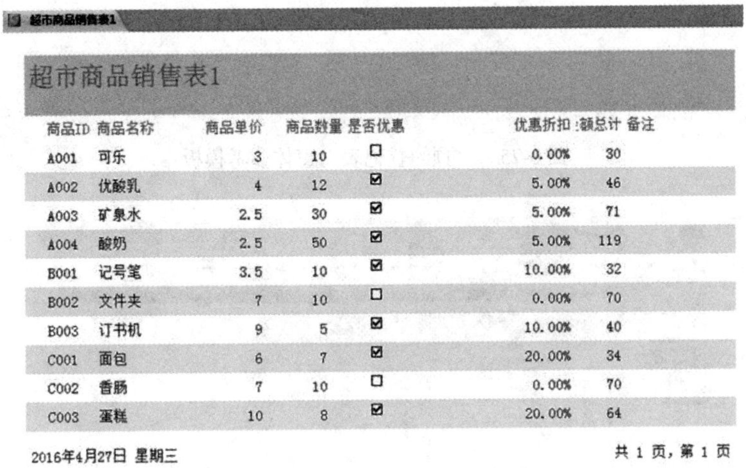
超市商品销售表1

超市商品销售表1

商品ID	商品名称	商品单价	商品数量	是否优惠	优惠折扣	:额总计	备注
A001	可乐	3	10	☐	0.00%	30	
A002	优酸乳	4	12	☑	5.00%	46	
A003	矿泉水	2.5	30	☑	5.00%	71	
A004	酸奶	2.5	50	☑	5.00%	119	
B001	记号笔	3.5	10	☑	10.00%	32	
B002	文件夹	7	10	☐	0.00%	70	
B003	订书机	9	5	☑	10.00%	40	
C001	面包	6	7	☑	20.00%	34	
C002	香肠	7	10	☐	0.00%	70	
C003	蛋糕	10	8	☑	20.00%	64	

2016年4月27日 星期三　　共 1 页，第 1 页

图 6-74　“超市商品销售表”报表参考模板

实训项目 2　窗体显示“医院挂号预约管理”数据库查询结果

1. 实训目标

（1） 掌握 Access 2010 数据库中使用向导创建查询窗体和报表的方法。

（2） 掌握 Access 2010 数据库中使用设计视图创建窗体和报表的方法。

2. 实训任务

【任务描述】

在人民医院的“医院挂号预约管理”数据库创建完成后，需要利用窗体和报表来显示数据库中的相关查询结果，主要操作要求如下：

（1）创建名为"预约登记表"的窗体，并插入翻页按钮、"图片"控件、组合框、单选按钮、查询按钮、添加记录按钮、保存记录按钮、退出和返回按钮等控件。（可自定义设计添加）

（2）创建名为"预约登记表"的报表，并在报表中添加页眉/页脚。

（3）窗体和报表格式设置可参考模板自定义设置。

3. 参考模板

如图 6-75、图 6-76 所示。

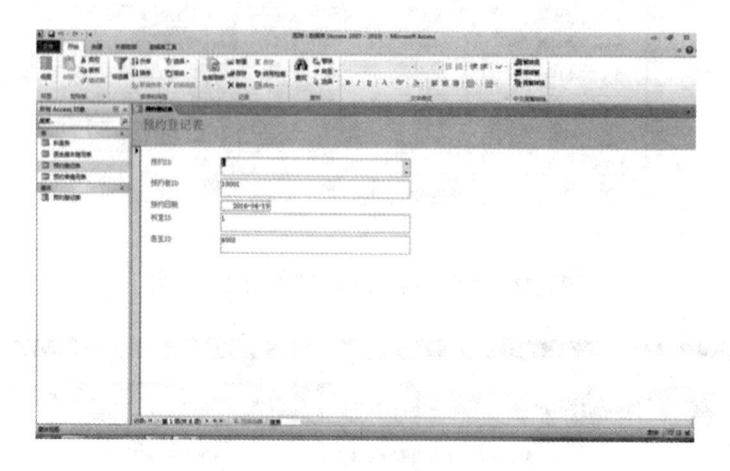

图 6-75 "预约登记表"窗体参考模板

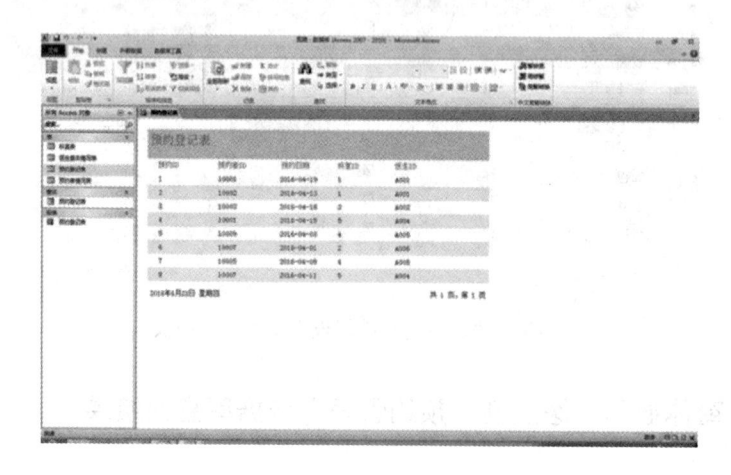

图 6-76 "预约登记表"报表参考模板

综合实训 1 创建"旅行社管理"数据库

1. 实训目标

（1）进一步熟悉 Access 2010 的工作界面；

（2）掌握建立 Access 数据库的基本过程与操作步骤；

(3) 理解 Access 数据表的结构，掌握其创建方法和数据记录的输入与编辑方法；
(4) 掌握数据库中的查询的创建；
(5) 掌握窗体和报表的创建。

2. 实训要求

【任务描述】

大地旅行社想把旅行线路、导游、游客等信息录入到计算机中，创建"旅行社管理"数据库，并利用窗体和报表的样式显示数据库中的相关数据信息，具体操作要求如下：

(1) 打开"旅行社管理"数据库，创建"旅行线路表"，要求有以下字段信息。

线路 ID（类型：文本；大小：8）；

线路名（类型：文本；大小：20）；

天数（类型：数字；大小：整型）；

费用（类型：数字；大小：整型）；

简介（类型：文本；大小：40）。

在"旅行线路表"中添加记录，如表 6-15 所示。

表 6-15 旅行线路表

线路 ID	线 路 名	天 数	费 用	简 介	团队 ID
1	北京天安门广场一日激情畅游	1	160	当天去，当天返回	80
2	五台山二日游	2	340	6:00 出发，自备午餐，标间	81
3	佛教圣地山西五台山祈福休闲二日游	2	388	6:00 出发，自备午餐，标间	82
4	五台山祈福云岗石窟悬空寺三日游	3	588	6:00 出发，自备午餐，晚餐观看歌舞表演	83
5	人间仙境绵山乔家平遥古城三日游	3	598	6:00 出发，自备午餐，晚餐观看歌舞表演	80
6	雾灵山赏云海看七彩画卷采摘二日	2	308	6:00 出发，自备午餐，标间	81
7	登松山游龙庆峡享玉石温泉二日游	2	338	6:00 出发，自备午餐， 标间	82
8	黄龙山庄云中草原品全鱼宴二日游	2	298	6:00 出发，自备午餐，标间	83
9	华北明珠白洋淀钓螃蟹采摘二日游	2	318	6:00 出发，自备午餐，标间	80
10	南北戴河送海鲜葡萄沟采摘二日游	2	298	6:00 出发，自备午餐，标间	81
11	相聚那达慕盛会安固里草原二日游	2	348	6:00 出发，自备午餐，标间	82

(2) 创建游客的"游客基本信息表"，要求有以下字段信息。

游客 ID（类型：文本；大小：8）；

姓名（类型：文本；大小：8）；

性别（类型：文本；大小：2）；

年龄（类型：数字；大小：整型）；

电话（类型：数字；大小：整型）；

团队 ID（类型：文本；大小：8）。

在"游客基本信息表"中添加记录，如表 6-16 所示。

表 6-16 游客基本信息表

游客 ID	姓　名	性　别	年　龄	电　话	团队 ID
12000101	张红荣	女	59	13254563218	80
12000102	王一明	男	65	15456123131	81
12000103	李闻清	男	58	15722131232	82
12000104	刘小波	男	55	18816047545	83
12000201	李清红	女	53	18215644123	80
12000202	贺晓娟	女	50	13021821854	81

（3）创建导游的"导游团队表"，要求有以下字段信息。

团队 ID（类型：文本；大小：8）；

导游姓名（类型：文本；大小：20）；

出发日期（类型：日期/时间）。

在"导游团队表"中添加记录，如表 6-17 所示。

表 6-17 导游团队表

团队 ID	导游姓名	出发日期
80	黎明	2015-10-1
81	姜黎黎	2015-9-2
82	宋江	2016-1-30
83	郭颂	2016-5-1

（4）创建表之间的关系。

建立"旅行线路表"、"游客基本信息表"、"导游团队表"三表的关系。如图 6-77 所示。

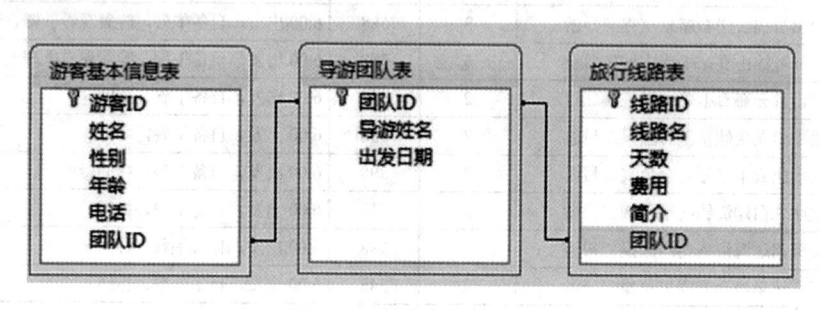

图 6-77　各表之间的关系

（5）查询"旅行社管理"数据库。

① 创建名为"导游线路"的查询，在"旅行线路表"和"导游团队表"中查询导游姓名为"黎明"的导游所带的旅行线路。

② 创建名为"出发日期"的查询，在"游客基本信息表"和"导游团队表"中查询游客姓名为"张红荣"的旅行出发日期。

③ 创建名为"A-费用合计"的查询，要求：统计"旅行线路表"中团队 ID 为"80"的"费用"字段总和，并将结果赋给变量 A01（或者新字段 A01）。

④ 创建名为"B-平均年龄"的查询，查找"游客基本信息表"中游客"年龄"字段的平均值，并将结果赋给变量 B02（或者新字段 B02）。

⑤ 创建名为"费用更新"的查询，要求计算并替换"旅行线路表"中"团队 ID"为"81"

的记录中所有“费用”字段优惠 100 元。(费用=费用-100)。

⑥ 要求在“游客基本信息表”中按照“年龄”升序生成一个名为“游客信息”的新表，其中包含 5 个字段：游客 ID、姓名、性别、年龄和电话。

⑦ 要求在“旅行线路表”中，将所有天数<3 且费用<300 的记录追加到名为“追加-特价线路”的新表中，其中包含 5 个字段：线路 ID、线路名、天数、费用和简介。

⑧ 在“导游团队表”和“旅行线路表”中，要求物理删除导游姓名为“黎明”的导游所带的全部旅行线路记录，查询命名为“旅行线路删除”。

(6) 创建名为“游客基本信息表”的窗体，并插入组合框、添加记录按钮、保存记录按钮、查找记录按钮、退出按钮和返回按钮等控件。(可自定义设计添加)

① 通过窗体结构增加新游客信息记录，信息如表 6-18 所示。

表 6-18 新游客信息

游客 ID	姓 名	性 别	年 龄	电 话	团队 ID
12000303	张一凡	女	女	13465324523	83
12000304	赵豫	男	男	15663565864	82

② 保存窗体，查看“游客基本信息表”中是否有新游客信息记录。

(7) 创建名为“游客基本信息表”的报表，格式自定义。

查询参考如图 6-78 至图 6-81 所示。

字段:	姓名	出发日期
表:	游客基本信息表	导游团队表
排序:		
显示:	☑	☑
条件:	"张红荣"	
或:		

图 6-78 第②小题查询条件窗口

字段:	费用	团队ID
表:	旅行线路表	旅行线路表
更新到:	[费用]-100	
条件:		"81"
或:		

图 6-79 第⑤小题查询条件窗口

字段:	天数	费用	线路ID	线路名	简介
表:	旅行线路表	旅行线路表	旅行线路表	旅行线路表	旅行线路表
排序:					
追加到:	天数	费用	线路ID	线路名	简介
条件:	<3	<300			
或:					

图 6-80 第⑦小题查询条件窗口

字段:	导游姓名	旅行线路表.*
表:	导游团队表	旅行线路表
删除:	Where	From
条件:	"黎明"	
或:		

图 6-81 第⑧小题查询条件窗口

综合实训 2 创建"图书借阅管理"数据库

1. 实训目标

（1）进一步熟悉 Access 2010 的工作界面；
（2）掌握建立 Access 数据库的基本过程与操作步骤；
（3）理解 Access 数据表的结构，掌握其创建方法和数据记录的输入与编辑方法；
（4）掌握数据库中的查询的创建；
（5）掌握窗体和报表的创建。

2. 实训要求

【任务描述】

远大职业技术学校图书馆想创建"图书借阅管理"数据库，以方便学生的借阅为目的，对图书进行管理，并利用窗体和报表的样式显示数据库中相关数据信息，具体操作要求如下：

（1）打开"图书借阅管理"数据库，创建图书的"图书基本信息表"，要求有以下字段信息。

图书编号（类型：数字；大小：长整型）；
图书名称（类型：文本；大小：20）；
图书作者（类型：文本；大小：20）；
ISBN 编号（类型：数字；大小：长整型）；
出版时间（类型：日期/时间）；
图书价格（类型：数字；大小：整型）；
图书数量（类型：数字；大小：整型）；
存放地点（类型：文本；大小：20）。

在"图书基本信息表"中添加记录，如表 6-19 所示。

表 6-19 图书基本信息表

图书编号	图书名称	图书作者	ISBN 编号	出版时间	图书价格	图书数量	存放地点
3200170	大学计算机基础	王鑫	54846865554	2014 年 9 月 1 日	24	300	1#606A 区 3 排
3100461	程序设计实验	刘红兵	56452156412	2015 年 5 月 1 日	16	400	1#506B 区 2 排
4700350	音乐欣赏	钟舒	23454154147	2015 年 4 月 1 日	12	500	1#608C 区 3 排
5800148	英语阅读	江滨	54165435654	2016 年 1 月 1 日	23	700	1#609D 区 6 排
6300180	大学体育	王建钢	11556465465	2015 年 7 月 1 日	14	850	1#406A 区 3 排

（2）创建学生的"学生基本信息表"，要求有以下字段信息。

学号（类型：数字；大小：长整型）；
姓名（类型：文本；大小：8）；
性别（类型：文本；大小：2）；
是否团员（类型：是/否型）；
出生日期（类型：日期/时间）；
班级号（类型：文本；大小：8）。

在"学生基本信息表"中添加记录,如表 6-20 所示。

表 6-20　学生基本信息表

学　　号	姓　　名	性　别	是否团员	出生日期	班 级 号
12000101	张红荣	女	是	1990-8-20	计科 14-1
12000102	王一明	男	是	1992-5-12	计科 14-1
12000103	李闻清	男	否	1990-5-7	计科 14-1
12000104	刘小波	男	否	1991-5-6	计科 14-1
12000201	李清红	女	是	1993-10-19	计科 14-2
12000202	贺晓娟	女	否	1993-8-19	计科 14-2

（3）创建学生的"借阅记录表",要求有以下字段信息。

借阅编号（类型：自动编号；大小：长整型）；
学号（类型：数字；大小：长整型）；
图书编号（类型：数字；大小：长整型）；
借书数量（类型：数字；大小：整型）；
借阅时间（类型：日期/时间）；
还书时间（类型：日期/时间）；
是否超期（类型：是/否）。

在学生的"借阅记录表"中添加记录,如表 6-21 所示。

表 6-21　借阅记录表

借阅编号	学　　号	图书编号	借书数量	借阅时间	还书时间	是否超期
1	12000101	3200170	8	2015 年 9 月 16 日	2015 年 10 月 6 日	否
2	12000101	3100461	9	2016 年 3 月 2 日	2016 年 4 月 1 日	否
3	12000102	4700350	6	2015 年 10 月 1 日	2016 年 4 月 9 日	是
4	12000104	5800148	5	2016 年 1 月 3 日	2016 年 2 月 20 日	否
5	12000103	3200170	8	2015 年 4 月 1 日	2016 年 4 月 10 日	是
6	12000103	3100461	45	2015 年 11 月 12 日	2015 年 12 月 23 日	否

（4）创建表之间的关系。

建立"图书基本信息表"与"借阅记录表"的关系,"借阅记录表"与"学生基本信息表"的关系。如图 6-82 所示。

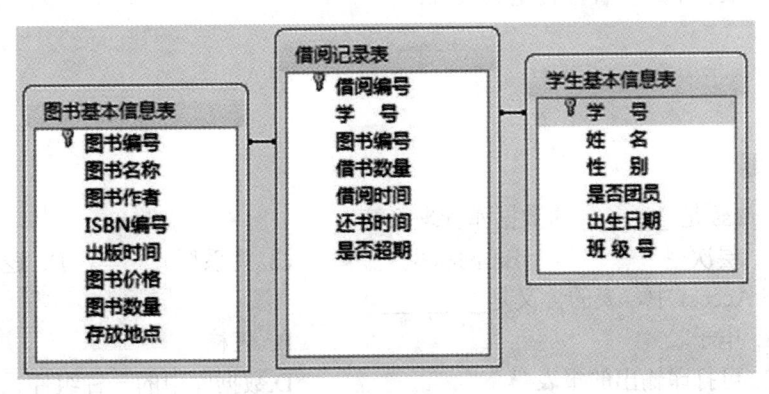

图 6-82　三表之间的关系

（5）创建"图书借阅管理"数据库查询。

主要实现以下的查询操作：

① 创建名为"计科 14-1 学生"的查询，列出"学生基本信息表"中班级号为"计科 14-1"的所有男性学生的信息。

② 创建名为"图书编号"的查询，在显示"图书基本信息表"图书编号的中以"3"开头的图书信息。

③ 在"图书基本信息表"和"借阅记录表"中，查询学号为"12000101"的学生所借图书信息，查询命名为"图书查询"。

④ 创建名为"平均借书量"的查询，要求：统计"借阅记录表"中"还书时间"在 2016 年前的学生的"借书数量"字段平均值，并将结果赋给变量 B51（或者新字段 B51）。

⑤ 创建名为"图书价格"的查询，要求：统计"图书基本信息表"中"图书价格"的最大值，并将结果赋给变量 B52（或者新字段 B52）。

⑥ 创建名为"图书数量"的查询，要求：统计"图书基本信息表"中所有姓"王"的图书作者的图书数量总和，并将结果赋给变量 B53（或者新字段 B53）。

⑦ 创建名为"信息更改"的查询，要求：将"图书基本信息表"中所有姓"王"的图书作者的图书数量增加 100（图书数量=图书数量+100）。

⑧ 创建名为"还书记录"的查询，要求在"借阅记录表"中按照"还书时间"降序生成一个名为"还书"的新表，其中包含 5 个字段：借阅编号、图书编号、借阅时间、还书时间和是否超期。

⑨ 在"学生基本信息表"中，将所有男性学生的记录追加到名为"追加表-男"的表中，只需要其中的 5 个字段：学号、姓名、性别、出生日期和班级号。

⑩ 在"图书基本信息表"中，要求物理删除图书数量在 500 以上且图书价格在 20 以上的记录，查询命名为"删除"。

（6）创建"图书借阅记录表"的窗体和报表。

主要操作要求如下：

① 创建名为"借阅记录表"的窗体，并插入翻页按钮、"图片"控件、组合框、单选按钮、查询按钮、添加记录按钮、保存记录按钮、退出和返回按钮等控件。（可自定义设计添加）

② 创建名为"借阅记录表"的报表，并在报表中添加页眉/页脚。

③ 窗体和报表格式设置可自定义设置。

练习题

1. 选择题

（1）Access 是_____的数据库管理系统。
   A. 层次型　　　　　B. 网状型　　　　　C. 关系型　　　　　D. 逻辑型

（2）在 Access 中，表的含义是_____。
   A. 电子表　　　　　　　　　　　　　　B. 表格
   C. 可打印输出的报表　　　　　　　　　D. 数据库中的一种组件

（3）表中的字段是_____。

A. 函数 B. 常量 C. 表达式 D. 变量

(4) 关系数据库系统中所管理的关系是_____。
A. 一个 mdb 文件 B. 一个二维表
C. 若干个 mdb 文件 D. 若干个二维表

(5) 有关键字段的数据类型不包括_____。
A. 字段大小可用于设置文本，数字或自动编号等类型字段的最大容量
B. 可对任意类型的字段设置默认值属性
C. 有效性规则属性是用于限制该字段输入值的表达式
D. 不同的字段类型，其字段属性有所不同

(6) Access 支持的查询类型有_____。
A. 选择查询，交叉表查询，参数查询，SQL 查询和操作查询
B. 基本查询，选择查询，参数查询，SQL 查询和操作查询
C. 多表查询，单表查询，交叉表查询，参数查询和操作查询
D. 选择查询，统计查询，参数查询，SQL 查询和操作查询

(7) 查找入学成绩在 400 分以上并且所在系为中文的记录，逻辑表达式为_____。
A. 入学成绩>=400.OR. 所在系="中文"
B. 入学成绩>=400 .AND.所在系="中文"
C. "入学成绩">=400 .AND. "所在系" = "中文"
D. "入学成绩">=400 .OR. "所在系" = "中文"

(8) 在 SQL 查询中使用 WHILE 子句指出的是_____。
A. 查询目标 B. 查询结果 C. 查询视图 D. 查询条件

(9) 在下列说法中，查询中的数据_____。
A. 来源于一个数据表 B. 来源于多个数据表
C. 与数据库无关 D. 是数据表中的全部数据

(10) 在 Access 中，窗体是由_____组成。
A. 窗口和菜单 B. 对话框
C. 页眉、主体和页脚 D. 数据记录

(11) 以下不属于 Access 数据库子对象的是_____。
A. 窗体 B. 组合框 C. 报表 D. 宏

(12) 如果一张数据表中含有照片，那么"照片"这一字段的数据类型通常为_____。
A. 备注 B. 超链接 C. OLE 对象 D. 文本

(13) 查询中的列求和条件应写在设计视图中_____行。
A. 总计 B. 字段 C. 准则 D. 显示

(14) 数据表视图中，可以_____。
A. 修改字段的类型 B. 修改字段的名称
C. 删除一个字段 D. 删除一条记录

(15) 如果在创建表中建立字段"基本工资额"，其数据类型应当是_____。
A. 文本 B. 数字 C. 日期 D. 备注

(16) 在已经建立的"工资库"中，要在表中直接显示出我们想要看的记录，凡是记录时间为"2003 年 4 月 8 日"的记录，可用_____的方法。

— 309 —

    A. 排序   B. 筛选   C. 隐藏   D. 冻结

(17) Access 2010 中表和数据库的关系是_____。

    A. 一个数据库可以包含多个表 B. 一个表只能包含两个数据库
    C. 一个表可以包含多个数据库 D. 一个数据库只能包含一个表

(18) 下面对数据表的叙述有错误的是_____。

    A. 数据表是 Access 数据库中的重要对象之一
    B. 表的设计视图的主要工作是设计表的结构
    C. 表的数据视图只用于显示数据
    D. 可以将其他数据库的表导入到当前数据库中

(19) 将表"学生名单2"的记录复制到表"学生名单1"中，且不删除表"学生名单1"中的记录，所使用的查询方式是_____。

    A. 删除查询 B. 生成表查询 C. 追加查询 D. 交叉表查询

(20) 在 Access 数据库中，对数据表进行列求和的是_____。

    A. 汇总查询 B. 动作查询 C. 选择查询 D. SQL 查询

2. 简答题

(1) 什么是数据库？
(2) 在数据库中如何创建新表？
(3) 如何将外部数据导入到 Access 中？
(4) 表中字段的数据类型有哪些？
(5) 表的结构由哪几部分组成？
(6) Access 数据库"设计"视图窗口由哪几部分组成？
(7) 文件系统中的文件与数据库系统中的文件有何本质上的不同？
(8) 查询的作用是什么？
(9) 建立查询的常用方法有几种？请简述之。
(10) 如何建立表和表之间的多对多关系？试举例说明。

模块 7 多媒体与常用工具软件

教学目标：

通过本模块的学习，了解多媒体技术的基本概念及相关的一些基本知识，掌握目前流行的声音文件、图像文件及视频文件制作，掌握常用工具软件的安装、基本功能和操作方法。

教学内容：

本模块主要介绍多媒体制作及常用工具软件，主要包括：
1. 多媒体技术的基本概念。
2. 音频文件的制作。
3. 常用视频文件的制作与编辑。
4. 多媒体文件之间的格式转换。
5. 电子阅览器的使用。
6. 数据恢复工具的使用。
7. 系统的修复与维护。

教学重点与难点：

1. 多媒体的音频制作。
2. 多媒体的视频制作。
3. 多媒体文件之间的格式转换。
4. 电子阅览器的使用。
5. 系统的修复与维护。

案例一 制作"魅力黄淮"视频

【任务描述】

黄淮学院招生就业处将收集招生宣传素材，要求每位师生制作一个以"魅力黄淮"为主题的宣传视频，张亮老师准备学习并利用音频/视频软件完成该视频的制作。主要包括以下内容：
- 多媒体技术概述。
- 多媒体技术的发展。
- 利用 Camtasia Studio 软件录制解说词。

- 利用 Camtasia Studio 软件制作宣传视频。

【任务分析】

音频与视频处理案例主要包括多媒体的应用、音频和视频软件的安装与使用，必须熟悉多媒体制作软件的界面组成、基本操作及各项功能设置等操作，进而才能联系实际，学以致用，制作出自己所喜爱的个性化的视频或解说词等多媒体作品。

【实施方案】

任务 1　认识多媒体

目前，多媒体的概念深入人心，使用也非常广泛，计算机用户掌握多媒体处理方面的基本知识和应用已是不可缺少的基本技能。20 世纪 60 年代以来，技术专家们就致力于研究将声音、图形、图像和视频作为新的信息形式输入和输出到计算机，使计算机的应用更为容易和丰富。

1.　多媒体技术概念

多媒体是各种媒体的有机结合，它意味着将音频、视频、图像等和计算机技术集成到同一数字环境中，并派生出许多应用领域。多媒体不仅包容了我们所见过的报刊、画册、广播、电影和电视等，并且具有自身特有的功能——交互性，它将文字、图形、图像、动画、视频、声音和特效等汇集在一起。

多媒体技术（Multimedia Technology）是一种将文字、声音、图像、动画、视频与计算机集成在一起的信息综合处理、建立逻辑关系和人机交互作用的技术。

2.　多媒体技术的发展

多媒体（Multimedia）一词产生于 20 世纪 80 年代初，它出现于美国麻省理工（MIT）递交给美国国防部的一个项目计划报告中。

1984 年，Apple 公司在微机中建立了一种新型的图形化人机接口，即第一台多媒体计算机。

1985 年，Commodore 公司首创 Amiga 多媒体计算机系统。

1986 年，Philips 和 Sony 公司共同制定了光盘技术标准。

1991 年，制定了第一个多媒体计算机标准 MPC1。

1995 年，微软公司推出 Windows 95，推动了多媒体技术在计算机中的普及。

而今，多媒体技术正朝着三个方向发展：进一步完善计算机支持的协同工作环境 CSCW；智能多媒体系统；把多媒体信息实时处理和压缩编码算法集成到 CPU 芯片中。

3.　媒体的表现形式

在计算机领域中，媒体主要有两种含义：一是指用以存储信息的实体，如磁盘、光盘、录像带和半导体存储器等；二是指用以承载信息的载体，如文字、声音、图形图像和动画等。

根据国际电信联盟（ITU）的定义，媒体可以分为：感觉媒体、表示媒体、显示媒体、存储媒体和传输媒体五大类，如表 7-1 所示。

表 7-1　媒体的表现形式

媒体类型	媒体特点	媒体形式	媒体实现方式
感觉媒体	人类感知客观环境的信息	视觉、听觉、触觉	文字、图形、声音、图像、动画、视频等
表示媒体	信息的处理方式	计算机数据格式	ASCII 编码、图像编码、音频编码、视频编码等
显示媒体	信息的表达方式	输入、输出信息	显示器、打印机、扫描仪、投影仪、数码摄像机等
存储媒体	信息的存储方式	存取信息	内存、硬盘、光盘、纸张等
传输媒体	信息的传输方式	网络传输介质	电缆、光缆、电磁等

人类通过视觉得到的信息最多，其次是听觉和触觉。三者一起得到的信息，达到了人类感受到信息的 95%。因此感觉媒体是人们接收信息的主要来源，而多媒体技术则是充分利用了这种优势。

4. 多媒体技术的特征

多媒体技术有以下主要特征：

（1）多样性：计算机处理的媒体类型包括数值、字符、文本、音频信号、视频信号、静态图形信号、动态图形信号等。

（2）集成性：多媒体信息的集成是将各种信息媒体按照一定的数据模型和组织结构集成为一个有机的整体。

（3）交互性：这是多媒体应用有别于传统信息交流媒体的主要特点之一。多媒体技术交互性则可实现人对信息的主动选择、使用、加工和控制。

（4）非线性：多媒体技术的非线性特点将改变人们传统循序性的读写模式。多媒体技术借助超文本链接的方法，把内容以一种更灵活、更具变化的方式呈现给读者。

（5）实时性：当人们给出操作命令时，相应的多媒体信息都能够得到实时控制。

（6）方便性：用户使用信息时可以按照自己的需要、兴趣、任务要求、偏爱和认知特点来使用信息，获取图、文、声等信息表现形式。

（7）动态性：用户可以按照自己的目的和认知特征重新组织信息结构，即增加、删除或修改节点，重新建立链接等。

5. 多媒体数据的特点

（1）数据量巨大。

（2）数据类型较多。

（3）数据存储容量差别大。

（4）数据处理方法不同。

（5）数据输入和输出复杂。

6. 流媒体文件

多媒体文件分为静态多媒体文件和流式多媒体文件（简称为流媒体），静态多媒体文件只能先下载，后观看，而无法提供网络在线播放功能。

流媒体是指在 Internet/Intranet 中使用流式传输技术的连续时基媒体，即采用流式传输方式在 Internet/Intranet 播放的媒体格式，如音频、视频或多媒体文件。可实现用户一边下载一边观看、收听，而不需要等整个压缩文件下载到自己的机器后才可以观看。

任务2 制作"魅力黄淮"音频

声音可以独立地表达信息,也可以同文字、图形、图像等配合在一起,相辅相成地表达信息,因此当人类使用计算机处理信息的时候,对声音的加工处理是其中关键的一环,音频制作技术便成为多媒体技术的一个重要分支。音频制作技术就是利用计算机获取声音、记录声音、加工处理声音等。

1. Camtasia Studio 概述

Camtasia Studio 是一款专门捕捉屏幕音影的工具软件。它能在任何颜色模式下轻松地记录屏幕动作,包括影像、音效、鼠标移动的轨迹,解说声音等,另外,它还具有及时播放和编辑压缩的功能,可对视频片段进行剪接、添加转场效果。

2. 认识 Camtasia Studio 界面

(1) 启动 Camtasia Studio 6.0。

可单击"开始"\"程序"\"Camtasia Studio 6.0\ CamtasiaStudio\",打开"Camtasia Studio 6.0 软件",软件此时会自动弹出欢迎对话框,如图 7-1 所示,包括视频录制、语音旁白、PowerPoint 录制和导入媒体四项功能。

图 7-1 "Camtasia Studio 6.0"欢迎界面

(2) "Camtasia Studio 6.0"主界面功能。

录制屏幕:主要用来录制动态屏幕,并进行录制区域、时间等参数设置,以及对录制的视频文件进行编辑或生成。

录制语音旁白:主要用来录制语音,并进行编辑等操作。

录制 PowerPoint:录制 PowerPoint 所制作的演示文稿并进行编辑或生成操作。

导入媒体:可导入预先准备好的音频和视频文件等外部素材。

3. 录制音频

(1) 将耳麦插入计算机中音频数字接口,双击音量图标,打开"主音量"控制面板,如图 7-2 所示,单击"选项/属性"菜单,进入"属性"设置面板,如图 7-3 所示,选中麦克风音量，单击"确定"按钮即可。

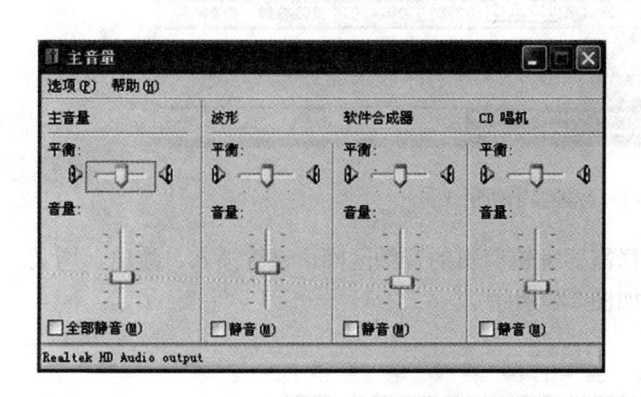

图 7-2 "主音量"控制面板　　　　　　图 7-3 "属性"设置面板

（2）单击"录制语音旁白"按钮，进入录制设置窗口，如图 7-4 所示。

（3）单击"开始录制"按钮，软件将开始录制解说词，录制完成后，单击"停止录制"，将自动打开"另存旁白为"对话框，保存音频文件，如图 7-5 所示。

图 7-4 音频录制设置窗口　　　　　　图 7-5 "另存旁白为"对话框

（4）单击"完成"按钮，进入音频声音编辑状态，如图 7-6 所示，也可单击"预览"窗口中的"播放"按钮试听旁白内容及效果。

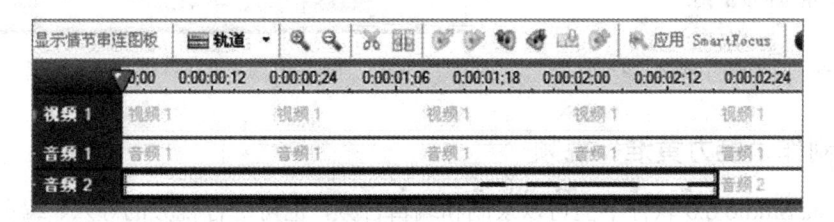

图 7-6 音频声音编辑状态

（5）如果需要剪辑音频内容和编辑音频特效可选择音频轨道进行相关设置，如图 7-7 所示。

图 7-7　音频编辑轨道 1

（6）在时间轴中拖动下三角，选择需要编辑剪辑的音频区间，进行淡入、淡出、增大音量、减小音量、替换为静音等操作，如图 7-8 所示。

图 7-8　音频编辑轨道 2

（7）单击"文件\另存音频为"菜单，打开"另存音频为"对话框，保存音频文件，如图 7-9、图 7-10 所示。

图 7-9　"另存音频为"菜单　　　　　图 7-10　"另存音频为"对话框

任务 3　制作"魅力黄淮"视频

Camtasia Studio 6.0 软件不但可以录制和编辑音频，也可进行视频的导入、编辑合成及特效制作等操作。

1．制作"魅力黄淮"视频标题

单击 Camtasia Studio 6.0 软件主窗口中的"添加\标题剪辑…"项，进入视频标题制作对话框,在"标题名称"栏中输入"美丽家乡"文字,单击 按钮,选择背景图像,在文本框中输入"魅力黄淮",标题格式设置为"隶书、72 号、黄色",单击"确定"完成视频标题制作,如图 7-11 所示。

图 7-11 "视频标题"制作窗口

2. 导入媒体

单击 Camtasia Studio 6.0 软件主窗口中的"添加\导入媒体…"项,打开"添加图片文件"对话框,如图 7-12 所示,在列表框中选择合适的图片或音频,单击"打开"按钮,即可将图片和音频添加至剪辑箱。

3. 视频制作

(1) 添加视频图片到时间轴:选定剪辑箱中的图片拖动至"视频 1"轨道中,并在弹出的"项目设置"对话框中设置图片的大小,如图 7-13 所示。

图 7-12 "添加图片文件"对话框   图 7-13 "项目设置"对话框

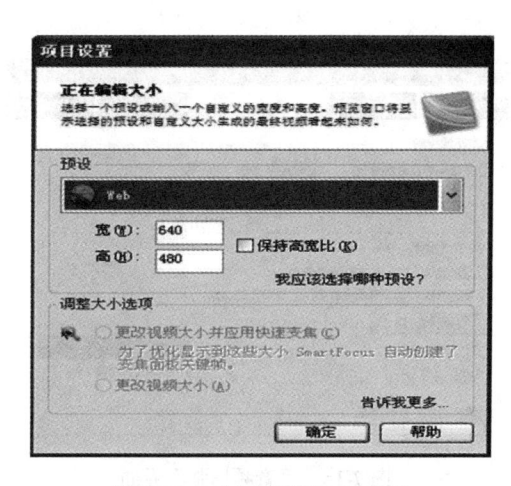

— 317 —

（2）添加音频到时间轴：选定剪辑箱中的音频拖动至"音频2"轨道中的合适位置；进行音频编辑，如图7-14所示。

图7-14 "视频制作"界面

4. 视频编辑

（1）编辑音频效果：单击Camtasia Studio 6.0软件主窗口中的"编辑\音频增强…"项，弹出"音频增强"设置界面，如图7-15所示，通过设置对应的选项可设置音频在播放中的效果。

（2）设置变焦效果：单击Camtasia Studio 6.0软件主窗口中的"编辑\缩放…"项，弹出"变焦面板属性"设置界面，如图7-16所示，通过比例滑块及持续时间可调整视频中图片的播放视觉效果。

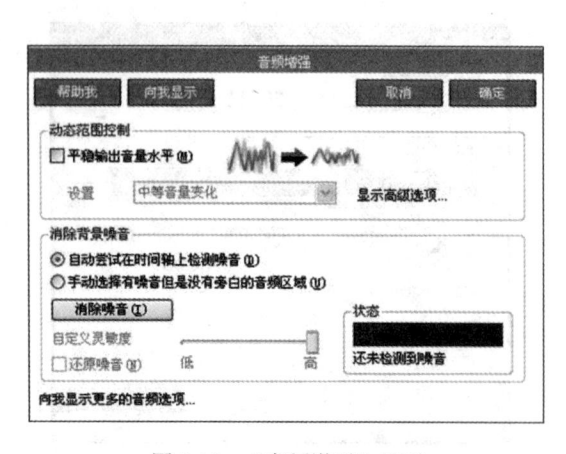

图7-15 "音频增强"界面　　　　图7-16 "变焦面板属性"界面

（3）添加批注：单击Camtasia Studio 6.0软件主窗口中的"编辑\批注…"项，弹出"批注属性"设置界面,如图 7-17 所示,通过批注添加按钮╋可以对视频中的每一张图片添加批注说明,并通过属性项设置批注文字的格式。如想删除批注,可单击✘删除按钮。

图 7-17 "批注属性"界面

(4) 添加过渡效果:单击 Camtasia Studio 6.0 软件主窗口中的"编辑\过渡效果…"项,弹出"过渡"效果设置界面,如图 7-18 所示,单击选定一个过渡效果,然后将其拖到两个对象之间的向右箭头标志➡上即可,单击"完成"按钮即可添加设置对象之间播放时的过渡效果。

图 7-18 "过渡"效果设置界面

(5) 剪辑视频:要剪切一段多余的视频,只需要使用鼠标在时间轴上选取需要剪掉的部分,然后单击"剪切选区"按钮即可。如果需要将视频分割成两段,那么移动时间线上的三角形游标到特定的位置,然后单击"分割"按钮即可。

(6) 设置音频与文本同步:单击 Camtasia Studio 6.0 软件主窗口中的"编辑\标题…"项,弹出"打开标题"设置界面,选定对应的音频文字或旁白文字粘贴至空白框中,如图 7-19 所示。

图 7-19 "音频与文本同步"效果设置界面

单击"开始"按钮，播放音频，根据音频的播放顺序单击文字，截取并设置音频和文字同步效果，音频结束后，单击"完成"按钮。

5. 视频输出

所有的剪辑完成后，余下的工作就是将剪辑好的视频生成文件了，操作步骤如下：

（1）单击 Camtasia Studio 软件主窗口中的"生成\生成视频为…"项，弹出视频"生成向导"对话框，如图 7-20 所示。

（2）单击"下一步"按钮，进入选择生成视频的格式对话框，在下拉列表中选择"自定义生成设置"如图 7-21 所示。

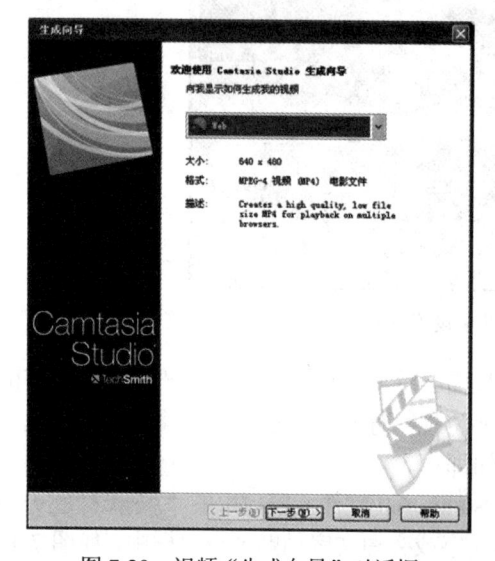

图 7-20 视频"生成向导"对话框 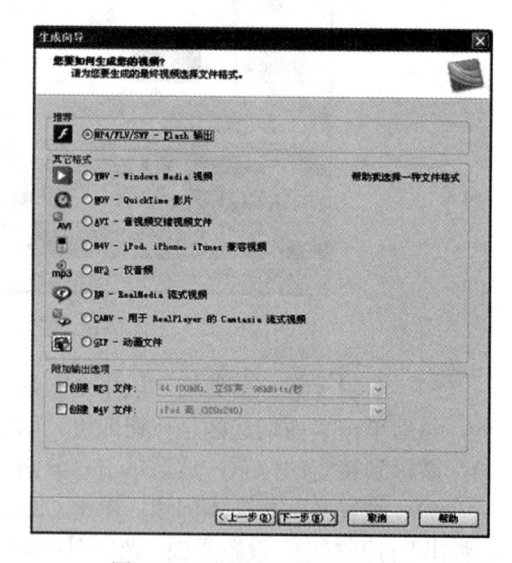　　　　图 7-21 选择生成视频对话框

（3） 选择需要生成的视频格式"MP4/FLV/SWF-Flash 输出"，单击"下一步"按钮，弹出如图 7-22 所示的视频设置对话框，在此调整外观模板及视频窗口的大小。

（4） 单击"下一步"按钮，设置水印，如图 7-23 所示。

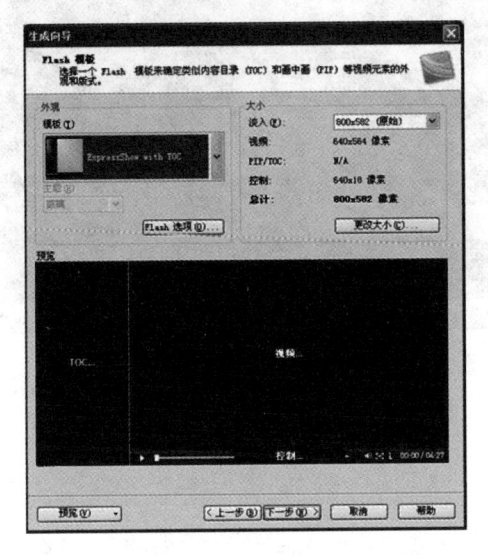

图 7-22　选择"生成视频格式"对话框　　　　图 7-23　设置"水印"对话框

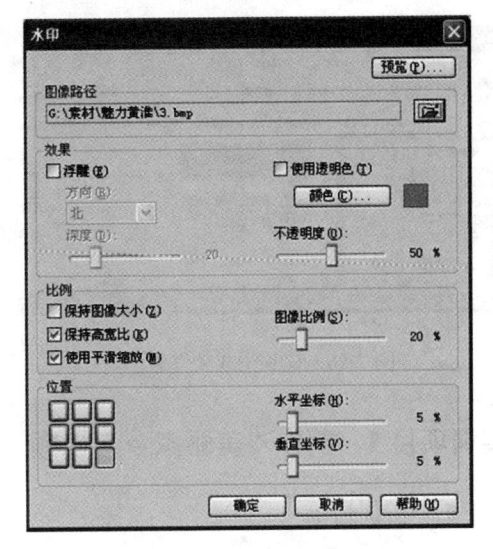

（5） 单击"下一步"按钮，进入生成视频文件对话框，如图 7-24 所示，在文本框栏中输入生成视频的文件名（"学号姓名-魅力黄淮 3"），并选择保存视频的位置等相关信息。

（6） 单击"下一步"\"完成"按钮，进入视频生成过程界面，如图 7-25 所示。

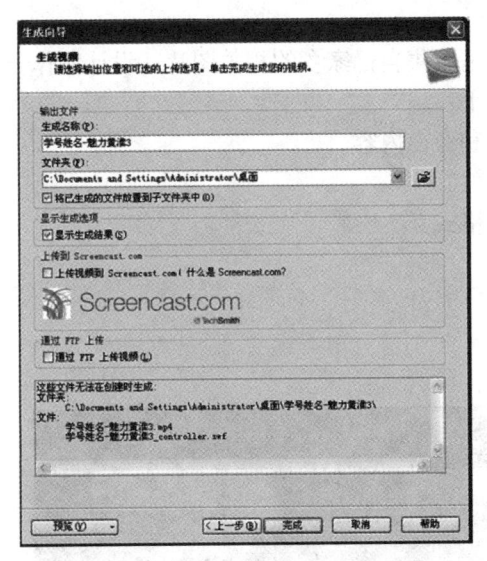

图 7-24　视频"生成向导"对话框　　　　图 7-25　视频生成过程

6. 视频播放

视频生成成功后，将得到一个名为"学号姓名-魅力黄淮 3"的文件夹，打开文件夹，如图 7-26 所示，双击"学号姓名-魅力黄淮.mp4"视频文件即可通过播放器观看播放效果，如

图 7-27 所示。

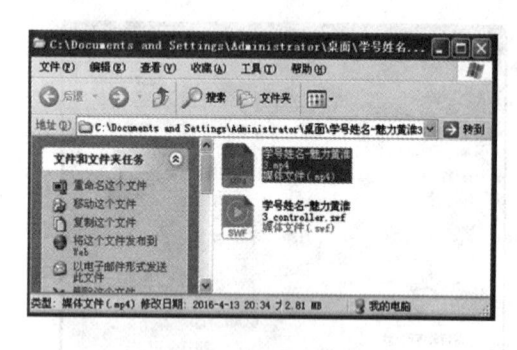

图 7-26 视频生成文件夹　　　　　　　　　图 7-27 视频播放效果

实训项目 1　制作"美丽家乡"视频

1. 实训目标

（1）熟悉 Camtasia Studio 软件的界面和基本功能。
（2）掌握 Camtasia Studio 中图片的添加及特效的制作。
（3）掌握背景音乐插入、解说词制作和相框添加等功能应用。
（4）掌握 Camtasia Studio 软件中各种素材的使用。

2. 实训任务

我校将举行"美丽家乡"多媒体制作大赛，请收集自己家乡的相关图片，设计制作一个以"美丽家乡"为主题的参赛视频，具体要求如下：

（1）为视频中的每张相片添加标题、注释和旁白内容。
（2）为视频中的每个相片添加显示切换特效。
（3）为视频设置背景音乐或解说词及播放格式。
（4）发布生成视频。

3. 参考模板

如图 7-28 所示。

图 7-28　"美丽家乡"视频部分作品参考模板样图

实训项目 2　制作个性化的电子相册

1. 实训目标

（1）掌握背景音乐插入、解说词制作等功能应用。
（2）掌握 Camtasia Studio 中各种素材的使用。
（3）掌握 Camtasia Studio 中切换特效的制作等操作。

2. 实训任务

在母亲节来临之际，收集自己所有的成长照片，设计制作一个以"成长经历"为主题的个性电子相册，作为送给妈妈的节日礼物，具体要求如下：
（1）在 Camtasia Studio 中编辑界面中，添加照片及音频素材。
（2）为电子相册中的每张照片添加标题、注释和旁白内容。
（3）为电子相册中的每个照片添加显示切换特效。
（4）为电子相册设置背景音乐、解说词和播放格式。
（5）发布生成视频。

3. 参考模板

如图 7-29 所示。

图 7-29　"个性化相册"部分参考模板样图

案例二　常用工具软件的应用

任务 1　格式工厂（Format Factory）

【任务描述】

英语系的刘老师想把自己手机录制的 MP4 视频上传至个人空间，但是个人空间视频只能上传 AVI 格式的视频才能打开，请你下载一个格式转换软件帮助刘老师完成视频格式转换。该任务包含以下内容：

- 下载并安装格式工厂（Format Factory）。
- 熟悉格式工厂（Format Factory）界面。
- 使用格式工厂（Format Factory）转换文件格式。

【任务分析】

格式工厂（Format Factory）的使用主要包括搜索、下载、安装与使用等操作，要完成任务，必需掌握格式工厂（Format Factory）软件的文件之间的格式转换。

【实施方案】

1. 认识格式工厂

多媒体格式转换软件格式工厂英文名为 Format Factory，支持几乎所有多媒体格式转到各种常用格式，只要装了格式工厂无需再去安装多种转换软件提供的功能。格式工厂（Format Factory）是多功能的多媒体格式转换软件，适用于 Windows。它可以实现大多数视频、音频以及图像不同格式之间的相互转换。包括视频：MP4、AVI、3GP、WMV、MKV、VOB、MOV、FLV、SWF、GIF；音频：MP3、WMA、FLAC、AAC、MMF、AMR、M4A、M4R、OGG、MP2、WAV、WavPack；图像：JPG、PNG、ICO、BMP、GIF、TIF、PCX、TGA 等。

2. 格式工厂的搜索下载及安装

登录 http://www.baidu.com 主页面，在搜索栏中输入"格式工厂"，单击"百度一下"按钮，选择合适的链接下载软件，将软件下载到合适的位置。双击该软件，进入软件的安装，按照提示完成安装，如图 7-30 所示。

图 7-30　格式工厂（Format Factory）的安装

3. 格式工厂的功能

（1）所有类型视频转到 MP4/3GP/MPG/AVI/WMV/FLV/SWF。

（2）所有类型音频转到 MP3/WMA/AMR/OGG/AAC/WAV。

（3）所有类型图片转到 JPG/BMP/PNG/TIF/ICO/GIF/TGA。

（4）抓取 DVD 到视频文件，抓取音乐 CD 到音频文件。

（5）支持 RMVB、水印、音视频混流。

（6）支持几乎所有类型多媒体格式到常用的几种格式，转换过程中可以修复某些损坏的视频文件。

（7）支持 iPhone/iPod/PSP 等多媒体指定格式、转换图片文件支持缩放、旋转、水印等功能、DVD 视频抓取功能、轻松备份 DVD 到本地硬盘。

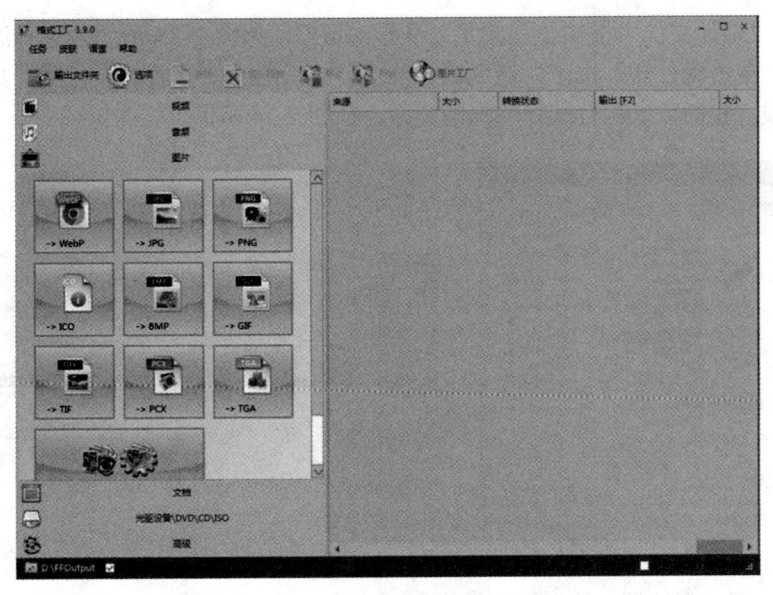

图 7-31 格式工厂（Format Factory）的主界面

4. 格式工厂的主界面

格式工厂是多功能的多媒体格式转换软件，支持几乎所有多媒体格式到各种常用格式，只要装了格式工厂无需再去安装多种转换软件，支持简体中文和英文界面，如图 7-31 所示。

5. 格式工厂的使用

视频转换。

① 首先我们需要准备要进行转换的视频文件，例如：以转换 MP4 格式到 AVI 格式为例，在主界面选择" -> AVI "按钮，弹出如图 7-32 所示的添加转换文件对话框。

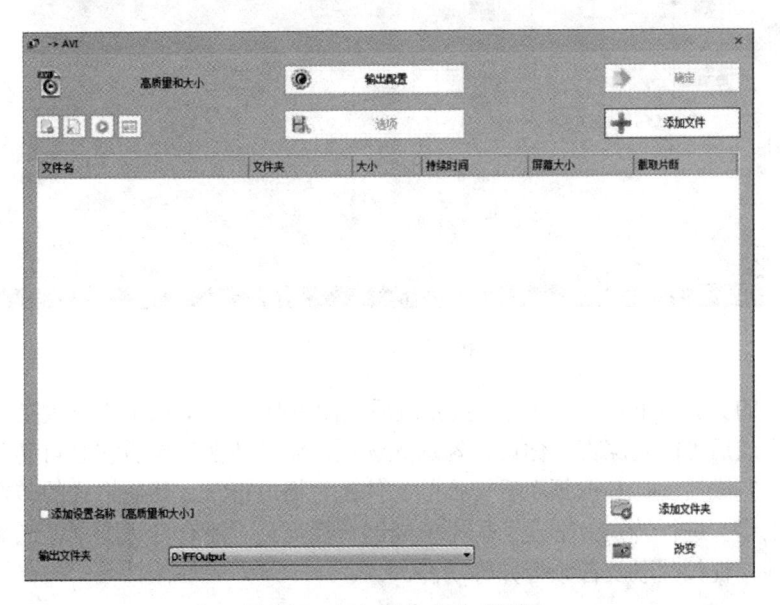

图 7-32 添加转换文件对话框

② 单击"添加文件"按钮，视频"打开"对话框，如图 7-33 所示。选择添加需要进行转换的文件，单击"打开"按钮，然后选择输出转换后的文件存放的文件夹，其中有一项是输出配置选项，我们可以自行选择输出的类型，如图 7-34 所示。

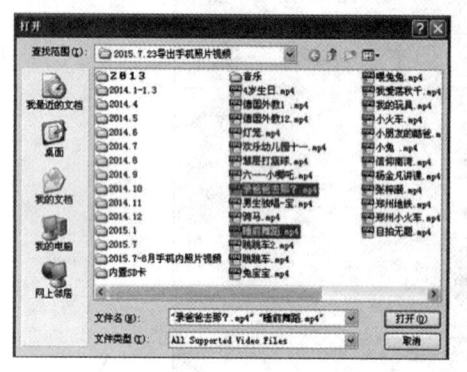

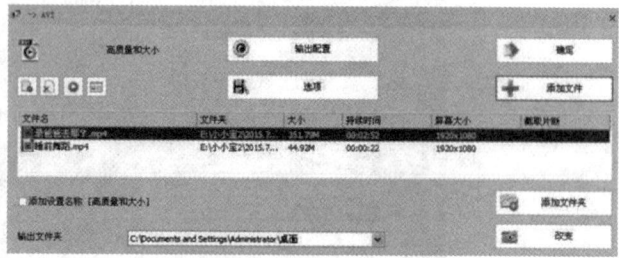

图 7-33　视频"打开"对话框　　　　　　　图 7-34　视频转换设置对话框

③ 单击"确定"按钮，就切换到转换界面，点击"开始"按钮，便可以开始进行文件格式的转换了，转换的过程可能有点慢，需要耐心等待，如图 7-35 所示。

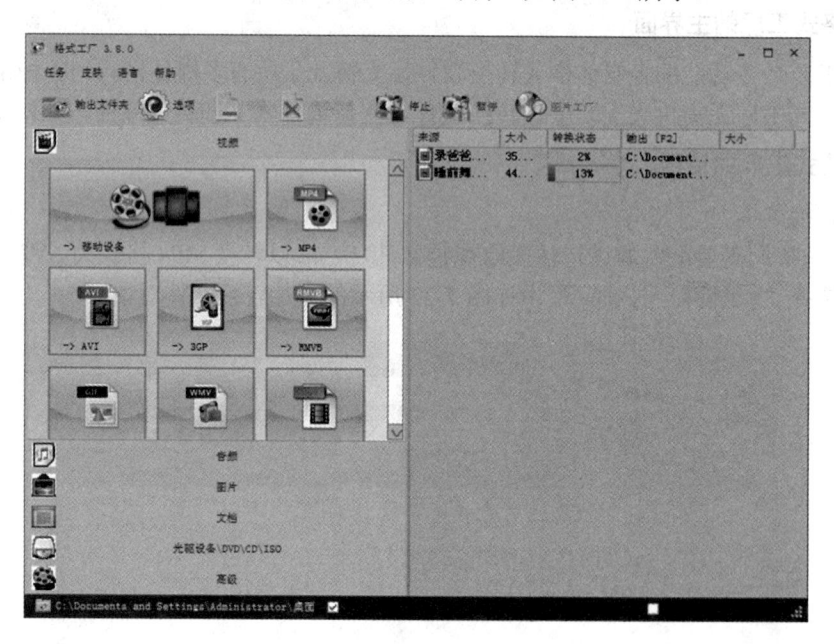

图 7-35　视频"转换"界面

格式转换的界面右下角有一个"转换完成后关闭电脑选项"，如果你有大批的视频进行转换，而转换完成后可能到深夜，你可以勾选此选项，完成转换工作后它会自动关机。

转换工作完成后，打开视频观看转换的文件是否播放正常，其他格式的转换方式类似，可以参照以上步骤进行转换。格式工厂不但能够转换视频，还有音频图片，光驱设备，甚至还有视频合并，视频截取及音频合并等功能。

任务 2　CAJViewer 电子阅读器

【任务描述】

张亮想以自己制作的"魅力黄淮"作品为主题,写一篇文章发表,于是去中国知网数据库(www.cnki.net)搜索与本专业相关的国家科学自然基金论文作为参考资料,下载了几篇准备回去认真阅读。没想到回去他傻眼了,下载的论文在自己电脑上无法阅读。于是他向计算机专业的同事请教。同事说:"这很简单,去中国知网下载专用的阅读器 CAJViewer 就能阅读了,而且 CAJViewer 还提供很多其他的功能呢"!

该任务包含以下内容:
- 利用中国知网检索文件。
- 下载并安装专用的阅读器 CAJViewer。
- 阅读器 CAJViewer 的常用操作。

【任务分析】

电子阅览器的使用主要包括搜索、下载、安装与使用等操作,要完成任务,必需掌握电子阅览器的打开与编辑等操作。

【实施方案】

1. 认识阅读器 CAJViewer

CAJViewer 电子阅读器是中国期刊网的专用全文格式阅读器,它支持中国期刊网的 CAJ、NH、KDH 和 PDF 格式文件。可配合网上原文的阅读,也可以阅读下载后的中国期刊网全文,并且打印效果与原版的效果一致。本节掌握 CAJViewer 电子阅读器的使用方法。

2. 搜索下载并安装 CAJViewer

登录 www.cnki.net 主页面,选择"常用软件下载",进入到 CAJViewer 的下载页面,将软件下载到合适的位置。双击该软件,进入软件的安装,按照提示完成安装。

3. CAJViewer 的常用操作

(1) 浏览文档。

单击"开始│程序│同方知网│CAJViewer│CAJViewer 7.1",打开 CAJViewer,选择"文件"菜单中的"打开"命令,打开一个文档,开始浏览,这个文档必须是.caj、.pdf、.khd、.hn、.caa、.teb 等类型的文件。打开指定文档后如图 7-36 所示。

一般情况下,屏幕正中间最大的一块区域代表主页面,显示的是文档中的实际内容,除非打开的是 CAA 文件,此时可能显示空白,因为实际文件正在下载中。

可以通过鼠标、键盘直接控制主页面,也可以通过菜单或者单击页面窗口或目录窗口来浏览页面的不同区域,还可以通过菜单项或者点击工具条来改变页面布局或者显示比率。

在没有本程序运行的情况下,如果在命令行下直接敲入本程序名称,后面加上多个文件名,本程序将运行,并打开指定的多个文档;如果在资源管理器里,选择多个与本程序相关联的文件输入回车或者鼠标双击,本程序将运行,并打开指定的多个文档;如果已经有一个本程序在浏览文档,将不再有新的程序启动,已经运行的本程序将打开指定的第一个文档。

（2）缩放。

在菜单栏的"查看｜缩小"菜单项，主页面的鼠标形状将变成一个中间带"-"号的放大镜，每点击主页面一次，显示比率将减少 20%，直到显示比率达到 25%为止。

点击显示百分比的编辑控件右边的小按钮，将弹出如图 7-37 所示的菜单项。

图 7-36 打开指定文档   图 7-37 显示百分比

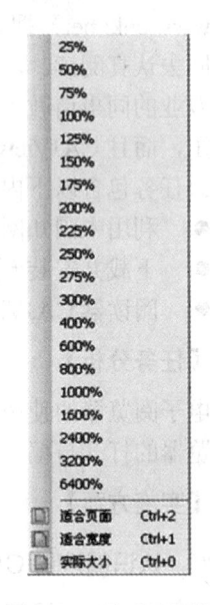

（3）全屏浏览。

选择"查看｜全屏"命令或者敲下快捷键 Ctrl + L，可以全屏浏览文档，如果想退出全屏浏览，单击"退出全屏"或按 Esc 键。

（4）页面显示模式。

新版本在连续页显示的基础之上拓展了更多的布局模式：对开模式和连续对开，使用户浏览文档的方式更加灵活。对开模式对应原来的单页模式，但是一次可以同时显示两页；连续对开就是对开模式的连续显示方式，可以同时浏览更多页。

单击"查看｜页面布局"，会弹出如图 7-38 的显示模式。单击不同选项进入相应的显示模式，其中"连续"是默认选项。

顺时针旋转和逆时针旋转是新增功能，可以全部或单独旋转某一页面，并能将旋转结果保存。

（5）图片工具。

当鼠标移动到图片上时在图片的左上角会出现图像工具栏（在参数设置中可以设置不出现），如图 7-39 所示。

图像工具栏共有七个按钮，从左到右分别是：

① 保存此图像。

② 将此图像复制到剪贴板。

③ 打印此图像。

④ 在电子邮件中发送此图像。

⑤ 将此图像发送到 Word。
⑥ 使用文字识别转换此图像（要首先安装文字识别模块）。
⑦ 关闭图像工具栏。

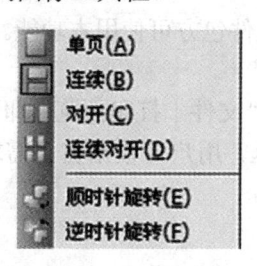

图 7-38　页面显示模式　　　　　　　　图 7-39　图像工具栏

（6）搜索文本。
选择"编辑｜搜索"命令，搜索窗口将会出现，一般在屏幕的右边，如图 7-40 所示。
在编辑窗口里输入将要搜索的文本，选择搜索的范围，新版本里增加了多种检索范围：
① 在当前活动文档中搜索，搜索结果都将在窗口下部的列表框里显示，搜索完成后主页面上将显示搜索到的第一条文本，点击不同的搜索结果，主页面将进入到相应的区域。
② 在所有打开的文档中搜索，搜索结果都将在窗口下部的列表框里显示，搜索完成后主页面上将显示搜索到的第一条文本，点击不同的搜索结果，主页面将进入到相应的区域。
③ 在 PDL 中搜索，如果安装了个人数字图书馆将打开该软件，并在该软件中搜索，搜索结果在个人数字图书馆中显示。
④ 选择范围搜索，选择一个目录进行搜索，将搜索所有 CAJViewer 可以打开的文件，搜索结果都将在窗口下部的列表框里显示，搜索完成后主页面上将显示搜索到的第一条文本，点击不同的搜索结果，主页面将进入到相应的区域，如果文件没有打开将首先打开文件。
⑤ 在 CNKI 中搜索，将弹出浏览器（一般是 MS Internet Explorer）显示搜索结果。
⑥ 在 Google 中搜索，将弹出浏览器（一般是 MS Internet Explorer）显示搜索结果。
⑦ 在百度中搜索，将弹出浏览器（一般是 MS Internet Explorer）显示搜索结果。
（7）文字识别。
选择"工具｜文字识别"命令，当前页面上的光标变成文字识别的形状，按下鼠标左键并拖动，可以选择一页上的一块区域进行识别，识别结果将在对话框中显示，并且允许修改，做进一步的操作，如图 7-41 所示。

图 7-40　软件搜索功能　　　　　　　　图 7-41　文字识别

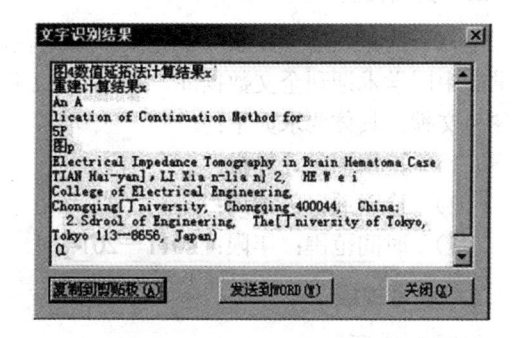

点击"复制到剪贴板",编辑后的所有文本都将被复制到 Windows 系统的剪贴板上;点击"发送到 Word",编辑后的所有文本都将被发送到微软 Office 的 Word 文档中,如果 Word 没有在运行,将先使之运行。

该功能使用了清华文通的 OCR 识别技术,安装了该软件包方可使用本功能。

(8) 预览和打印。

该版本增加打印预览功能,预览打印效果,通过菜单"文件 | 打印预览"即可打开打印预览界面;点击菜单项"文件 | 打印",将弹出打印对话框,用户可根据自己需求进行打印设置。

实训项目 1　多媒体文件格式转换

1. 实训目标

(1) 掌握格式工厂的视频转换方法。
(2) 掌握格式工厂的音频转换方法。
(3) 掌握格式工厂的图片等文件的转换方法。

2. 实训任务

学校宣传部的李老师要制作"情暖黄淮"爱心宣传短片,需要将同学们拍摄的部分图片、视频及音频转换格式后才能使用,请你使用格式工厂协助李老师完成此项工作,具体要求如下:

(1) 将 RMVB 格式转换为 AVI 格式。
(2) 将 AMR 格式转换为 WMA 格式。
(3) 将 TIF 格式转换为 JPG 格式。

3. 参考模板（略）

实训项目 2　校园网数据库检索系统的应用

1. 实训目标

(1) 掌握校园网数据库系统的检索方法。
(2) 掌握检索数据库中文献资料的下载方法。

2. 实训任务

电视台的张兰需要发表专业论文,想用黄淮学院校园网（http://www.huanghuai.edu.cn）提供的中国学术期刊全文数据库,检索 2011 年以来的与自己所从事专业相关的论文以做论文参考文献,具体要求如下:

(1) 检索词：计算机；
(2) 检索项：关键词；
(3) 时间范围：年限：2011—2016。

3. 参考模板

如图 7-42 所示。

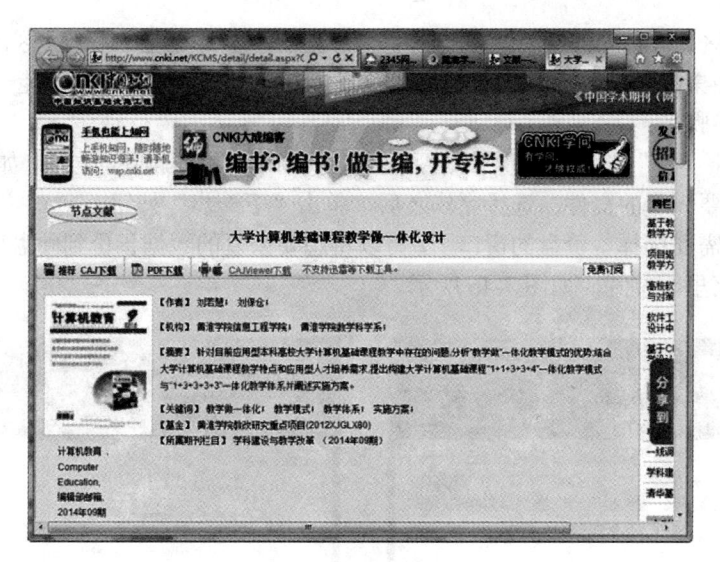

图 7-42　查询文献信息参考图

知识拓展

1. 数据恢复工具——EasyRecovery

EasyRecovery 是国内顶尖工作室的技术杰作，它是一个硬盘数据恢复工具，能够帮你恢复丢失的数据以及重建文件系统。EasyRecovery 提供了完善的数据恢复解决方案，比如删除文件恢复、格式化恢复、分区丢失恢复。

（1）恢复被误删除的文件。

EasyRecovery 最核心的功能是数据恢复。Deleted Recovery 是针对被误删除文件的恢复，操作步骤如下：

① 启动 EasyRecovery，主窗口界面如图 7-43 所示。

② 在 EasyRecovery 主窗口中单击"误删除文件"图标，进入修复删除文件向导，如图 7-44 所示。

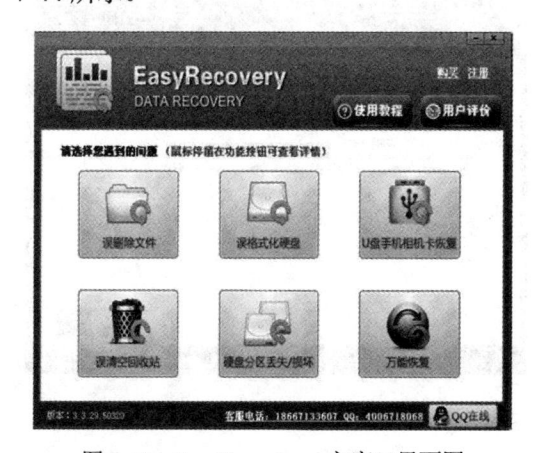

图 7-43　EasyRecovery 主窗口界面图 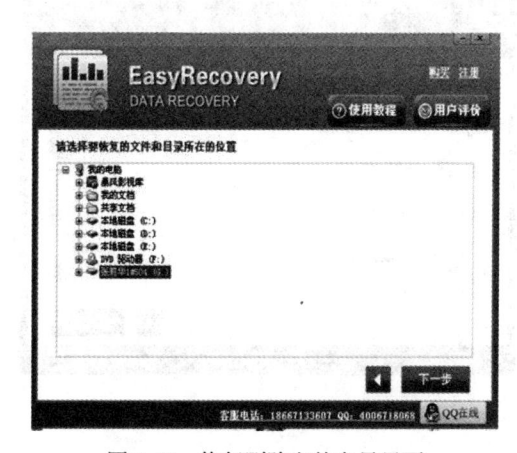　　　　图 7-44　修复删除文件向导界面

③ 选择分区，被删除的文件本来是在哪个分区的，那么就选择这个分区，如果被删除的文件原来是放在桌面上的，选择 C 分区，如果多个盘都有误删除的文件，不能一次全部恢复，需要重复恢复步骤。

④ 单击"下一步"按钮，经过扫描后，程序会找到用户被误删除的数据，如图 7-45 所示。

⑤ 选择想要恢复的文件，选择完毕之后，单击"下一步"按钮。

⑥ 接下来需要选择备份盘的窗口了，可以将想要恢复的数据备份到硬盘里面，也可以选择放置在文件夹里等位置，如图 7-46 所示。

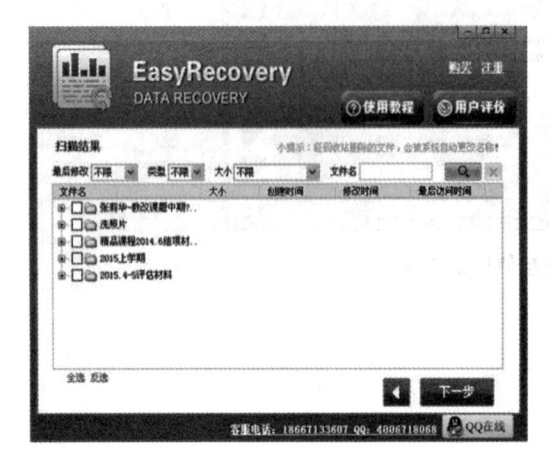

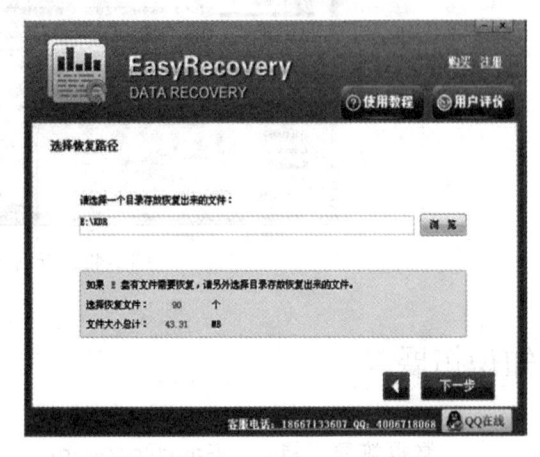

图 7-45　文件扫描结果　　　　　　　图 7-46　选择恢复数据位置

⑦ 选择完成后，单击"下一步"按钮，文件就开始恢复了，恢复完成后，弹出一个对话框显示恢复摘要，用户可以保存或打印。

⑧ 单击"完成"按钮，一个文件就被恢复，可以到相应的盘内找到被恢复的数据了。

（2）恢复误格式化硬盘中的文件。

① 在 EasyRecovery 主窗口中单击"误格式化硬盘"图标，弹出如图 7-47 所示界面。

② 选择格式化分区，然后扫描分区，扫描过程如图 7-48 所示。

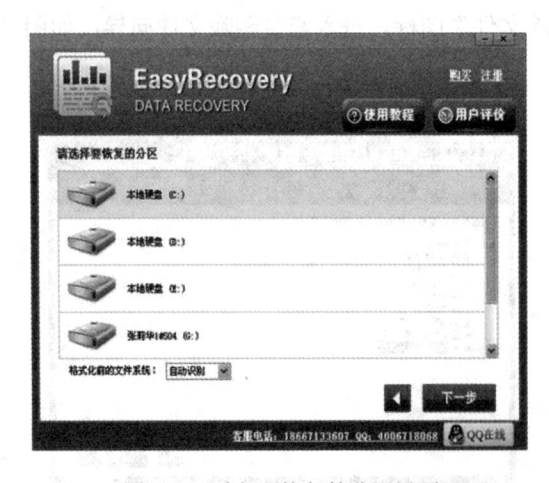

图 7-47　选择要恢复的分区界面　　　　图 7-48　扫描过程界面

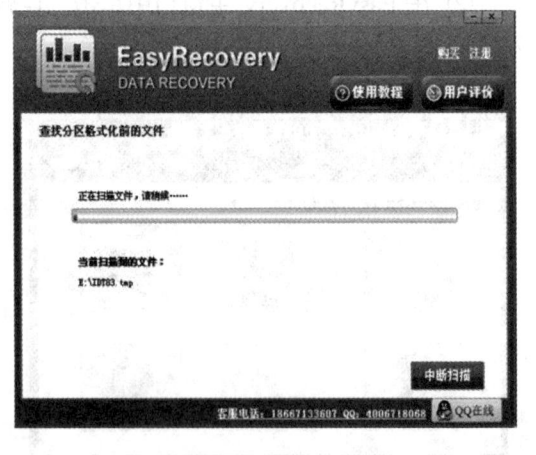

③ 扫描完成后，用户可以看到 EasyRecovery 扫描出来的文件夹，打开其下的子文件夹，名称没有发生变化，文件名也是完整的。

④ 其后的步骤和前面一样，先选定要恢复的文件夹或文件，然后指定恢复后的文件所要保存的位置，最后将文件恢复在指定位置。

（3）恢复误清空回收站的文件。

① 在 EasyRecovery 主窗口中单击"误清空回收站"图标，弹出如图 7-49 所示界面。

② 扫描完成后，用户可以看到 EasyRecovery 扫描出来的文件夹，打开其下的子文件夹，其后的步骤和前面一样，先选定要恢复的文件夹或文件，然后指定恢复后的文件所保存的位置，最后将文件恢复在指定位置。

（4）恢复 U 盘手机相机卡恢复的文件。

① 在 EasyRecovery 主窗口中单击恢复"U 盘手机相机卡恢复"图标，弹出如图 7-50 所示界面。

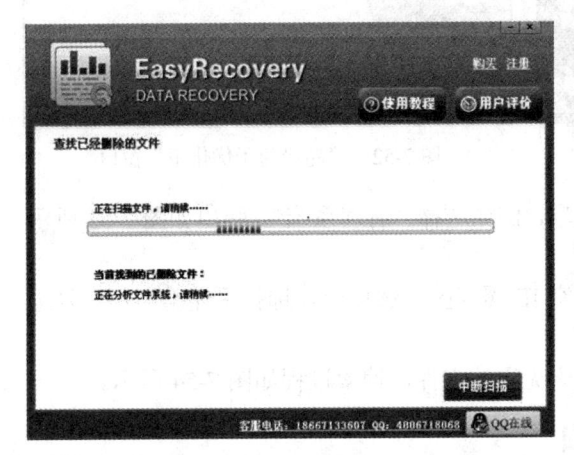

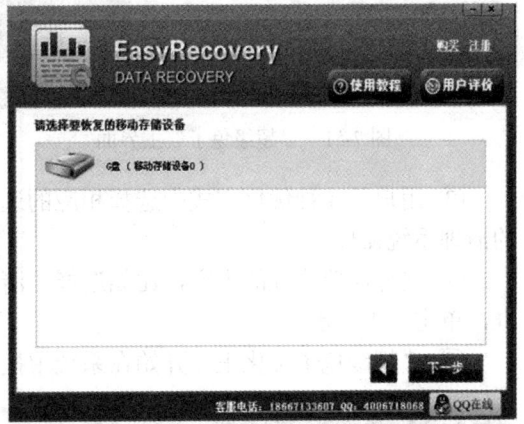

图 7-49　恢复"误清空回收站"扫描界面　　　　图 7-50　恢复"U 盘手机相机卡恢复"界面

② 选择需要恢复的设备，单击"下一步"，进入恢复扫描状态，扫描完成后，用户可以看到 EasyRecovery 扫描出来的文件夹，打开其下的子文件夹，其后的步骤和前面一样，先选定要恢复的文件夹或文件，然后指定恢复后的文件所保存的位置，最后将文件恢复在指定位置即可。

EasyRecovery 的功能是非常强大的，尤其是 EasyRecovery 恢复数据非常快，恢复后的数据可用性非常高，如果利用以上方法恢复的数据已经损坏，可以选择"万能恢复"项目，对文件在恢复的同时具有修复功能。

2. 系统设置工具——超级兔子魔法设置

超级兔子是一个完整的系统维护工具，可以清理大多数的文件、注册表里面的垃圾，同时还有强力的软件卸载功能，专业的卸载可以清理一个软件在电脑内的所有记录。超级兔子共有 8 大组件，可以优化、设置系统大多数的选项，延长 SSD 硬盘寿命、超大内存不浪费、有效提升系统速度，真正让用户打造属于自己的安全系统。

（1）超级兔子优化王。

超级兔子优化王能够对系统和部分常用软件进行调整，通过修改各种软件本身的设置，

使它们工作得更好,并且具备完整的清除硬盘以及注册表内无用信息的功能。操作步骤如下:

① 启动"超级兔子"工具,主窗口如图7-51所示。

② 单击"超级兔子优化王"按钮,弹出如图7-52所示的"超级兔子优化王"窗口。

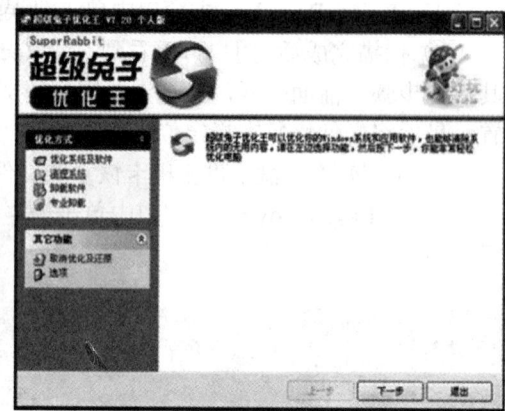

图7-51 "超级兔子"主界面

图7-52 "超级兔子优化王"窗口

③ 用户从4种优化方式中选择相应的选项,例如选择"清理系统",弹出如图7-53所示的清理系统窗口。

④ 选择需要清理的内容,比如选择"清空IE缓存区"选项卡,选择"完整清理"复选框,单击"下一步"。

⑤ "超级兔子优化王"开始在系统中搜索无用的文件,搜索过程如图7-54所示。

图7-53 "清理系统"窗口

图7-54 "搜索"窗口

⑥ 搜索完毕后,会弹出搜索结果报告,用户可以根据需要进行修改。

⑦ 单击"清除"按钮,"超级兔子优化王"即开始对系统进行清理,清除完毕后,会弹出提示对话框,提示用户操作完成,单击"确定"按钮即完成本次操作。

（2）超级兔子魔法设置。

"超级兔子魔法设置"可以对系统各项设置进行调整和优化，帮助用户解决实际存在的问题，打造一个个性而且实用的系统。操作步骤如下：

① 启动"超级兔子"，单击"超级兔子魔法设置"按钮，弹出如图7-55所示的窗口。

② 右侧的"魔法设置"任务栏，列出了需要设置的命令，这里选择"启动程序"命令，弹出如图7-56所示的"启动程序"窗口。

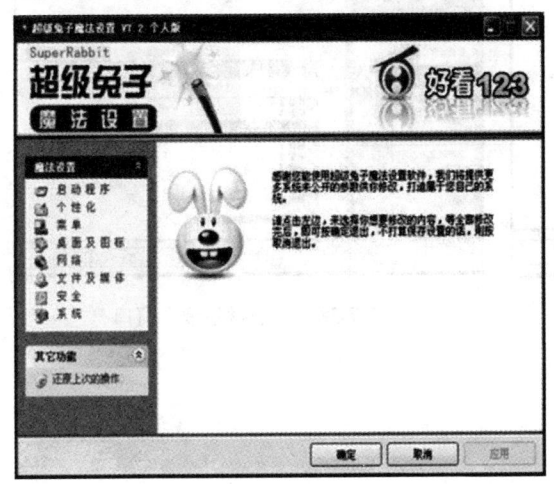

图7-55 "超级兔子魔法设置"窗口　　　　图7-56 "启动程序"窗口

③ 用户需要计划对系统服务进行相应设置，切换到"系统服务"选项卡，这里可以看到计算机中的所有服务。

④ 在"优化方案"下拉列表中选择"标准个人电脑优化方案"选项，单击"更改"按钮，超级兔子即可关闭个人用户所不需要的服务。

⑤ 单击"应用"即可。

以上只是介绍了"超级兔子魔法设置"的一个功能，它还具有其他功能，用户可以在实际使用中根据需要进行相关的设置。

（3）超级兔子安全助手。

每个人都有自己的隐私，怎样才能有效保护这些信息呢？超级兔子安全助手就可以帮忙，它是一款保护用户的电脑不被他人使用的软件，具有文件加密、文件夹伪装、隐藏磁盘、开机密码等各种安全功能。操作步骤如下：

① 单击"超级兔子安全助手"按钮，弹出如图7-57所示的"超级兔子安全助手"窗口。

② 选择"磁盘与文件夹的安全"任务栏中的"隐藏磁盘"选项，弹出如图7-58所示的"磁盘隐藏"窗口。

③ 选中需要隐藏的磁盘，单击"下一步"按钮，弹出操作完成提示，单击"完成"按钮即可隐藏该分区。

除了上面介绍的功能外，超级兔子还有其他很多功能，比如对电脑主要配件的性能测试，系统备份、桌面搜索等，有兴趣的用户可以在实际使用中尝试操作。

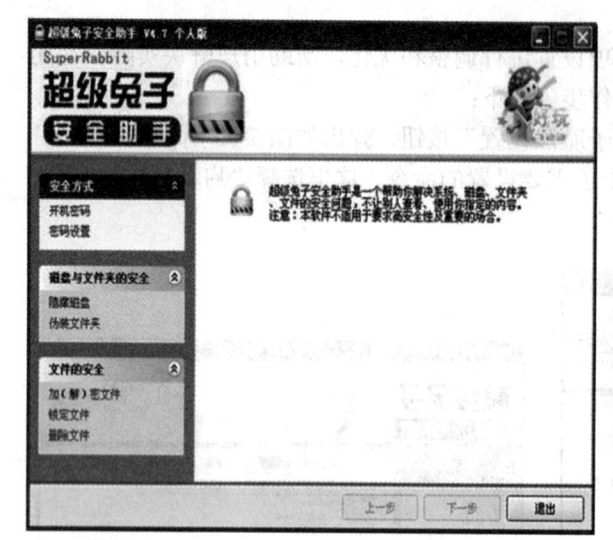

图 7-57 "超级兔子安全助手"窗口　　　　图 7-58 "磁盘隐藏"窗口

实训项目 1　恢复 U 盘中误删除的数据

1. 实训目标

（1）掌握 EasyRecovery 恢复软件的基本恢复操作。
（2）掌握被损坏文件的修复操作。

2. 实训任务

物理系辅导员韩老师在操作 U 盘中的文件时，不小心把学生上交的基本信息文档删除了，韩老师急着用这些数据，又临时联系不到相关的学生，请你通过恢复软件帮助韩老师找回 U 盘中误删除的文件，具体要求如下：

（1）下载并安装 EasyRecovery 恢复软件。
（2）利用 EasyRecovery 恢复软件找回被误删除的文档。
（3）保证被恢复的文档都具有最大可用性。

3. 参考模板（略）

实训项目 2　系统修复及维护

1. 实训目标

（1）掌握超级兔子魔法设置操作。
（2）掌握超级兔子 IE 修复操作。
（3）掌握超级兔子系统备份操作。

2. 实训任务

现在的网络上病毒、恶意代码横行，稍不注意 IE 就会被修改的面目全非。信息 1501B

的李柳的电脑最近就感染了病毒,上网浏览不到网页中的信息,一直有广告自动弹出,打开软件运行很慢,请你通过超级兔子魔法设置工具软件帮助李柳整理一下电脑,具体要求如下:

(1) 下载、安装"超级兔子魔法设置"工具软件。

(2) 利用"超级兔子魔法设置"中的"超级兔子IE修复专家"修复IE、检查木马。

(3) 利用"超级兔子魔法设置"中的"超级兔子系统检测"查看硬件、测试电脑速度。

(4) 利用"超级兔子魔法设置"中的"超级兔子系统备份"备份还原注册表、驱动程序等操作。

3. 参考模板(略)

练习题

1. 选择题

(1) 多媒体文件包含文件头和_____两大部分。
   A. 声音 B. 图像 C. 视频 D. 数据

(2) 数据_____是多媒体的关键技术。
   A. 交互性 B. 压缩 C. 格式 D. 可靠性

(3) 目前通用的压缩编码国际标准主要有_____和MPEG。
   A. JPEG B. AVI C. MP3 D. DVD

(4) MPEG是一个_____压缩标准。
   A. 视频 B. 音频 C. 视频和音频 D. 电视节目

(5) _____在播放前不需要下载整个文件。
   A. 流媒体 B. 静态媒体 C. 多媒体 D. 视频媒体

(6) _____音乐可以模拟上千种常见乐器发音,但是不能模拟人们的歌声。
   A. WAV B. MP3 C. DVD D. MIDI

(7) 图形的_____尺寸可以任意变化而不会损失图形的质量。
   A. 矢量 B. 位图 C. JPG D. GIF

(8) 矢量图形是用一组_____集合来描述图形的内容。
   A. 坐标 B. 指令 C. 点阵 D. 曲线

(9) GIF文件的最大缺点是最多只能处理_____色彩,因此不能用于存储真彩色的大图像文件。
   A. 128 B. 256 C. 512 D. 160万

(10) 截取模拟信号振幅值的过程称为_____。
   A. 采样 B. 量化 C. 压缩 D. 编码

(11) 使用最广泛和简单的建模方式是_____建模方式。
   A. 数字化 B. 结构化 C. 多媒体化 D. 多边形

(12) 要阅读中国期刊的CAJ格式的文档文件,应该使用下面的阅读软件_____。
   A. 超星阅读器(SSTrader) B. Foxit Reader
   C. 方正Apabi Reader D. CAJViewer阅读器

（13） 试用软件的试用期一般是_____。
  A. 一年　　　　　　B. 两个月　　　　　C. 30 天　　　　　　D. 3 天
（14） 暴风影音属于常用_____工具软件。
  A. 系统类　　　　　B. 图形类　　　　　C. 多媒体类　　　　D. 网络类
（15） 在安装软件时，可以改变安装目录，通常执行的是命令_____可以。
  A. Browse　　　　　B. Delete　　　　　C. Ok　　　　　　　D. Happen
（16） 退出工具软件比较简单，以下几种方法中_____不能正常退出工具软件。
  A. 单击标题栏右上角的图标×
  B. 在标题栏上双击
  C. 双击标题栏左侧的应用程序图标
  D. 在标题栏上右击，在弹出的快捷菜单中执行"关闭"命令
（17） 利用 RealOne Player 可以播放多种格式的视频和音频文件，下面的文件格式不能在 RealOne Player 中进行播放的是_____。
  A. RM 格式　　　　B. AVI 格式　　　　C. ACT 格式　　　　D. VOB 格式
（18） 小张从网上下载了一种扩展名为 CEB 格式的免费图书，请为他推荐一种阅读改电子图书的阅读工具_____。
  A. Apabi Reader　　B. Foxit Reader　　C. SSRrader　　　　D. CAJViewer
（19） _____获取常用工具软件的方法最容易产生计算机病毒。
  A. 购买安装光盘　　　　　　　　　　　　B. 到官方网站下载
  C. 利用操作系统自带的工具软件　　　　　D. 通过网站下载
（20） 多媒体技术作为利用计算机技术把声、文、图像等多媒体集合成一体的技术，它具有一定的特征，如下所示不属于多媒体主要特征的是_____。
  A. 交互性　　　　　B. 复合型　　　　　C. 分散性　　　　　D. 实时性

2. 简答题

（1） 什么是多媒体？
（2） 多媒体计算机系统的组成？
（3） 什么是格式工厂？如何使用格式工厂？
（4） 计算机中的图形图像从处理方式上可以分为几类？它们分别是什么？
（5） 主流声音文件格式有哪些？
（6） 主流图像文件格式有哪些？
（7） 常用的多媒体素材制作软件有哪些，并简要介绍其功能？
（8） EasyRecovery 中的万能恢复有哪些功能？
（9） 如何利用超级兔子魔法设置软件对系统进行扫描及修复操作？

模块 8 新 技 术

教学目标:

通过本模块的学习,使读者熟悉信息领域的新技术,重点了解云计算、移动互联网技术、MOOC 课程等新领域及新知识,以开阔视野,适应信息社会新技术的迅猛发展需要。

教学内容:

本模块主要介绍信息领域的一些新技术,主要包括:
1. 云计算的发展历史、云计算的实践应用。
2. 移动互联网技术概述、特征及应用。
3. 慕课(MOOC)的由来及发展现状。

教学重点与难点:

1. 云计算的应用。
2. 移动互联网技术应用。

案例一 云计算

【任务描述】

云计算是近年来出现的一种新技术,它的应用范围非常广泛,给我们的生活与学习带来较大的影响,如云操作系统、云存储、云物联、云安全、私有云、云游戏、云教育等。什么是云运算?云计算有哪些应用?如何有效地使用云计算?让我们一起走近云计算,去了解与使用云计算。

【任务分析】

通过本任务的学习,使学生认识云计算,了解云计算的应用、云计算的商业价值,将云计算与自己的学习、工作、生活结合起来,运用云解决遇到的问题,提高学习、工作、生活的效率。

【实施方案】

任务 1 认识云计算

云计算的概述

云计算(Cloud Computing)是基于互联网的相关服务的增加、使用和交付模式,通常涉及通过互联网来提供动态易扩展且经常是虚拟化的资源。云是网络、互联网的一种比喻说法。过去在图中往往用云来表示电信网，后来也用来表示互联网和底层基础设施的抽象。狭义云计算指IT基础设施的交付和使用模式，指通过网络以按需、易扩展的方式获得所需资源；广义云计算指服务的交付和使用模式，指通过网络以按需、易扩展的方式获得所需服务。这种服务可以是IT和软件、互联网相关，也可以是其他服务。它意味着计算能力也可作为一种商品通过互联网进行流通。云计算概念模型如图8-1所示。

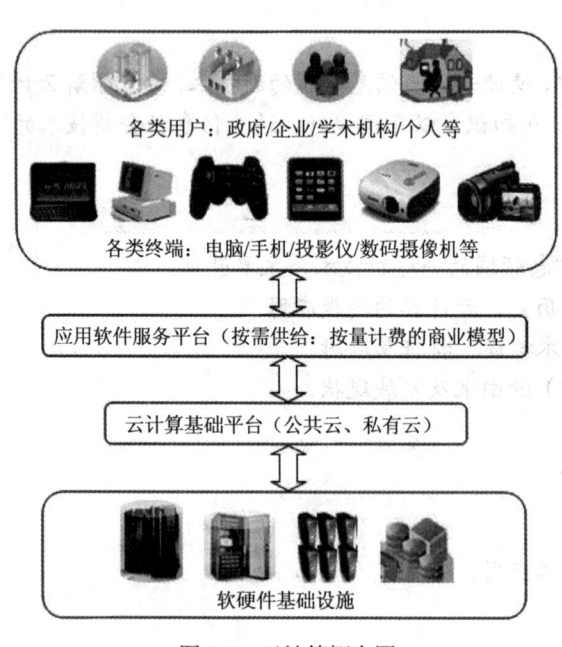

图 8-1 云计算概念图

由于云计算是近年出现的新技术，所以目前没有公认的标准，不同的厂商站在自己的角度会有不同的表达。例如维基百科对其描述如下：

云计算（Cloud Computing），是一种基于互联网的计算方式，通过这种方式，共享的软硬件资源和信息可以按需提供给计算机和其他设备。整个运行方式很像电网。

云计算是继1980年代大型计算机到客户端-服务器的大转变之后的又一种巨变。用户不再需要了解云中基础设施的细节，不必具有相应的专业知识，也无需直接进行控制典型的云计算提供商往往提供通用的网络业务应用，可以通过浏览器等软件或者其他Web服务来访问，而软件和数据都存储在服务器上。云计算可以分为以下几个层次：基础设施即服务（IaaS），平台即服务（PaaS）和软件即服务（SaaS）。

互联网上的云计算服务特征和自然界的云、水循环具有一定的相似性，因此，云是一个相当贴切的比喻。通常云计算服务应该具备以下几条特征：

（1）基于虚拟化技术快速部署资源或获得服务。
（2）实现动态的、可伸缩的扩展。
（3）按需求提供资源、按使用量付费。
（4）通过互联网提供、面向海量信息处理。
（5）用户可以方便地参与。
（6）形态灵活，聚散自如。

— 340 —

（7）减少用户终端的处理负担。

（8）降低了用户对于 IT 专业知识的依赖。

硅谷动力网站对云计算基本原理的解释为：通过使计算分布在大量的分布式计算机上，而非本地计算机或远程服务器中，企业数据中心的运行将与互联网更相似。这使得企业能够将资源切换到需要的应用上，根据需求访问计算机和存储系统。好比是从古老的单台发电机模式转向了电厂集中供电的模式。它意味着计算能力也可以作为一种商品进行流通，就像煤气、水电一样，取用方便，费用低廉。最大的不同在于，它是通过互联网进行传输的。

最近几年，云计算每年都是年度最热门的词汇之一，互联网领域的研究人员越来越多地研究云计算，相关领域的企业也都相继推出云计算、云服务、云终端等，通过谷歌、百度对热门词汇的统计，就能知晓云计算的关注度（如图 8-2、图 8-3 所示）。

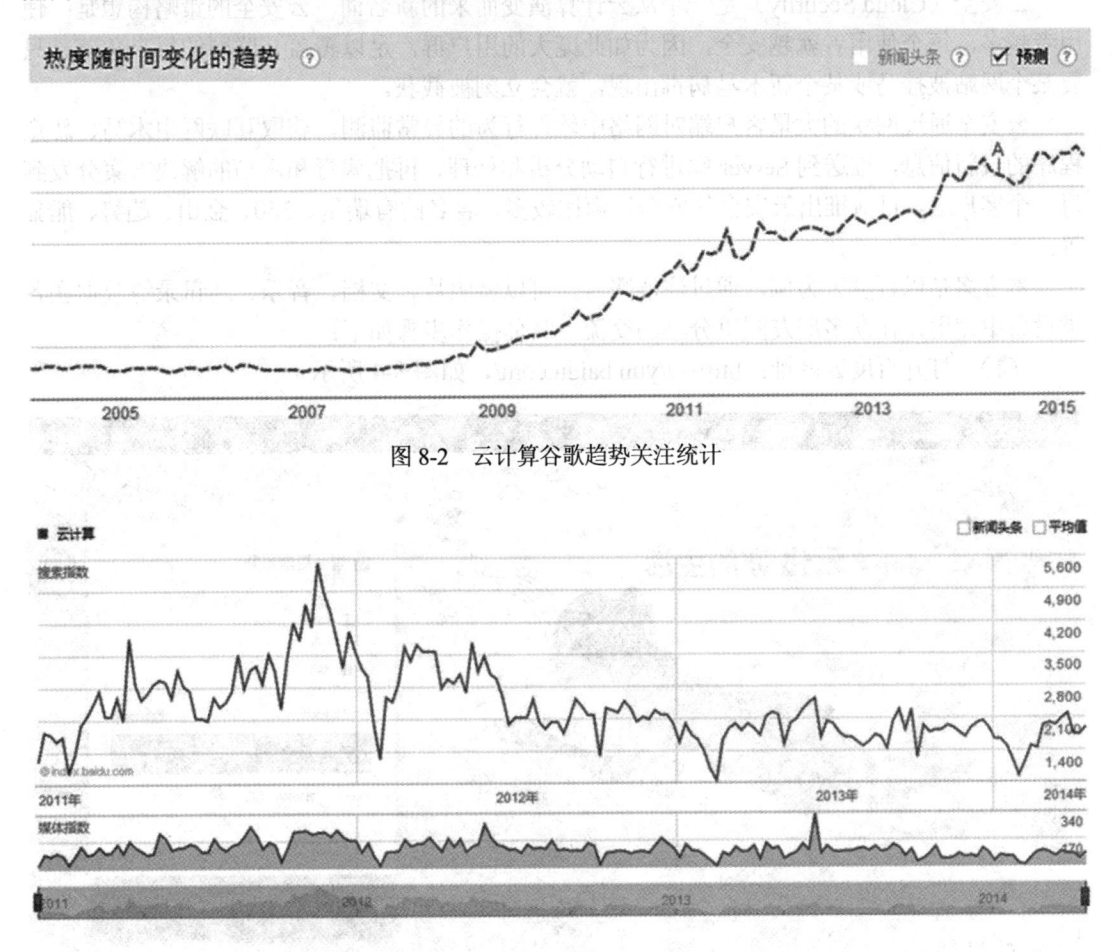

图 8-2 云计算谷歌趋势关注统计

图 8-3 云计算百度指数关注统计

任务 2 云计算的应用

1. 云存储

云存储是在云计算概念上延伸和发展出来的一个新的概念，是指通过集群应用、网格技术或分布式文件系统等功能,将网络中大量各种不同类型的存储设备通过应用软件集合起来协同工作,共同对外提供数据存储和业务访问功能的一个系统。当云计算系统运算和处理的核心是大量数据的存储和管理时,云计算系统中就需要配置大量的存储设备,那么云计算系统就转变成为一个云存储系统,所以云存储是一个以数据存储和管理为核心的云计算系统。

当前,各大厂商相继进入云存储领域,围绕云存储产业链,推出各自的云存储服务,国外企业,谷歌、亚马逊、微软、苹果及从云存储产品中崛起的互联网公司 Dropbox 来势汹汹,而国内的百度、阿里、联想、华为、酷盘、金山快盘、电信运营商等也动作频频,似乎但凡是互联网企业或 IT 企业,都有云存储方面的产品。

2. 云安全

云安全(Cloud Security)是一个从云计算演变而来的新名词。云安全的策略构想是:使用者越多,每个使用者就越安全,因为如此庞大的用户群,足以覆盖互联网的每个角落,只要某个网站被挂马或某个新木马病毒出现,就会立刻被截获。

云安全通过网状的大量客户端对网络中软件行为的异常监测,获取互联网中木马、恶意程序的最新信息,推送到 Server 端进行自动分析和处理,再把病毒和木马的解决方案分发到每一个客户端。目前推出云安全的安全厂商比较多,著名的有瑞星、360、金山、趋势、熊猫等。

本方案是以百度云为例,通过注册账号,可以将照片、文档、音乐、通讯录等数据在各类设备中使用,在众多朋友圈里分享与交流。具体操作步骤如下:

(1) 打开百度云网址:http://yun.baidu.com/,如图 8-4 所示。

图 8-4 百度云界面

(2) 鼠标点击立即注册账号,如图 8-5 所示。
(3) 输入邮箱或手机号、设置登录密码、输入验证码,如图 8-6 所示。

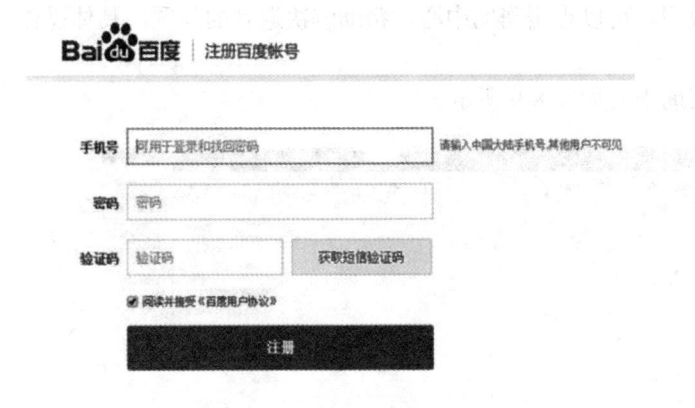

图 8-5　注册百度账号　　　　　　　　图 8-6　注册百度账号界面

说明：注册时请认真阅读《百度用户协议》。

（4）注册后，如果是邮箱注册，登录邮箱进行激活，就可以登录了；如果是手机注册，只需要输入手机收到的验证码就可以直接登录了，如图 8-7 所示。

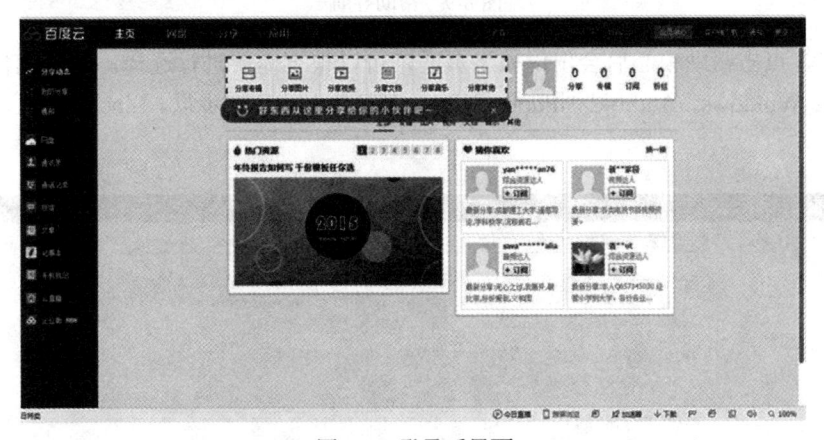

图 8-7　登录后界面

（5）登录后，点击左侧的网盘链接，就可以直接上传、下载相关文件，如图 8-8 所示。

图 8-8　上传、下载界面

（6）遇到操作问题怎么解决呢？可以点击帮助中心，帮助解决遇到的问题，具体操作如下：

第一步，右上角更多并点击帮助中心如图 8-9 所示。

图 8-9 帮助导航

第二步，点击帮助中心后会出现如下页面，可以根据需要进行选择，里面包含多个帮助版本：Web、Windows、Android、iPhone、iPad、WP 版和 PC 同步盘、Mac 同步盘，如图 8-10 所示。

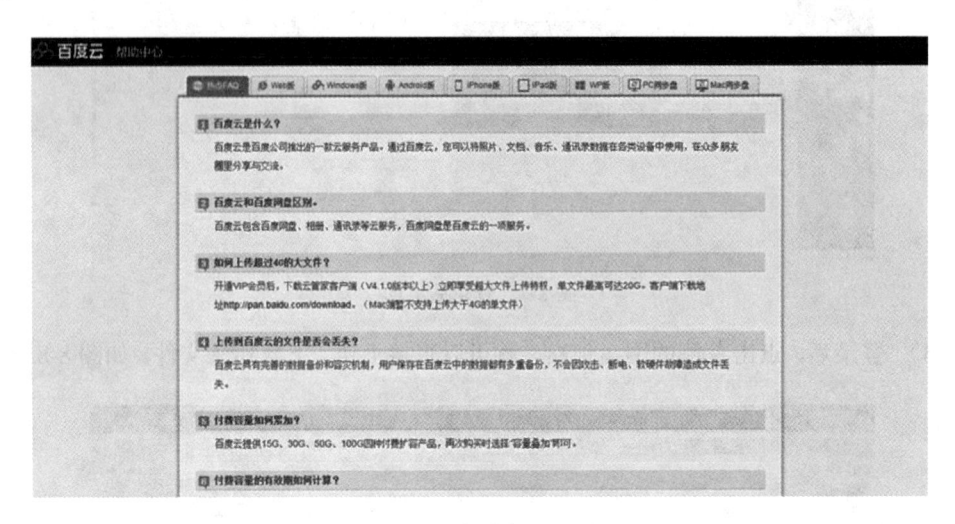

图 8-10 帮助中心界面

实训项目 注册和使用云存储

1. 实训目标

（1）了解云计算的概念；

（2）了解云计算的应用前景；

（3）学会独立使用云存储为学习、工作、生活服务。

2. 实训要求

通过网络了解当前主流云计算企业，借助相关企业提供的云服务平台，建立自己的云存储空间。

3. 相关知识点

（1）云计算发展。
（2）云计算的应用。

【知识链接】

云计算的发展

云计算早期的雏形是 1983 年，SUN 公司提出"网络是电脑"（"The Network is the Computer"）的。

2006 年，亚马逊（Amazon）推出弹性计算云（Elastic Compute Cloud；EC2）服务；Google 首席执行官埃里克·施密特（Eric Schmidt）在搜索引擎大会（SES San Jose 2006）首次提出"云计算"（Cloud Computing）的概念。

2007 年，Google 与 IBM 开始在美国大学校园，包括卡内基梅隆大学、麻省理工学院、斯坦福大学、加州大学柏克莱分校及马里兰大学等，推广云计算的计划，这项计划希望能降低分布式计算技术在学术研究方面的成本，并为这些大学提供相关的软硬件设备及技术支持（包括数百台个人电脑及 BladeCenter 与 System x 服务器，这些计算平台将提供 1600 个处理器，支持包括 Linux、Xen、Hadoop 等开放源代码平台）。而学生则可以通过网络开发各项以大规模计算为基础的研究计划。

2008 年，国际知名大公司相继推出云计划，如：Google 宣布在中国台湾启动"云计算学术计划"，将与几大高校合作，将这种先进的大规模、快速计算技术推广到校园；IBM（NYSE：IBM）宣布将在中国无锡太湖新城科教产业园为中国的软件公司建立全球第一个云计算中心（Cloud Computing Center）；雅虎、惠普和英特尔宣布一项涵盖美国、德国和新加坡的联合研究计划，推出云计算研究测试床来推进云计算。

2010 年，又有一些国际知名大公司也相继推出云计划，如：Novell 与云安全联盟（CSA）共同宣布一项供应商中立计划，名为可信任云计算计划（Trusted Cloud Initiative）；美国国家航空航天局和包括 Rackspace、AMD、Intel、戴尔等支持厂商共同宣布 OpenStack 开放源代码计划；微软表示支持 OpenStack 与 Windows Server 2008 R2 的集成；而 Ubuntu 已把 OpenStack 加至 11.04 版本中。

2011 年 2 月，思科系统正式加入 OpenStack，重点研制 OpenStack 的网络服务。

2012 年云计算成为热点，我国独立自主研发本土化的云服务以应对国外厂商的强有力竞争；传统运营商凭借其强大的人力、财力、客户资源的优势发展符合国情的云服务；同时国家下大力气扶持民营企业，全面提升我国云计算实力。

2013 年 6 月 5 日，"第五届中国云计算大会"在北京国家会议中心隆重举行。本届大会主题为"大数据大宽带推动云计算应用与创新"，聚焦"国际性、行业性、社交性、全面性和专业性"，令人耳目一新。

云计算利用其强大的数据存储和数据挖掘能力、分析处理能力，从海量数据中提纯出有用信息进行专业化处理，又为城市管理、智能交通管理、环境监测等提供了更加真实准确的决策分析数据依据，实现物联网与云计算的紧密结合，推动全社会资源优化配置，不断提升社会管理和公共服务水平。另外，云计算以其低廉的价格和高效的性能，大大降低了企业跨入电子商务的门槛，给客户更好的用户体验。以其易操作性和安全性，以后必将成为主流技术，为我们提供更好的服务。

案例二　移动互联网技术

【任务描述】

移动互联网技术发展如此迅速，应用范围很广，日常生活中少不了用手机直接进行即时信息查询、用手机 QQ 客户端、飞信客户端与别人进行通信、网上购物等，这些生活中的应用都是实用的移动互联网。什么是移动互联网？具体应用在哪些领域？让我们带着这些疑问去探讨一下。

【任务分析】

通过本任务的学习，初步了解移动互联网技术的基础知识，从而提高学生在这方面的素养，激发大家对这一领域的兴趣，从而更好地将各种移动互联网技术应用于学习、工作和生活中去。

【实施方案】

任务 1　认识移动互联网技术

1. 移动互联网技术概述

移动互联网技术，就是将移动通信技术和互联网技术二者结合起来，成为一体，是对用户群上的补充和时间、地点的补充，进一步解决了移动接入的带宽瓶颈，为互联网带来飞跃机会，其应用平台如图 8-11 所示。在最近几年里，移动通信技术和互联网技术成为当今世界发展最快、市场潜力最大、前景最诱人的两大业务，它们的增长速度都是任何预测家未曾预料到的，所以移动互联网技术可以预见将会创造怎样的经济神话。一个国家的创新能力，最终是这个国家所掌握的创新的技术在市场竞争中的表现。市场才是衡量创新价值的主要标准，而企业应是国家创新能力的主要体现者。

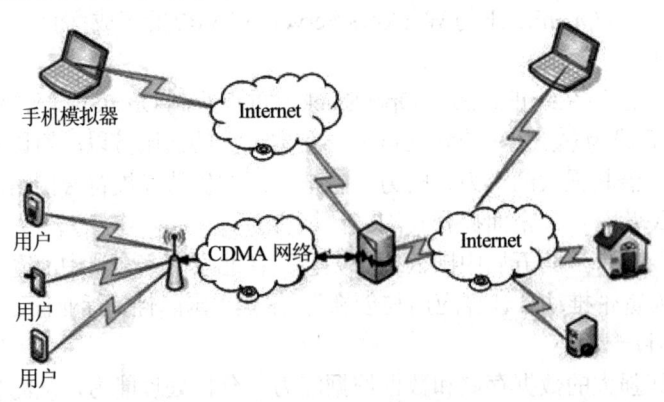

图 8-11　移动互联网技术应用平台

截至 2013 年 12 月，我国手机网民规模达 5 亿，较 2012 年底增加 8009 万人，网民中使用手机上网的人群占比由 2012 年底的 74.5%提升至 81.0%，手机网民规模继续保持稳定增长。手机网民规模的持续增长，一方面得益于 3G 的普及、无线网络的发展和智能手机的价格持续走低，为手机上网奠定了较好的使用基础，促进网民对各类手机应用的使用，尤其为网络接入、终端获取受限的人群提供接入互联网的可能。根据工信部公布的数据，2013 年 1 月至 10 月，我国智能手机出货量达到 3.48 亿部，销量保持快速增长；2013 年 11 月 3G 移动电话用户达 3.86 亿户，较上年同期增长 1.54 亿户。另一方面得益于手机应用服务的多样性和深入性，尤其是新型即时通信工具和生活类应用的推动下，手机上网对日常生活的渗透进一步加大，在满足网民多元化生活需求的同时提升了手机网民的上网黏性。在智能终端快速普及、电信运营商网络资费下调和 Wi-Fi 覆盖逐渐全面的情况下，手机上网成为互联网发展的主要动力，不仅推动了中国互联网的普及，更催生出更多新的应用模式，重构了传统行业的业务模式，带来互联网经济规模的迅猛增长，如图 8-12 和图 8-13 所示。

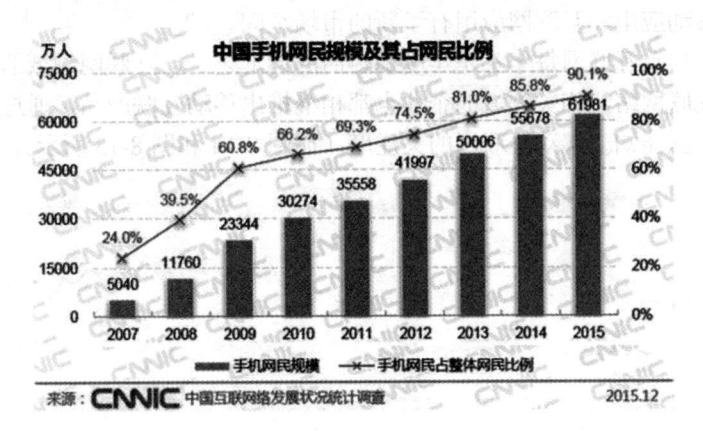

图 8-12　手机网民规模

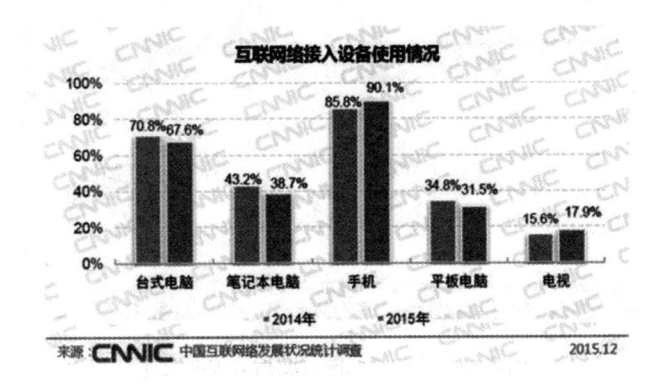

图 8-13　网民上网设备

2. 移动互联网技术的特点

移动互联网技术业务的特点不仅体现在移动性上，可以"随时、随地、随身"地享受互联网业务带来的便捷，还表现在更丰富的业务种类、个性化的服务和更高服务质量的保证，当然，移动互联网在网络和终端方面也受到了一定的限制。其特点概括起来主要包括以下几

个方面:

(1) 终端移动性:移动互联网业务使得用户可以在移动状态下接入和使用互联网服务,移动的终端便于用户随身携带和随时使用。

(2) 终端和网络的局限性:移动互联网业务在便携的同时,也受到了来自网络能力和终端能力的限制:在网络能力方面,受到无线网络传输环境、技术能力等因素限制;在终端能力方面,受到终端大小、处理能力、电池容量等的限制。

(3) 业务与终端、网络的强关联性:由于移动互联网业务受到了网络及终端能力的限制,因此,其业务内容和形式也需要适合特定的网络技术规格和终端类型。

(4) 业务使用的私密性:在使用移动互联网业务时,所使用的内容和服务更私密,如手机支付业务等。

总之,在移动互联网时代,传统的信息产业运作模式正在被打破,新的运作模式正在形成。移动互联网技术从根本上实现了移动通信和互联网的融合,也催生出很多新的产业机会,以及让原有的移动应用和互联网应用有了新的市场空间。

最近几年,移动互联网每年都是年度最热门的词汇之一,互联网领域的研究人员越来越多的研究移动互联网络,相关领域的企业也都相继推出移动互联产品,通过谷歌、百度对热门词汇的统计,就能知晓移动互联网的关注度(如图 8-14 和图 8-15 所示)。

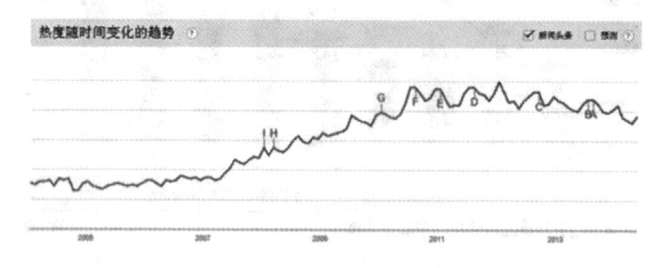

图 8-14 移动互联网谷歌趋势关注统计

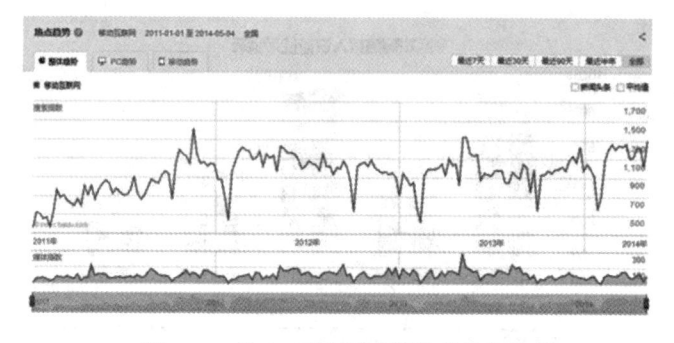

图 8-15 移动互联网百度指数关注统计

任务 2 手机安全防护

手机安全现状

据 CNCERT(国家互联网应急中心)2013 年我国互联网网络安全态势综述,针对安卓平台的恶意程序数量呈爆发式增长。2013 年,CNCERT 通过自主监测和交换捕获的移动互联网恶意程序样本达 70.3 万个，较 2012 年增长 3.3 倍，其中针对安卓平台的恶意程序占 99.5%。按照恶意程序行为属性统计，恶意扣费类数量仍居第一位，占 71.5%，较 2012 年的 39.8%有大幅增长；其次是资费消耗类（占 15.1%）、系统破坏类（占 3.2%）和隐私窃取类（占 3.2%），与用户经济利益密切相关的恶意扣费类和资费消耗类恶意程序占总数的 85%以上，表明黑客在制作恶意程序时带有明显的逐利倾向。按恶意程序的危害等级分类，高危占 1.0%，中危占 29.0%，低危占 70.0%。其中，高危恶意程序所占比例较 2012 年大幅下降，反映出黑客为降低风险，从制作恶意性明显的木马或病毒转向制作恶意广告、恶意第三方插件等灰色应用，以达到既逃避监管又获取经济利益的目的。

移动互联网恶意程序数量继续大幅增长，恶意程序的制作、发布、预装、传播等初步形成一条完整的利益链条，移动互联网生态系统环境呈恶化趋势，亟须加强管理。由此看来，手机安全已经与我们的日常生活息息相关，保护手机安全就像保护我们的银行卡一样重要。针对手机安全现状，相关网络安全公司大都推出了手机助手、手机安全系列软件，来解决日益严峻的手机安全形势。目前手机安全软件很多，如：百度手机卫士、乐安全、金山手机毒霸、瑞星手机安全软件、360 手机安全卫士、腾讯手机管家等。

本方案以 360 手机安全卫士为例，可以很好地实现对用户手机的安全事项进行监护，包括防垃圾短信，防骚扰电话，防隐私泄漏，手机杀毒，对手机进行安全扫描，软件安装实时检测，联网行为实时监控，长途电话 IP 自动拨号，系统清理手机加速，祝福闪信/短信无痕便捷发送，号码归属地显示及查询等功能。下面就如何安装和使用 360 手机卫士进行操作，具体步骤如下：

（1）下载手机安全卫士，具体有三种方式，一是通过手机上网进行下载；二是手机通过数据线与 PC 机相连接，通过 PC 机进行拷贝；三是通过蓝牙进行传送。以手机连接 PC 为例，PC 机上先装上手机助手软件，如图 8-16 所示。

图 8-16　手机通过数据线与 PC 机进行连接（需先在 PC 机上安装 360 手机助手）

（2）点击允许和管理我的手机，如图 8-17 和图 8-18 所示。

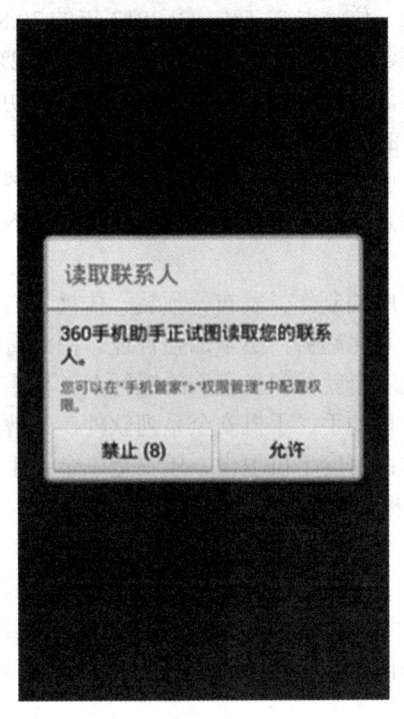

图 8-17 点击允许

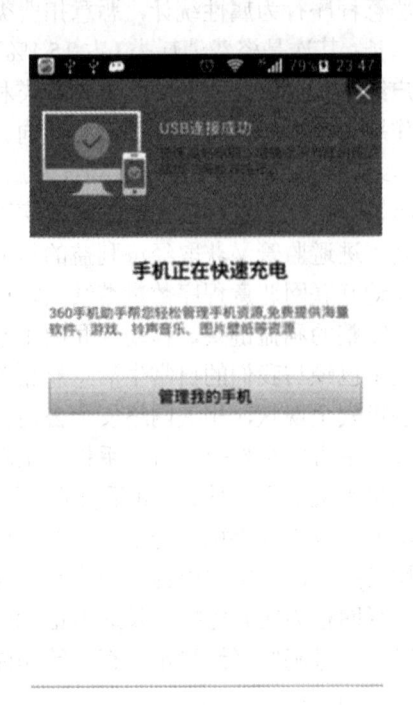

图 8-18 点击管理我的手机

（3）通过手机助手，下载安装 360 卫士就会出现图 8-19 界面，点击打开后，360 卫士就会自动检测系统安全，检测结束后就会出现图 8-20 所示检测结果界面。

图 8-19 360 手机卫士安装成功界面

图 8-20 检测结果界面

（4）点击立即修复，就会自动进行修复，如图 8-21 所示，修复后会重新检测一下并显示检测结果如图 8-22 所示。

图 8-21　修复中界面　　　　　　　图 8-22　修复后检测结果

（5）可以点击图 8-22 中的清理加速、话费-流量、骚扰拦截、防吸费等按钮，如点击骚扰拦截按钮后，会出现图 8-23 界面，另外还有很多功能，这里就不一一述说，具体根据个人需要进行点击，如图 8-24 所示。

图 8-23　骚扰拦截设置界面　　　　图 8-24　360 安全卫士其他界面

任务 3　手机网上购物

1. 网上购物的概念

网上购物，就是通过互联网检索商品信息，并通过电子订购单发出购物请求，然后填上私人支票账号或信用卡的号码，厂商通过邮购的方式发货，或是通过快递公司送货上门。中国国内的网上购物，一般付款方式是款到发货（直接银行转帐，在线汇款）和担保交易则是货到付款等。

2. 网上购物的发展现状

随着互联网的普及，网络购物的优点更加突出，日益成为一种重要的购物形式。中国互联网络信息中心（CNNIC）2013 年 12 月发布的《第 33 次中国互联网络发展状况统计报告》显示：截至 2013 年 12 月，我国网民规模达 6.18 亿，全年共计新增网民 5358 万人。互联网普及率为 45.8%，较 2012 年底提升了 3.7 个百分点，普及率增长幅度与 2012 年情况基本一致，整体网民规模增速持续放缓。与此同时，手机网民继续保持良好的增长态势，规模达到 5 亿，年增长率为 19.1%，手机继续保持第一大上网终端的地位。而新网民较高的手机上网比例也说明了手机在网民增长中的促进作用。2013 年中国新增网民中使用手机上网的比例高达 73.3%，远高于其他设备上网的网民比例，手机依然是中国网民增长的主要驱动力。

2013 年，移动商务市场爆发出巨大的市场潜力。手机网络购物在移动端商务市场发展迅速，用户规模达到 1.44 亿（如图 8-25 所示）。作为 PC 端网络购物渠道的补充，手机网络购物用户规模增长迅速得益于以下三个因素：第一，手机独有的功能（扫码、扫图片等）和使用便利性提高了用户购物过程的决策效率；第二，电商企业在手机端的大力推广，对手机用户网络购物产生一定的推动作用。第三，手机特有的本地化电子商务拓展了用户手机端购物渠道。

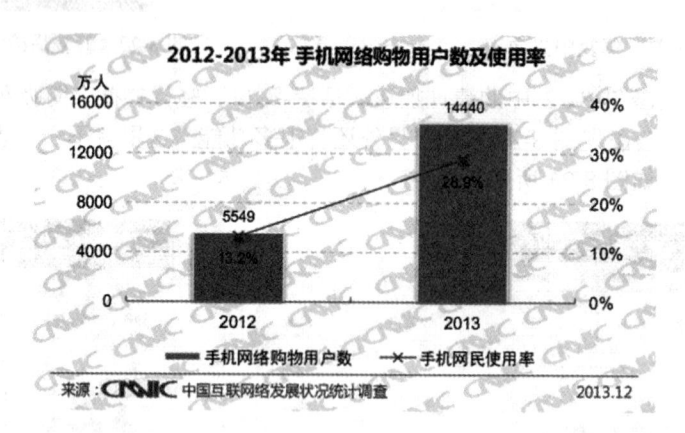

图 8-25　2012—2013 年中国手机网络购物用户数及手机网民使用率

2013 年手机在线支付快速增长，用户规模达到 1.25 亿，使用率为 25.1%，较去年底提升了 11.9 个百分点（如图 8-26）。推动手机在线支付快速发展的因素主要来自以下三方面：手机网民的高速增长为手机在线支付建立了用户基础；移动电子商务的发展推动了手机端支付的增长；在移动互联网和移动商务应用快速推动下，移动支付相关产业链各方积极布局而产生的联合推动效应。未来，像 NFC 近场通信和蓝牙 Key 等新技术将进一步推动以手机为载体的支付应用发展。

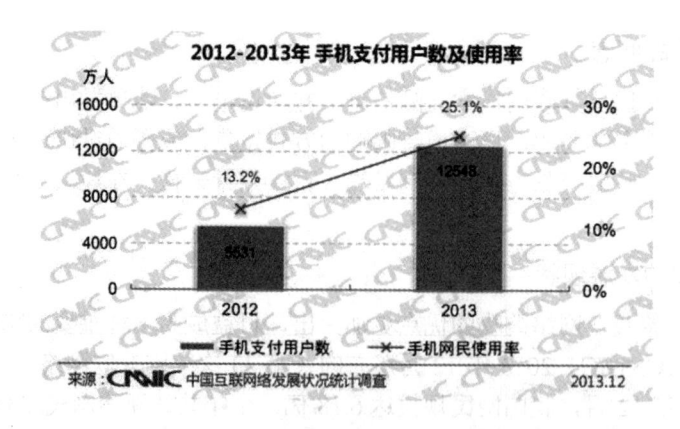

图 8-26　2012—2013 年中国手机支付用户数及手机网民使用率

2014年3月15日《网络交易管理办法》施行,此前出台的《网络商品交易及有关服务行为管理暂行办法》同时废止(新版办法主要内容如下:①不得确定最低消费标准;②网络商品经营者销售商品,消费者有权自收到商品之日起七日内退货,且无需说明理由;③不得利用格式条款强制交易;④未经同意不得发送商业信息;⑤不得以虚构交易提升信誉)。

3. 网购技巧

购买前:

(1) 利用网购导航进行网购。

(2) 选择网店一定要与卖家交流,多问,还要看卖家店铺首页是否带有 ITM 标识,能否实行 OVS 服务。

(3) 购买商品时,付款人与收款人的资料都要填写准确,以免收发货出现错误。

(4) 用银行卡付款时,最好卡里不要有太多的金额,防止被不诚信的卖家拨过多的款项。

(5) 遇上欺诈或其他受侵犯的事情可在网上找网络警察处理。

购买中:

(1) 看。仔细看商品图片,分辨是商业照片还是店主自己拍的实物照片,而且还要注意图片上的水印和店铺名因为很多店家都在盗用其他人制作的图片;店铺首页是否带有 ITM 标识,能否实行 OVS 服务。

(2) 问。通过询问产品相关问题,一是了解他对产品的了解,二是看他的态度,人品不好的话买了他的东西也是麻烦。

(3) 查。查店主的信用记录。看其他买家对此款或相关产品的评价。如果有中差评,要仔细看店主对该评价的解释。

4. 网购陷阱

低价诱惑:在网站上,如果许多产品以市场价的半价甚至更低的价格出现,这时就要提高警惕性,想想为什么它会这么便宜,特别是名牌产品,因为知名品牌产品除了二手货或次品货,正规渠道进货的名牌是不可能和市场价相差那么远的。

高额奖品:有些不法网站、网页,往往利用巨额奖金或奖品诱惑吸引消费者浏览网页,并购买其产品。

虚假广告:有些网站提供的产品说明夸大甚至虚假宣传,消费者点击进入之后,购买到的实物与网上看到的样品不一致。

设置格式条款:买货容易退货难,一些网站的购买合同采取格式化条款,对网上售出的商品不承担"三包"责任、没有退换货说明等。消费者购买了质量不好的产品,想换货或者维修时,就无计可施了,对此,建议当地设有 ITM 实体服务店的,消费者网购一定要选择 OVS 服务,才能确保有完善的售后服务。而对于当地未设立 ITM 店的则只能据理力争。

山寨网站骗钱财:网购时消费者应只接受货到付款、第三方支付或 OVS 服务这三种方式。

骗个人信息:网上购物时不要轻易向卖家泄露个人详细资料,在设置账户密码时尽量不要简单地使用自己的个人身份信息。遇到类似电话核实的,一定要问明对方身份再视情形配合。

网络钓鱼盗信息:不要随意打开聊天工具中发送过来的陌生网址,不要打开陌生邮件和邮件中的附件,及时更新杀毒软件。一旦遇到需要输入账号、密码的环节,交易前一定要仔细核实网址是否准确无误,再进行填写。

5. 网上购物的优缺点

优点：对于消费者来说，可以在家"逛商店"，订货不受时间、地点的限制；获得较大量的商品信息，可以买到当地没有的商品；网上支付较传统拿现金支付更加安全可避免现金丢失或遭到抢劫；从订货、买货到货物上门无需亲临现场既省时，又省力；由于网上商品省去租店面、招雇员及储存保管等一系列费用，总的来说其价格较一般商场的同类商品更物美价廉；可以保护个人隐私，很多人喜欢在网上购买成人用品，去实体店购买显得尴尬难堪。对于商家来说：由于网上销售库存压力较小、经营成本低、经营规模不受场地限制等。在将来会有更多的企业选择网上销售，通过互联网对市场信息的及时反馈适时调整经营战略，以此提高企业的经济效益和参与国际竞争的能力。再次，对于整个市场经济来说：这种新型的购物模式可在更大的范围内、更广的层面上以更高的效率实现资源配置。综上可以看出，网上购物突破了传统商务的障碍，无论对消费者、企业还是市场都有着巨大的吸引力和影响力，在新经济时期无疑是达到"多赢"效果的理想模式。

缺点：（1）由于当前中国国内法律和产业结构不平衡，大量的假冒伪劣产品充斥着网购；（2）不能试穿；（3）网络支付不安全，可能被偷窥，密码被盗；（4）诚信问题；（5）配送的速度不一；（6）退货不方便。

本方案是以手机淘宝为例，通过注册账号，可以搜索购物需求，进行网上购物，不仅节约逛街时间又满足购置物美价廉的商品，为日常学习、工作、生活提供便利。具体操作步骤如下：

（1）打开手机淘宝的客户端，进入淘宝首页。在淘宝首页上面，淘宝为我们安排了如下一些功能按钮：广告、天猫、聚划算、陶点点、类目、充值、彩票、领金币、更多服务、特色市场、热门市场、每日好店等，如图8-27所示。

（2）点击寻找宝贝、店铺，输入想找到商品名称，点击搜索，如：四级词汇，就会找到淘宝网站里面所有与四级词汇相关产品信息，如图8-28和图8-29所示。

图8-27 手机淘宝界面 　　　　图8-28 点击输入界面 　　　　图8-29 输入四级词汇后搜寻界面

（3）点击查看相关产品的宝贝详情，对所购物品从销量、评价、价格、服务等方面进行甄别，选取心意的商品，例如：四级词汇（词根+联想记忆法），点击立即购买，就会进入登录界面，如图8-30和图8-31所示。

图 8-30　点击四级词汇宝贝界面　　　　　图 8-31　登录界面

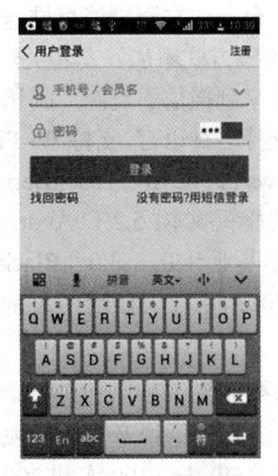

（4）登录进去后，会出现订单确认（包括收件人姓名、地址、所购商品名称、型号规格、数量等信息确认），如果查看后都没有问题，就可以点击下面的确认按钮，进入付费阶段，如图 8-32 所示。

（5）进入付费页面，提示支付方式（支付宝、网上银行），以支付宝为例：只需要输入支付密码，点确认付款，购物就算基本完成了，如图 8-33 所示。

图 8-32　订单确认界面　　　　　图 8-33　支付宝支付界面

（6）接下来就要等待卖家发货、物流运送、接收，最后验货签名，把款项通过支付宝支付给卖家，到此网上购物算是完成了。

任务 4　微信平台应用

1. 关于微信

微信（WeChat）是腾讯公司于 2011 年初推出的一款快速发送文字和照片、支持多人语音对讲的手机聊天软件。用户可以通过手机或平板快速发送语音、视频、图片和文字。微信提供公众平台、朋友圈、消息推送等功能，用户可以通过"摇一摇"、"搜索号码"、"附近的人"、扫二维码方式添加好友和关注公众平台，同时微信将内容分享给好友以及将用户看到的精彩内容分享到微信朋友圈。腾讯提出微信是一个生活方式的口号。

微信支持多种语言，支持 Wi-Fi 无线局域网、2G，3G 和 4G 移动数据网络，iOS 版，Android 版、Windows Phone 版、BlackBerry 版、诺基亚 S40 版、S60V3 和 S60V5 版。

微信的最新版本：5.2.1（Android）、5.2.0.17（iOS）、4.2（Symbian）、5.1.0.0（Windows Phone 8）、1.5（诺基亚 S40）、3.0（BlackBerry）、2.0（BlackBerry 10）。

截至 2013 年 11 月注册用户量已经突破 6 亿，是亚洲地区最大用户群体的移动即时通讯软件。

2. 基本功能

聊天：支持发送语音短信、视频、图片（包括表情）和文字，是一种聊天软件，支持多人群聊（最高 40 人，100 人和 200 人的群聊正在内测）。

添加好友：微信支持查找微信号（具体步骤：点击微信界面下方的朋友们→添加朋友→搜号码，然后输入想搜索的微信号码，然后点击查找即可）、查看 QQ 好友添加好友、查看手机通讯录和分享微信号添加好友、摇一摇添加好友、二维码查找添加好友和漂流瓶接受好友等 7 种方式。

实时对讲机功能：用户可以通过语音聊天室和一群人语音对讲，但与在群里发语音不同的是，这个聊天室的消息几乎是实时的，并且不会留下任何记录，在手机屏幕关闭的情况下也仍可进行实时聊天。

3. 微信支付

微信支付介绍：

微信支付是集成在微信客户端的支付功能，用户可以通过手机完成快速的支付流程。微信支付向用户提供安全、快捷、高效的支付服务，以绑定银行卡的快捷支付为基础。

支持支付场景：微信公众平台支付、APP（第三方应用商城）支付、二维码扫描支付。

微信支付规则：

（1） 绑定银行卡时，需要验证持卡人本人的实名信息，即{姓名，身份证号}的信息。

（2） 一个微信号只能绑定一个实名信息，绑定后实名信息不能更改，解卡不删除实名绑定关系。

（3） 同一身份证件号码只能注册最多 10 个（包含 10 个）微信支付。

（4） 一张银行卡（含信用卡）最多可绑定 3 个微信号。

（5） 一个微信号最多可绑定 10 张银行卡（含信用卡）。

（6） 一个微信账号中的支付密码只能设置一个。

（7） 银行卡无需开通网银（中国银行、工商银行除外），只要在银行中有预留手机号码，即可绑定微信支付。注：一旦绑定成功，该微信号无法绑定其他姓名的银行卡/信用卡，请谨慎操作。

4. 其他功能

朋友圈：用户可以通过朋友圈发表文字和图片，同时可通过其他软件将文章或者音乐分享到朋友圈。用户可以对好友新发的照片进行"评论"或"赞"，用户只能看相同好友的评论或赞。

语音提醒：用户可以通过语音告诉 Ta 提醒打电话或是查看邮件。

通讯录安全助手：开启后可上传手机通讯录至服务器，也可将之前上传的通讯录下载至手机。

QQ 邮箱提醒：开启后可接收来自 QQ 邮件的邮件，收到邮件后可直接回复或转发。

私信助手：开启后可接收来自 QQ 微博的私信，收到私信后可直接回复。

漂流瓶：通过扔瓶子和捞瓶子来匿名交友。

查看附近的人：微信将会根据您的地理位置找到在用户附近同样开启本功能的人。（LBS 功能）

语音记事本：可以进行语音速记，还支持视频、图片、文字记事。

微信摇一摇：是微信推出的一个随机交友应用，通过摇手机或点击按钮模拟摇一摇，可以匹配到同一时段触发该功能的微信用户，从而增加用户间的互动和微信粘度。

群发助手：通过群发助手把消息发给多个人。

微博阅读：可以通过微信来浏览腾讯微博内容。

流量查询：微信自身带有流量统计的功能，可以在设置里随时查看微信的流量动态。

游戏中心：可以进入微信玩游戏（还可以和好友比高分）例如"飞机大战"。

微信公众平台：通过这一平台，个人和企业都可以打造一个微信的公众号，可以群发文字、图片、语音三个类别的内容。目前有 200 万公众账号，例如：我们什么都知道一点儿（douzhidaoyidian），生活百科（money-ink）。

微信在 IPhone、Android、Windows Phone、Symbian、BlackBerry 等手机平台上都可以使用，并提供有多种语言界面。

账号保护：微信与手机号进行绑定，该绑定过程需要四步：第一步，在"我"的栏目里进入"个人信息"，点击"我的账号"；第二步，在"手机号"一栏输入手机号码；第三步，系统自动发送六位验证码到手机，成功输入六位验证码后即可完成绑定；第四步让"账号保护"一栏显示"已启用"，即表示微信已启动了全新的账号保护机制。

实训项目 用手机网上订购火车票

1. 实训目标

（1）了解移动互联网技术；

（2）了解移动互联网技术的应用前景；

（3）学会独立使用移动互联网为学习、工作、生活服务。

2. 实训要求

通过 12306 网站，订购自己旅途的火车票。

3. 相关知识点

（1）移动互联网发展。

（2）移动互联网的应用。

【知识链接】

1. 移动互联网技术发展

2000 年 9 月 19 日，中国移动和国内百家 ICP 首次坐在了一起，探讨商业合作模式。随后时任中国移动市场经营部部长张跃率团去日本NTTDoCoMo公司I-mode取经,"移动梦网"雏形初现。

2000年12月1日开始施行的中国移动通信集团"移动梦网"计划是2001年初中国通信、互联网业最让人瞩目的事件。

2001年11月10日,中国移动通信的"移动梦网"正式开通。当时官方的宣传称手机用户可通过"移动梦网"享受到移动游戏、信息点播、掌上理财、旅行服务、移动办公等服务。

2008年12月31日上午,国务院常务会议研究同意启动第三代移动通信(3G)牌照发放工作,明确工业和信息化部按照程序做好相关工作。

2009年1月7日,工业和信息化部在内部举办小型牌照发放仪式,确认国内3G牌照发放给三家运营商,为中国移动、中国电信和中国联通发放3张第三代移动通信(3G)牌照。由此,2009年成为我国的3G元年,我国正式进入第三代移动通信时代。包括移动运营商、资本市场、创业者等各方急速杀入中国移动互联网领域,一时间,各种广告联盟、手机游戏、手机阅读、移动定位等纷纷获得千万级别的风险投资,3G概念股票逐步被热炒。

2009年10月下旬开始,工信部联合中央外宣办、公安部等部门印发了整治手机淫秽色情专项行动方案,由此媒体开始陆续曝光手机涉黄情况,中国史无前例的扫黄风暴席卷整个移动互联网甚至PC互联网,11月底,各大移动运营商相继停止WAP计费。运营商的计费通道暂停,让大批移动互联网企业思考新的支付通道和运营模式,而神州行支付卡等第三方支付手段逐步成为众多移动互联网企业最主要的支付通道。

2010年3月10日,中国移动全资附属公司广东移动与浦发银行签署合作协议,以人民币398亿元收购浦发银行22亿新股,中国移动将通过全资附属公司广东移动持有浦发银行20%股权,并成为浦发银行第二大股东,中国手机支付领域再掀起波浪。

2011年3月29日,清科集团在海南三亚举办首届中国互联网投资大会暨电子商务投融资高峰论坛正式开幕。众多知名风险投资机构负责人与国内多家互联网、大型电子商务公司CEO,就移动互联网、电子商务细分产业的发展机遇与成长瓶颈,讨论观点分享经验,给国内移动互联网产业和电子商务领域的风险投资领域良性高速发展"指点迷津"。

2. 移动互联网技术的未来趋势

移动互联网是电信、互联网、媒体、娱乐等产业融合的汇聚点,各种宽带无线通信、移动通信和互联网技术都在移动互联网业务上得到了很好的应用。从长远来看,移动互联网的实现技术多样化是一个重要趋势。

(1) 网络接入技术多元化。

目前能够支撑移动互联网的无线接入技术大致分成三类:无线局域网接入技术Wi-Fi,无线城域网接入技术WiMAX和传统3G加强版的技术,如HSDPA等。不同的接入技术适用于不同的场所,使用户在不同的场合和环境下接入相应的网络,这势必要求终端具有多种接入能力,也就是多模终端。

(2) 移动终端解决方案多样化。

终端的支持是业务推广的生命线,随着移动互联网业务逐渐升温,移动终端解决方案也不断增多。移动互联网设备中最为大家熟悉的就是手机,也是目前使用移动互联网最常用的设备。Intel推出的MID,则利用蜂窝网络、WiMAX、Wi-Fi等接入技术,并充分发挥Intel在多媒体计算方面的能力,支撑移动互联网的服务。与此同时,手机操作系统也呈现多样性的特点。诸如微软的 Windows 系统；Linux 操作系统、Google 的 Android 操作系统等都在努力占据该领域魁首的位置。

  （3）网关技术推动内容制作的多元化。

  移动和固定互联网的互通应用的发展使得有效连接互联网和移动网的移动互联网网关技术受到业界的广泛关注。采用这一技术，移动运营商可以提高用户的体验并更有效地管理网络。移动互联网网关实现的功能主要是通过网络侧的内容转换等技术适配 Web 网页、视频内容到移动终端上，使得移动运营商的网络从"比特管道"转变成"智能管道"。由于大量新型移动互联网业务的发展，移动网络上的流量越来越大，在移动互联网网关中使用深度包检测技术，可以根据运营商的资费计划和业务分层策略，有效地进行流量管理。网关技术的发展极大丰富了移动互联网内容来源和制作渠道。

  3. 移动互联网技术的商业模式多元化

  移动互联网业务的新特点为商业模式创新提供了空间。目前，流量、图铃、广告这些传统的盈利模式仍然是移动互联网的盈利模式的主体，而新型广告、多样化的内容和增值服务则成为移动互联网企业在盈利模式方面主要的探索方向。

  广告类商业模式是指免费向用户提供各种信息和服务，而盈利则是通过收取广告费来实现，典型的例子如门户网站和移动搜索。

  内容类商业模式是指通过对用户收取信息和音视频等内容费用盈利，典型例子如：付费信息类、手机流媒体、移动网游、UGC 类应用。

  服务类商业模式是指基本信息和内容免费，用户为相关增值服务付费的盈利方式，例如即时通信、移动导航和移动电子商务均属于此类。

  4. 移动互联网技术的参与主体的多样性

  移动互联网时代是融合的时代，是设备与服务融合的时代，是产业间互相进入的时代，在这个时代，移动互联网业务参与主体的多样性是一个显著的特征。

  技术的发展降低了产业间，以及产业链各个环节之间的技术和资金门槛，推动了传统电信业向电信、互联网、媒体、娱乐等产业融合的推进，原有的产业运作模式和竞争结构在新的形势下已经显得不合时宜。在产业融合和演进的过程中，不同产业原有的运作机制和资源配置方式都在改变，产生了更多新的市场空间和发展机遇。为了把握住机遇，相关领域的企业都在积极转型。他们充分利用在原有领域的传统优势，拓展新的业务领域，争当新型产业链的整合者，意图在未来的市场格局中占据有利地位。

案例三 慕课（MOOC）

【任务描述】

  随着互联网技术的迅猛发展，使得如今的学习过程更加轻松有效，而随着慕课的出现，人们还可以借助社交网络（GoogleGroups，Twitter，Facebook，YouTube 等），就自己感兴趣的知识领域与来自世界各地的朋友同时进行讨论加深学习，从而更新自己的知识网络。什么是慕课？慕课是干什么的？带着这些问题我们一起走进慕课的世界。

【任务分析】

通过本任务的学习,使慕课与自己的学习、工作、生活结合起来,丰富学习知识的途径,更好地发挥慕课的优势,为我所用。

任务 1 认识慕课(MOOC)

1. 慕课(MOOC)的概念

所谓"慕课"(MOOC),(Massive Open Online Course/MOOC),大规模开放在线课堂,是新近涌现出来的一种在线课程开发模式,它发端于过去的那种发布资源、学习管理系统以及将学习管理系统与更多的开放网络资源综合起来的旧的课程开发模式,是一种针对于大众人群的在线课堂,人们可以通过网络来学习在线课堂。

这一大规模在线课程掀起的风暴始于 2011 年秋天,被誉为"印刷术发明以来教育最大的革新",呈现"未来教育"的曙光。2012 年,被《纽约时报》称为"慕课元年"。多家专门提供慕课平台的供应商纷起竞争,Coursera、edX 和 Udacity 是其中最有影响力的"三巨头",前两个均进入中国。

2. 教学形式

MOOC 是以连通主义理论和网络化学习的开放教育学为基础的。这些课程跟传统的大学课程一样循序渐进地让学生从初学者成长为高级人才。课程的范围不仅覆盖了广泛的科技学科,比如数学、统计、计算机科学、自然科学和工程学,也包括了社会科学和人文学科。慕课课程并不提供学分,也不算在本科或研究生学位里。通常,参与慕课的学习是免费的。然而,如果学习者试图获得某种认证的话,则一些大规模网络开放课程可能收取一定学费。

课程不是搜集,而是一种将分布于世界各地的授课者和学习者通过某一个共同的话题或主题联系起来的方式方法。

尽管这些课程通常对学习者并没有特别的要求,但是所有的慕课会以每周研讨话题这样的形式,提供一种大体的时间表,其余的课程结构也是最小的,通常会包括每周一次的讲授、研讨问题,以及阅读建议等。

每门课都有频繁的小测验,有时还有期中和期末考试。考试通常由同学评分(比如一门课的每份试卷由同班的五位同学评分,最后分数为平均数)。一些学生成立了网上学习小组,或跟附近的同学组成面对面的学习小组。

3. 主要特点

(1)大规模的:不是个人发布的一两门课程;"大规模网络开放课程"(MOOC)是指那些由参与者发布的课程,只有这些课程是大型的或者叫大规模的,它才是典型的 MOOC。

(2)开放课程:尊崇创用共享(CC)协议;只有当课程是开放的,它才可以称之为 MOOC。

(3)网络课程:不是面对面的课程;这些课程材料散布于互联网上。人们上课地点不受局限。无论你身在何处,都可以花最少的钱享受美国大学的一流课程,只需要一台电脑和网络联接即可。

4. 历史发展

MOOC 有短暂的历史,但是却有一个不短的孕育发展历程。准确地说,它可追溯到 20

世纪 60 年代。1962 年，美国发明家和知识创新者 Douglas Engelbart 提出来一项研究计划，题目叫《增进人类智慧：斯坦福研究院的一个概念框架》，在这个研究计划中，Douglas Engelbart 强调了将计算机作为一种增进智慧的协作工具来加以应用的可能性。也正是在这个研究计划中，Engelbart 提倡个人计算机的广泛传播，并解释了如何将个人计算机与"互联的计算机网络"结合起来，从而形成一种大规模的、世界性的信息分享的效应。

自那时起，许多热衷计算机的认识和教育变革家们，比如伊万·伊里奇，发表了大量的学术期刊文章、白皮书和研究报告，在这些文献中，极力推进教育过程的开放，号召人们，将计算机技术作为一种改革"破碎的教育系统"的手段应用于学习过程之中。

5. 课程发展

从 2008 年开始，一大批教育工作者，包括来自玛丽华盛顿大学的 Jim Groom 教授以及纽约城市大学约克学院的 Michael Branson Smith 教授都采用了这种课程结构，并且成功地在全球各国大学主办了他们自己的大规模网络开放课程。

最重要的突破发生于 2011 年秋，那个时候，来自世界各地的 160000 人注册了斯坦福大学 Sebastian Thrun 与 Peter Norvig 联合开出的一门《人工智能导论》的免费课程。许多重要的创新项目，包括 Udacity，Coursera，以及 edX 都纷纷上马，有超过十几个世界著名大学参与其中。

最近几年，慕课成为最热门的词汇之一，教育行业的相关研究人员越来越多地研究慕课，相关领域的高校、中小学、教育企业也都相继推出慕课网站，通过谷歌、百度对热门词汇的统计，就能知晓慕课的关注度（如图 8-34 和图 8-35 所示）。

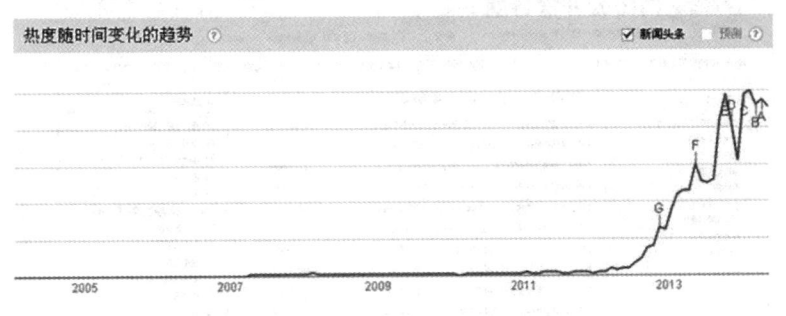

图 8-34 慕课谷歌趋势关注统计

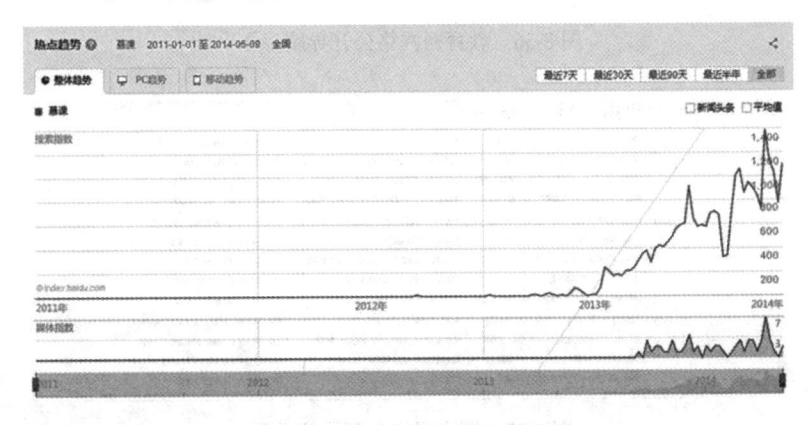

图 8-35 慕课百度指数关注统计

6. 国外慕课主要平台

Coursera：目前发展最大的 MOOC 平台，拥有将近 500 门来自世界各地大学的课程，门类丰富，不过也良莠不齐。

edX：哈佛与 MIT 共同出资组建的非营利性组织，与全球顶级高校结盟，系统源代码开放，课程形式设计更自由灵活。

Udacity：成立时间最早，以计算机类课程为主，课程数量不多，却极为精致，许多细节专为在线授课而设计。

Stanford Online：斯坦福大学官方的在线课程平台，与"学堂在线"相同，也是基于 Open edX 开发，课程制作可圈可点。

NovoED：由斯坦福大学教师发起，以经济管理及创业类课程为主，重视实践环节。

FuTRUELearn：由英国 12 所高校联合发起，集合了全英许多优秀大学，不过课程要等到明年才会大批量上线。

Open2Study：澳洲最大 MOOC 平台，课程丰富，在设计和制作上很下工夫，值得一看。

iversity：来自德国的 MOOC 平台，课程尚且不多，不过在课程的设计和制作上思路很开阔。

WEPS：由美国与芬兰多所高校合作开发，开设多门教学课程。授课对象包括开设院校的在校学生，课程内容符合教学大纲要求，考试合格者可获得开设院校所认可的该课程学分。

7. 国内慕课主要平台

如图 8-36、图 8-37、图 8-38 所示。

图 8-36 教育网网络公开导航界面

图 8-37 国内网络公开导航界面

图 8-38 国外网络公开导航界面

中国教育在线开放资源平台：中国教育在线开放资源平台推出大学公开课，其中包括哈佛大学、耶鲁大学、斯坦福大学、麻省理工学院、复旦大学、浙江大学等国内外知名高校开放课程，涉及人文、历史、经济、管理等相关课程。

中国大学视频公开课：中国大学 MOOC 平台由"爱课程"网与网易公司联合建设，在广泛听取一线教师和社会人士反馈意见的基础上，充分借鉴国外主流 MOOC 平台的优点，经过近一年的自主研发完成。中国大学 MOOC 平台，具备在线同步（直播）课堂功能，课程结构设计和教学内容发布简明易用，教学活动符合中国教师的教学习惯与学生的学习习惯，支持对学习行为与学习记录进行多个维度的大数据分析。目前，"爱课程"网已上线 572 门视频公开课和 1032 门资源共享课，初步建成惠及广大高校师生和社会学习者的国家级大型优质课程资源共享和学习平台。首批中国大学 MOOC 上线后将实现中国大学视频公开课、中国大学资源共享课和中国大学 MOOC 等不同类型的优质课程在同一个平台上的集成与共享。"爱课程"网将在已有工作基础上，进一步完善平台栏目和功能，促进教育理念转变和教学方法改革，提高高等教育质量，推动优质教育资源共享，在促进教育公平，服务学习型社会建设中发挥作用，创建符合我国国情和高等教育教学实际的大规模开放教育中国品牌。首批在中国大学 MOOC 平台上线的 16 所高校包括：北京大学、浙江大学、复旦大学、武汉大学、哈尔滨工业大学、中国科技大学、山东大学、湖南大学、中山大学、西北工业大学、四川大学、国防科技大学、北京理工大学、中国农业大学、中央财经大学、北京协和医科大学，上线课程 56 门，其中 10 门在 5 月下旬开课，其他课程也将在 2014 年陆续开课。

新浪公开课：新浪公开课内容包涵国外多所一流名校的公开课视频。在功能方面，新浪公开课将众多课程按照多门学科进行分类整合、提供快捷搜索和播放记录、翻译进度提示等功能，方便网友使用。在内容方面，新浪公开课拥有耶鲁、斯坦福、麻省理工大学等多所国际一流名校公开课优质视频，其中部分课程已翻译中文字幕，受到广大网友青睐。

搜狐公开课：搜狐视频教育频道，提供在线名校公开课视频，包含经济、人文、艺术、社会和工程等课题。

网易公开课：网易正式推出"全球名校视频公开课项目"，首批 1200 集课程上线，其中有 200 多集配有中文字幕。用户可以在线免费观看来自于哈佛大学等世界级名校的公开课课程，内容涵盖人文、社会、艺术、金融等领域。网易公开课，力求为爱学习的网友创造一个公开的免费课程平台，借此向外界公开招聘兼职字幕翻译。网易公开课翻译平台目的是秉承互联网精神：开放、平等、协作、分享，让知识无国界！

  腾讯视频课程：腾讯精品课以考试培训的自录课程为核心，V+开放平台合作视频为主力内容，并同时兼顾优质 UGC 原创内容。平台包括考试培训、公开课和演讲三大分类，在腾讯视频原有的教育视频、微讲堂、腾讯大学等基础上进行整合，将学习内容细化为知识体系树状结构，使内容线更加清晰。

  中国网络电视台公开课：该网站汇集世界名校的优质课程，涉及人文、社会、经济、自然等学科。领略名师风采，感受名校魅力！公开课频道为爱逃课的你打造网络视频学习乐园。

  慕课网：是一家垂直于互联网 IT 技术学习、交流平台的在线网络教育网站。在这里，你可以找到最好的互联网技术牛人，也可以通过免费的在线公开视频课程学习国内领先的互联网 IT 技术。

任务2 慕课（MOOC）学习

  本方案是以网易爱课网为例，通过打开网站、注册账号、选择课程及帮助中心等环节进行慕课学习，见证大师的讲述，提高自己的知识视野，达到学以致用的目的。具体操作步骤如下：

  （1）打开爱课网网址：http://www.icourses.cn/home/，如图 8-39 所示。

图 8-39 爱课网界面

  （2）选择自己喜欢的相关视频，如中国大学慕课，如图 8-40 所示。

图 8-40 中国大学慕课界面

(3) 选择自己喜欢的课程，如国防科学技术大学的大学计算机基础课程，如图 8-41 所示。

(4) 点击开始学习，会弹出登录界面，如果有账号可以直接输入，没有账号可以点击下面的立即注册，进行注册即可，如图 8-42、图 8-43 和图 8-44 所示。

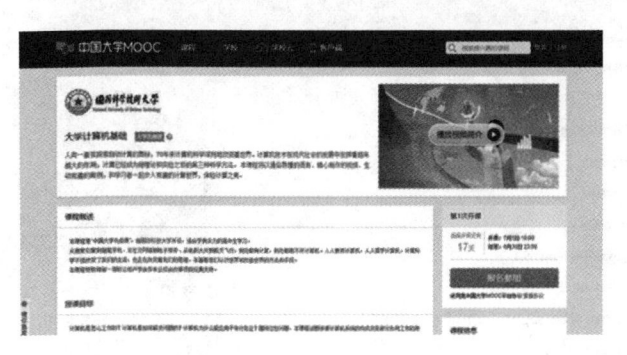

图 8-41　大学计算机基础课程界面　　　　　　　图 8-42　登录界面

图 8-43　输入账号密码　　　　　　　　　　　图 8-44　注册界面

(5) 第一登录后，会弹出一个协议界面，阅读后点同意即可进入学习界面，就可以按照自己的需求进行学习了，如图 8-45 和图 8-46 所示。

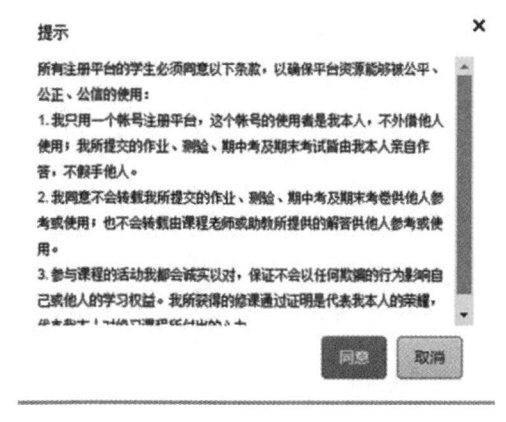

图 8-45　提示协议界面　　　　　　　　　图 8-46　点击课件进入学习视频界面

（6）遇到问题请点击帮助中心，会打开一个新的帮助中心界面，一般都可以找到需要帮助的信息，图8-47所示。

图 8-47　帮助中心界面

实训项目　使用慕课

1. 实训目标

（1）了解慕课的概念；
（2）了解慕课的应用前景；
（3）学会独立使用慕课为学习、工作、生活服务。

2. 实训要求

通过网络了解当前主流慕课网站，借助相关慕课网站提供的课程，学习自己感兴趣的课程。

3. 相关知识点

（1）慕课发展；
（2）慕课的特点。